Informatik-Fachberichte

Herausgegeben von W. Brauer
im Auftrag der Gesellschaft für Informatik (GI)

11

Methoden der Informatik für Rechnerunterstütztes Entwerfen und Konstruieren

GI-Fachtagung, München, 19.–21. Oktober 1977

Herausgegeben von R. Gnatz und K. Samelson

Springer-Verlag
Berlin Heidelberg New York 1977

Herausgeber
Dr. R. Gnatz
Prof. Dr. K. Samelson
Institut für Informatik
Technische Universität München
Postfach 20 24 20
8000 München 2

Library of Congress Cataloging in Publication Data
Main entry under title:

GI-Fachtagung.

  (Informatik-Fachberichte ; Bd. 11)
  Bibliography: p.
  Includes index.
  1. Engineering design--Data processing--Congresses.
I. Gnatz, Rupert. II. Samelson, Klaus, 1918-
III. Gesellschaft für Informatik. IV. Series.
TA174.G17   620'.004'20285   77-14330

AMS Subject Classifications (MOS): 68-XX

CR Subject Classifications (1974): 3.22, 3.24, 3.25, 3.26, 3.29, 4.33, 4.34,
4.41, 6.35, 8.1, 8.2

ISBN-13: 978-3-540-08473-0   e-ISBN-13: 978-3-642-46361-7
DOI: 10.1007/978-3-642-46361-7

VORWORT

Zum ersten Mal wendet sich die Gesellschaft für Informatik (GI) im Rahmen einer
eigenen Fachtagung der Thematik des rechnerunterstützten Entwerfens und Konstru-
ierens (CAD) zu. Diese Thematik ist extrem anwendungsbezogen. Die GI ist deshalb
an eine Reihe von Gesellschaften und Verbänden der verschiedensten Anwendungsgebiete mit der Bitte herangetreten, an der Gestaltung des Tagungsprogramms mit-
zuwirken.
Die Durchführung der Tagung während und in Verbindung mit der SYSTEMS 77 ("Com-
putersysteme und ihre Anwendung") dient ganz dem Anliegen, den Kontakt zwischen
Anwendern und Informatikern zu fördern. Diesem Anliegen entspricht es auch, daß
die Tagung von einer Gruppe von Vorträgen, einem "Tutorial", eingeleitet wird,
in dem der Versuch unternommen wird, einen Überblick über Probleme und Lösungs-
ansätze im rechnerunterstützten Entwerfen und Konstruieren aus der Sicht der Informatik zu geben. Die Beiträge zum Tutorial wurden von den Autoren mit Unterstützung durch einen Fachbeirat in einem langwierigen Prozeß aufeinander abgestimmt.

Spezielle Probleme und Methoden werden in einer Reihe von Einzelbeiträgen behandelt. Das Programm-Komitee hat versucht, aus einer Vielzahl eingereichter Arbeiten
die wichtigsten und interessantesten auszuwählen. Dabei ergab sich die Gliederung
in Rechnergraphik für CAD, spezielle Problemlösungen und schließlich allgemein
einsetzbare Systeme. Im Hauptvortrag wird auf Fragen der industriellen Praxis eingegangen.

Allen, die zur Gestaltung der Tagung beigetragen haben, sei an dieser Stelle herz-
lichst gedankt. Dieser Dank gilt insbesondere
den Dozenten und dem Fachbeirat des Tutorials, vor allem den Herren Prof. Dr. J.
Encarnacao, Prof. Dr. H. Grabowski und Dr. R. Noppen, in deren Händen die Vorbereitung des Tutorials lag,
dem Programmkomitee,
der Münchner Messe- und Ausstellungsgesellschaft,
den mitwirkenden Verbänden und Gesellschaften,
und vor allem den Vortragenden und Diskussionsteilnehmern.
Zu danken ist auch für die finanzielle Förderung, ohne die die Tagung hätte ebenso wenig durchgeführt werden können wie ohne die organisatorische Unterstützung
durch das Institut für Informatik der Technischen Universität München.

München, im Juli 1977   Die Herausgeber

PROGRAMMKOMITEE

H. Baldauf, Mannheim
I. Becker, Böblingen
J. Chirila, Hamburg
R. Dierstein, Oberpfaffenhofen
J. Encarnacao, Darmstadt
R. Gnatz, München; Vorsitz
W. Händler, Erlangen
H. Liebisch, Unterberg
G. Lang-Lendorff, Karlsruhe
R. Noppen, Bruchsal
K. Pauli, Bonn
W. Poths, Frankfurt
K. Samelson, München

DOZENTEN DES TUTORIALS

A. Blaser, Heidelberg
J. Encarnacao, Darmstadt
H. Grabowski, Karlsruhe
E. Hörbst, München
R. Noppen, Bruchsal
H. Nowacki, Berlin

FACHBEIRAT DES TUTORIALS

W. Händler, Erlangen
   Kohlstruck, Frankfurt
W. Linke, Wolfsburg
H. Nowacki, Berlin
   Reiser, Erlangen
K. Samelson, München

MITWIRKENDE GESELLSCHAFTEN UND VERBÄNDE

Deutscher Betonverein
Deutsche Gesellschaft für chemisches Apparatewesen

Deutsche Gesellschaft für Luft- und Raumfahrt (Fachgruppe 8.3: Datenverarbeitung)
Gesellschaft für Kernforschung
Hauptverband der Deutschen Bauindustrie
Nachrichtentechnische Gesellschaft im VDE
Schiffbautechnische Gesellschaft
Verein Deutscher Maschinenbauanstalten
Zentralverband des Deutschen Baugewerbes

FÖRDERER

Bilfinger & Berger AG
Bundesministerium für Forschung und Technologie
IBM Deutschland GmbH
Siemens AG
Volkswagenwerk AG

**TUTORIAL**

<u>Technische Datenverarbeitung bei der Planung und Fertigung</u>
<u>industrieller Erzeugnisse</u>

Rudi Noppen
Klöckner-Humboldt-Deutz
Industrieanlagen AG.
5ooo Köln 91

Im kommerziell-administrativen Bereich vieler Betriebe wird die EDV bereits seit
Jahren erfolgreich eingesetzt - gegenwärtig gewinnt sie auch für die Lösung technischer
Aufgaben bei der Erzeugnisplanung und -fertigung stark an Bedeutung (CAD/CAM). Im Beitrag werden Motive und Einsatzgebiete des CAD/CAM aufgezeigt und es wird ein Konzept
für die zweckmäßige Gestaltung entsprechender DV-Systeme begründet. Gleichzeitig wird
vermittelt, wie die in weiteren Tutorialbeiträgen geschilderten Komponenten eines
CAD/CAM-Systems zusammenwirken.

1. Erläuterungen zum Prozeß der Produktion technischer Objekte

Die Produktion technischer Objekte ist - grob differenziert- in zwei Abschnitte zu
gliedern:

o in der ersten Phase werden das technische Objekt sowie dessen Herstellungsvorgang
   geplant und in Form von Bauunterlagen spezifiziert. Planungsergebnis sind z.B.
   Zeichnungen, Stücklisten und Arbeitspläne für das betreffende Produkt bzw. dessen
   Herstellungsprozeß
o in der zweiten Phase erfolgt die Bauausführung bzw. Fertigung des Erzeugnisses,
   also dessen physische Realisierung aufgrund der zuvor erstellten Bauunterlagen.

Zeitlich sind beide Abschnitte nicht notwendigerweise getrennt; z.B. ergibt sich eine
Überlappung dann, wenn für ein Gebäude Teile des Innenausbaus noch geplant
werden, während sich das Objekt selbst bereits im frühen Baustadium, also in der
"Fertigungsphase" befindet.

───────────────────

CAD: Computer Aided Design
CAM: Computer Aided Manufacturing

Mittelpunkt der Tagung ist der Rechnereinsatz beim Entwerfen und Konstruieren technischer Objekte. Entwurf und Konstruktion bilden wesentliche Abschnitte innerhalb der planerischen Produktionsphase. In ihnen werden die technischen Einzelheiten des zu erstellenden Objekts erarbeitet und festgelegt, beispielsweise seine Funktion, Gestalt, Leistung, Tragfähigkeit und ähnliche, für die praktische Nutzanwendung charakteristische Größen. Wichtig ist, daß mit diesen Daten die technische-wirtschaftliche Qualität des betreffenden Produkts bereits weitgehend vorbestimmt ist und damit auch seine Konkurrenzfähigkeit - und dies schon im Planungsstadium, also noch bevor die Fertigung des Erzeugnisses begonnen hat.

In ihren Einzelheiten variieren die Entwurfs- und Konstruktionsabläufe, wenn man unterschiedliche Industriezweige oder Firmengrößen vergleicht - auch spielen hierbei in langen Jahren "gewachsene" Arbeitstraditionen eine wichtige Rolle. Jedoch bleiben die wesentlichen Schritte unverändert; sie werden anhand des <u>Bildes 1</u> am Beispiel einer Steuerung skizziert, um aus diesem Arbeitsablauf anschließend Motive und Anwendungsbereiche sowie Anforderungen an die Gestaltung und den Einsatz von CAD/CAM-Systemen herausarbeiten zu können.

<u>Bild 1:</u> Phasen des Entwurfs und der Konstruktion einer Steuerung

Vorgegeben ist das Steuerungsproblem, also die Beschreibung der Abhängigkeiten, die zwischen den Eingangs- und Ausgangsgrößen der Steuerung etwa eines automatischen Stückgut-Transportsystems bestehen und die technisch verwirklicht werden müssen.

Im ersten Entwurfsschritt erarbeitet der Ingenieur alternative Steuerungsstrukturen, die alle die geforderten Funktionen erfüllen, und er wird diese zulässigen Lösungen z.B. in Form von Zustandsgraphen darstellen. Damit sind grundsätzliche und technisch machbare Lösungen der gestellten Aufgabe dokumentiert, jedoch ist über die Art der Realisierung - z.B. ob die Steuerung als hydraulisches, pneumatisches oder elektrisches System gebaut werden wird - noch nichts ausgesagt.

In der folgenden Arbeitsstufe werden die vorliegenden Entwurfsalternativen vergleichend bewertet und es wird die zu realisierende Steuerungsstruktur ausgewählt. Hierbei herangezogene Entscheidungskriterien können quantitativer Natur sein, jedoch spielen oft die nichtquantifizierbaren Entwurfsmerkmale eine entscheidende Rolle - im geschilderten Fall beispielsweise die Übersichtlichkeit der Steuerung.

Nach Auswahl des weiter zu verfolgenden Lösungsprinzips wird der zugehörige Zustandsgraph in eine Steuerungsbeschreibung durch logische Gleichungen transformiert. Gelegentlich spricht man in diesem Zusammenhang auch von der mathematischen Definition der Steuerung.

Dem entstandenen Satz logischer Gleichungen werden anschließend Steuerungsbausteine zugeordnet, die vielfach als Standardteile katalogmäßig angeboten werden. In dieser Stufe wird die Steuerung also im physischen Sinn definiert.

Dieses Zwischenergebnis ist Basis für den folgenden Arbeitsschritt, in dem die zur Fertigung des Objekts erforderlichen Bauunterlagen erzeugt werden, z.B. Baustein- und Verdrahtungslisten sowie Verdrahtungs- und Logikpläne, wenn die betreffende Steuerung als konventionelle elektrische Baueinheit verwirklicht wird.

Den hiermit grob umrissenen Stufen des Entwurfs und der Konstruktion einer elektrischen Steuerung sind im rechten Teil des Bildes 1 Konstruktionsphasen zugeordnet, deren Bezeichnungen und Inhalte in VDI-Richtlinien spezifiziert sind und auf die weiter unten mehrfach Bezug genommen wird.

Wichtig an dem rechts skizzierten Wirkungsschema ist, daß die einzelnen Arbeitsschritte nicht voneinander unabhängig bestehen, sondern daß gegebenenfalls Rücksprünge über eine oder mehrere Abschnitte notwendig sind. Dies ist z.B. dann der Fall, wenn die erzeugten Fertigungsunterlagen Anforderungen beinhalten, die mit den im Betrieb vorhandenen Fertigungsmöglichkeiten - etwa den installierten Maschinen - nicht erfüllt werden können.

Solche Diskrepanzen lassen sich oft durch unwesentliche Konstruktionsänderungen beseitigen, also durch nochmaliges Durchlaufen einer Konstruktionsstufe. Wenngleich sich, besonders bei der Produktion vollständig neuer Erzeugnisse, derartige Rücksprünge über den gesamten Entwurfs- und Konstruktionsvorgang erstrecken können, treten in der Praxis zumeist nur Rückführungen über jeweils einen Block auf, der gesamte Vorgang wird also entkoppelt.

Ohne daß explizit darauf hingewiesen wurde, hat das erläuterte Beispiel bereits mehrere Ansatzpunkte für die Anwendung von Rechnern in Planungs- und Fertigungsprozessen gezeigt. Hierzu werden jetzt die Motive sowie die Anforderungen an die Datenverarbeitungssysteme präzisiert /4/.

2. Motive für den Rechnereinsatz - Anforderungen an die Datenverarbeitungssysteme.

Bekanntlich ist das industrielle Produzieren technischer Güter ein auf Wirtschaftlichkeit und Konkurrenzfähigkeit gerichteter Vorgang. Elektronische Datenverarbeitung als Hilfsmittel für die Planung und Fertigung ist an ihrem Beitrag zu diesem Unternehmensziel zu messen. Gelingt es also, mit Hilfe der technischen Datenverarbeitung bessere Produkte billiger und schneller herzustellen? Diese Frage kann nicht pauschal, jedoch aufgrund vorliegender positiver Erfahrungen für ein breites Spektrum von Einsatzfällen mit 'Ja' beantwortet werden. Bei der Begründung sind die quantitativen Zusammenhänge des Bildes 2 aufschlußreich.

Horizontal sind die Zeitanteile aufgetragen, die auf Entwurf, Konstruktion und Fertigungsvorbereitung, also auf die gesamte Produktionsplanung eines technischen Objekts einerseits und auf dessen Bauausführung bzw. Fertigung andererseits entfallen - und zwar für den Status: Ohne Rechnerunterstützung. Es sind Fälle bekannt, bei denen man durch eine Systematisierung der Konstruktionsabläufe und darauf aufsetzender elektronischer Datenverarbeitung den planerischen Zeitanteil von 3o % auf 1o % - in Einzelfällen bis auf 2 % - reduzieren konnte. Daraus erwachsende Verkürzungen der Angebots- und Lieferzeit haben für die Konkurrenzfähigkeit eines Unternehmens oft ausschlaggebende Bedeutung.

Ebenso wichtig wie Fragen der Produktionszeit sind die Kostenaspekte. In Bild 2 wird zwischen zwei Kostenbegriffen differenziert.

Unter Kostenfestlegung sind diejenigen Beträge zu verstehen, die aufgrund getroffener Entscheidungen gewissermaßen vorprogrammiert werden. Z.B. sind im Planungsstadium alle Fragen über die Art und die Menge der einzusetzenden Werkstoffe zu entscheiden. Die Werkstoffkosten stehen also bereits zu diesem Zeitpunkt fest, obgleich sie erst später, nämlich beim Materialeinkauf in der Fertigungsphase, bezahlt werden müssen. Vorent-

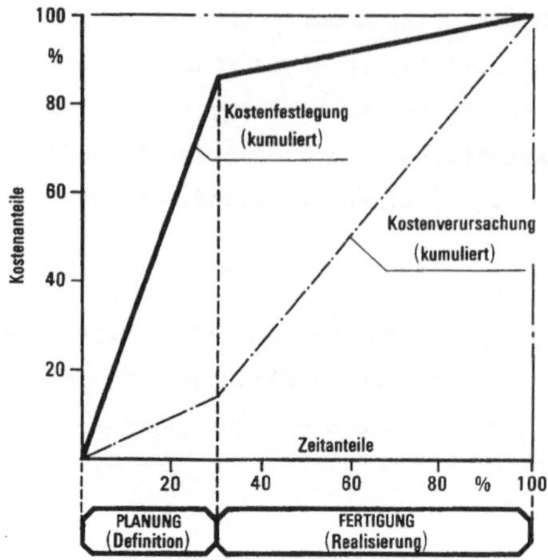

Bild 2: Quantitative Beziehungen zwischen Planung und Fertigung bei der auftragsge-
bundenen Produktion

scheidungen dieser Art summieren sich kostenmäßig rasch auf, und zwar soweit, daß mit
dem Abschluß der Planung bereits 85 % der Kosten eines Objekts feststehen. Im Hinblick auf diesen hohen Wert liegt ein wesentliches Motiv für den Rechnereinsatz darin,
z.B. mit Hilfe computerorientierter Simulations- und Berechnungsmethoden technisch bessere Produkte bzw. solche mit einem günstigeren Preis-Leistungsverhältnis zu konstruieren. Und daß dies erreichbar ist, zeigen z.B. die Erfolge auf dem Gebiet des Leicht-
baus oder in der Elektronik.

Mit Kostenverursachung sind die Beträge bezeichnet, die direkt aufzuwenden sind, um
die Erzeugnisproduktion bis zum jeweils betrachteten Stadium voranzutreiben. Auch in
diesem Bereich wurden aufgrund einbezogener Datenverarbeitungssysteme Einsparungen
erzielt, indem z.B. die Bauunterlagen eines Objekts automatisch erzeugt werden, die
sonst in aufwendiger, fehleranfälliger und monotoner Arbeit manuell erstellt werden
müßten. Wirtschaftlichkeit und Arbeitsgestaltung spielen hier also gleichermaßen
wichtige Rollen. Die Forderung, mit Hilfe der technischen Datenverarbeitung besser,
billiger und schneller zu produzieren, beinhaltet einen Grenzfall, auf den wegen der
wachsenden Bedeutung ausdrücklich hingewiesen wird. Diejenigen technischen Aufgabenstellungen nehmen zu, für die die Rechnerunterstützung nicht "nur" unter Umständen ver-
zichtbare Rationalisierung, sondern für deren Bewältigung sie technische Notwendig-

keit ist. Beispiele hierfür sind Flugzeug- oder bestimmte nachrichtentechnische Konstruktionen.

Vor dem Hintergrund immer leistungsfähiger werdender Rechnersysteme ist mehrfach versucht worden, den gesamten Prozeß der Planung industrieller Erzeugnisse geschlossen formelmäßig darzustellen und ihn als mathematisches Optimierungsproblem automatisch ablaufen zu lassen. In Einzelfällen brachte dies Erfolg - z.B. wurden Hochspannungsleitungen nach diesem Verfahren kosten- und zeitsparend trassiert. Für das breite Spektrum praktischer Aufgabenstellungen - dies läßt sich auch aus dem exemplarisch beschriebenen Arbeitsablauf begründen - muß sich jedoch Rechneranwendung im Dialog zwischen Benutzer und DV-Ssystem abspielen. Interaktivität ist also eine für die Gestaltung der DV-Systeme entscheidende Forderung.

Wie dargestellt, beinhaltet der Entwurfs- und Konstruktionsprozeß eine Reihe von Aufgaben, deren Lösung rechnerseitig unterstützt bzw. vollständig erledigt werden kann. Berechnen, Zeichnen, Informationen speichern und aufsuchen sind Beispiele hierfür. Zweckmäßig gestaltete CAD/CAM-Systeme müssen dem Benutzer also eine umfassende Methodenbank bereitstellen, in der solche Aufgaben programmmäßig abgedeckt sind. Diese Methodenbank muß "offen" konzipiert sein, um z.B. firmenspezifische Moduln in ansonsten überbetrieblich geltende DV-Systeme einbringen zu können oder um die Systeme entsprechend dem technischen Fortschritt anpassen und ausbauen zu können.

Analog zur Methodenbank müssen die DV-Systeme eine Datenbank beinhalten, in die der Benutzer bereits erzeugte Arbeitsergebnisse einspeisen bzw. sie von dort abrufen kann. Ebenso werden von der Datenbank die verschiedenen Programmbausteine, die in der Methodenbank enthalten sind, mit Informationen versorgt - und umgekehrt. Gesteuert vom Benutzer, übernimmt die Datenbank also auch die Bindeglied-Funktion zwischen den Programmbausteinen.

Eine weitere Grundforderung an die Gestaltung von CAD/CAM-Systemen bezieht sich auf deren Betriebsform. Es ist wichtig, daß die Systeme als Ganzes dem Benutzer an seinem Arbeitsplatz oder in dessen unmittelbarer Umgebung zur Verfügung stehen.

Im folgenden Abschnitt wird eine Struktur für CAD/CAM-Systeme begründet, die den aufgestellten Anforderungen gerecht wird. Dabei wird differenziert zwischen anwendungsbezogenen sowie systemnahen Programmen und Anlagenkonfigurationen.

3. Zweckmäßige Gestaltung der Datenverarbeitungssysteme

Es wird zunächst der Standpunkt des Anwenders untersucht, der die Systeme als seine
Arbeitshilfsmittel einsetzt und der in der Regel nicht mit dem Systementwickler identisch ist.

Bild 3 enthält ein Schema, in dem der fachliche Leistungsumfang der DV-Systeme für
das rechnerunterstützte Entwerfen und Konstruieren günstig dargestellt und abgegrenzt
werden kann.

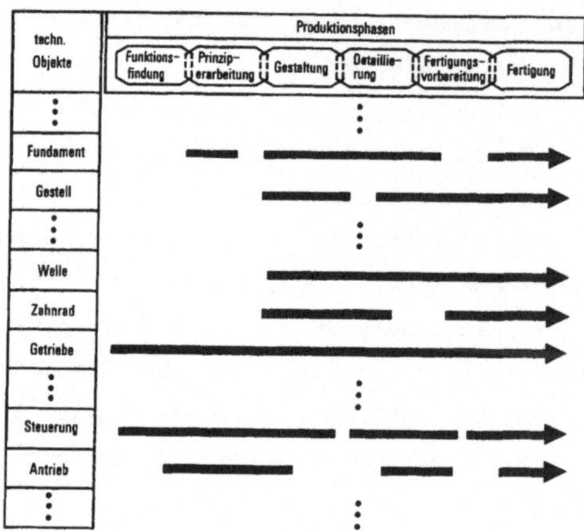

Bild 3: Schematische Einordnung von Planungs- und Fertigungsaufgaben in den CAD/CAM-
Lösungsraum

Auf der Horizontalen diesen "Lösungsraumes" sind die bereits früher erwähnten Produktionsphasen aufgetragen, vertikal sind typische technische Objekte aufgelistet. In
dieses Schema ist die Tätigkeit der Planung und Fertigung als jeweils objektbezogene,
horizontale Linie einzutragen. Innerhalb dieser sind, wie beschrieben, "Rücksprünge"
zugelassen; auch können Unterbrechungen auftreten, da nicht für jedes technische
Objekt alle Produktionsphasen relevant sind.

In dasselbe Schema ordnet sich der gegenwärtig vorherrschende Typ von CAD/CAM-An-
wendungsprogrammen wie qualitativ in **Bild 4** gezeigt ein. Hauptsächlich werden Insel-
lösungen - kleinere, auf spezielle Anwendungen eng zugeschnittene Programmpakete -
angeboten. Im Bereich der rechnerunterstützten Simulation und Berechnung von tech-

nischen Objekten besteht eine große "Häufungsdichte", demgegenüber treten andere Einsatzgebiete deutlich zurück. Die vorhandenen Programme können praktisch nicht zu größeren Systemen verknüpft werden, so daß für den Benutzer nur punktuelle und keine durchgehende Rechnerunterstütztung zustande kommt.

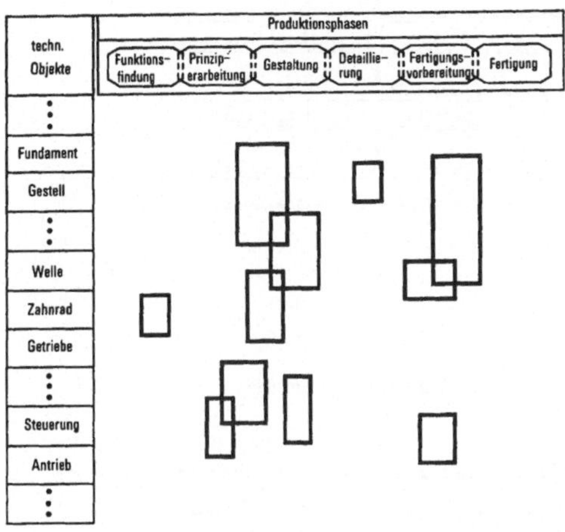

Bild 4: Schematische Einordnung der Leistungsprofile bestehender Anwendungsprogramme in den CAD/CAM-Lösungsraum

Zahlreiche bestehende Schwierigkeiten beim Einsatz des CAD/CAM sind aus der Diskrepanz der Bilder 3 und 4 zu begründen - aus der fehlenden Übereinstimmung zwischen Ingenieuraufgaben im Rahmen von Planung und Fertigung einerseits und verfügbaren Anwendungsprogrammen andererseits.

Aus diesem Sachverhalt leitet sich die Forderung ab, in Korrespondenz zur in Bild 3 dargestellten Aufgabenstruktur eine CAD/CAM-Methodenbank bereitzustellen, deren Bausteine der Benutzer zu objektbezogenen Programmketten gemäß **Bild 5** zusammenfügen kann /3, 4/.

Mit derartig gestalteten Anwendungsprogrammen wird erreicht, daß der Computer umfassend zur Informationsverarbeitung genutzt und als Hilfsmittel in den gesamten Arbeitsprozeß integriert wird.

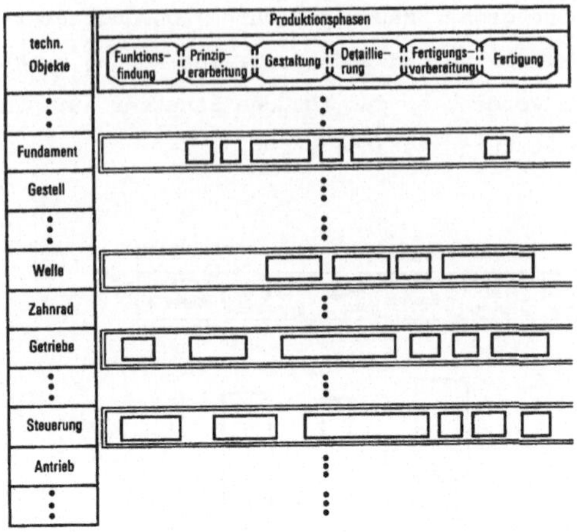

Produktionsphasen: Funktionsfindung · Prinziperarbeitung · Gestaltung · Detaillierung · Fertigungsvorbereitung · Fertigung

techn. Objekte: Fundament · Gestell · Welle · Zahnrad · Getriebe · Steuerung · Antrieb

<u>Bild 5:</u> Kettenkonzept für CAD/CAM-Anwendungsprogramme

Dieses vom Standpunkt des Anwenders zweckmäßige Kettenkonzept erweckt aus der Sicht des Systementwicklers den Eindruck uferloser Vielfalt. Dem ist de facto jedoch nicht so, da die Algorithmen zahlreicher Bausteine objektunabhängig sind; hierfür sind Moduln zu schaffen, die als "Standardbausteine" in die verschiedenen Ketten einbezogen werden können. Beispiele hierfür sind Grafikbausteine, Finite-Elemente-Programme zur Festigkeitsberechnung und NC-Prozessoren /7/. Stehen solche Standardbausteine als Basis der Methodenbank in hinreichender Anzahl und Qualität zur Verfügung, können damit durch Ergänzung um spezifische Moduln leistungsfähige Anwendungsprogramme aufgebaut werden. Für dieses Generieren erweist sich die oben erhobene Forderung eines open-end-Konzepts für die Methodenbank als unabdingbar und damit auch eine konsequente programmtechnische Strukturierung der Bausteine.

<u>Bild 6</u> gibt Aufschluß darüber, wie die anderen Softwarekomponenten des DV-Systems mit der Methodenbank korrespondieren. Gleichzeitig läßt diese Darstellung eine umfassende Interpretation des rechnerunterstützten Entwerfens und Konstruierens zu:

Die Datenbank nimmt Informationen auf, die beim Planen des jeweiligen technischen Objekts entstehen. Zusätzlich werden dort allgemeine Informationen z.B. über Normen und betriebliche Standards gehalten, die der Konstrukteur bei seiner Tätigkeit laufend benötigt. Mit Forschreiten des Planungsprozesses werden die Objektinformationen in der

Datenbank im Sinne einer vollständigen Erzeugnis- und Baubeschreibung immer konkreter.
Diese Konkretisierung erfolgt entweder dadurch, daß der Benutzer über den Kommunikationsteil direkt Ergänzungen vornimmt - oder dadurch, daß er mit den Bausteinen der
Methodenbank Transformationen auf den Datenbestand anwendet, z.B. indem er den logischen Gleichungen einer elektrischen Steuerung mittels Programm konkrete Schaltungs-
elemente zuweist. Art und Folge dieser Transformationen ergeben sich jedoch nicht
automatisch, sondern sie werden vom Benutzer über den Kommunikationsteil fallabhängig
gesteuert.

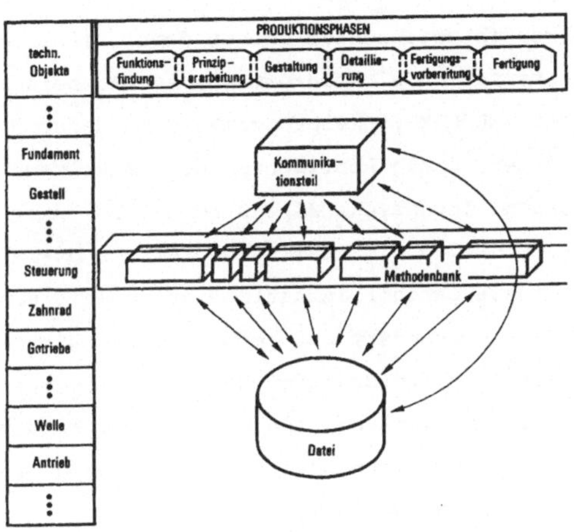

<u>Bild 6:</u> Zusammenwirken von Kommunikationsteil, Methodenbank und Datei eines CAD/CAM-
Systems

Aufgrund dessen, daß Entwickler und Anwender im praktischen Betrieb von CAD/CAM-
Systemen nicht identisch sind und auch die Benutzung eines Systems durch unterschiedliche Personen möglich sein muß, ist es wichtig, daß der Kommunikationsteil eine Art
programmierter Dialogführung anbietet, die dem Benutzer den Leistungsumfang des Systems laufend und vollinhaltlich vor Augen führt. Neben dieser anwendungsbezogenen
Komponente gelten die meisten anderen Funktionen des Kommunikationsteils und der Datenbank losgelöst von der jeweiligen Kette von Verarbeitungsbausteinen; sie haben deshalb Querschnittscharakter für CAD/CAM-Systeme und hieraus ergibt sich eine enge Verbindung zu den systemnahen Programmen eines DV-Systems.

Anforderungen an diesen Softwarebereich wurden bereits an mehreren Stellen implizit
genannt /8/. Beispielsweise setzt das flexible Einsetzen der Bausteine aus der Me-

thodenbank voraus, daß systemseitig eine Programmverwaltung existiert, die ein dynamisches Laden der Moduln gestattet; ebenso muß der Datentransfer über Bausteingrenzen hinweg systemseitig ermöglicht werden.

Zentrale Bedeutung für das CAD/CAM hat die rechneradäquate Beschreibung von technischen Objekten. Denn, wie aufgezeigt, ist es die Objektbeschreibung, die im Lauf des Planungsprozesses permanent verändert und konkretisiert wird - dies im Dialog einfach und schnell tun zu können, setzt ensprechend leistungsfähige DV-Werkzeuge voraus.

Literale Angaben wie z.B. Werkstoffbezeichnungen machen dabei keine Schwierigkeiten. Komplizierter ist es, die geometrischen Objektinformationen rechneradäquat zu formulieren.   Viele der bestehenden CAD/CAM-Einzelprogramme sind dadurch gekennzeichnet, daß dem Rechner praktisch zweidimensionale Abbildungen der im allgemeinen dreidimensionalen Objekte mitgeteilt werden. Technische Zeichnungen also, durch Koordinatenlisten und Verknüpfungsmatrizen codiert, bilden die Basis auch für die dv-mäßige Objektbeschreibung. Die daraus resultierende Datenorganisation ist relativ einfach, das Datenvolumen allerdings beträchtlich. Insbesondere ist jedoch die Schnittstelle zwischen Mensch und Datenverarbeitungssystem außerordentlich datenintensiv - das ist der Hauptgrund dafür, daß eine integrierte Datenverarbeitung wie mit dem Kettenkonzept in den Bildern 5 und 6 begründet, über diesen zeichnungsorientierten, sog. expliziten Beschreibungstyp praktisch nicht erreicht werden kann /2/.

Zur Zeit sind deshalb Softwaremoduln in der Entwicklung, mit denen Objektbeschreibungen impliziten Typs gebildet werden können. Hierbei werden Gestaltungsmakros bereitgestellt, die vom Benutzer des CAD/CAM-Systems beliebig kombiniert und zur rechneradäquaten Beschreibung technischer Objekte zusammengestellt werden können. Bild 7 veranschaulicht derartige Grundkörper, die qualitativ durch einen Namen und quantitativ durch mehrere Parameter spezifiziert werden.

Besteht beispielsweise die Aufgabe, die dargestellte Halterung in ihrer Geometrie rechneradäquat zu beschreiben, dann werden von einem positiv eingeführten Quader die schraffierten Grundkörper subtrahiert. Die Objektbeschreibung ist durch die formelmäßige Beziehung schnell aufgebaut, sie ist in einem hohen Maß selbstdokumentierend und im Lauf des Planungsprozesses leicht änderbar. Gleichzeitig dient sie als Basis für die anzuwendenden Bausteine aus der Methodenbank, z.B. für Berechnungsprogramme, für Grafikpakete zur zeichnerischen Darstellung oder für NC-Prozessoren, die die Informationen zur automatischen Werkstückfertigung aufbereiten - in allen Fällen wird also auf dieselbe Geometriebeschreibung zurückgegriffen /1o/.

Hinsichtlich der anlagentechnischen Seite als der hier dritten Komponente von CAD/CAM-Systemen bestehen zwei Fragen:

o Zunächst ist zu untersuchen, ob die Verarbeitungsmöglichkeiten der gegenwärtig an-
gebotenen Geräte den Anforderungen der rechnerunterstützten Planung und Fertigung
genügen bzw. welche anlagentechnische Schwierigkeiten zu überwinden sind.

o Zweitens muß geklärt werden, wie die funktionelle und räumliche Aufteilung der Verarbeitungskapazitäten vorzunehmen ist, um CAD/CAM integriert und wirtschaftlich be-
treiben zu können.

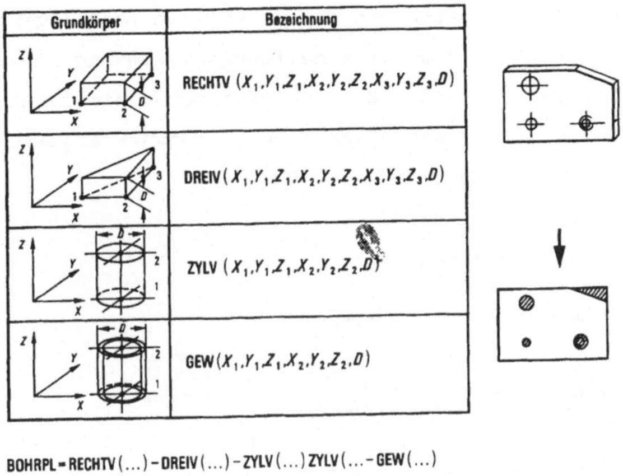

Grundkörper	Bezeichnung
	RECHTV $(X_1, Y_1, Z_1, X_2, Y_2, Z_2, X_3, Y_3, Z_3, D)$
	DREIV $(X_1, Y_1, Z_1, X_2, Y_2, Z_2, X_3, Y_3, Z_3, D)$
	ZYLV $(X_1, Y_1, Z_1, X_2, Y_2, Z_2, D)$
	GEW $(X_1, Y_1, Z_1, X_2, Y_2, Z_2, D)$

BOHRPL = RECHTV $(\ldots)$ − DREIV $(\ldots)$ − ZYLV $(\ldots)$ ZYLV $(\ldots$ − GEW $(\ldots)$

Bild 7: Implizite Objektbeschreibung für CAD/CAM-Anwendungen

Zur ersten Frage ist festzustellen, daß das Leistungsprofil angebotener Geräte zur
Zeit keinen Engpaß für das CAD/CAM bildet - dies gilt für Zentral- und Peripherieein-
heiten gleichermaßen. Bei den grafischen Peripheriegeräten kommt der interaktive Bildschirm gegenwärtig weniger als ursprünglich vermutet zum Zug. Demgegenüber setzen
sich großformatige Digitalisierer-Plotter-Kombinationen und Menütableaus in Verbindung mit passiven Bildschirmen stärker durch. Interessant für CAD/CAM-Aufgaben wie
auch für andere Anwendungen ist die Weiterentwicklung stimmverarbeitender Geräte,
weil hiermit die Schnittstelle Mensch/Datenverarbeitungssystem zusätzlich entlastet
wird. Zum Vorteil des Anwenders vollziehen sich gegenwärtig Verschiebungen an der
Grenze zwischen Hardware und Systemsoftware; z.B. werden bereits Bildschirme angeboten, die gewisse grafische Operationen über Mikroprozessoren hardwaretechnisch lösen -
und zwar erheblich schneller, als dies softwaremäßig zu erreichen wäre.

Hinsichtlich der funktionellen und räumlichen Teilung der DV-Anlagen sind beim rechnerunterstützten Entwerfen und Konstruieren zwei Randbedingungen wichtig. Zunächst ist festzustellen, daß die Bausteine der Methodenbank in ihrer dv-technischen Komplexität stark verschieden sein können, sie als Bestandteile einer Programmkette jedoch in unmittelbarer Verbindung betrieben werden müssen. Zweitens gilt, daß der Benutzer von seinem Arbeitsplatz Zugriff zum gesamten CAD/CAM-System haben muß. Beide Randbedingungen zusammengefaßt und darüber hinaus die Forderung nach wirtschaftlicher Betriebsweise machen deutlich, daß das Schlagwort von der verteilten Intelligenz auch für CAD/CAM-Anwendungen Gültigkeit hat. <u>Bild 8</u> zeigt eine funktionelle und räumliche Gerätegliederung, die - wie als Ganzes dargestellt - den genannten Anforderungen entspricht, die aber auch - je nach betriebsorganisatorischen Bedingungen - abgewandelt werden kann, ohne an Funktionsfähigkeit zu verlieren.

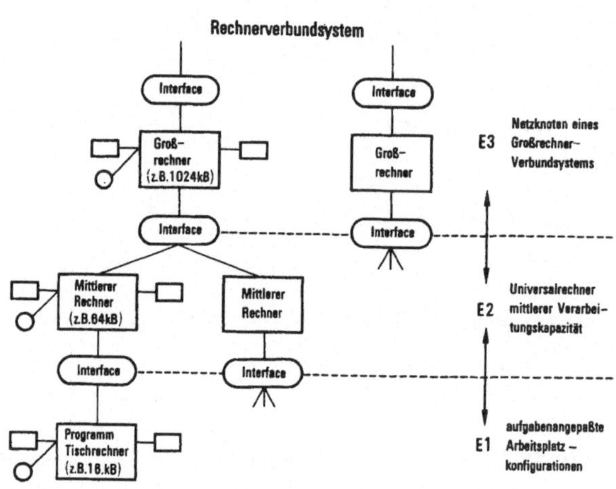

<u>Bild 8:</u> Stufung von Rechnern unterschiedlicher Verarbeitungskapazität

Dargestellt sind drei Anlagenebenen mit jeweils unterschiedlicher interner und peripherer Verarbeitungskapazität. Alle Ebenen stehen über Interfaces miteinander in Verbindung, denen je nach Anzahl der Stationen in einer Ebene bzw. räumlicher Entfernung zwischen den Ebenen die Funktion eines Modems oder die eines Vermittlungsrechners oder Konzentrators zukommt.

Die Arbeitsplatzkonfiguration, zu der der Anwender direkten Zugriff hat, ist in E 1 angesiedelt. Sie besteht aus einem Kleinrechner, um den CAD/CAM-angepaßte Peripherie gruppiert ist. Solche Stationen bearbeiten kleinere Aufgaben, die statistisch jedoch einen hohen Anteil des Arbeitsaufkommens ausmachen, autark /1/. Bei größeren Teilaufgaben hat der Benutzer über E 1 Durchgriff auf mittlere Verarbeitungskapazitäten E 2 und große Kapazitäten E 3. Das CAD/CAM-Spezifische nimmt mit steigendem Ebenenindex ab - z.B. ist in E 3 primär die Funktion "schneller Rechner mit großer interner und externer Speicherkapazität" verwirklicht, während E 1 vor allem hinsichtlich der grafischen Verarbeitungs- und Darstellungsmöglichkeiten aufgabenangepaßt sein muß.

Oberhalb E 3 ist die Einführung einer "Jumbo-Station" E 4 wenig sinnvoll; besser ist eine Verknüpfung mehrerer Ebenen E 3 zu einem Großrechner-Verbundsystem.

Unter bestimmten Voraussetzungen sind Abwandlungen des Schemas nach Bild 8 zweckmäßig, die nicht dessen Leistungsvermögen, wohl aber u. U. die Investitions- und Betriebskosten reduzieren /5/. Z.B. bestehen in vielen Mittelbetrieben bereits Anlagen entsprechend E 2 zur Lösung kommerziell-administrativer Aufgaben. CAD/CAM wäre dann so zu realisieren, daß aufgabenangepaßte Stationen E 1 angeschlossen werden und im Bedarfsfall Fernleitungen von E 2 unmittelbar in ein Großrechnernetz zu schalten sind. Andererseits existieren in vielen Großbetrieben Anlagen E 3, die mit Ebenen E 1 korrespondieren können, ohne daß Stationen E 2 zwingend eingeschaltet werden müssen.

Das dargestellte Ebenenmodell stellt einen Funktions-, Daten- und Lastverbund dar. Dieses Konzept läßt u.a. zu, daß an bestimmter Stelle vorhandene Programme an vielen Stationen E 1 genutzt werden, ohne daß Programmimplementierungen auf anderen Anlagen erforderlich sind. Das Ziel der Softwareportabilität wird so gewissermaßen anlagentechnisch erreicht.

4. Anwendungsbeispiel

Im folgenden Beispiel wird das Zusammenwirken der verschiedenen Komponenten eines CAD/CAM-Systems am konkreten Fall verdeutlicht. Dabei steht der Bezug dieses Beispiels zu dem im vorigen Abschnitt entwickelten Gestaltungskonzept im Vordergrund - nicht das Ingenieurtechnische dieser speziellen Anwendung.

Es handelt sich um ein System zur Planung von Rohrleitungsnetzen, die die Einzelaggregate einer chemischen Anlage - etwa einer Raffinerie - miteinander verbinden. Einige Zahlen zur Charakterisierung solcher Baugruppen: Die Rohrverbindungen erreichen eine Gesamtlänge in der Größenordnung einiger "zig" km und sie stellen, einschließlich der Einbauten wie Ventile, Pumpen usw., einen Objektwert in Höhe mehrerer Millionen DM dar.

Das Schwierige bei der Auslegung eines solchen Rohrsystems liegt einmal im Konstruktionsmethodischen; noch problematischer ist es jedoch, die mit der Planung verbundene, umfangreiche und fehleranfällige Detailarbeit zu bewältigen und die Übersicht über die verfahrenstechnischen und räumlichen Abhängigkeiten zu behalten, die zwischen den vielen Komponenten eines Rohrleitungssystems bestehen.

Das CAD/CAM-System bietet Rechnerunterstützung für die vollständige Planung der Verrohrung, also für deren Entwurf, Konstruktion, Fertigungsvorbereitung und Montage /9/.

Die Methodenbank des Systems beinhaltet Bausteine für hydraulische Berechnungen und für statische und dynamische Festigkeitsanalysen sowie Programme für die zeichnerische Darstellung der Verrohrung in verschiedenen Riß- und Perspektivformen. Darüber hinaus umfaßt die Methodenbank Moduln, mit denen die Leitungsführung unter bestimmten geometrischen Restriktionen automatisch optimiert und auf räumliche Kollisionsfreiheit überprüft werden kann. Im Zusammenhang mit der Fertigungsvorbereitung und Montageplanung werden Programme zur Stücklistenerstellung und zur Terminierung angewendet. Teilweise sind die genannten Verarbeitungsmoduln Standardbausteine, die unverändert auch für CAD/CAM-Systeme völlig anderer Anwendungsbereiche relevant sind - Grafikprogramm und Stücklistenprozessor sind Beispiele hierfür. Andere Moduln sind unmittelbar auf das Spezialgebiet "Rohrleitungen" zugeschnitten, z.B. das Programm zur Kollisionsprüfung.

Alle erwähnten Bausteine korrespondieren mit einer Datenbank, die zwei Bereiche umfaßt. In einen Sektor werden die vom Benutzer generierten Projektdaten z.B. für Raffinerie "X" eingespeist. Der andere Sektor stellt dem Anwender projektunabhängig laufend benötigte Arbeitsinformationen zur Verfügung, z.B. Typen von Standardrohrelementen, Pumpen und Ventilen sowie die zugehörigen Konstruktionsdaten wie Abmessungen, Gewichte und hydraulische Berechnungsbeiwerte.

Der Kommunikationsteil bietet dem Benutzer u.a. ständig einen Wegweiser durch das Programm an, durch den die Systemanwendung wesentlich vereinfacht wird. Darüber hinaus hat der Anwender die Möglichkeit, durch entsprechende Kommandos das Rohrleitungssystem in verschiedene Mengen unterschiedlicher Bedeutung zu gliedern, z.B. nach funktionellen oder räumlichen Gegebenheiten oder nach Montageabschnitten.

Über den Kommunikationsteil steuert der Benutzer im Dialog den Ablauf des Programms und die Zugriffe zur Methoden- und zur Datenbank. Das System läuft auf einer Kleinrechnerkonfiguration, die als intelligentes Terminal mit einem Großrechner in Verbindung steht. Zur Durchführung der laufenden interaktiven Planungstätigkeit sind an den Kleinrechner passive Bildschirme und Menütableaus angeschlossen; für die

Dokumentation erarbeiteter Projektdaten stehen Drucker und Plotter zur Verfügung.

5. CAD/CAM - ein Teilbereich betrieblicher Datenverarbeitung

Systeme, die wie das erläuterte Beispiel eine durchgehende Rechnerunterstützung bei
der Planung technischer Objekte bieten, haben sich in der Praxis als außerordentlich
wirkungsvolle Produktionshilfsmittel erwiesen. Im Vergleich zur konventionellen Arbeitsweise sind Zeiteinsparungen in der Größenordnung von 8o % und Kostenreduktionen um
5o % keine Seltenheit. Vor diesem Hintergrund stellt sich direkt die Frage, inwieweit der Leistungsumfang der DV-Systeme auch auf andere Produktionsbereiche ausge-
weitet werden kann, um auch hier erhöhte Wirtschaftlichkeit zu erzielen.

Solche Integrationen können einmal aus organisatorischen Gründen sinnvoll sein - z.B.
hinsichtlich gemeinsamer Nutzung einer Anlagenkonfiguration zur Lösung technischer
und kommerzieller Aufgaben. Technisch sind die Forderungen nach Integration insbesondere
dann begründet, wenn zwischen verschiedenen Bereichen intensiver Datenaustausch erforderlich ist oder wenn vielerorts gleiche Verarbeitungsprogramme anzuwenden sind -
hinreichend viele Elemente der Daten- oder Methodenbank also gemeinschaftlich genutzt
werden sollten.

Ausgehend von Entwurf und Konstruktion ist diese Voraussetzung mit Sicherheit für
die übrigen technischen Planungsabschnitte, z.B. die Fertigungsvorbereitung, erfüllt
/4/. Es hat sich gezeigt, daß sehr viele Wirtschaftlichkeitseffekte des CAD/CAM ver-
spielt werden, wenn man die DV-Systeme nicht auf die Belange aller Planungsphasen
ausrichtet und nur DV-Inseln schafft. Entsprechendes gilt auch für den Bereich der
Produktfertigung, wo durch die zunehmende Anwendung rechnergesteuerter Bearbeitungs-
maschinen und Produktionseinrichtungen ein Datenverbund immer größere Bedeutung gewinnt /6/.

Umgekehrt ist es wichtig, daß im Planungsbereich auch Informationen bereitstehen, die
primär kommerziell-administrativer Natur und damit für andere Betriebsabschnitte do-
minant sind. Z.B. erfährt der Konstrukteur Angaben über die Verfügbarkeit bestimmter
Materialien am Firmenlager dann besonders schnell, wenn unmittelbare Verbindungen
zwischen CAD/CAM - und Einkaufs- bzw. Dispositionssystemen bestehen. Hier ist also
Integration auf einer noch höheren Ebene denkbar, die letztlich sämtliche Bereiche betrieblicher Datenverarbeitung zusammenführt und für die Datenbank Kristallisationskeim
ist.

Bis zu welchem Grad dieses technisch Machbare berechtigt und sinnvoll ist, kann nicht
pauschal gesagt werden - hierüber entscheiden Arbeitseffizienz und Wirtschaftlichkeit
des Hilfsmittels "Datenverarbeitung" im Einzelfall. Bezogen auf CAD/CAM hat es sich
als zweckmäßig erwiesen, zunächst überschaubare, in sich geschlossene Teilaufgaben

der Rechnerunterstützung zuzuführen – die große Lösung aus einem Guß existiert auch für das CAD/CAM nicht.

Literatur

1. Abeln, O.:   Wirtschaftliche Einsatzmöglichkeiten einer interaktiven
                      Datenstation für das rechnergestützte Konstruieren in der Indu-
                      strie
                      Chemie Ingenieur Technik 46 (1974) Nr. 1o, S 419 - 424

2. Hatvany, J.:   Report to IIASA on a World Survey of Computer Aided Design
    u.a.   IIASA, 1974

3. Liebisch, H.:   Automatisierung des Informationsflusses zwischen Entwicklung,
                      Konstruktion und Fertigung technischer Objekte
                      Online 12 (1974) Nr. 1/2, S. 36 - 39

4. Noppen, R.:   Untersuchung zur elektronischen Datenverarbeitung in Konstruktion
                      und Arbeitsplanung des Maschinenbaus
                      Habilitationsschrift TH Aachen, 1976

5. Obelode, G.:   Datenverarbeitung in der Industrie
                      Angewandte Informatik (1975). Nr. 1

6. Spur, G.:   Grundlagen der Prozeßautomatisierung für die Fertigung
    u.a.   Gesellschaft für Kernforschung mbH, Karlsruhe, KFK-PDV 86

7. Vahl, T.:   Present And Future Possibilities within Computer Aided Design
                      Computers and Structures Bd. 4(1974)

8. Vliestra, J.:   Computer Aided Design
    (Hrsg)   North Holland Publishing Comp., Amsterdam, 1973

9. N.N.   PDMS - Technical Information Booklet
                      Computer Aided Design Centre, Cambridge, England, 1976

1o. N.N.   EXAPT - NC-Programmiersystem
                      Informationsschrift des Exapt-Vereins, Aachen, 1975

SYSTEMTECHNOLOGISCHE ASPEKTE VON CAD-SYSTEMEN

J. Encarnacao
Fachgebiet Graphische Datenverarbeitung
Institut für Datenverwaltung und Interaktive Systeme
Fachbereich Informatik der Technischen Hochschule Darmstadt

Das rechnergestützte Entwerfen und Konstruieren wird - aus dem englischen übernommen - üblicherweise CAD genannt und ist in (1) definiert als "die Nutzung von Computer Hardware und Software für den Entwurf von Produkten, die von der Gesellschaft benötigt werden. Dabei sind Produkte Elemente von Systemen. Systeme können aber sein: ein Automat, ein medizinisches Zentrum, ein Logistik-Plan, ein Stadtentwicklungsprojekt u.v.a.. In (2) wird CAD als "äquivalent zu der Integration von geeigneten Computer Hardware- und Software-Moduln um Entwurfsysteme für besondere Erfordernisse zu erzeugen" beschrieben. In diesem Aufsatz steht der Rechner, d.h. die DV-Technologie im allgemeinen und der Versuch zu einer Informatik-orientierten Betrachtung der CAD-Systeme insbesondere, im Vordergrund. Zunächst wird ein funktionelles Modell von CAD-Systemen angegeben, bei dem die Datenbank die zentrale Funktion wahrnimmt. Ausgehend von diesem Modell werden alle zugehörigen Funktionen (Dialog, Graphik, E/A, Datenbank) erläutert. Insbesondere werden aber auch die Fragen der verteilten Realisierung von CAD-Systemen und der verschiedenen Typen von interaktiven CAD-Arbeitsplätzen behandelt.

1. Systemkomponenten

Wie von R. Noppen (2) eingeführt, kann das CAD-System gesehen werden als das Zusammenwirken zwischen einer Datenbank, einer Anwender-Programmkette und einem Kommunikationsmodul. Dies wird durch Bild 1 wiedergegeben. Wenn wir uns den Kommunikationsmodul näher betrachten, so sehen wir, daß er aufgegliedert werden kann in drei verschiedene Moduln (Bild 2):

a) Dialog

b) Daten - Ein- und Ausgabe

c) Graphik

In dem Dialogmodul finden wir die Kommandosprache des verwendeten Betriebssystems vor. Die Datenerfassung, die Integritätsprüfung und die Anfragesprache sind Teile des Moduls für die Daten - Ein- und Ausgabe. Die graphische Ein- und Ausgabe und der graphische Dialog werden im Graphik-Modul vorgenommen. Dabei unterscheiden wir zwischen einem Modellierungsteil, der Bestandteil der Programmkette ist und in dem die gewünschte (graphische) Topologie definiert wird - und einem gemeinsamen Kern als Darstellungs- und dialogausführender Modul. Diese Trennung wird noch später näher behandelt und erläutert.

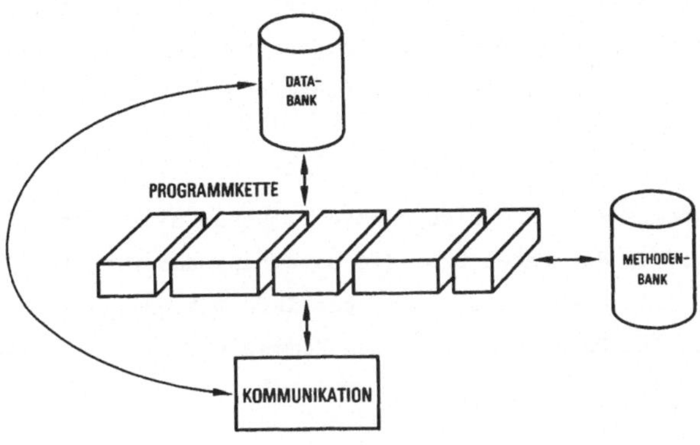

Bild 1:   Grundkonzept eines CAD-Systems

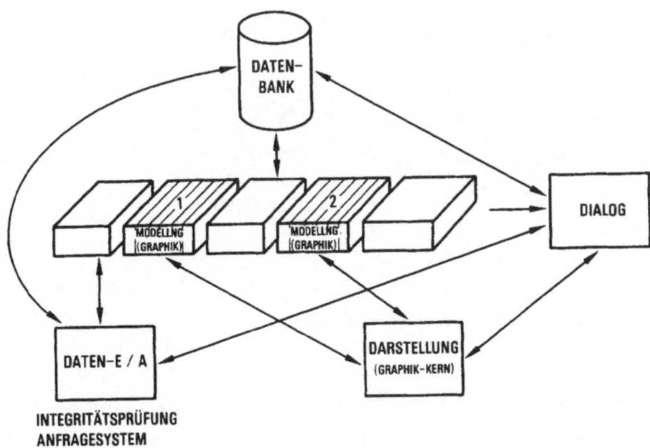

Bild 2:   Die Komponenten eines CAD-Systems

Die Programmkette besteht aus Programmteilen, die über die Methodenbank dem Anwender zur Verfügung gestellt werden. In dieser Methodenbank sind auch Moduln enthalten, die für die Systemfunktionen (Datenbank, Dialog, Daten-E/A, Graphik) verwendet werden. Die einzelnen Bestandteile, d.h. Moduln der Methodenbank selbst können große Anwendungsprogramme sein (z.B. Modul für Finite Elemente). Ausgehend von diesem Grundkonzept wollen wir nun die einzelnen Komponenten unter dem Gesichtspunkt der verwendeten bzw. möglichen DV-Techniken behandeln.

2. Hardware-Organisation

Die Struktur eines CAD-Systemes - in dem bisher beschriebenen Sinne, hat die in Bild 3 angegebene Form. Dabei werden die Daten bzw. die Datenbank zum funktionellen Zentrum des CAD-Systems, das - so gesehen - auch als ein Informationssystem betrachtet werden kann. Dadurch werden die Daten zum zentralen Kommunikationsträger zwischen den einzelnen Funktionen.

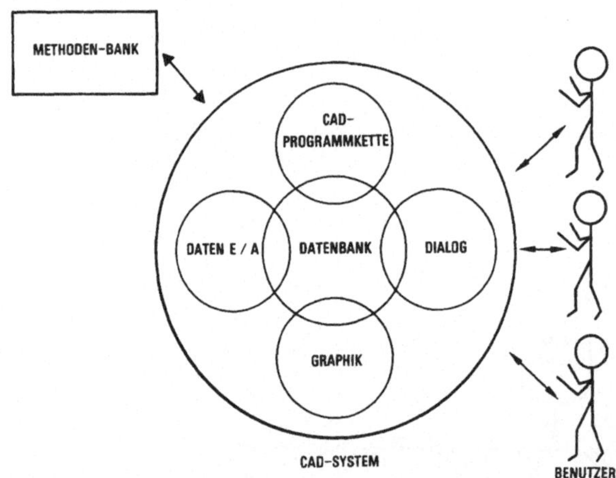

Bild 3: Funktionelle Struktur eines CAD-Systems

Von der Verwendung und Realisierung des CAD-Systems her gesehen, können dabei drei Ebenen betrachtet werden. Die erste entspricht der Verwendung als Informationssystem, d.h. insbesondere der Moduln Datenbank und Daten-E/A einschließlich den zugehörigen Anfragemöglichkeiten. CAD-Systeme werden meistens im Mehrbenutzerbetrieb eingesetzt, sowohl als Teilnehmer- wie als Teilhabersysteme. Der einzelne Benutzer selbst arbeitet an einem interaktiven Arbeitsplatz, der je nach lokaler (Hardware/Software-)Mächtigkeit als einfaches E/A-System, gepuffertes E/A-System, Intelligentes Terminal oder Intelligenter Satellit betrieben wird. Wegen der Vielfalt der Funktionen, sowie der großen Datenmengen in einem CAD-System, kann - auch aus Gründen der Kostenoptimierung

für den Endbenutzer – wie in (2) erläutert, für jede Ebene ein eigener Rechner vorgesehen werden (Bild 4).

EBENE	FUNKTION	KONZEPT
INFORMATIONS-SYSTEM	DATENBANK DATEN-E / A (ANFRAGESYSTEM)	TEILHABERSYSTEM
MEHRBENUTZER-SYSTEM	PROGRAMMKETTE DIALOG	TEILNEHMERSYSTEM
INTERAKTIVER ARBEITSPLATZ	(DIALOG) GRAPHIK	EINFACHES E / A-SYSTEM GEPUFFERTES E / A-SYSTEM INTELLIGENTES TERMINAL INTELLIGENTER SATELLIT

<u>Bild 4</u>:   Das Drei-Ebenen-Konzept

Die jeweilige Hardware-Organisation des CAD-Systems ist jedoch im wesentlichen abhängig von den Rechenkosten, von der Antwortzeit im interaktiven Betrieb, von der
Systemzuverlässigkeit und von der Programmportabilität.

Durch die fallenden Hardware-Kosten ist es denkbar, daß sich in Zukunft immer mehr
Netzwerke von Rechnern mit mehrfachem Zugriff für CAD-Anwendungen durchsetzen werden.
Durch die verteilte Organisation wäre dann für den einzelnen Anwender das Potential
an Methodenbanken viel größer und die Kommunikation zwischen CAD-Benutzern viel
effizienter.

Wir wollen nun in Anlehnung an W. Bier in (3) einen solchen Verbund näher betrachten.
Technisch kann davon ausgegangen werden, daß die in Bild 5 angegebenen Verkehrsebenen
vorhanden sind.

Bei der Frage der Kopplung unterscheidet man dann in Abhängigkeit von der geforderten Übertragungsgeschwindigkeit, von dem Umfang der zu übertragenden Daten, von
der Entfernung zwischen den Knoten, von der Fehlerrate und von den Kosten die folgenden vier Kopplungsarten:

    a) Arbeitsspeicherkopplung
    b) Kanal – zu Kanal – Kopplung
    c) Kopplung über Peripheriegeräte
    d) Kopplung über Übertragungsleitungen

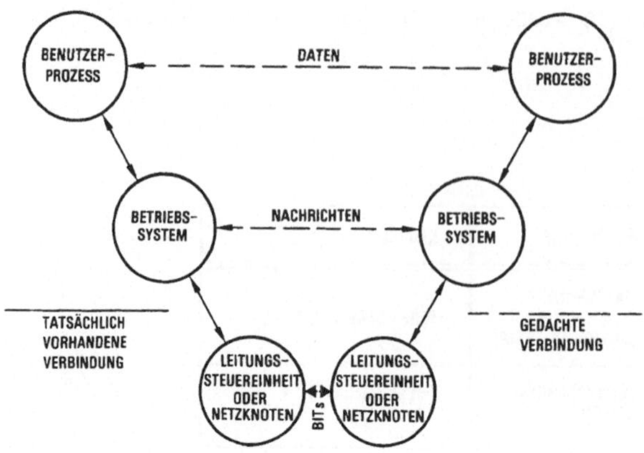

Bild 5: Verkehrsebenen in einem Rechnerverbund

Bei der Arbeitsspeicherkopplung wird ein Teil oder auch der ganze Arbeitsspeicher
von zwei oder mehr Prozessoren gemeinsam benutzt. Wenn Daten und Steuerinformation
direkt über die Kanaleinheiten der zu koppelnden Rechner ausgetauscht werden, dann
handelt es sich um die Kanal-Kopplung.
Werden Peripheriegeräte gemeinsam benutzt, z.B. ein Plattenspeicher, so haben wir
die Kopplung über Peripheriegeräte. Die letzte Kopplungsart geschieht über Übertra-
gungsleitungen mit den notwendigen Modems und Leitungssteuereinheiten.

Von der Funktion her gesehen unterscheidet man zwischen Last- und Funktionsverbund.
Bei einem Lastverbund geht es darum, die anfallenden Aufträge möglichst optimal auf
die verbundenen Anlagen zu verteilen. Der Funktionsverbund dient dazu, Betriebsmittel
bzw. Dienstleistungen, die auf unterschiedlichen Anlagen zur Verfügung stehen, für
eine Anwendung bzw. für einen Anwender gemeinsam nutzbar zu machen. Bei CAD-Systemen
geht es meistens um den Funktionsverbund, wie z.B. um dem Zugriff zu Methodenbanken
oder um die Anfrage an Datenbanken, die in angeschlossenen Anlagen zur Verfügung
stehen. Das Drei-Ebenen-Konzept stellt einen Funktionsverbund dar, kann aber auch
Elemente des Lastverbundes enthalten.

Es gibt aus Softwaregesichtspunkten zwei Klassen von Kopplungen: die symmetrische
und die asymmetrische Kopplung. Die symmetrische Kopplung ist eine Kopplung zwischen
zwei Anlagen, deren Hardware und Betriebssystem ähnliche Fähigkeiten haben. Bei der
asymmetrischen Kopplung haben die gekoppelten Anlagen verschiedene Fähigkeiten und
deren Betriebssystem verschiedene Aufgaben zu erfüllen. Es geht dann um die Erweiterung der Fähigkeiten des gekoppelten Systems gegenüber dem Einzelsystem.

Bezüglich der Eingriffsmöglichkeiten zwischen den Anlagen eines Verbundes können zwei wesentliche Typen (Bild 6) von Zusammenarbeit unterschieden werden:

1) Möglichkeit zur Initierung von Prozessen eines Systems in einem anderen und Herstellung einer Kommunikation zwischen Systemprozessoren der gekoppelten Systeme

2) Herstellung einer Kommunikation zwischen Benutzerprozessen gekoppelter Systeme

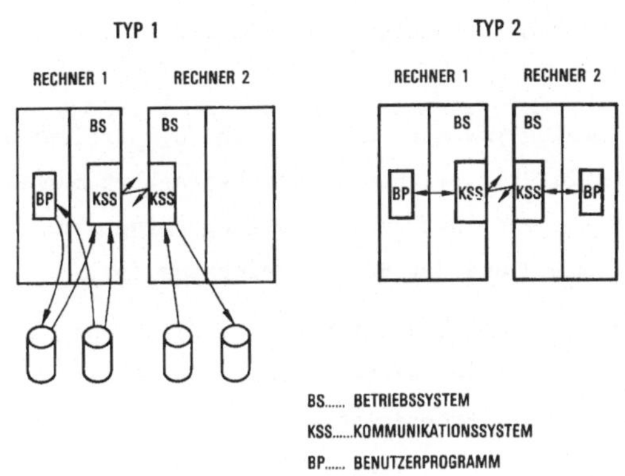

<u>Bild 6</u>: Eingriffsmöglichkeiten zwischen Prozessen

In einem CAD-System, das nach dem Drei-Ebenen-Konzept organisiert ist, findet man dann eine Realisierung dieser beiden Typen. Dabei wird die Kopplung zwischen der Ebene eines Informationssystems und der des Mehrbenutzersystems eine symmetrische, die zwischen dem Mehrbenutzersystem und dem interaktiven Arbeitsplatz eine asymmetrische Kopplung sein.

3. Die Programmierung von CAD-Systemen

CAD-Systeme sind in der hier betrachteten Form interaktive Systeme und können daher, von der Programmierung her gesehen, zunächst global als Dialogsystem betrachtet werden.

Ein <u>Dialogsystem</u> kann in Form eines 5-tupels (I,O,S,δ,λ) als endlicher Automat gesehen werden, wobei

I = Eingabealphabet

O = Ausgabealphabet

S = Zustandsmenge

δ : I x S → S (Überführungsfunktion)

λ : I x S → O (Ausgabefunktion)

sind.

Die Menge I besteht aus all der Information, die der Benutzer eingeben kann. Die Ausgabemenge O enthält diejenige Information die der Rechner an den Benutzer zurückgibt. In der Zustandsmenge S sind alle Zustände, die der Rechner während des gesamten Dialogs innehaben kann, enthalten. Die Funktion δ organisiert den Dialog. Die Funktion λ ermittelt die zu einem Zustand und einer Benutzereingabe gehörige Ausgabe.

Es gibt verschiedene Typen von Dialogsystemen ausgehend von dem freien (Bild 7a) und dem programmierten Dialog (Bild 7b). Bei dem ersten betrachtet man Rechner und Benutzer auf der gleichen Ebene stehend. Der zweite verlangt hingegen eine vollkommene Determinierung des Programmes und der Benutzereingaben (6).

Für die Realisierung dieser Dialogsysteme braucht man zwei Sprachen: die Kommandosprache und die Programmiersprache. Mit der ersten steuert der Benutzer das Programm, in der zweiten werden die (Anwendungs-) Programmsegmente selbst geschrieben.

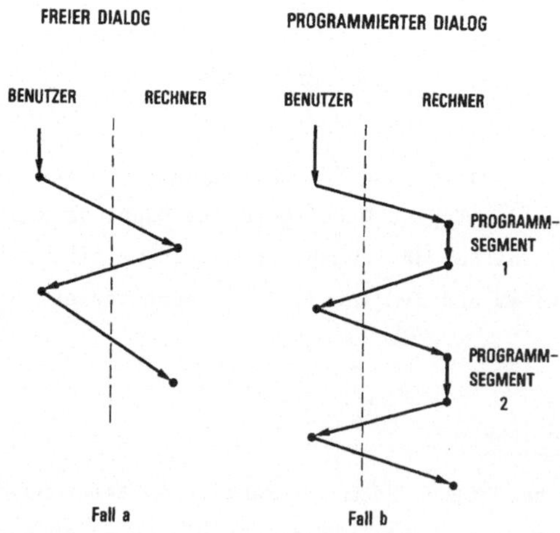

Bild 7: Grundsätzliche Dialogformen

Nach I. Kupka (7) und G. Friesland (8) können existierende Kommandosprachen über das folgende Schichtenmodell charakterisiert werden:

I. Kern: Problemorientierte Datenstrukturen und
          zugehörige Operationen

II. Programmierschicht: Kontrollstrukturen

III. Dialogschicht:
     - Ausführbare Objekte
     - Verwaltung von Objekten
     - Dynamische Kontrolle
     - Zustandskontrolle

Der Kern (Schicht I.) sollte möglichst maschinenunabhängig, der Rahmen (Schicht II. und III.) hingegen möglichst sprachunabhängig sein.

Auf der niedrigsten Ebene ist der Dialogfluß in Einheiten (Steuerinformation, explizite Werte und Namen) zerlegt. Diese Einheiten (items) bilden dann auf höherer Ebene die Dialoganweisungen. Nach J. Hatvany et.al. in (9) findet man in CAD-Systemen die folgenden vier Typen von Kommandosprachen:

(1) Festes Format   - keine Steuerinformation
                          - feste Anzahl und Typen von Einheiten in
                            jeder Anweisung
                          - verwendet in kleinen, speziellen Programmen

(2) Irregulär Polnisch   - jede Anweisung beginnt mit einer Steuereinheit
                          - der Wert dieser Einheit bestimmt Anzahl und
                            Typen der restlichen Einheiten

(3) Modell des endlichen Automaten
                          - Steuereinheiten bestimmen den Pfad durch ein
                            Netz von Zuständen

(4) Descriptiver Typ   - beinhaltet die üblichen algebraischen
                            Programmiersprachen

Der in CAD-Systemen am häufigsten verwendete Typ von Kommandosprachen ist Typ 3.

Die Programmiersprache, die in den meisten CAD-Systemen verwendet wird, ist FORTRAN. Es ist aber zu erwarten, daß der größer werdende Einsatz von Rechner-Netzwerken für CAD-Anwendungen dazu führen wird, daß die Popularität von anderen Sprachen durch das dann steigende Kennenlernen ihrer Vorzüge für den Anwender wesentlich steigt. Insbesondere werden Sprachen wie APL und PL/1 sicherlich in Zukunft eine breitere Verwendung im CAD-Bereich finden.

Nach diesen Betrachtungen über die Kommando- und die Programmiersprachen wenden
wir uns wieder dem Dialog und seiner Realisierung in CAD-Systemen zu. Ein Dialogsystem muß, um die CAD-Forderung nach möglichst schneller Verarbeitung (effizienter
Dialog) und möglichst großer Benutzerfreundlichkeit (Übersicht trotz Komplexität
der Probleme) zu erfüllen, trotz programmiertem Dialog dem Benutzer die Möglichkeit
geben, zu bestimmten Zeitpunkten den Fortgang des Programms aus den vorhandenen
Durchläufen frei wählen zu können, die Programmabläufe zu erweitern und zu manipulieren. Dies führt zu dem allgemeinen Dialogsystem nach Bild 8 mit den Möglichkeiten des Löschens, des Kopierens, des Korrigierens und der Definition von Programm-
sequenzen bzw. Programmabläufen, sowie des Beginns und der Beendigung des Dialogs.

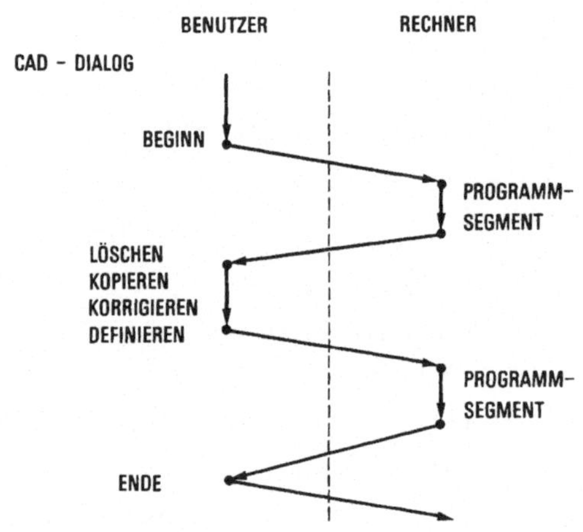

Solche CAD-Dialogsysteme werden in der Form von integrierten CAD-Systemen (z.B.
ICES, IST, GENESYS, REGENT) realisiert. Integrierte Systeme unterscheiden zwischen
einem Systemkern und den Bausteinen (10). Mit dem Kern wird der Ablauf des Benutzer-
programmes, d.h. die Kommandointerpretation, die Datenhaltung und das dynamische
Laden von Modulen, gesteuert. Die Möglichkeiten zur Definition (Programmierung) der
fachbezogenen Kommandosprache sowie zur Programmierung von problemorientierten
Teilsystemen sind in den Bausteinen (Subsysteme) enthalten. Nach F. Bauhuber (11)
hat man dann die folgenden Stufen der Programmierung:

SYSTEMKERNENTWICKLER	SYSTEMKERN SYSTEMVERWALTUNG-UND -ABLAUFSTEUERUNG PRECOMPILER KOMMANDOINTERPRETER
SUBSYSTEMENTWICKLER	FACHBEZOGENE ANWENDERSPRACHE FACHBEZOGENE KOMMANDOSPRACHE
ANWENDER	PROBLEMLÖSUNG

Beispiel für die Realisierung eines solchen Systems ist REGENT (12) bei dem der Kern auf der Grundlage von PL/1 arbeitet. Ein wesentliches Teilsystem ist PLS (Problem Language Solver), für die Definition und Anwendung von fachbezogenen Anwendersprachen, die aber vom System in die Basissprache PL/1 übersetzt werden.

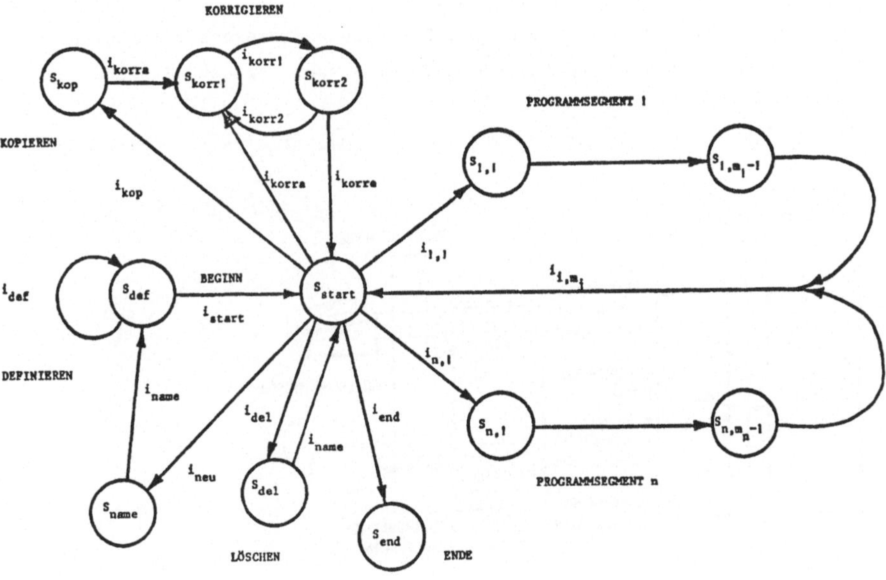

Bild 8: CAD-Dialog und CAD-Dialogsysteme

4. Graphische Verarbeitung als Bestandteil von CAD-Systemen

Der Grundgedanke beim Einsatz der graphischen Datenverarbeitung in CAD-Systemen besteht darin, daß man das graphische System in einen geräteunabhängigen und einen geräteabhängigen Teil aufspaltet und die graphische Aus- und Eingabe vollkommen vom Anwenderprogramm trennt (13, 14).

Will man irgendwann den graphischen Teil eines CAD-Systems an neue Aus- und Eingabegeräte anpassen, so braucht man dadurch nur die Programmteile neu zu schreiben, die den Aus- und Eingabeprozess durchführen. In Bild 9 ist dieses dargestellt (Trennung von Anwenderprogramm und Ausgabe- sowie Eingabeprozessor). Die interessanten Schnittstellen sind :

1. Schnittstelle zum Anwender-Programm: In einem "allgemeinen" System muß diese Schnittstelle anwendungsunabhängig sein.
2. Codegeneratorschnittstelle: Dies ist die Schnittstelle zwischen Vorprozessor und Ausgabeprozessor. Der Vorprozessor interpretiert die im Anwenderprogramm in einer höheren Notation enthaltenen, graphischen Ausgabefunktionen und generiert geräteunabhängige Daten, die vom Ausgabeprozessor in eine geräteabhängige Form übersetzt werden. Der Vorprozessor hat bezüglich der Ausgabe Bildcompilereigenschaften, der Ausgabeprozessor Bildassemblereigenschaften.
3. Logische Eingabeschnittstelle (nur bei interaktiver Graphik): Dies ist die Schnittstelle zwischen Eingabe- und Vorprozessor. Der Eingabeprozessor verarbeitet physikalische Eingabeereignisse und teilt dem Vorprozessor logische Eingabeergebnisse mit.

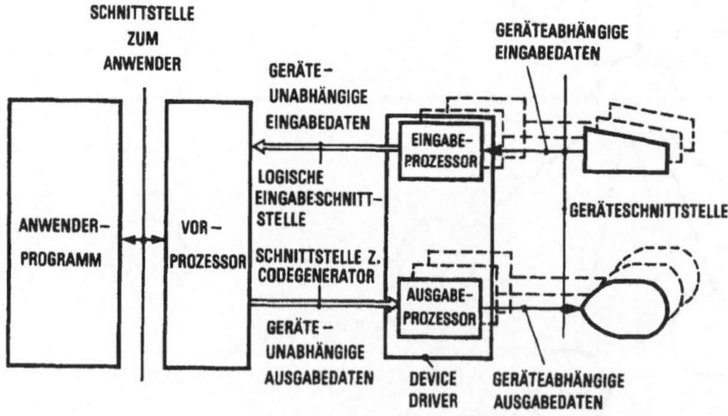

Bild 9: Trennung von Anwenderprogramm und graphische Ein- und Ausgabe

Da man eine Software haben will, die für die unterschiedlichsten Geräte Anwendung finden soll, muß man nach Gemeinsamkeiten suchen, Geräte mit ähnlichen Eigenschaften in Klassen zusammenzufassen und darauf achten, daß diese Klasseneigenschaften aufwärtskompatibel sind. Das heißt die Eigenschaften der niedrigsten Geräteklasse müssen in der nächst höheren Klasse voll enthalten sein.

Allen graphischen Ausgabegeräten gemeinsam ist, daß sie Bilder darstellen können. Die Klassifizierung in Bild 10 wurde deswegen nach möglichen darstellbaren graphischen Grundelementen durchgeführt. Reine alphanumerische Sichtgeräte sind in Klasse 1 eingestuft, obwohl sie selektive Bildmanipulationen erlauben, denn in Klasse 3 ist Text und Liniengraphik eine Minimalforderung.

Eine Klassifizierung nach dem Prinzip der Aufwärtskompatibilität bedeutet, daß die klassifizierenden graphischen Grundfunktionen einer bestimmten Klasse auf jeden Fall in einer nächst höheren Klasse implementiert sind.

Klassifizierende Elemente sind:

> Klasse 1: 1 Zeichen
>
> Klasse 2: Zeichen, Punkt und Linie
>
> Klasse 3: Bild-Segment
>
> Klasse 4: Gerichteter Graph

Ein Bild-Segment ist eine lineare Liste aus graphischen Grundlementen und stellt den einfachsten graphischen Operanden dar, der sich aus Grundelementen zusammensetzt und als eine Einheit manipuliert werden und benutzt werden kann, um größere Einheiten zu bilden.

Ein Bild-Segment ist klassifizierend für Geräteklasse 3, weil das Gerätemerkmal die selektive Bildmanipulation ist. Ein Bild, das nach diesen Gesichtspunkten aufgebaut ist, hat ein Format, das "segmentiert" genannt wird. In Klasse 4 ist das klassifizierende Element ein gerichteter Graph. Ein Bild, das nach diesem Schema aufgebaut ist, wird strukturiert genannt, oder es wird vom "strukturierten Format" gesprochen.

In Bild 11 wird ein Überblick über Eingabegeräte gegeben, die ein interaktives Arbeiten ermöglichen. In der oberen Tabelle werden verschiedene Typen von Eingabegeräten und die vom jeweiligen Eingabegerät gelieferte (physikalische) Information aufgelistet. Theoretisch kann jedes Eingabegerät durch alle anderen Eingabegeräte simuliert werden. Peripherieunabhängige graphische Software darf nicht Sprachelemente oder Unterprogrammaufrufe enthalten, in denen Eingaben mittels physikalischer Eingabegeräte initialisiert werden. Es müssen vielmehr logische Eingabegeräte definiert werden, denen physikalische zugeordnet werden können. Logische Eingabegeräte sind solche, die eine bestimmte interaktive Tätigkeit erlauben. Logische Eingabegeräte können z.B. sein:

Identifiziergerät   : Identifizieren eines Objektes

Positioniergerät   : Anzeige einer Position

Auswahlgerät   : 1:N Auswahl (Funktionstastatur)

Scalar-Eingabegerät : Eingabe von skalaren, kontinuierlichen Größen

Die entsprechenden physikalischen Eingabegeräte sind:

- Light pen
- Tablet
- Keyboard, Light pen switch ...
- Potentiometer.

GERÄTE KLASSE	KLASSIFIZIERUNGSMERKMAL	TYPISCHE GERÄTE
1	NUR TEXTGRAPHIK	REINES ALPHA-NUMERISCHES SICHTGERÄT (RASTER)
2	WIE KLASSE 1 PLUS LINIENGRAPHIK	STIFTPLOTTER SPEICHERROHR RASTERPLOTTER
3	WIE KLASSE 2 PLUS SELEKTIVE BILDMANIPULATIONEN	SICHTGERÄT MIT BILDWIEDERHOLUNGS-PRINZIP
4	WIE KLASSE 3 PLUS REALZEITGRAPHIK	SICHTGERÄTE MIT TRANSFORMATIONSHARDWARE

Bild 10: Graphische Ausgabegeräte

TYP	BEISPIEL	INFORMATION
TASTE,KNOPF (PUSH BUTTON)	TELETYPE FUNKTIONSTASTATUR LIGHTPEN SWITCH SWITCH (MOUSE)	1 ZEICHEN 1 ZEICHEN UND OVERLAY-CODE INTERRUPT INTERRUPT
ANALOG/DIGITAL UMSETZER	POTENTIOMETER MOUSE ROLLKUGEL	1 WINKEL 2 WINKEL 2 WINKEL
TABLET	RAND-TABLET	X,Y
LICHTSTIFT	LICHTSTIFT LICHTSTIFT MIT HARDWARE/SOFTWARE UNTERSTÜTZUNG	SPEICHERADRESSE SPEICHERADRESSE UND KELLERADRESSEN
INTERN	PROGRAMMIERTER INTERRUPT SCREEN OVERFLOW	SPEICHERADRESSE SPFEICHERADRESSE
LOGISCH	JEDE DER OBIGEN MÖGLICHKEITEN	JEDE DER OBIGEN MÖGLICHKEITEN

Bild 11: Eingabegeräte mit entsprechenden geräteabhängigen Eingabedaten

Darüber hinaus können Eingabegeräten Pseudoeingabegeräte zugewiesen werden, die
ein funktionelles Äquivalent zum betreffenden logischen Eingabegerät darstellen.

Es gibt verschiedene Programmpakete, die versuchen, die Konzepte nach Bild 9 z.T.
zu realisieren und die in CAD-Systemen Anwendung gefunden haben. Einige der wichtigsten sind GINO-F (15), GPGS (16) und GMB (17). Sie sollen hier nicht weiter behandelt werden; es sei lediglich auf die vergleichenden Betrachtungen über diese
und andere Systeme bei R. Eckert (18) und J. Foley (19) verwiesen.

Hinsichtlich des Zweckes, den Programmierer und Anwender mit der graphischen Ausgabe verfolgen, können wir auf der Grundlage der bisherigen Ausführungen unterscheiden (20) :

B 1) "Modellierung". Dabei geht es um die Wiedergabe hauptsächlich
       topologischer Information.
B 2) "Darstellung". Hier geht es um Maßgenauigkeit. Abstände und Parallelitäten
       müssen genau stimmen ("Kern" des graphischen Systems).
b 3) "Modellierung und Darstellung". Oft wird in einem Bild beides benötigt.

Diese Unterschiede machen sich in der Denkweise der Programmhersteller bemerkbar.
Für "Modellierung" denkt man lieber in "Benutzerkoordinaten" oder in "Referenz-
koordinaten" und überläßt es dem graphischen System, die Information vernünftig an
den Mann zu bringen. Daraus folgt, daß für "Modellierung" ein Konzept günstig
ist, das die letzte Darstellungstransformation im System "versteckt", während der
Anwender bei "Darstellung" lieber alles selbst macht (Bild 12).

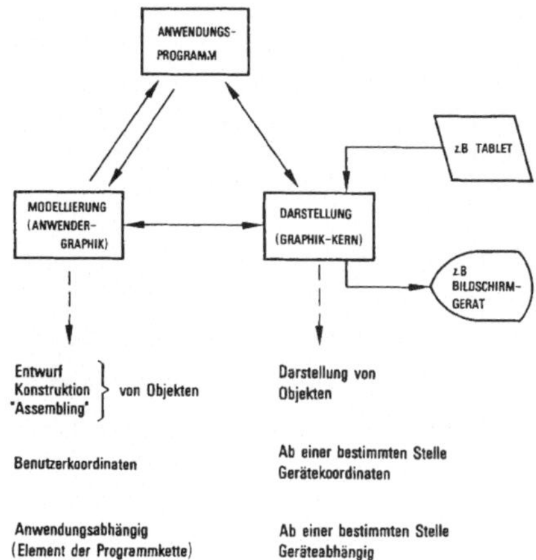

Bild 12: Trennung zwischen "Modellierung" und "Darstellung" im
         graphischen System

Eine genauere Beschreibung dieses Konzeptes, d.h. der Trennung zwischen "Modellierung" und "Darstellung" im graphischen System wird in (13, 14) gegeben. Eine wesentliche Schwierigkeit liegt in der Spezifizierung der einzelnen Moduln eines solchen Systems. Es gibt z. Zt. noch keine Technik, die hierfür sich eindeutig durchgesetzt hätte. Erste Versuche zu einer genauen, formalen Spezifizierung graphischer Systeme werden von R. Eckert vorgenommen und in (18) beschrieben.

Betrachten wir nun den Einsatz der graphischen Datenverarbeitung in CAD-Systemen von der Anwendung her (20).
Eine solche graphische Anwendung kann dann als ein Viertupel gesehen werden.

$$GA = (I, IM, ST, MT)$$

mit

I = Interaktivität

IM = Graphische Informationsmenge

ST = Bildstruktur

MT = Meßtreue

Beispiel für eine quantitative Unterscheidung dieser Merkmale könnte sein:

Klassen	1	2	3	4
Interaktivität (Antwortzeit)	0,01 ÷ 0,1 sec	0,1 ÷ 5sec	5sec ÷ 1min	1min ÷ 2h
Graphische Informationsmenge (Anzahl der Items)	<100	100 ÷ 1000	1000 ÷ 10000	<10000
Bildstruktur (Schachtelungstiefe)	0	1	2 - 32	>32
Meßtreue	<1%	1 ÷ 20%	20% ÷ >Faktor 2	>Faktor 2

Graphische Anwendungssysteme kann man dadurch charakterisieren, daß sie für bestimmte Bereiche (Klassen) der Parameterwerte dieser Tupel geeignet sind.
R. Lindner klassifiziert und charakterisiert auf der Grundlage dieser Merkmale in (31) die graphischen Anwendungen in

a) Graphische Eingabe: Datengeneration durch den Benutzer mit Korrekturmöglichkeiten unter interaktiver Kontrolle

b) Graphische Datenhaltung: Zugriff zu Daten und ihre Manipulation

c) Graphisches Konstruieren: Zusammenstellen und Manipulieren von Daten

d) Graphische Auswertung: Einbeziehung des Benutzers in Algorithmen
                            auf Datensätzen

e) Graphische Simulation: Alles, wodurch dem Benutzer Realität vorgespiegelt
                            wird.

5. Betrachtungen über die Datenbank

Unter Datenbank wollen wir hier ein System verstehen mit dem eine große Menge von
Daten integriert, organisiert und gesteuert wird.

Nach D. Eastman (21) müßten zur Charakterisierung der verschiedenen CAD-Datenbanktypen die folgenden drei Aspekte betrachtet werden:

1) Die Art und Weise wie die Daten gespeichert sind und ihre
   Beziehung zu den verschiedenen Anwendungsprogrammen

2) Die Methode zur Speicherung der geometrischen Information

3) Die bei der Implementierung verwendete Entwicklungsstrategie

Die ersten CAD-Systeme (z.B. ICES (22)) hatten erweiterte Maschinenfähigkeiten für
das Laden, Steuern und Ausführen von Analyseprogrammen (Moduln der Programmkette)
und für Ein- und Ausgabe aus Sekundärspeichern. Die nächsten Systeme integrieren
alle Daten in einer Datenbank. Dies ist in CAD-Systemen grundsätzlich in zwei
verschiedenen Formen realisiert worden:

a) Entwicklung von einer Menge von Analyseprogrammen, die auf
   denselben Daten basieren (z.B. Finite-Elemente-Systeme)

b) Zusammenbringen von allen Daten, die für eine Vielfalt von
   Analyse- und anderen Anwenderprogrammen gebraucht werden.
   Das Problem liegt darin, daß die Daten untereinander funktionelle
   Beziehungen haben. Jede Änderung verlangt auch eine Änderung
   dieser Relationen und das ist teuer. Dies versucht man zu berücksichtigen indem feste Abarbeitungsfolgen von Analyseprogrammen
   festgelegt werden (Bild 13 a).

Funktionelle Relationen zwischen den Daten können aber auch als Redundanz verstanden werden. Als Folge hiervon ergab sich die Konzeption von Bild 13 b, bei der aus
einer nicht-redundanten Datenbank heraus die vom jeweiligen Anwendermodul gewünschte
Daten-Organisation zur Verfügung gestellt wird. Die Reihenfolge bei der Abarbeitung
der Analyseprogramme ist dann beliebig.

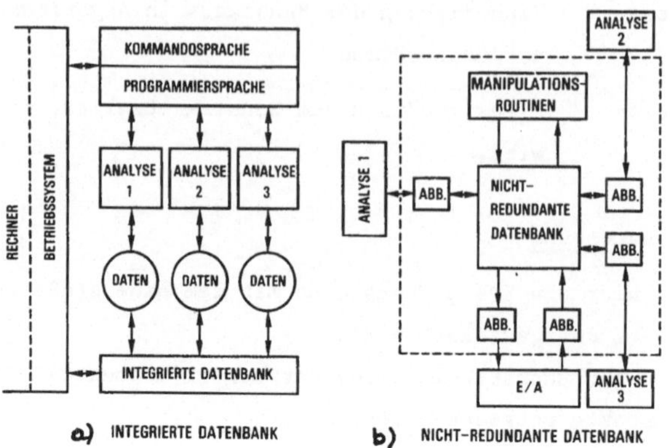

Bild 13: Die CAD-Datenbankkonzepte nach C. Eastman

Die Daten in einer CAD-Datenbank können nach P. Ciampi und J. Nash (23) von den folgenden Typen sein:

1) Topologische Daten

2) Strukturdaten (abhängig vom Anwenderprogramm)

3) Anwendungsbezogene Daten (z.B. Testdaten)

4) Beschreibungsdaten (z.B. Dokumentationsdaten)

Die Daten vom Typ 2 und 3 werden aus Typ 1 heraus generiert. Die Existenz von Daten dieses Typs 2 ist die wesentliche Neuerung gegenüber den klassischen MIS-Datenbanksystemen. Ein zweiter Unterschied liegt in der größeren Komplexität der Anwendungsprogramme in CAD-Systemen.

6. Festlegung der Verteilung bei verteilten CAD-Systemen

Geht man davon aus, daß das CAD-System – wie in Absatz 2 erläutert – als verteiltes System realisiert wird, so ergibt sich die Frage der Verteilung der einzelnen Moduln der Programmkette. Diese Frage wollen wir nun auf der Grundlage von N. Cullmann (24) behandeln.

Um eine CAD-Programmkette auf mehrere Prozessoren verteilen und damit gleichzeitig dem gegebenen Funktionsverbund einen Lastverbund überlagern zu können, ist es zunächst notwendig, genaue Angaben über Typ und Summe der Anforderungen der einzelnen Programm-Moduln zu haben. Dazu gehören

1) statische Daten: wie Kernspeichergröße eines Moduls, Art und Zahl der Parameter und

2) dynamische Daten: wie Laufzeit des Moduls, Anzahl aufgerufener anderer

Moduln, Ein-/Ausgabe-Aktivitäten (auch bezgl. Dateien) und
Typ und Frequenz von Benutzerinterrupts.

Statische Daten werden zum Teil von jedem Betriebssystem bereitgestellt, und ihre
Gewinnung ist der Art nach unkritisch. Dynamische Daten müssen dagegen zur Laufzeit
festgestellt werden, denn sie sind im allgemeinen daten- und benutzerabhängig. Dazu
sind drei Wege möglich:

a) in einem Übersetzer-Lauf werden in der Quellsprache an exponierten Stellen
(zu Beginn und am Ende jedes Unterprogramms etc.) Anweisungen zur Daten-
gewinnung eingefügt

b) ein modifizierter Übersetzer fügt in der Zielsprache die (übersetzten)
Anweisungen nach a) ein

c) die Daten werden über ein modifiziertes Betriebssystem gewonnen.

Weg a) ist am einfachsten zu realisieren, hat jedoch genau wie b) den Nachteil der
Sprachabhängigkeit; außerdem können Benutzer-Aktionen auf diese Weise nur sehr un-
genau festgehalten werden. Weg c) wäre also erstrebenswert, erfordert jedoch eine
komplexe Lösung.

Für die zur Laufzeit gewonnenen Daten kommt aus Zeitgründen nur ein möglichst
einfaches Festhalten der jeweiligen Ereignisse in Frage. Ihre Auswertung ist erst
nach Ablauf des Programmes möglich. Neben der Klassifizierung der verschiedenen
Moduln können auch Ergebnisse wie durchschnittliche Antwortzeit des Systems und
Nutzung der Hardware erstellt werden.

Nachdem das CAD-Programmsystem analysiert wurde, soll nun gemäß den Hardwaregegeben-
heiten und den Anforderungen der Software entschieden werden, welche Programm- und
Datenmodule welchem Prozessor zuzuweisen sind, damit eine "beste" Verteilung erreicht wird. "Beste" wird dabei in erster Linie bedeuten "mit der schnellsten Antwortzeit", aber auch "mit den geringsten Kosten", d.h. mit der geringsten Nutzung
der Hauptrechner-Zentraleinheit, der Leitung etc.; Kombinationen von beiden Kriterien sind ebenfalls denkbar.

J. Foley gibt in (25) einen Ansatz zur Lösung dieses Optimierungsproblems. Insbesondere werden dabei berücksichtigt bei

Software: Zahl und Größe der Programm-Moduln
Zahl und Größe der Dateien
Wahrscheinlichkeit der Aktivierung von Programm-Moduln
Zugriff der einzelnen Programm-Moduln auf Dateien

Hardware: verfügbare Speicher je Rechner
Zugriffszeit für jede Speicherebene
Übertragungsleistung der Rechnerverbindung.

Das Programm wird als Neuntupel beschrieben:

$$P = (A, B, G, H, E, P, D^r, D^w, Z)$$

A = Menge von Programmen

$: A = \{a_i; \; i = 1\ldots m\}$

B = Menge von Elementen aus
der Datenstruktur

$: B = \{b_u; \; u = 1\ldots n\}$

G = Matrix mit der Länge des
Lademoduls jedes Programms
je Rechner

$: G = \left[g_{ik}; \; i = 1\ldots m; \; k = 1\ldots N\right]$

H = Vektor mit der Länge jedes
Elementes aus der Daten-
struktur

$: H = \left[h_u; \; u = 1\ldots n\right]$

E = Vektor mit der Anfangs-
wahrscheinlichkeit für die
Aktivierung eines Programmes

$: E = \left[e_i; \; i = 1\ldots m\right]$

P = Matrix mit den Wahrschein-
lichkeiten der Übergänge
zwischen den Programmen

$: P = \left[P_{ij}; \; i = 1\ldots m; \; j = 1\ldots m\right]$

D^r = Matrix mit der Anzahl der
gelesenen Elemente aus der
Datenstruktur pro aktiviertes
Programm

$: D = \left[d^r_{iu}; \; i = 1\ldots m; \; u = 1\ldots n\right]$

D^w = Matrix mit der Anzahl der in
der Datenstruktur geschriebenen Elemente pro aktiviertes
Programm

$: D = \left[d^w_{iu}; \; i = 1\ldots m; \; u = 1\ldots n\right]$

Z = Matrix mit der Menge von
Information   die über-
tragen wird, wenn j von i
aufgerufen wird

$: Z = \left[z_{ij}; \; i = 1\ldots m; \; j = 1\ldots m\right]$

Jeder Knoten a_i im Graph entspricht einem Programm. Eine gerichtete Kante von a_i zu a_j entspricht einem Steuertransfer, einem Programmaufruf oder einer Rückkehr vom Programm i zum Programm j. Jedes Programm i liest das Datenelement u d^r_{iu}-mal und beschreibt es d^w_{iu}-mal. Wenn das Programm i die Kontrolle zu Programm j übergibt, dann werden z_{ij} Bytes übertragen.

Die durchschnittliche Benutzerwartezeit T_u ist gegeben durch

$$T_u = \sum_{i=1}^{m} I_i \cdot T_i + \sum_{j=1}^{m} \sum_{i=1}^{m} J_{ij} \cdot T_{ij}$$

mit

$$I_j = \sum_{i=1}^{m} e_i f_{ij} \quad \ldots \text{ Anzahl der Alternierungen von Knoten } j$$

f_{ij} ... erwartete Anzahl der Alternierung von Knoten j nach ursprünglicher Alternierung im Knoten i

T_i ... Ausführungszeit in Knoten i einschließlich Datenbank-Zugriffen

$J_{ij} = I_i \cdot P_{ij}$ ... Anzahl der Durchläufe der Kante ij

T_{ij} ... Zeit für die Übergabe der Kontrolle von i nach j.

Die Zeiten T_i und T_{ij} sind abhängig von der Verteilung von Verarbeitung und Datenbank. Die Aufgabe ist es, nun das System so zu segmentieren, daß T_u minimisiert wird. Dafür müssen wir aber zuerst das Modell eines Rechnernetzes betrachten.

$NR = (K, C, S, T, O, R, Z_o)$

K = Menge von N Netzwerkrechnern   : $K = \{k_1; 1 = 1 \ldots N\}$

C = Matrix des zur Verfügung stehenden Speicher in jedem der Geräte (bis zu M-Typen) mit direktem Zugriff in jeder Komponente im Netz   : $C = \left[c_{kv}; k = 1 \ldots N; v = 1 \ldots M\right]$

S = Matrix der Suchzeit für jedes Speichergerät in jeder Komponente im Netz. Null für den Hauptspeicher   : $S = \left[s_{kv}; k = 1 \ldots N; v = 1 \ldots M\right]$

T = Matrix der Transferzeiten (pro Byte). Null für den Hauptspeicher   : $T = \left[t_{kv}; k = 1 \ldots N; v = 1 \ldots M\right]$

O = Matrix der Ausführungszeit jedes Programmes in jedem Rechner   : $O = \left[o_{ik}; i = 1 \ldots m; k = 1 \ldots N\right]$

R = Matrix der Übertragungszei-
ten der Datenverbindungen
pro Byte von Komponente i
zur Komponente j. Elemente
in der Diagonalen sind Null $\quad: R = \left[r_{kl}; \; k = 1\ldots N; \; l = 1\ldots N\right]$

Z^O = Byte-Äquivalent zur Zeit,
die notwendig ist, um eine
Nachricht der Länge Null
zu übertragen $\quad: Z^O = \left[z_{kl}; \; k = 1\ldots N; \; l = 1\ldots N\right]$

Im Netzwerk sind N Rechner (Komponenten) miteinander verbunden. Zu jedem Rechner gehört eine Hierarchie von Speichergeräten mit direktem Zugriff. Die Matrizen C, S, und T charakterisieren die Kapazitäten der Speicherhierarchien, die Zugriffs-zeiten und die Transferzeiten. Die Kapazitäten sind die Speichermengen, die dem Programm in jeder Ebene zur Verfügung stehen; sie müssen nicht unbedingt der gesamten Kapazität in jeder Speicherebene entsprechen. Die Rechner (Komponenten) im Netzwerk werden selbst durch die Matrix O der Ausführungszeiten (ohne E/A-Zeiten) beschrieben. Relevante charakteristische Eigenschaften des Netzwerkes werden durch die Matrizen R und Z^O erfaßt. Die Zeit, um x Bytes z.B. von k nach l zu senden, ist $(Z^O_{kl}+x) \cdot r_{kl}$.

Zur Benutzer-Wartezeit tragen die folgenden fünf Aktivitäten bei:

1) Laden eines aktiven Programmes in den Hauptspeicher falls nicht resident (Zeit t_1)

2) Aktuelle CPU-Zeit pro Interaktion (Zeit t_2)

3) Lesen von Elementen aus der Datenstruktur (Zeit t_3)

4) Schreiben von Elementen in die Datenstruktur (Zeit t_4)

5) Zeit für die Übergabe der Kontrolle zwischen Programm-Moduln (Zeit t_5).

Für eine schnellste durchschnittliche Antwortzeit liegt die Optimierung nun in der Minimisierung von

$$t_1 + t_2 + t_3 + t_4 + t_5$$

mit der Randbedingung, daß der in jedem Rechner zur Verfügung stehende Speicher-platz nicht überschritten werden darf.

Diese Minimisierung wird nach der Backtrack-Methode durchgeführt. Dadurch ist man in der Lage, eine Konfiguration dem CAD-Anwendungsprogramm und dem vorliegenden Rechnernetz entsprechend auszuwählen und die verschiedenen Programm-Moduln über die Komponenten des Netzwerkes optimal zu verteilen.

Nicht behandelt werden soll hier die Realisierung der Verteilung, für die je nach
Art und Mächtigkeit der dem Benutzer nächstgelegenen Prozessoren mit allgemeiner Ver-
arbeitungsfähigkeit unterschiedliche Lösungen in Frage kommen, und die gegebenenfalls auch zur Laufzeit je nach augenblicklicher Last von Prozessoren und Übertra-
gungsleitungen ein Verlagern von Programm-Moduln erlaubt (35).

7. Die Daten- Ein/Ausgabe-Funktion

Durch diese Funktion werden in CAD-Systemen die Datenerfassung, die Integritätsprüfung und die Anfragesprache realisiert. Über die Datenerfassung selbst kann wenig
CAD-spezifisches gesagt werden. Sie ist anwendungs- und systemabhängig; die Erfassung
kann syntaxgesteuert vorgenommen werden. Wird dies über Digitalisiervorrichtungen
realisiert, so muß das CAD-System Möglichkeiten zur Definition von Benutzerprimitives,
zum Aufbau einer Benutzerdatenstruktur und zur Digitalisier (-Dialog)-führung zur
Verfügung stellen. Beispiele für diese Systemtypen werden in (26) angegeben und erläutert.

Bei der Erfassung von nicht-graphischen Daten werden üblicherweise Bildschirmgeräte
verwendet. Dafür benutzt man dann Formularsprachen. Ein Formular besteht aus einem
Format (waagerechte und senkrechte Striche, Schreibhilfen etc.) und aus der aktuellen
Information, d.h. aus den zu erfassenden, zu prüfenden und verarbeitenden Quelldaten.
Für dieses Formular wird die Syntax der Daten mit Hilfe der Formularsprache festgelegt. Nach H. Wedekind (27) sind semantische Integritätsprüfungen Vorschriften,
die die Vollständigkeit und Korrektheit der Daten aus der Sicht der Anwendung garan-
tieren. Die Eingabe dieser Integritätsbedingungen kann auch über Bildschirmgeräte
unter Verwendung der Formularsprache vorgenommen werden. Beispiele für die Realisierung
einer solchen Formularsprache ist FOSPRA (28, 29). Die Anfragesprache selbst ist die
Sprache,mit der imperative Nachrichten an das System gesendet werden, die descriptive
Nachrichten anfordern, zu deren Ermittlung und Aufstellung Datenelemente in der Datenbank aufgesucht werden müssen. Nach T. Lutz (30) verstehen wir dabei unter imperativen
Nachrichten solche, die innerhalb des Systems eine Wirkung verursachen, etwa eine Anweisung an eine Komponente des Systems enthalten und im System verarbeitet werden.
Descriptive Nachrichten dagegen liefern eine Aussage über das System oder sind eine
Kopie der Auswertung der im System enthaltenen und gespeicherten Nachricht. Sie gehen
in das System ein, um dort verarbeitet oder verwahrt zu werden. Anfragesprachen werden
verwendet, damit die Anwender bei nicht vorprogrammierten Anfragen an die Datenbank
nicht den Umweg über zeitraubende Programmierung gehen müssen.

8. Charakterisierung von interaktiven CAD-Arbeitsplätzen

Ein interaktiver Arbeitsplatz zu einem CAD-System hat die in Bild 14 angegebene
Grundform. Wichtig ist dabei, wie groß die jeweilige lokale Rechnermächtigkeit
("Intelligenz") ist. Dies hängt im wesentlichen von der Anwendung und von der Be-

nutzerforderung ab. Es wird daher hier auf der Grundlage der Arbeiten von R.Lindner
(31,32) die Sichtweise des Benutzers in den Mittelpunkt der Betrachtungen gestellt.

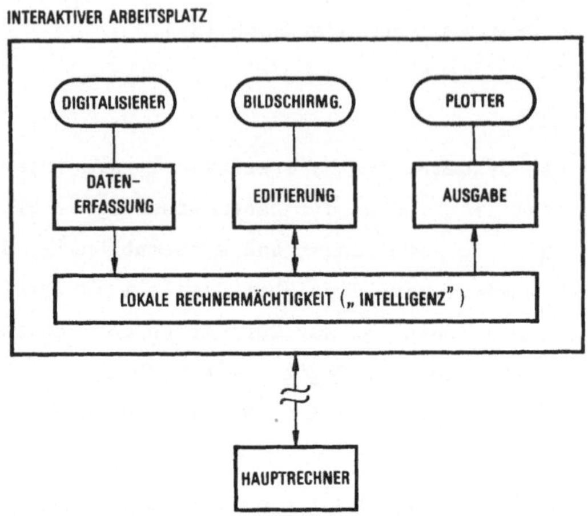

Bild 14: Grundform eines interaktiven CAD-Arbeitsplatzes

Zur Charakterisierung werden die folgenden Merkmale verwendet und in jeweils 3 Bereiche untergliedert:

    a) Interaktionsvermögen   : "Niedrige Zykluszeit", "Sofort Antwort", "Echtzeit"

    b) Bildinhaltsumfang   : "Überblick", "Seite lesen", "Einzelheiten suchen"

    c) Bildstrukturfähigkeit   : "Keine Struktur", "Gruppenstruktur", "Legende-
    struktur".

Unter Interaktionsvermögen versteht man den "Kopplungsgrad" zwischen Gerät und Benutzer. Liegt die Wartezeit im Dialog zwischen 1 und 10 Sekunden, so spricht man
von "Niedriger Zykluszeit"; wenn sie unter 1 Sekunden liegt, spricht man von "Sofort
Antwort"-Betrieb, wenn der "Kommando-Modus" benutzt wird. Beim "Echtzeit"-Betrieb
wird dem Benutzer mit Wartezeiten unter 1/10 Sekunden und ständiger Systemreaktion
(im Gegensatz zum Kommando-Modus) der Eindruck eines unmittelbaren Kontaktes zum
Arbeitsvorgang vermittelt.

Wenn entsprechend dem Bildinhaltsumfang der Benutzer die gesamte Bildinformation auf
einen Blick erfassen kann, spricht man von "Überblick"-Inhalten; entspricht der Umfang der Information in etwa einer DIN A 4-Seite voll Graphik oder Text, so handelt
es sich um "Seite lesen"-Inhalte (Beispiele: Diagramme, Blockbilder etc.). Noch
größere Bildinhalte interessieren gewöhnlich nicht in allen Details und werden
"Einzelheiten suchen"-Bildinhalte genannt.

Der Strukturzusammenhang ist bei der "Gruppenstruktur" auf den ersten Blick deutlich. "Legendestruktur"-Darstellungen bedienen sich der Darstellungsvariationen weniger zur Gliederung als zur Codierung zusätzlicher Information zum Bildelement. Die Bedeutung der Darstellungsweisen ist in einer Legende definiert (Beispiel: Kartographie).

Als Eingabegeräte findet man, wie in Bild 14 gezeigt, im wesentlichen das Digitalisiergerät, als Ausgabegerät den Plotter. Wichtiger ist hier wegen der interaktiven Arbeitsweise die Betrachtungen der Bildschirmgeräte. Die wesentlichen Typen von Bildschirmgeräten sind:

1) Bildspeicherröhren

2) Vektor-Bildschirmgeräte

3) Fernsehraster-Bildschirmgeräte

Sie sind nach R. Lindner (31) wie folgt charakterisiert:

ad 1) <u>Bildspeicherröhren</u>

		Keine Struktur	Gruppen-Struktur	Legende-Struktur
Niedrige Zykluszeit	Überblick	Erfüllt	1	
	Seite lesen	Erfüllt	1	
	Einzelheiten suchen	4	1,4	
Sofort Antwort	Überblick	Erfüllt	1	
	Seite lesen	2	1,2	
	Einzelheiten suchen	2,4	1,2,4	
Echtzeit	Überblick	Erfüllt	1	
	Seite lesen	2	1,2	
	Einzelheiten suchen	2,4	1,2,4	

1 nur programmierte Bildstruktur

2 hohes Interaktionsvermögen nur für „ Überblick " -Inhalte

4 lediglich sehr nahe am „ Einzelheiten Suchen" -Inhalt

ad 2) <u>Vektor-Bildschirmgerät</u>

		Keine Struktur	Gruppen-Struktur	Legende-Struktur
Niedrige Zykluszeit	Überblick	Erfüllt	Erfüllt	
	Seite lesen	Erfüllt	Erfüllt	
	Einzelheiten suchen			
Sofort Antwort	Überblick	Erfüllt	Erfüllt	
	Seite lesen	Erfüllt	Erfüllt	
	Einzelheiten suchen			
Echtzeit	Überblick	Erfüllt	Erfüllt	
	Seite lesen	Erfüllt	Erfüllt	
	Einzelheiten suchen			

ad 3) <u>Fernsehraster-Bildschirmgerät</u>

		Keine Struktur	Gruppen-Struktur	Legende-Struktur
Niedrige Zykluszeit	Überblick	Erfüllt	Erfüllt	Erfüllt
	Seite lesen	Erfülh	Erfülh	Erfülh
	Einzelheiten suchen			
Sofort Antwort	Überblick	Erfüllt	Erfüllt	Erfüllt
	Seite lesen	Erfüllt	Erfüllt	Erfüllt
	Einzelheiten suchen			
Echtzeit	Überblick	Erfüllt	Erfüllt	Erfüllt
	Seite lesen	Erfüllt	Erfüllt	Erfüllt
	Einzelheiten suchen			

Wir wollen nun den interaktiven Arbeitsplatz auf der Grundlage seiner "lokalen
Intelligenz" betrachten. Dafür führen wir nach R. Dunn (33) das funktionelle Modell
nach Bild 15 ein; der interaktive Arbeitsplatz wird als Datenfluß zwischen den
Funktionen:

1) Anwendungsfunktion

2) Speicherungsfunktion

3) Graphische Funktion

4) Ausgabefunktion

5) Eingabefunktion

betrachtet (4). Die Anwendungsfunktion ist die Menge aller Anwendungs-Programme,
die die Bildinformation als Eingabedaten benutzen. Die Speicherungsfunktion hält
die Bilder oder ihre kodierte Abstraktion für die weitere Verarbeitung fest. Die
graphische Funktion führt drei Typen von Aufgaben aus:

a) Bildaufbau

b) Bildmanipulation und -transformation

c) Verarbeitung der Benutzereingaben

Die Ausgabefunktion stellt die Bilder in einer Form dar, die für den Menschen sichtbar und erkennbar ist. Die Eingabefunktion ermöglicht die Benutzereingriffe und die
Eingabe von Daten, die die graphischen und andere Weiterverarbeitungsprozesse beeinflussen.

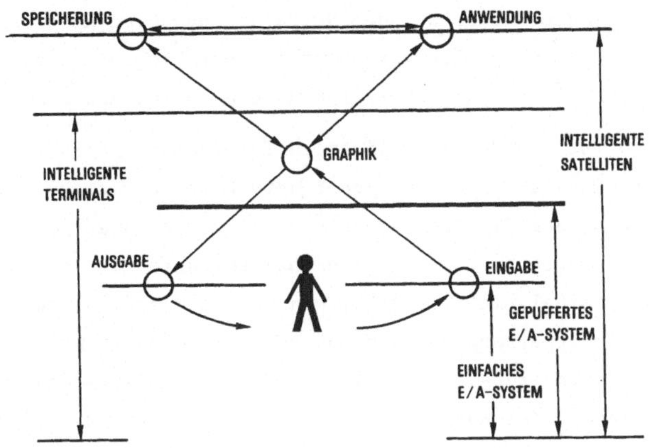

<u>Bild 15:</u> Klassen von interaktiven Arbeitsplätzen

Die verschiedenen Konfigurationen von interaktiven Arbeitsplätzen sind durch die
unterschiedlichen Anordnungen der graphischen Funktionen im Gesamtsystem gegeben.
Wir unterscheiden zwischen vier repräsentativen Typen von Konfigurationen:

1) Einfaches E/A-System
2) Gepuffertes E/A-System
3) Intelligente Terminals
4) Intelligente Satelliten

Bei dem einfachen E/A-System wird das Bildschirmgerät, unabhängig von dem Ort an dem
es sich befindet, als ein abgesetztes Gerät betrachtet. Alle Funktionen werden von
den Komponenten des Hauptrechners, die das Gerät bedienen, ausgeführt. Die Bildschirmgeräte werden nur zur Beantwortung und Bedienung der Benutzerwünsche und -eingriffe
zeitweise geladen und aktiviert. Die Antwortzeit ist hier immer – und praktisch nur –
von der aktuellen Belastung des Hauptrechners abhängig. Auf der Seite des Bildschirm-
gerätes werden nur die Ergebnisse der Ausgabefunktionen in Bilder umgesetzt, d.h.
Dekodierung und Ausführung der graphischen Befehle und die Erfassung und Kodierung
der Benutzereingaben vorgenommen. Bei dem gepufferten E/A-System ist das Bildschirmgerät auch funktionell abgesetzt. Es stehen lokal ein Bildspeicher , einige Register
und ein eigener, wenn auch beschränkter Befehlsvorrat zur Verfügung. Dadurch können
die E/A-Funktionen direkt und vollständig auf der Bildschirmgeräteseite ausgeführt
werden. Bei Belastungen des Hauptrechners wird dadurch die Wartezeit geringer und
die Leistungsfähigkeit des graphischen Systems aus der Sicht des Benutzers kann so
wesentlich gesteigert werden. In dieser Konfiguration haben wir zwei Typen von Antwortzeiten. Die eine auf der Bildschirmgeräteseite ist durch die lokale Hardware-

Unterstützung sehr schnell, die andere auf der Seite des Hauptrechners kann in Abhängigkeit von der Belastung und der Übertragungszeit sehr langsam sein. Dies kann je nach Anwendung zu Schwierigkeiten bei der Zeitanpassung der beiden Systeme führen.

Die nächste Konfiguration ist die der intelligenten Terminals. Unter "Intelligenz" sollen wir einen gewissen Grad von Autonomie oder Verarbeitungsfähigkeiten der Bildschirmgeräteseite verstehen, die die Ausführung von einigen Klassen von Prozessen ohne Unterstützung des Hauptrechners, an den sie angeschlossen ist, ermöglichen. In diesem Sinne ist ein Terminal "intelligent", wenn es Hardware, Firmware und Software besitzt für die Verarbeitung von alphanumerischen oder graphischen Kommandos, für die Bildausgabe, die Speicherung, die Verifizierung, die Editierung und die Blockübertragung, sei es auf Befehl des Hauptrechners oder des Benutzers. Die "Intelligenz" kann nun auch auf die Speicherungs- und Anwendungsfunktion angewandt werden. Der Satellit wird mit relativ schneller sekundärer Speicherung ausgestattet sein. Es wird hier auch ein eigenes Betriebssystem vorausgesetzt, das entscheiden kann, ob und wann die Verarbeitung der Anwendungsfunktion auf der Satellitenseite ausgeführt werden soll (z.B. als Funktion der aktuellen Belastung). Man spricht dann von "kritischer Intelligenz" (34). Auf der Satellitenseite müssen genügend viel Speicher und ein relativ großer und mächtiger Befehlsvorrat mit ausreichenden Registern für die Ausführung von lokalen Rechnerfunktionen zur Verfügung stehen. Außerdem werden (Realzeit-) Koordinatentransformationen, das Clipping und das Editieren der Datenbank zu den Aufgaben des intelligenten Satelliten gehören.

9. Zusammenfassung

In diesem Aufsatz ist der Versuch unternommen worden, die CAD-Systeme bzw. die heutige CAD-DV-Technologie in den Mittelpunkt der Betrachtungen zu stellen. Dabei ist von den allgemeinen Ausführungen über CAD-Systeme von R. Noppen in (2) ausgegangen. Zunächst wurde die Hardware-Organisation und die verschiedenen Verbundmöglichkeiten betrachtet, dann die Programmierung von CAD-Systemen unter besonderer Berücksichtigung des Dialogs. Die Behandlung der Graphik ging von dem Grundgedanken der Geräteunabhängigkeit und demnach von der Trennung zwischen Modellierung und Darstellung aus. Anschließend wurden die CAD-Datenbanktypen und die CAD-Datentypen charakterisiert. Da man davon ausgehen muß, daß CAD-Systeme in Zukunft immer mehr als verteilte Systeme realisiert werden, wurde dann der Frage der Festlegung dieser Verteilung nachgegangen und der dafür von J. Foley ausgegebene Algorithmus erläutert. Die Frage der Datenerfassung, der (Daten-) Integritätsprüfung und der Anfragesprache wurde kurz behandelt. Abschließend ist der Bereich der interaktiven CAD-Arbeitsplätze aus Benutzersicht zur Charakterisierung ihrer verschiedenen Konfigurationstypen betrachtet worden. Dadurch wurden alle Grundkomponenten eines CAD-Systems aus der Sicht der Informatik behandelt. Der Aufsatz hatte die Funktion einer einführenden Übersicht; aus diesem Grunde sind absichtlich keine konkreten CAD-Systembeispiele behandelt worden, auch weil sie Gegenstand der folgenden Aufsätze dieses Tutorials sein werden.

Dieser Aufsatz ist bezgl. Ziel und Inhalt mehrmals mit den anderen Tutorial-Vortragenden (Beier, Blaser, Grabowski, Hörbst, Noppen, Schauer) sowie mit einem Tutorial-Fachbeirat (Händler, Kohlstruck, Lincke, Nowacki, Reiser, Samelson) ausführlich besprochen worden. Für diese inhaltsbestimmenden Diskussionen und für die vielen Anregungen möchte der Verfasser sich an dieser Stelle recht herzlich bedanken. Mit konstruktiver Kritik und wertvollen Anregungen zu diesem Aufsatz haben sich auch die Herren N. Cullmann, R. Eckert und R. Lindner ausgezeichnet, wodurch auch ihnen der Dank des Verfassers gebührt.

10. Literatur

1) Diebold Deutschland GmbH

Rechnerunterstütztes Entwickeln und Konstruieren in den USA
CAD-Bericht, KFK-CAD 7, Januar 1976

2) R. Noppen

Technische Datenverarbeitung bei der Planung und Fertigung industrieller Erzeugnisse
(in diesem Tagungsband)

3) W. Bier

Realisierung eines Funktionsverbundes zwischen einem Kleinrechner und einer Großrechenanlage
Bericht RO 74/1 und RO 76/1
Institut für Nachrichtenverarbeitung, TH Darmstadt

4) J. Encarnacao

Computer Graphics – Programmierung und Anwendung graphischer Systeme
R.Oldenbourg Verlag, München, Wien 1975

5) J. Encarnacao

Anwendungen der graphischen Datenverarbeitung – Konzepte, Systeme, Wirtschaftlichkeit;
Informatik Fachberichte 5, pp. 43-62
Springer Verlag, Berlin,Heidelberg,New York, 1976

6) Chr. Hornung

Probleme der graphischen Programmierung;
Erarbeitung und vergleichende Diskussion verschiedener Lösungsmöglichkeiten
Diplomarbeit, 1976, Universität des Saarlandes, Saarbrücken

7) I. Kupka und N. Wilsing

Dialogsprachen
Teubner Verlag, 1975

8) G. Friesland

Von der Programmherstellung zur Programmgebung – zum Begriff des interaktiven Programmierens
German Chapter of the ACM; Lectures II/1976
pp. 1-15

9) J.Hatvany, W.M.Newman and M.A. Sabin

World survey of computer-aided-design
Computer-aided-design, Vol.9,No.2, April 1977
pp. 79-98

10)

Integrierte Programmsysteme
CAD-Bericht, KFK-CAD 2, Karlsruhe, September 1975

11) F. Bauhuber   Spezielle Hilfsmittel für die Entwicklung fachbe-
                                  zogener Anwendersprachen
                                  CAD-Mitteilungen 1/1973, pp. 301-316,
                                  Karlsruhe, August 1973

12) E.G. Schlechtendahl   Grundzüge des integrierten CAD-Systems REGENT
                                  Angewandte Informatik 11/76, pp. 490-496

13) R. Guedj et.al.   Preliminary report on the IFIP W.G. 5.2 Workshop
                                  on "Methodology in Computer Graphics";
                                  Chateau de Seillac, France, May 23-26, 1976

14)   Report of the Core Definition Subgroup of SIGGRAPH's
                                  Graphics Standards Planning Committee (GSPC)
                                  February 18, 1977

15) P.A. Woodsford   The design and implementation of the GINO 3D
                                  graphics software package;
                                  J. Software - Practice and Experience, Vol.1, No.4
                                  October 1971

16) D. Groot et.al.   GPGS Reference Manual, July 1976

17) E. Hörbst, M. Gonauser   GMB-Program-system for interactive Graphics
     and J. Weiss   Proceedings of CAD 76 (IPS Science and Technology
                                  Press) London, March 1976, pp. 296-300

18) R. Eckert   Functional aspects and specification of graphics
                                  systems (Part I and II)
                                  Fachgebiet Graphische Datenverarbeitung;
                                  Berichte Nr. GDV 76-2 und GDV 77-3, TH Darmstadt

19) J. Foley   Picture naming and modification: an overview
                                  Proceedings ACM Symposium on Graphic Languages
                                  Miami Beach, Florida, April 1976, pp. 49-53

20)   Arbeitspapier des Arbeitskreises FNI- AK 5.9
                                  (FNI-59 25-76)

21) C.M. Eastman   Data bases for physical system design: a survey
                                  of US efforts
                                  Proceedings of CAD 76 (IPC Science and Technology
                                  Press) London, March 1976, pp. 1-10

22) D.T. Ross

ICES System Design
MIT Press, Cambridge, 1967

23) P.L.Ciampi and J.D.Nash

Concepts in CAD Data Base Structures
Proceedings of the 13th Design Automation Conference
San Francisco, June 1976, pp. 290-296

24) N. Cullmann

Probleme und Lösungsmöglichkeiten der Graphischen
Datenverarbeitung in Rechnerverbundsystemen
Fachgebiet Graphische Datenverarbeitung
Bericht Nr. GDV 76-6, TH Darmstadt

25) J.Foley and E.Brownlee

A model of distributed processing in Computer
networks, with application to satellite graphics
(unpublished paper)

26) R.Konkart, E. Alff und
     Chr. Hornung

GRADAS: Graphisches Informationssystem auf der
Grundlage einer relationalen Datenbank
(in diesem Tagungsband)

27) H. Wedekind

Die Überprüfung von semantischen Integritätsbe-
dingungen in Datenbanksystemen
Informatik Fachberichte 5, pp. 282-300
Springer Verlag; Berlin,Heidelberg,New York, 1976

28) R.Eckert und J.Encarnacao

FOSPRA - Eine Prüf- und Rechnersprache für Display-
systeme zur Quelldatenerfassung und -verarbeitung
Fachtagung Computer Graphics, Berlin, 19.-21.10.1971
Ges. für Informatik, Bericht Nr.2, pp. 123-162

29) M.Burmeister,A.Seyferth,
     H.-J.Teichmann, R.Eckert
     und J. Encarnacao

Die Formularsprache FOSPRA und ihre Implementierung
im REDAS-Datenerfassungssystem
Angewandte Informatik 6/75; pp. 247-255

30) T. Lutz

Informationssysteme und Datenbanken
IBM-Nachrichten, 23. Jahrgang, Nr. 215, 216, 217
und 218; 1973

31) R. Lindner

Aspects of interactive computer graphics
- Applications and Systems -
Fachgebiet Graphische Datenverarbeitung
Bericht Nr. 76-7; TH Darmstadt

32)   R.Lindner u. C.Tozzi   Detailed Concept for a Realization of an Advanced
                                 TV Raster Display Terminal

                                 Fachgebiet Graphische Datenverarbeitung
                                 Bericht Nr. 77-1; TH Darmstadt

33)   R.M. Dunn   Computer Graphics: Capabilities Costs and Usefulness:
                                 Report of SIGGRAPH-ACM
                                 Vol.7, No.1, Spring 1973, pp. 1-29

34)   W.L. Schiller,R.L.Abraham, A microprogrammed intelligent graphics terminal
      R.M.Fox and A.van Dam   IEEE Transactions on Computers, July 1971, pp. 775-782

35)   N. Cullmann   Software-Verteilung in graphischen Rechnerverbund-
                                 systemen
                                 Fachgebiet Graphische Datenverarbeitung
                                 Bericht Nr. 77-4; TH Darmstadt

ENTWICKLUNG UND INTEGRATION VON VERARBEITUNGSBAU- STEINEN IN CAD-SYSTEMEN

o. Prof. Dr.-Ing. H. Grabowski
Institut für Rechneranwendung in Planung und
Konstruktion der Universität Karlsruhe

Zusammenfassung

Die im Konstruktionsbereich anfallenden Aufgaben zeichnen sich durch
eine große Vielfalt aus. Außerdem stellen sie lediglich den Beginn einer Kette der Informationserzeugung für die spätere Auftragsabwicklung
in einem Industrieunternehmen dar. Die Rechneranwendung kann daher
sinnvollerweise nur mit der Entwicklung von abgegrenzten Problemlösungs-
Bausteinen beginnen, die später zu integrierten CAD-Systemen oder be-
trieblichen Informationssystem zusammenwachsen.   Konzepte hierfür
unter Berücksichtigung von Investitionskosten, Ausbildungsfragen der
Benutzer usw. werden in diesem Beitrag vorgestellt.

1. Einführung in die Problemstellung

Der Konstruktionsbereich eines Industrieunternehmens hat die Aufgabe,
die Entwicklung von verkaufsfähigen Produkten, beginnend von der Pro-
duktidee bis zur Anfertigung eines Teils der Fertigungsunterlagen,
durchzuführen. Für die gesamte Auftragsabwicklung schließt sich daran
noch die Erstellung einer Reihe weiterer Unterlagen an. Im Rahmen des
Einsatzes von elektronischen Datenverarbeitungsanlagen muß dieser Vorgang als Ganzes gesehen werden, auch wenn zunächst nur Teillösungen in
Angriff genommen werden.

Die beim Konstruieren durchzuführenden Tätigkeiten und die angewandten
Methoden sind vielfältiger Art. Inhaltlich lassen sie sich in zwei voneinander unabhängige Klassen einteilen,und zwar in Methoden zur Lösungsfindung und -beurteilung und Methoden zur Lösungsdarstellung. In Bild 1
sind einige der Methoden beispielhaft aufgeführt.

Für den gesamten Konstruktionsprozess,aber auch für die sich daran anschließende Arbeitsplan-, NC-Steuerlochstreifenerstellung usw. existieren Methoden, die die Möglichkeit schaffen, eine jeweils vorliegende
Aufgabenstellung zielsicher zu lösen. Für den Konstruktionsbereich werden sie allgemein unter den Begriffen "Konstruktionsmethodik" oder"Kon-
struktionssystematik" zusammengefaßt /1/ .

Zur Fixierung aller während des Konstruktionsprozesses anfallenden Er-

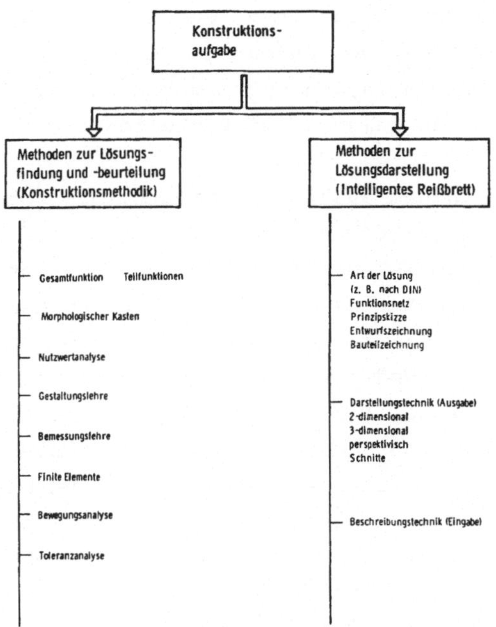

<u>Bild 1:</u> Methoden zur Lösung einer Konstruktionsaufgabe

gebnisse sind jedoch auch noch Methoden der Lösungsdarstellung erforderlich. Entsprechend dem Konstruktionsfortschritt, der bestimmte Konkretisierungsstufen des Produkts erkennen läßt, haben sich eine Reihe unterschiedlicher Darstellungsarten für die Konstruktionslösung herausgebildet, die abhängig von der Produktart verschieden sein können. Im Maschinenbau sind dies beispielsweise Funktionsschaubilder bzw. Funktionsnetze, die die zu einer Lösung gehörenden Teilfunktionen und ihre gegenseitige Verknüpfung angeben, Prinzipskizzen, aus denen das physikalische Arbeitsprinzip einer Lösung hervorgeht, Bauteilzeichnungen, usw. In anderen Branchen sind andere Darstellungsarten gebräuchlich.

Zu jeder Art der Darstellung gehört eine bestimmte Darstellungstechnik z.B. eine Symboldarstellung bei den Funktionsnetzen und Prinzipskizzen, die i.a. zweidimensional ist, eine maßstäblich gegenständliche Darstellung zwei- oder dreidimensional bei Bauteil- und Montagezeichnungen. Maßgebend hierfür sind Konventionen, die i.a. in Normen festgelegt sind. Weiterhin gehört dazu noch die Beschreibungstechnik, die bei manueller Arbeitsweise wenig, bei der rechnerunterstützten Behandlung jedoch große Bedeutung besitzt.

Eine ähnliche Betrachtungsweise der Methoden läßt sich auch in allen

anderen Unternehmensbereichen durchführen. Nur besitzen die Methoden
zur Lösungsdarstellung dort weniger Bedeutung, da die Ergebnisse i.a.
nur in alphanumerischer Form anfallen und dadurch für die Behandlung
mit Datenverarbeitungsanlagen keine Schwierigkeiten bereiten.

Die Methoden zur Lösungsfindung und Lösungsdarstellung kommen während
des Konstruktionsprozesses in wechselnder Reihenfolge zur Anwendung. Im
Hinblick auf den Einsatz der EDV stellt sich daher zunächst die Frage,
inwieweit sich die einzelnen Methoden in Form einer Rechenvorschrift
beschreiben lassen. Dabei zeigt sich, daß die Methoden zur Lösungsdarstellung vollständig, die Methoden zur Lösungsfindung nur teilweise dem
Rechnereinsatz zugänglich sind. Aus dieser Aussage ergibt sich bereits
der Hinweis zur Entwicklung von Bausteinen für das rechnerunterstützte
Konstruieren (CAD). Die Entwicklung einzelner Bausteine unterliegt bestimmten Randbedingungen, die einerseits aus den Gesetzmäßigkeiten des
Konstruktionsprozesses abgeleitet werden, andererseits aber auch durch
Personalfragen, Fragen der Organisation eines Unternehmen und nicht zuletzt durch die heute verfügbaren Geräte der EDV bestimmt sind.

Sowohl die Methoden zur Lösungsfindung als auch die Lösungsdarstellung
zählen nach heutigem Verständnis zum rechnerunterstützten Konstruieren.
Hierbei hat es infolge der vielfältigen Forschungsaktivitäten den An-
schein,als ob den Methoden der Lösungsdarstellung die größere Bedeutung zukommt. Dabei darf jedoch nicht verkannt werden, daß das Design
im Begriff CAD ausschließlich in der Beherrschung der Methoden zur Lösungsfindung begründet ist. Die Darstellung auf einem Informationsträ-
ger ist zwar notwendig,aber nicht die primäre Aufgabe der Konstruktionsarbeit.

Trotzdem hängt von der Lösungsdarstellung im übertragenen Sinne, nämlich dem rechnerinternen Aufbau der Daten einer Konstruktionslösung
und ihrerManipulation bei der Ein- und Ausgabe sehr viel ab.

Im folgenden wird anhand der Entwicklung einer Konstruktionslösung gezeigt, welchen Anforderungen Programmbausteine genügen müssen.

2. Entwicklung einer Konstruktionslösung aus der Sicht des Konstrukteurs und der EDV
Die Entwicklung einer Konstruktionslösung beginnt für den Konstrukteur,
ausgehend von der in einer Anforderungsliste festgehaltenen Aufgaben-

---

CAD = Computer Aided Design

stellung, mit einem leeren Blatt Papier. In einer Folge von Tätigkeiten
unter Anwendung der eingangs bereits geschilderten Lösungsfindungsmetho-
den nimmt die Lösung immer konkretere Gestalt an (Bild 2).

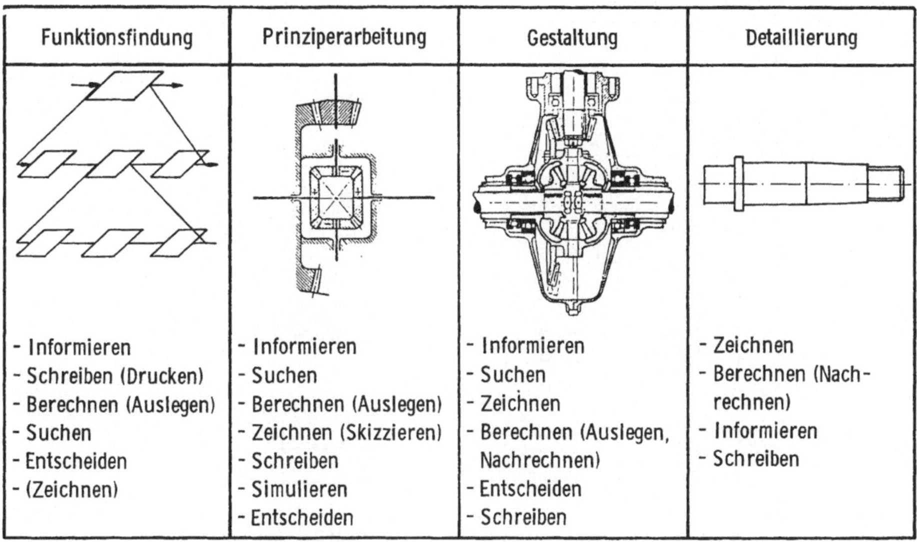

<u>Bild 2:</u> Grundtätigkeiten beim Konstruieren

Für die Durchführung all dieser Tätigkeiten hat der Konstrukteur Fähigkeiten erlernt und Erfahrungen gesammelt, die er, ganz allgemein ausgedrückt, auch durch den Rechner verwirklicht sehen möchte.

Eine Schlüsselstellung nimmt dabei das Zeichnen ein, da hierdurch die
Ergebnisse aller Vorgänge ihre Formulierung finden. Manuell bedient
sich der Konstrukteur des Bleistifts. Maschinell müssen ihm adäquate
Werkzeuge der Datenverarbeitungsanlagen zur Verfügung stehen. Die For-
mulierung der Lösung erfolgt durch ihre Beschreibung nach Regeln des
Maschinenzeichnens und der Darstellenden Geometrie.

2.1 Beschreibung geometrischer Objekte

Betrachtet man die Elemente, die der Konstrukteur zur Beschreibung einer Lösung benutzt, so sind es in den Konstruktionsphasen der Funktionsfindung und Prinziperarbeitung einfache Symbole. In den Phasen der Gestaltung und Detaillierung sind es geometrische Körper unterschiedlicher Komplexität z.B. Zylinder, Quader, Kegel, Torus usw., aber auch
zusammengesetzte Körper in Form von Einzelteilen als Wiederhol- oder

Zukaufteile und ganze Baugruppen (Bild 3). Aufgrund der ihm bei der ma-

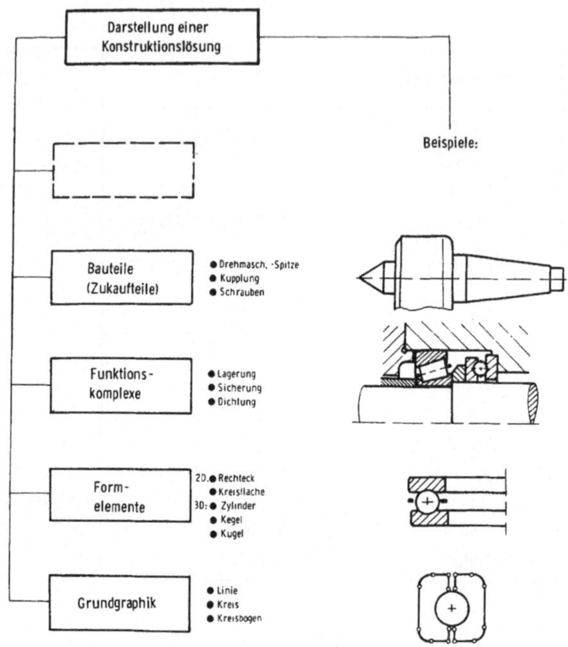

Bild 3: Elemente zur Beschreibung von Konstruktionslösungen

nuellen Arbeitsweise zur Verfügung stehenden Hilfsmittel ist er gezwungen, alle geometrischen Objekte durch Aneinanderfügen von Geraden, Kreisbögen, Kreisen usw., der sogenannten Grundgraphik, darzustellen. Zur
eindeutigen Kennzeichnung der Gestalt und Lagebezeichnung der Elemente
sind dabei oft mehrere Ansichten notwendig. Wie leicht erkennbar eine
sehr mühsame Arbeit.

Bei der Anwendung der Datenverarbeitung mit Hilfe von Bildschirmgeräten
und Zeichenmaschinen hat man bisher versucht, konsequent die gleiche
Arbeitstechnik zu verwirklichen, obwohl seit langem bekannt ist, welche Elemente der Konstrukteur benötigt /2/ . Die Nachteile liegen sofort auf der Hand. Ein Bildschirmarbeitsplatz, der Investitionen in
der Größenordnung von mindestens 100.000 DM erfordert, kann mit einem
Reißbrett, das nur ca. 1.000 DM kostet, nicht konkurrieren. Hier gilt
es, die Vorteile des Rechners, seine Speicherfähigkeit und hohe Arbeits-
geschwindigkeit zu nutzen, und dem Konstrukteur eine Hierarchie von Be-
schreibungselementen, etwa nach Bild 3, zur Verfügung zu stellen. Der
Entwurf beispielsweise der in **Bild 4** dargestellten mitlaufenden Dreh-

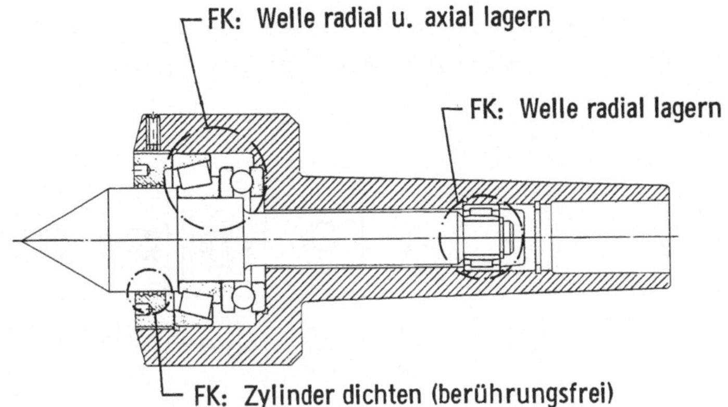

Bild 4: Konstruieren einer Baugruppe mit Hilfe von Funktionskomplexen

maschinenspitze würde durch das Aneinanderfügen von Funktionskomplexen, Formelementen und Normteilen (Schrauben, Sicherungsringe) einfach und schnell erfolgen. Der Hauptanteil der Arbeit wird dabei nicht vom Konstrukteur, sondern vom Rechner geleistet.

2.2 Beschreibungssprache oder graphische Symboleingabe
Zur Eingabe der Beschreibungselemente sind entsprechende Sprachen erforderlich. Im Rahmen der Entwicklung "integrierter CAD-Systeme" wurde gezeigt, daß es möglich ist, aufbauend auf problemorientierten Sprachen, wie z.B. FORTRAN oder PL/1, höhere problemorientrierte Sprachen (POL's) zu schaffen, die es dem Konstrukteur ermöglichen, sein Problem in einer ihm vertrauten Art und Weise zu beschreiben /3,4/ .

Jede Sprachformulierung ist jedoch an die Beherrschung ihrer Syntax und Semantik gebunden, die nur in dauernder Übung fehlerfrei gehandhabt werden kann.

Der praktische Einsatz von CAD-Systemen zeigt dann auch, daß für ihre Anwendung die Konstrukteure in vielen Fällen erst mit Spezialkenntnissen ausgerüstet werden müssen, um ihr Problem formulieren oder den Rechner bedienen zu können.

Dies läßt sich durch eine Aufbereitung der Eingabesprachen und die Schaffung von Eingabehilfsmitteln auf eine Mindestmaß reduzieren. Berück-

sichtigt man die Eigenschaft des Konstrukteurs, vorwiegend graphisch zu
denken, so kann man jede Beschreibungssprache in Form von graphischen
Sinnbildern viel leichter erlernbar machen. In <u>Bild 5</u> sind eine Reihe
von Befehlen für die Grundgraphik sowie einige Operationen in einem Me-

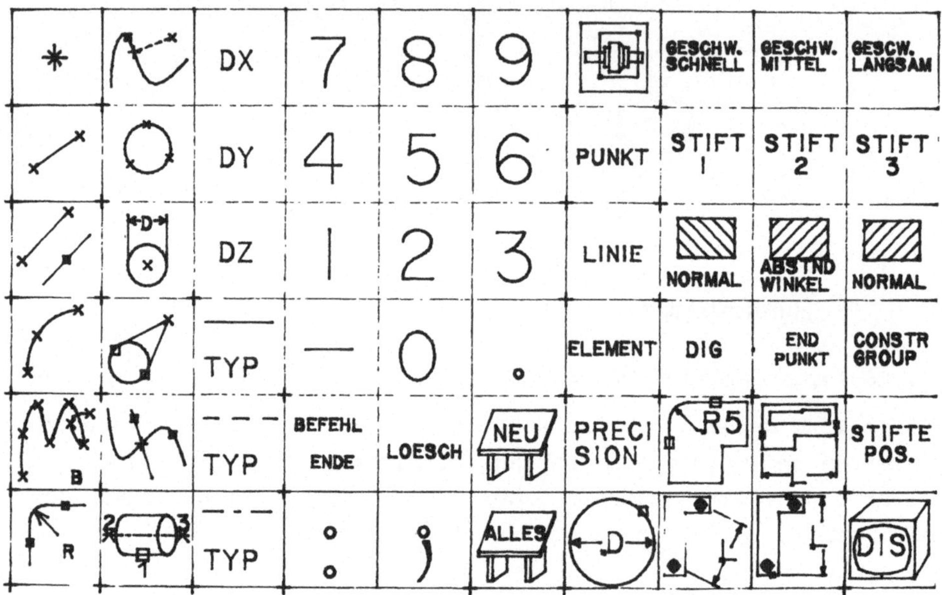

<u>Bild 5:</u> Aufbau eines graphisch orientierten Menüfeldes

nüfeld zusammengestellt, wie es z.B. an einem Speicherbildschirm oder
Digitalisiergerät benutzt werden kann. Die Sinnbilder sollten dabei so
aufgebaut sein, daß die Bedeutung jedes Befehls eindeutig daraus hervorgeht. Zur Erleichterung der Eingabe ist der Datenteil vom Sprachteil
des Befehls zu trennen. <u>Bild 6</u> zeigt dies am Beispiel der Eingabe eines Kegelstumpfes, der an einen vorhandenen Zylinder angefügt werden
soll, dessen Lage und Durchmesser bereits angefügt festliegen. Im Sprachteil wird festgelegt, welche Operation zu erfolgen hat, und zwar in der
Reihenfolge wie im Bild angegeben. In diesem Beispiel "einfügen" eines
"Konus", der durch spezifische Maße (hier den Winkel) beschrieben wird,
zu einem vorhandenen Element. Nach "Antippen" des Befehls erwartet der
Datenprozessor die erforderlichen Daten in einer bestimmten Reihenfolge.
Diese kann in dem Befehlssinnbild durch eine fortlaufende Numerierung
kenntlich gemacht werden oder durch eine Abfrage am Blattschreiber oder
Bildschirm erfolgen.

Sprachprozessor				T r e n n s y m b o l	Datenprozessor					
Subjekt	Prädikat	Objekt	Adjektiv		Element- typ oder modus	Digitali- sieren	Element- typ oder modus	Werte eingeben	Element- typ oder modus	Digitali- sieren
Benutzer- name*	Einfü- gen	Konus	Winkel	" : "	Element	d1	Wert	XX.X YY.Y ZZ.Z	Ende	d2

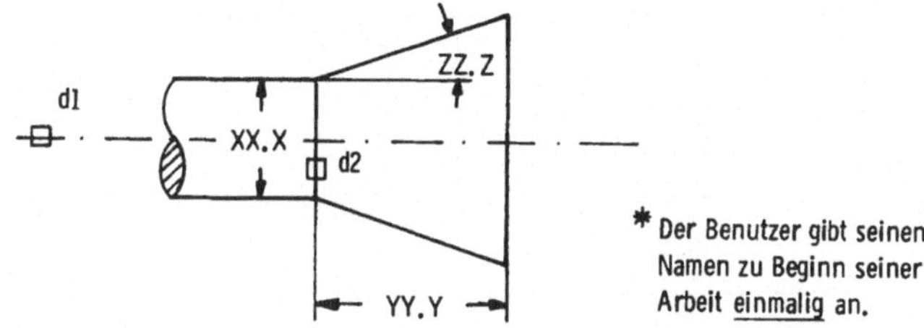

Bild 6: Aufbau von Befehlen zur Graphik-Behandlung

Um derartige Kommunikationsprogramme unabhängig vom jeweiligen physikalischen Eingabegerät zu machen,sind im Programm lediglich logische Funktionen zu realisieren. Eingabegeräte, die die unmittelbare Zuordnung der
logischen Funktion nicht erlauben,müssen um entsprechende Simulations-
programme ergänzt werden (Bild 7).

2.3 Datennutzung anderer Unternehmensbereiche

In jeder Phase des Konstruktionsprozesses ist der Konstrukteur bei der
Gestaltung und Dimensionierung gezwungen, eine Menge von Informationen
zu nutzen, die u.U. aus anderen Unternehmensbereichen kommen. Zum Beispiel

- Verwendung lagerhaltiger Halbzeuge und Normteile
- Benutzung vorhandener Vorrichtungen
- Festlegung von Abmessungen unter Berücksichtigung vorhandener Maßmit-
  tel
- Verwendung von Wiederholteilen und -baugruppen

Der Zugriff auf diese Informationen erfolgt herkömmlich durch Kataloge
und Werksnormen, die jedoch nicht immer auf dem letzten Stand der Aktu-
alität sind.

In vielen Unternehmen existieren jedoch vor der Einführung von CAD be-

logische Funktion / physikal. Gerät	PICK (zeigen)	CHOOSE (wählen)	POS (positionieren)	VALUE (Wert geben)
Lichtstift	⊗	○	○	○
Tablet	○	○	⊗	○
alphanumerische Tastatur	○	⊗	○	○
Funktionstastatur	○	⊗	○	○
Potentiometer	○	○	○	⊗
Steuerknüppel	○	○	○	⊗
Rollkugel	○	○	○	⊗

Beispiel: CALL PICK(IDEV, IODEV, IFELD, 3)

IDEV   =   physikal. Eingabegerätnummer
IODEV =   physikal. Ausgabegerätnummer
IFELD =   Namensregister

⊗ = direkte Zuordnung von logischen Funktionen zu physikal. Geräten

○ = simulierte logische Funktion durch andere physikalische Geräte

Bild 7: Zuordnung von physikalischen Geräten zu logischen Funktionen

reits Programme zur Material-, Stücklisten- und Arbeitsplanverwaltung.
Eine wichtige Aufgabe besteht darin, den Zugriff zu diesen Daten zu ermöglichen. Dies kann einerseits durch eine Abfrage über Bildschirme,
die nicht für das Konstruieren benutzt werden, erfolgen, andererseits
können CAD-Programme automatische Abfragen der oben genannten Dateien
enthalten.

Umgekehrt liefert die Konstruktion für viele Unternehmensbereiche die
Grunddaten. Beispielsweise kann zu Beginn der Detaillierung eines Bau-
teiles automatisch der Teilestammsatz einer Stückliste eröffnet werden,
der in den nachfolgenden Abteilungen Arbeitsvorbereitung und Einkauf um
die noch fehlenden Daten ergänzt wird.

Für die Arbeitsplan- und NC-Steurlochstreifenerstellung wird diese Vorgehensweise in einer Reihe von Programmsystemen /5,6/ für spezielle Tei-
learten bereits realisiert.

Aus diesen Ausführungen geht hervor, daß alle im Verlauf der Fertigungs-
unterlagenerstellung erzeugten Daten in einer logischen Reihenfolge in

mehreren Unternehmensbereichen erstellt werden. Sie müssen daher bei integrierten CAD-Systemen bestimmten Bedingungen der Verwaltung und des Zugriffs unterliegen.

Programme, die den hier beschriebenen Leistungsumfang liefern, lassen sich selbstverständlich nicht auf einmal erstellen. Sie müssen entsprechend der Notwendigkeit und Dringlichkeit betrieblicher Aufgabenstellungen zu unterschiedlichen Zeiten entstehen und wachsen können. Zwangsläufig folgt daraus das Konzept der Schaffung von Programmbausteinen, die analog einem Baukastensystem zu unterschiedlichen Problemlösungen zusammengestellt werden können.

3. Inhalt und Abgrenzung von Verarbeitungsbausteinen

Ähnlich wie für die Entwicklung von Baukastensystemen im technischen Bereich ein Baumusterplan vorliegen muß, ist es erforderlich, für die Schaffung eines integrierten CAD-Systems ein entsprechendes Konzept zu entwickeln. Den einzelnen Bauelementen entsprechen hier die Verarbeitungsbausteine. Dem Baumusterplan würde die Gesamtheit der Verarbeitungsbausteine einschließlich der Festlegung der Schnittstellen zwischen den Bausteinen entsprechen.

Als Verarbeitungsbaustein soll ein Programmodul verstanden werden, der eine bestimmte Methode oder ein bestimmtes Verfahren im Verlaufe des Konstruktionsprozesses oder anderer Arbeitsprozesse mit Hilfe der EDV ralisiert. Darunter fallen sowohl Programme, die einzelne Tätigkeiten des Konstruktionsprozesses unterstützen, als auch Programme zu vollständigen Auftragsabwicklungen ausgewählter Produkte, z.B. Variantenkonstruktionen, sofern sie sich mit den erstgenannten Programmen kombinieren lassen. Wie später noch gezeigt wird, erfordert dies einen speziellen Aufbau der Programme.

3.1 Notwendigkeit der Schaffung von Programmbausteinen

Für die Verwirklichung eines derartigen Konzeptes gibt es eine Reihe von Gründen:

1. Der Einsatz der Datenverarbeitung muß in jedem Falle unter wirtschaftlichen Gesichtspunkten erfolgen. Entwicklungskosten, Einsatzhäufigkeit sowie Einsatzdauer müssen in einem vernünftigen Verhältnis zueinander stehen. Dadurch kann der EDV-Einsatz in den verschiedenen Unternehmensbereichen unterschiedlich schnell vorausschreiten.

2. CAD verlangt die Rechnerleistung am Arbeitsplatz. Hierfür gibt es unterschiedliche Hardware-Realisierungen. Die Programmbausteine müs-

sen derart beschaffen sein, daß ein stufenweiser Ausbau der Hardware, z.B. bedingt durch die Verfügbarkeit von Investitionsmitteln oder das Wachsen der Aufgaben, zulässig ist.

3. Nicht alle Anwender benötigen die gleichen Moduln. Es wird daher immer CAD-Systeme unterschiedlichen Leistungsumfangs geben.

4. Daraus folgt, daß die Bausteine geräteunabhängig und unabhängig von zeitlich vorher und nachher liegenden Entwicklungen sein müssen.

Zur Entwicklung von Programmbausteinen ist problemseitig eine eingehende Analyse ihres Inhalts und ihres späteren Einsatzgebietes notwendig, rechnerseitig die Festlegung von Soft- und Hardwareschnittstellen.

3.2 Bestimmung von Bausteininhalten

Zur Bestimmung des Inhalts eines Programmbausteines läßt sich die gleiche Technik anwenden, wie sie für die Formulierung einer Konstruktionsaufgabe in Form eines Anforderungsplans üblich ist. Der Anforderungsplan legt die Forderungen an die spätere Lösung fest, wobei zwischen Festforderungen, Mindestforderungen und Wünschen unterschieden wird. Bild 8

RIM Uni Karlsruhe	Anforderungsplan	Datum: 29.6.1976 Termin:	Blatt 4 von 10

für Problem ☐ Projekt ☒ Produkt ☐
Programmgenerator zur Zeichnungserstellung
wellen- und scheibenförmiger Variantenteile

lfd Nr	Forderungen	Art	Gewichtung	Zielwertbereich
13	2.1.4 Durchdringungen: - vorprogrammierte Näherungskurven anstelle der mathematischen Durchdringungslinie; - auf Wunsch analytische Lösung (z. B. für Abwicklungen);			
14	2.1.5 Maßstabswahl: - automatische Wahl in Abhängigkeit der Strichbelegungsdichte (Anzahl aller Formelemente und Maßangaben pro Flächeneinheit) - auf Wunsch frei wählbar;			
15	2.1.6 Formatwahl: - automatische Wahl in Abhängigkeit des Maßstabs; - auf Wunsch frei wählbar;			
16	2.1.7 Positionierung der Ansichten: - erfolgt automatisch in Abhängigkeit von Zeichungsformat, Maßstab und Zahl der Ansichten; - auf Wunsch bei Bildschirmeingabe frei wählbar;			

<u>Bild 8:</u> Anforderungsplan für einen Verarbeitungsbaustein (Auszug)

zeigt den Ausschnitt eines Anforderungsplan für ein Zeichnungsprogramm für Variantenteile. Hierzu ist im allgemeinen immer eine enge Zusammenarbeit zwischen dem Informatiker und dem Ingenieur notwendig, da nur der Ingenieur die gewünschte Arbeitstechnik und den Leistungsumfang hinreichend genau beschreiben kann,und der Informatiker die Möglichkeiten der Realisierung genau kennt.

4. Verknüpfung von Verarbeitungsbausteinen

Die Realisierung integrierter CAD-Systeme auf der Basis von Programmbausteinen ist nur möglich, wenn gewisse Aufgaben, die allen Bausteinen gemein sind, zusammengefaßt werden. Hierfür haben sich in der Vergangenheit zwei Konzepte herausgebildet.

4.1 Intergrierte Programmsysteme auf der Basis von Systemkernen und Datenbanken

Die unter dem Namen " Integrierte Programmsysteme" bekannt gewordenen Systeme, wie z.B. ICES /7/ , GENESYS /8/, IST /9/ und REGENT /3/, haben den in <u>Bild 9</u> dargestellten Aufbau. In einem Systemkern sind alle Metho-

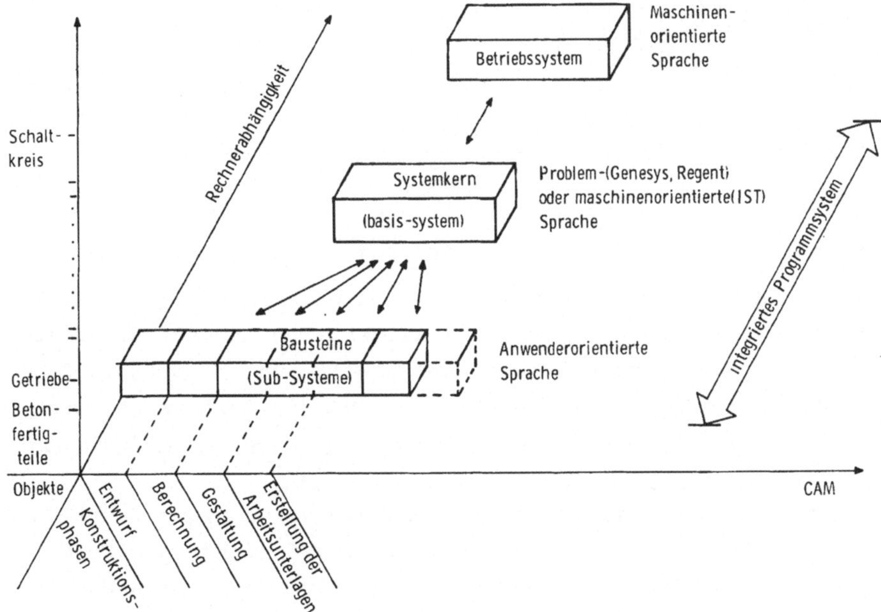

<u>Bild 9:</u> Aufbau integrierter Programmsysteme

den zur Datenverwaltung, Programmverwaltung, Nachrichten- und Sprachverwaltung, die im Zusammenhang mit der Erstellung und Anwendung der Bausteine (Subsysteme) anfallen, enthalten /3/ . Er ist genau eine Erweiterung des Betriebssystems einer Datenverarbeitungsanlage und daher nicht in allen Fällen maschinenunabhängig. Eine Übersicht über die Kernfunktion und die erreichten Eigenschaften zeigt <u>Bild 10</u>.

	Anforderungen an einen Systemkern	Kernfunktionen
anwenderbezogen	- Erweiterung der Möglichkeiten der problemorientierten Sprache - Erleichterte Entwicklung und Einsatz von Programmen - Portabilität der Bausteine - Volle Dialogfähigkeit - Leichte Erlernbarkeit der Bausteinsprache - Gestaltung beliebiger anwendungs-orientierter Benutzer - Kommandos - Formatfreie Benutzer - Eingabe	- Vorcompiler für Programmteile - Testhilfe und Fehlerverwaltung - Systemimplementierung - Binden von Programmteilen
ausführungsbezogen	- Optimale Ausführungszeiten der Kernfunktionen - Aufbau und Verwaltung einer zentralen Datei mit Direktzugriff - Unterstützung von Datenstrukturen, die über Fortran hinausgehen (Listen, Bäume, Ringe) - Reduzierter Arbeitsspeicherbedarf - Verwaltung und dynamische Aufteilung eines Datenbereiches im Hauptspeicher - Dynamische Felder - Einsatzfähigkeit auch auf Kleinrechnern	- Verwaltung von System, Subsystem, Modulen - Datenbankverwaltung - Aufbau von Daten-strukturen - Kernspeicherverwaltung - Ablaufsteuerung - Kommandointerpreter oder Übersetzer - Binden von Programmteilen - Nachrichtenverwaltung - Grafikverwaltung

Bild 10: Funktionen des Systemskerns Integrierter Programmsysteme

Jeder Baustein läßt eine Programmierung in einer auf den Fähigkeiten
der Basissprache, z.B. FORTRAN oder PL/1, aufgebauten Anwenderorientier-
ten Sprache zu. Die Basissprache und ihre Erweiterung bildet die Soft-
wareschnittstelle zwischen allen Bausteinen und dem Systemkern, Schnittstelle zur jeweiligen Hardware und dem zugehörigen Betriebssystem ist
die Sprache, in der der Systemkern geschrieben ist.
Für verschiedene Branchen lassen sich somit die notwendigen Bausteine
für Entwurf, Berechnung, Detaillierung usw. schaffen. Für die Formulierung von Berechnungsaufgaben eignen sich derartige Sprachen auch sehr
gut. Die Eingabe graphischer Elemente erscheint bei den bekannten Bausteinen /10 /, gemessen an der Arbeitstechnik des Konstrukteurs, jedoch
umständlich.Der Grund mag darin liegen, daß die Graphikbausteine weniger für den Entwurf als für die Detaillierung bereits vorhandener Unterlagen gedacht waren.

Konzipiert wurden alle Systeme unter der Annahme der Verfügbarkeit eines
Großrechners mit mindestens 128 kBytes.Dies ist mit der Forderung nach

einem stufenweisen Ausbau der Hardware nicht vereinbar. Auch das Angebot der heute verfügbaren CAD-Arbeitsplätze zeigt, daß weitgehend Rechner mit 64 kBytes installiert werden, um die Investitionskosten für den Anwender niedrig zu halten.

Eine andere Entwicklung geht von einer Trennung der im Verlauf der Konstruktion erzeugten Daten und den Verarbeitungsalgorithmen aus. Die Daten werden in einer Datenbank in Form einer rechnerinternen Darstellung gespeichert und verwaltet. Zur rechnerinternen Darstellung gehören neben den Konstruktionsdaten auch noch technologische und organisatorische Daten für die weitere Auftragsbearbeitung.

Allgemeine Kommunikationsmoduln sorgen für die Ein/Ausgabe von Informationen, die der Konstrukteur im Dialog verarbeitet, oder die in Form von Zeichnungen dokumentiert werden sollen (Bild 11).

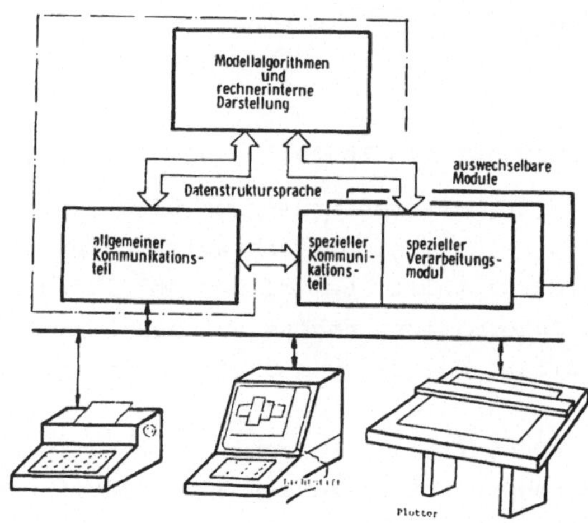

Bild 11: Grundsätzlicher Aufbau eines datenbankorientierten CAD-Systems

Die speziellen Verarbeitungsmoduln sind die Bausteine des Systems z.B. für Zeichnen, Berechnen usw. Sie besitzen neben den Algorithmen, die den Bausteininhalt kennzeichnen, einen speziellen Kommunikationsteil, der zusammen mit dem allgemeinen Kommunikationsteil die für jeden Baustein gewünschte Arbeitstechnik festlegt.

Zur Realisierung der rechnerinternen Darstellung muß die reale Welt des Konstrukteurs, z.B. die strukturierten Informationen einer Zeichnung

(<u>Bild 12</u>) auf einem Speichermedium der EDV abgebildet werden. Dies er-

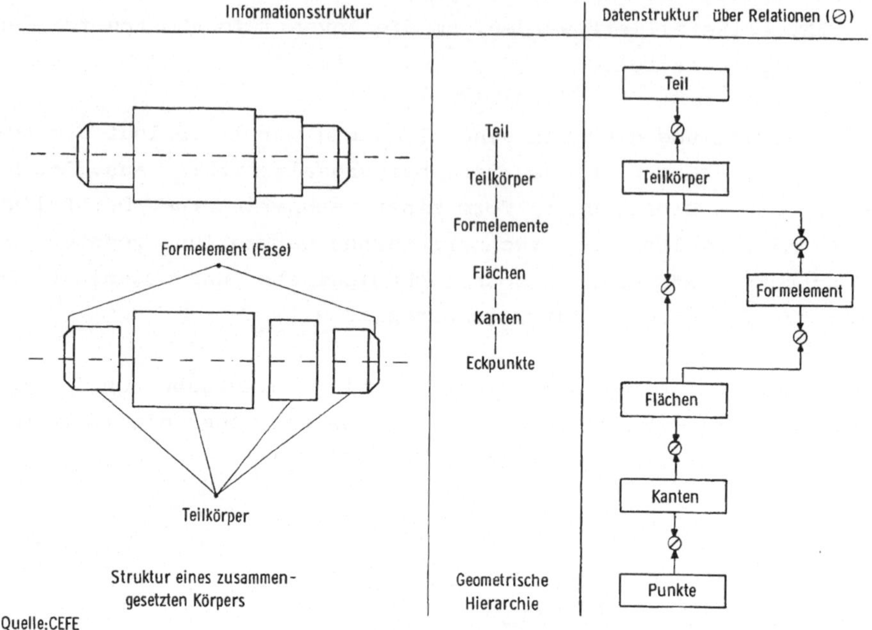

<u>Bild 12</u>: Informationsstruktur von Bauteilen und ihre logische Abbildung

folgt zweckmäßigerweise in mehreren Stufen, um eine gewisse Rechner- und
Problemunabhängigkeit zu erhalten. Üblicherweise unterscheidet man vier
Stufen wie in <u>Bild 13</u> dargestellt. Bei diesem Abbildungsprozess darf
sich die Semantik des Informationsinhalts auf den einzelnen Stufen nicht
ändern. Die Syntax variiert dagegen von Stufe zu Stufe.

Die Informationsstruktur stellt alle Elemente, mit denen der Konstrukteur arbeitet, sowie deren qualifizierenden und identifizierenden Merkmale und ihre gegenseitigen Beziehungen (Assoziationen) dar (Bild 12).
Wie in Abschnitt 2.2 ausgeführt ist hierzu eine entsprechende Defini-
tions- und Manipulationssprache notwendig. Sie enthält Teile der Anwendersprachen der Integrierten CAD-Systeme und kann für jeden Baustein
unterschiedlich sein.

Die Datenstruktur bildet die Informationsstruktur nach formalen Regeln
durch abstrakte Dateneinheiten (logische Elemente), ihre Inhalte und
Assoziationen ab. Einschränkungen einer Programmiersprache oder eines
Speichermediums entfallen.

Die Speicherungsstruktur hat die Aufgabe, die logischen Elemente mit

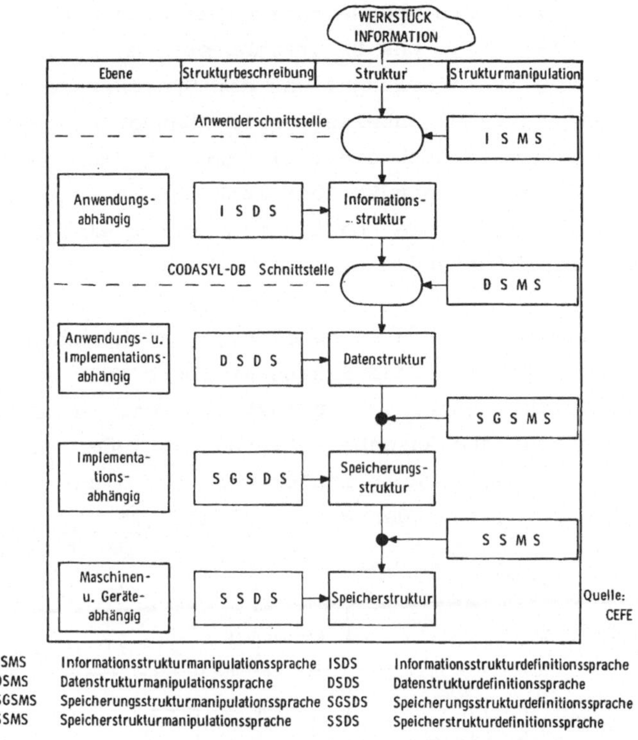

<u>Bild 13:</u> Schnittstellen beim Aufbau von CAD-Datenbanken

ihren Inhalten auf einen realen Adresraum, z.B. ein FORTRAN-Feld, abzu-
bilden und die Zugriffspfade darzustellen und zu realisieren.

Die Abbildung der Speicherungsstruktur auf den realen Speicherraum ist
die Aufgabe der Speicherstruktur. Sie ist abhängig von der jeweiligen
Rechenanlage und dem Betriebssystem.

Durch die Aufteilung in mehrere Ebenen mit den entsprechenden Schnittstellen (Bild 13) ist der Anschluß beliebiger Bausteine und eine Über-
tragbarkeit auf unterschiedlichen Rechenanlagen mit einem vertretbar
geringen Zeitaufwand möglich.

Bekannte Entwicklungen auf dieser Basis sind COMPAC /11/ und die CAD-
Systeme der CEFE /12 /. Diese Systeme setzen jedoch ebenfalls einen
Großrechner voraus. Eine neue Entwicklung, die lediglich einen Kleinrechner (mit 64 kBytes)mit Plattenspeicher voraussetzt, ist derzeit an
der Universität Karlsruhe in der Entwicklung /13/ .

4.3 Notwendigkeit des Einsatzes von Rechnerverbundsystemen

Betrachet man die Vielfalt mögliche Programmbausteine, so ist erkennbar,
daß sie sehr unterschiedlichen Umfangs, was den Speicherplatzbedarf
und auch die Verarbeitungsdauer anbelangt, sein können. Als Beispiel sei
die Berechnung eines Bauteils nach einer einfachen Formel oder nach der
Methode der finiten Elemente genannt. Aber auch die Nutzung von Daten
des kommerziellen Bereichs für die Konstruktion wirft einige Fragen zur
geeigneten Rechnerarchitektur auf.

Die einfachste Art, diese Problematik zu lösen, besteht darin, eine Be-
nutzerstation entweder in Form eines Blattschreibers oder eines Bild-
schirmgerätes im Konstruktionsbereich zu installieren, je nach dem ob
ein Dialog und eine graphische Ausgabe notwendig ist oder nicht. Die
CAD-Bausteine sind im Zentralrechner implementiert und unterliegen bei
der Abarbeitung der dort bestehenden Warteschlange (Bild 14). Ein sehr

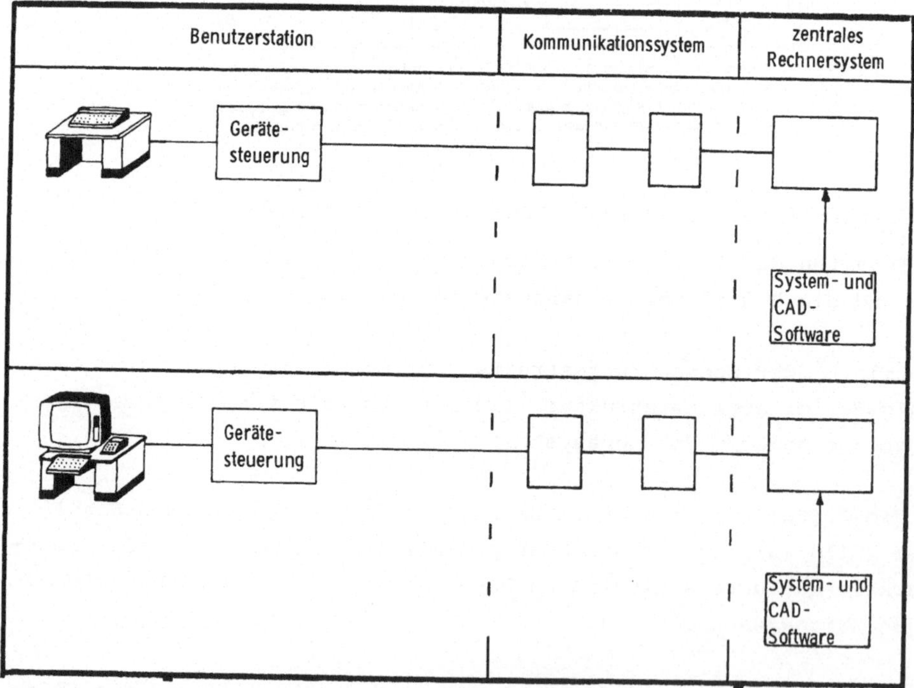

Bild 14: Benutzerstationen für CAD-Prozesse (I) /14 /

umfangreicher Dialog wird hier nicht möglich sein.

Werden auch noch Zeichenmaschinen oder Digitalisiergeräte angeschlos-

sen, so ist es notwendig, an der Benutzerseite einen Kleinrechner einzusetzen, der die zur Steuerung der Geräte notwendige Systemsoftware übernimmt. Die einzelnen CAD-Bausteine laufen weiterhin im Zentralrechner
(Bild 15). Erfordern die Bausteine einen umfangreichen Dialog, so ist

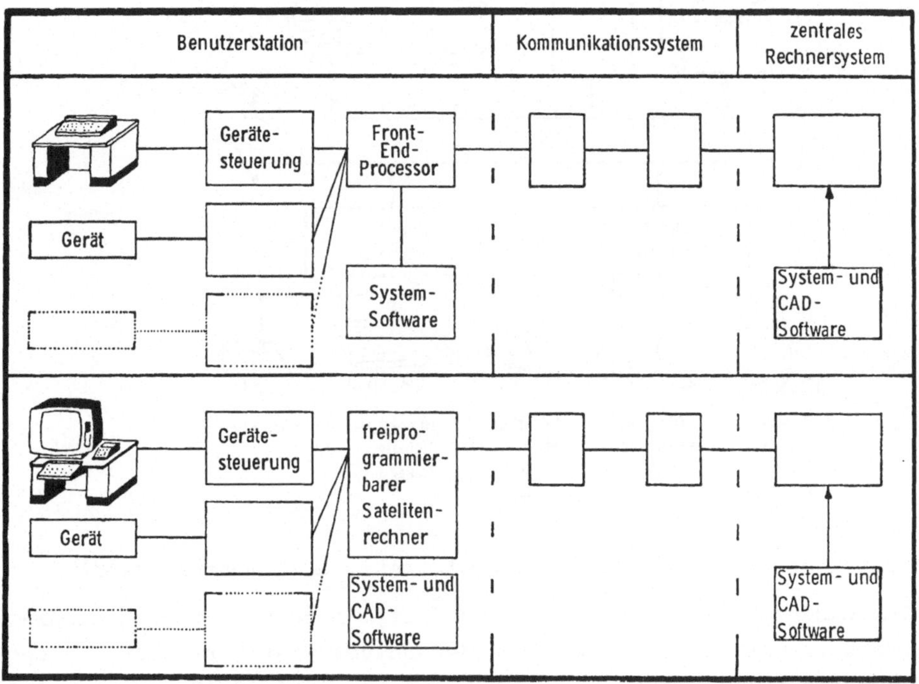

Bild 15: Benutzerstationen für CAD-Prozesse (II) / 14 /

wegen der zu erwartenden großen Wartezeiten benutzerseitig ein freipro-
grammierbarer Satellitenrechner notwendig, der auch einen Teil der CAD-
Bausteine aufnehmen kann / 14 /. Dieser Fall der Rechnerarchitektur wird
die zukünftige Hardwareausstattung der Unternehmen sein, wobei die Benutzerstationen mit den unterschiedlichsten peripheren Geräten ausgestattet sein können.

Zur Zeit werden zunehmend schlüsselfertige CAD-Hardware-Systeme der Art
wie in Bild 16 dargestellt eingesetzt /15 /. Sie bieten durch die bereits existierende graphische Software eine Reihe von Anwendungsmöglich-
keiten. Nach Aussage des Herstellers sind sie auch ohne weiteres an
Großrechner anschließbar. Für den Einsatz integrierter Programmsysteme
auf Datenbankbasis bedarf die derzeitig installierte Software jedoch
einiger Modifikationen.

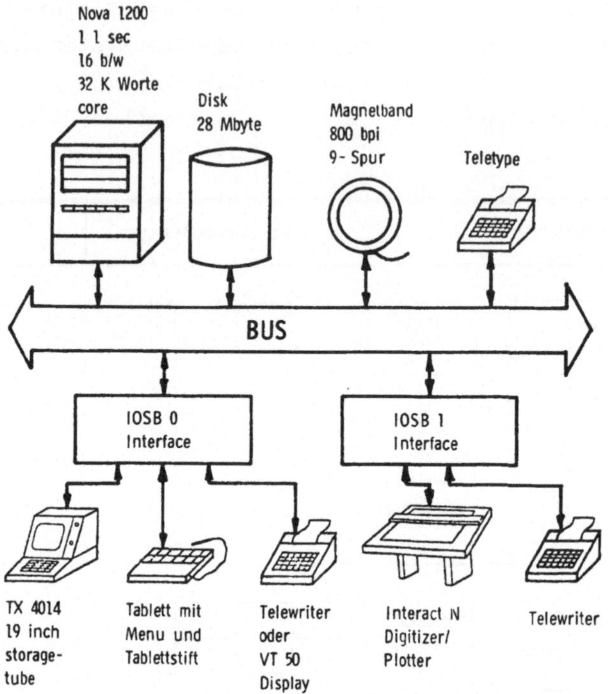

Bild 16: Komponente eines CAD-Arbeitsplatzes (Fa. Computervision)

Unter Berücksichtigung der eingangs zu diesem Abschnitt genannten Anforderungen an CAD-Bausteine wird an der Universität Karlsruhe ein Rech-
nerverbundnetz installiert, dessen Komponenten in **Bild 17** gezeigt sind.
Anhand dieses Systems soll unter betriebsnahen Bedingungen das Zusammenwirken von Bausteinen unterschiedlicher Art geprüft werden.

5. Probleme des Einsatzes von CAD-Systemen

Der Einsatz von CAD-Systemen stößt in der Praxis derzeit noch auf eine
Reihe von Widerständen, die einerseits in den verfügbaren Konzepten
selbst als auch in ihrer praktischen Handhabbarkeit liegen.

5.1 Einführung von CAD-Systemen

Die zur Zeit verfügbaren CAD-Systeme,sowohl die Integrierten als auch
datenbankorientierten Systeme,sind nur auf Großrechenanlagen lauffähig.
Ihr Einsatz wurde daher bisher nur in Großunternehmen durchgeführt. Obwohl auch kleine und mittlere Firmen durchaus die Möglichkeit hätten,
über regionale Rechenzentren an dieser Entwicklung teilzuhaben, sind
hier keine Anwendungen bekannt. In diesen Firmen möchte man mit kleineren, überschaubaren Entwicklungen beginnen, um dann Schritt für Schritt

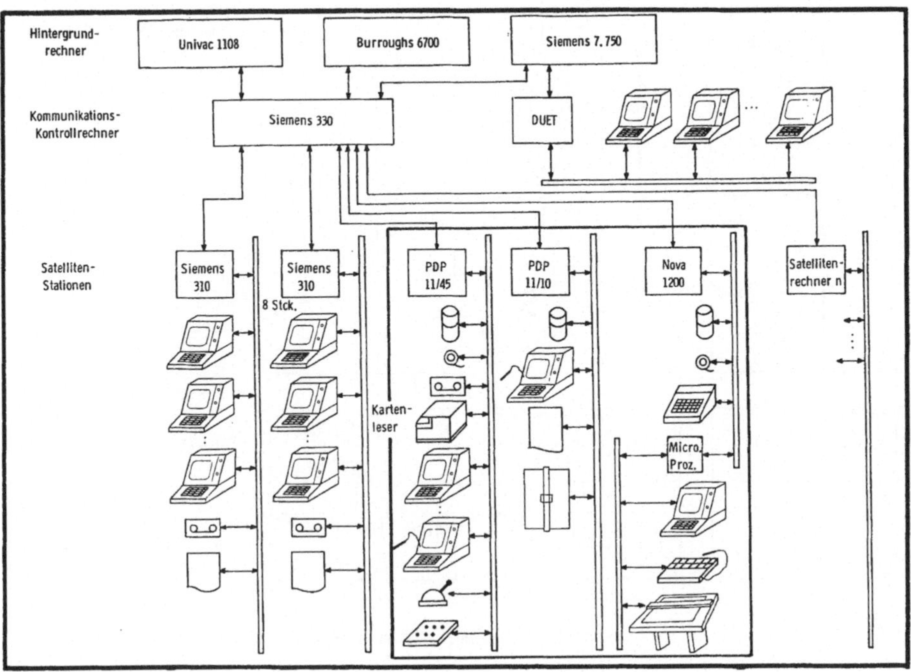

<u>Bild 17:</u> Rechnerverbundnetz der Universität Karlsruhe

zu weiteren Anwendungen zu gelangen. Dieser Entwicklungsrichtung steht
heute als entscheidender Nachteil die große Vielfalt an graphischen Da-
tenverarbeitungsgeräten mit ihren unterschiedlichen Programmiersprachen
entgegen.

Bemühungen zur Vereinheitlichung beispielsweise in entsprechenden DIN-
Fachnormenausschüssen oder in Form von Richtlinien staatlicher Projekt-
träger /16/ sind zwar vorhanden, reichen jedoch gerade für den Bild-
schirmeinsatz nicht aus.

Es besteht die Möglichkeit, durch Schaffung geeigneter Software-Schnitt-
stellen sich an die jeweilige Rechner- und Betriebssoftware anzupassen,
wie in <u>Bild 18</u> dargestellt. Vernünftiger wäre jedoch die Einigung auf
ein einheitliches Graphik-Softwareangebot. Arbeiten hierzu laufen zur
Zeit in der CEFE, einer Vereinigung mehrerer an der Einführung von CAD-
Systemen beteiligten Firmen und Hochschulen.

CEFE = Entwicklungsgesellschaft Feinwerktechnik und Elektronik

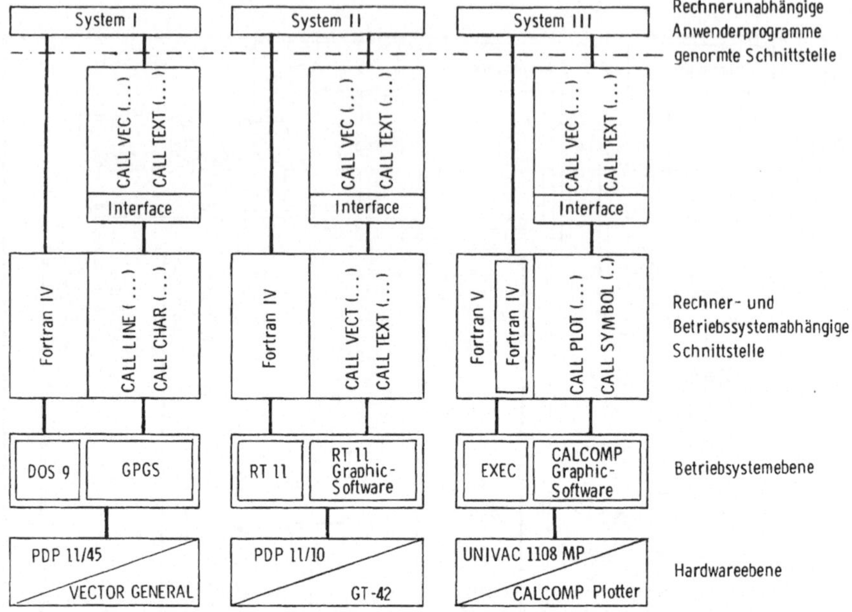

Bild 18: Schaffung einer einheitlichen Graphik-Schnittstelle

5.2 Problematik der Archivierung und des Datenzugriffs

Für die Handhabung der Systeme existieren ebenfalls eine Reihe von Problemen.

Bereits mittlere Unternehmen verwalten heute bei einer EDV-Stücklistenverarbeitung 100.000 Teilestämme und mehr. In der gleichen Größenordnung werden auch im Rechner zu verwaltende Einzelteil- und Baugruppenzeichnungen liegen, will man nicht für die rechnerunterstützte Anpassungs- und Variantenkonstruktion die Teile jeweils neu in den Rechner eingeben.

Durch die relationale Verknüpfung der geometrischen Bauteildaten wird bei der 2D- und erst recht bei der 3D-Speicherung viel Speicherplatz benötigt. Hier zeichnet sich für die Handhabung der CAD-Systeme der Einsatz großer Direktzugriffsspeicher, aber auch externer Massenspeicher ab. Vor Beginn einer Konstruktionsarbeit wird eine Arbeitvorbereitung erforderlich sein, die ähnlich wie bei der manuellen Arbeit in der Bereitstellung der entsprechenden Datenträger besteht.

Bei der Verwaltung aller Konstruktionsdaten sowie der anderen Bereiche im Rechner mit der Möglichkeit des Direktzugriffs entsteht verstärkt das Problem der Datensicherung. Im Konstruktionsbereich besteht oftmals die Vorschrift, die Geschichte eines Bauteils über alle Änderungszustände verfolgen zu können. Änderungen dürfen, vor allem bei Serienprodukten nur von dazu autorisierten Mitarbeitern veranlaßt oder durchgeführt werden.

Diese Problematik ist bei einigen Anwendern bereits bekannt, alle damit verbundenen Probleme sind jedoch noch nicht gelöst /17/.

5. Beispiel aus der Praxis
Anhand eines Beispiels zur rechnerunterstützten Angebotsbearbeitung für Baukastenprodukte, das zur Zeit vom Lehrstuhl für Rechneranwendung im Maschinenbau der Universität Karlsruhe in Zusammenarbeit mit einem Industrieunternehmen unter finanzieller Förderung durch das BMFT durchgeführt wird, soll die Entwicklung und Arbeitsweise eines datenbankorientierten CAD-Systems gezeigt werden.

Bei den Baukastenprodukten handelt es sich um Geräte zur Temperaturmessung. In mehrjähriger Arbeit wurden die einzelnen Baugruppen der Produkte standardisiert,so daß mehrere Grundbaukästen (Grundtypen) mit insgesamt ca. 1500 Bauelementen entstanden. Durch Kombination lassen sich etwa 1,5 Millionen unterschiedliche verkaufsfähige Produkte ermitteln, so daß die Schaffung rein organisatorischer Hilfsmittel zur Angebotserstellung entfällt.

Anforderungen an das Programmsystem sind (<u>Bild 19</u>)
1. Eingabe: Varianten-Nummer des gewünschten Produktes mit Zusatzangaben, die vom Kunden mit Hilfe eines Kataloges festgelegt werden können.
2. Ausgabe: Das Angebotsschreiben mit dem rechnerunterstützt ermittelten Angebotspreis (basierend auf den automatisch bestimmten Kosten) sowie die Angebotszeichnung.
Im Falle der Auftragserteilung Ausgabe der Auftragsbestätigung sowie der Stücklisten, Arbeitspläne, Fertigungs- und Montagezeichnungen.

3. Aufbau des Systems so, daß einzelne Bausteine nacheinander eingeführt werden können.
4. Die Stücklisten- und Arbeitsplanverwaltung soll einheitlich für alle Unternehmensbereiche sein.

Die Konzeption des Gesamtsystems wurde wie folgt durchgeführt:
1. Die Verwaltung der Stücklisten-, Arbeitspläne und Textbausteine erfolgt in einem herkömmlichen Datenbanksystem (IMS, da IBM-Rechner vorhanden).

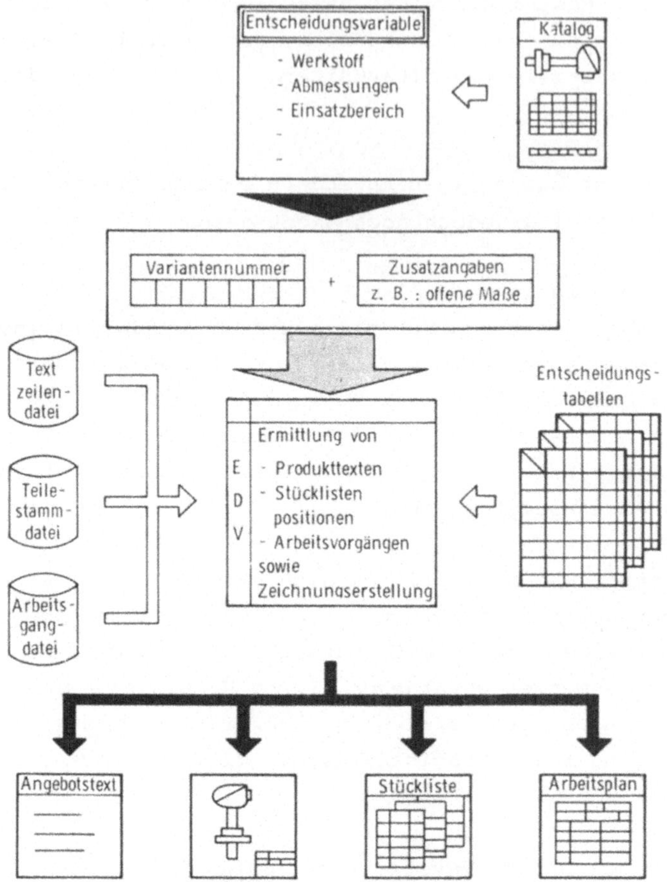

Bild 19: Automatische Erstellung von Angebotsunterlagen

2. Die Beschreibung der Konstruktionslogik erfolgte mit Hilfe von Entscheidungstabellen.

3. Zur leichten Eingabe und Änderung der Entscheidungstabellen werden diese ebenfalls in IMS verwaltet. Die Einschaltung eines Programmierers oder Systemanalytikers ist dabei nicht erforderlich.

4. Für die rechnerinterne Speicherung der Baukastenelemente wird ein kleinrechnerorientiertes Datenbanksystem entwickelt. Gegebenenfalls wird das CAD-System im Rechnerverbund betrieben.

5. Zur Erzielung der geforderten Ergebnisse werden zunächst folgende Bausteine entwickelt
   - Entscheidungstabellen-Interpreter

- Programmodul für Kalkulation
- Programmodul für Preisfindung
- Textausgabemodul
- Geometriemodul zur graphischen Kontrollausgabe des automatisch ermittelten Produktes auf dem Bildschirm und Plotterausgabe
- Kommunikationsmodul zur Entscheidungstabelleneingabe und -änderung (Bildschirmdialog) sowie zur Graphikbearbeitung.

In einer späteren Ausbaustufe sollen die standardisierten Baukastenelemente am Bildschirm modifiziert werden können, so daß der zunächst konstante Elementumfang (geschlossener Baukasten) um neue Elemente erweitert wird (offener Baukasten).

Zentraler Bestandteil des Systems ist der Entscheidungstabellen-Interpreter. Nach Eingabe der Varianten-Nummer und der Zusatzangaben veranlaßt er die Abarbeitung der jeweils aus der Datenbank herausgelesenen zuständigen Entscheidungstabelle. Ergebnis sind die Ident-Nummern der gesuchten Baukastenelemente, die zwischengespeichert werden.

Anhand der Identnummern werden
- über die gespeicherten Arbeitspläne und Arbeitsplätze die Kosten der Elemente ermittelt. Die Preisfindung erfolgt rechnerunterstützt mit Hilfe einer vom Vertrieb ausgefüllten Checkliste
- die Baukastenelemente aus der Geometrie-Datenbank ausgelesen, deren Kompatibilität im Geometriemodul geprüft und auf dem Bildschirm ausgegeben (Bild 20)
- wahlweise werden Angebots-, Fertigungs- oder Montagezeichnungen erstellt
- Stücklisten und Arbeitspläne sowie die Textbausteine zusammengestellt.

Der Textmodul veranlaßt das Schreiben des gesamten Angebots bzw. der Auftragsbestätigung. Eine automatische Terminierung ist zur Zeit nicht vorgesehen, die variablen Angaben hierzu müssen von Hand eingegeben werden.

Die in Abhängigkeit von der Varianten-Nummer für jeden Anfrager gefundenen Ident-Nummern werden gespeichert, bei jeder neuen Anfrage wird zunächst eine Wiederholproduktsuche durchgeführt.

Der Einsatz des CAD-Systems ist für alle Baukastenprodukte geeignet.

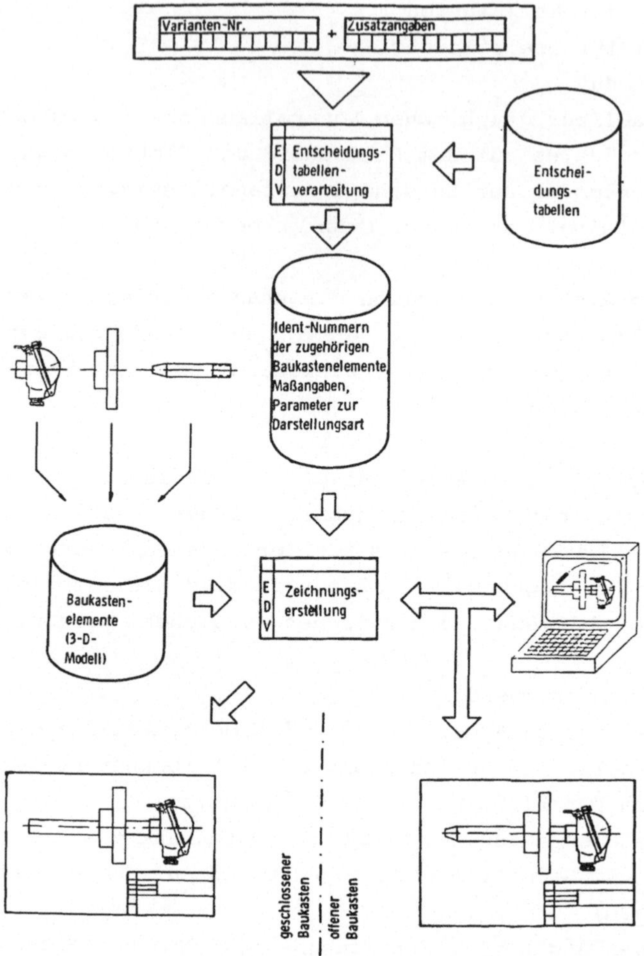

Bild 20: Erstellen von Angebotszeichnungen für Baukastenprodukte

6. Literatur

1. N.N.: Methodisches Konstruieren. VDI-Richtlinie 2222 Bl. 1. Düsseldorf: VDI-Verlag 1973

2. Simon, R.: Rechnerunterstütztes Konstruieren. Diss. TH Aachen 1968

3. Schlechtendahl, E.G.: Grundzüge des integrierten CAD-Systems REGENT. Angewandte Informatik, Heft-Nr. 11, 1976

4. Enderle, G.: Problemorientierte Sprachen im REGENT-System. Angewandte Informatik, Heft Nr. 12, 1976

5. Butz, H.-W.: Kleinrechnerunterstütztes Erstellen von Fertigungsunterlagen. wt-Z.ind. Fertig. Heft Nr. 67, 167-170, 1977

6. Wievelhove, W.: Automatische Detaillierung, Zeichnungs- und Arbeitsplanerstellung für Varianten. Dissertation TH Aachen 1976

7. Roos, D. (hrsgb): ICES-system-general description. MIT,department of civil egnineering, R 67-49 1967

8. Alcock, Shearing u.a.: GENESYS reference manual. The GENESYS Centre, Loughborough 1971

9. N.N.: Siemens System 4004-Informationssystem Technik IST. Programmierhandbuch 1973, Kommandosprache 1973

10. Schuster, R. GIPSY-Graphische Fähigkeiten als Bestandteil eines Systems für den rechnergestützten Entwurf. Angewandte Informatik Heft Nr. 4, 1977

11. Kurth, J.: COMPAC, ein System zur rechnerorientierten Werkstückbeschreibung. ZwF Heft Nr. 2 und 3, 1973

12. Enders, H.-H.: Überblick über die CAD/CAM-System-Konzeption der CEFE-Firmen und Hochschulen. CAD-Bericht KFK-CAD 30. Gesellschaft für Kernforschung Karlsruhe 1977

13. Grabowski, H. Eigner, M. Rausch, W.: CAD-Data-Structure for Mini-Computers. Vortrags-Manuskript zur I.P.C.-Tagung eingereicht, 1978

14. Vassilakopoulos, V.: Rechner- und Peripheriegeräte. Seminarunterlage "Einführung in die Datenverarbeitung im Konstruktionsbereich" VDI-Bildungswerk Düsseldorf 1975

15. Abeln, O.: Erfahrungen mit CAD-Arbeitsplätzen. VDI-Berichte Nr. 261. Düsseldorf: VDI-Verlag 1976

16. Lang-Lendorff, G.: CAD-Richtlinien. CAD-Bericht KFK-CAD 6. Gesellschaft für Kernforschung Karlsruhe 1976

17. Fischer, W.E.: Grappsich, H.: Datenbank zur Speicherung von Konstruktions- und AV-Daten. CAD-Bericht KFK-CAD 30. Gesellschaft für Kernforschung, Karlsruhe 1977

<u>Aspects of Data Base Systems for Computer Aided Design</u>

Albrecht Blaser, Ulrich Schauer
IBM Deutschland GmbH, Wissenschaftliches Zentrum Heidelberg

This paper is intended to familiarize with data base system technology. In its first part it describes the objectives and structure of data base management systems and discusses important concepts. Special emphasis is put on the aspects of interactive usage. In the second part data base management systems are reviewed with respect to requirements of computer aided design. In the third part a proposal for an interactive problem solving environment is discussed to give further insight to the interactive design process. Textbooks and surveys may serve for additional information on data base systems, e.g. /DATE75, WEDE74, ACM76, BLAS76/.

1. Aspects of a data base system

1.1 Architecture of a data base system

1.1.1 Introduction

Data bases represent an abstraction of some part of the reality used
by several (cooperating) individuals, e.g. table of material
properties, description of standard parts, sales statistics etc.

The construction of a data base involves four successive phases:
Perception, naming, selection, and classification /NIJS76/.

Fig.1: Data bases as an abstraction of reality

The state of the art of technology puts restrictions on our perception
of reality (e.g. sensing devices for measuring pollution effects as
needed in environmental research and control). Likewise a data base
can only contain information about the perceivable reality.

A naming process is needed to enable communication about the objects
of the perceivable reality. Naming means a mapping from a set of names
onto a set of objects. Since data bases are conceivably large the set
of names may require its own dictionary and some rules regarding
documentation to remain manageable.

Economical considerations do not allow to put all possible information
into the data base. Only that part which is of interest to the users
in performing their duties will be selected.

Classification will be addressed in the next paragraph; some remarks
may put the four phases into perspective:
o   The design and installation of a data base is not a trivial task.
     Data bases are a long term investment and must be adapted to
     changing and expanding user needs. Therefore, a continuous effort

of naming, selection and classification is the rule rather than
the exception.

o   Actually the design of a data base system may go "bottom up", by
     first collecting the requirements and then putting a conceptual
     model together from the pieces.   Some experiences on evolutionary
     development of an installed data base are reported in /BARN73/.

1.1.2   Information modeling

The following concepts may be used for representation of information
/MCGE76/:

o   Attribute: any characteristic to which values may be assigned,
     e. g. name, date, color, volume.

o   Attribute value: a state of an attribute, e. g. John Smith,
     29.2.1960, red, 2.753 cubic decimeter.

o   Property: an association of an attribute with an attribute value,
     e. g. name = John Smith, date = 29.2.1960, color = red, volume =
     2753 ccm.

o   Entity: anything which can be described by a list of properties,
     some of which are uniquely identifying it.   With this definition
     properties are also entities.

With unique names for entities and attributes the perceivable reality
could be represented as a mapping from a set of entities onto a set of
properties /BEIT74/. The mapping, which is the essential part, can be
described by a bit matrix M - with m(i,j) = 1 if the i-th entity has
the j-th property - which is stored in a compressed way.

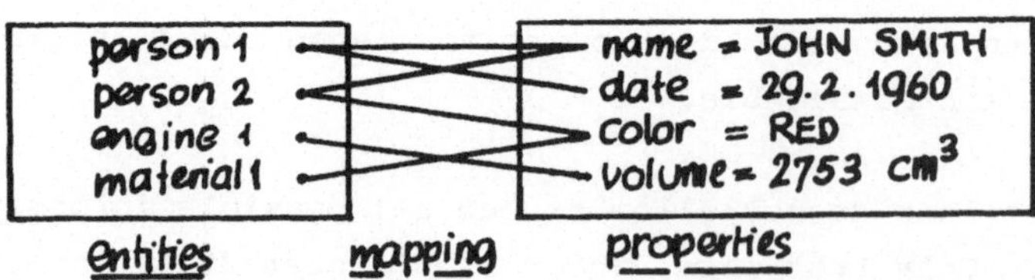

Fig.2: Data bases as mapping of entities onto properties

The information of figure 2   is attractive by its simplicity,
accessibility and   flexibility. However, it   lacks features to
faithfully model the (perceivable) reality or to adapt to specific
information requirements (work loads). There is no structure which
helps to detect missing attribute values or to avoid multiple valued

attributes. Additional concepts, especially entity association, are needed to control such dependencies and to classify information /MCGE76/:

o   Entity type: a set of entities with a common set of attributes, e.g. purchase of a product in a warehouse to a customer.

o   Entity aggregation: a set of entities of the same or different type, e.g. supplier of products in his different roles: supplying products to warehouses, assembling products from "subproducts" (parts), warranting products.

o   Entity association: an ordered set of entities of the same or different type, with a meaning associated to each position, e.g. purchase (buyer, vendor). An association includes (semantic) information about the type of mapping induced (one to one, one to many, many to one, many to many).

o   Composite entity: an entity aggregation or association which may be considered as an entity in its own right, e.g. purchase as association of vendor, buyer, product, and date.

The graph in figure 3 describes the relationships between customers, warehouses, suppliers, and products in terms of entity types, properties, entity associations, and composite entities. Entity types, properties, and composite entities are represented as nodes, associations as arcs. To each association corresponds a mapping (represented by arrows) expressed in terms of occurences of the associated entities:

↔ 1:1, ➞ many:1, — many:many, ➜ 1:many;

where "many" means a non-negative integer. Labels attached to arcs are needed if several associations exist between two entities.

Composite entities (i.e. order, quotation, and buy) allow to model associations between more than two entities in terms of binary associations. They may be further used to break "many to many" associations (e.g. between supplier and product) into two "one to many" associations. Binary associations have much flexibility for modeling integrity constraints /ABRI74/ and are a solid basis for building the conceptual model of a data base system.

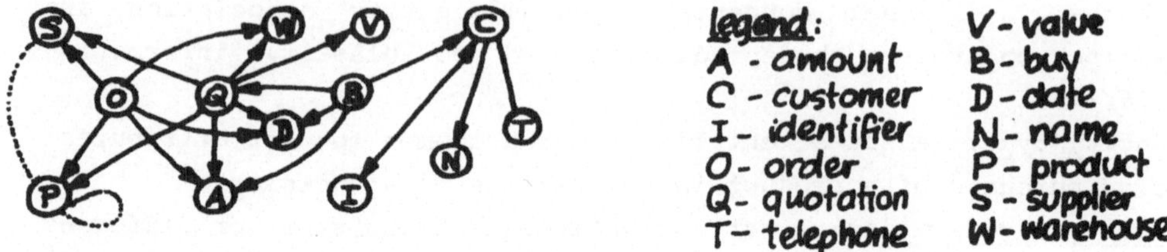

Fig.3: Customer, warehouse, supplier, product relationships.

Figure 3 is self explanatory. Nevertheless, we will give some explanation to the composite entities quotation, buy and order: The offerings of a warehouse (price quotations) have a validity date and will usually differ for products from different suppliers. A quotation is always for a limited amount of a product. A customer may buy a certain amount of an offered product. Offered products became supplied in response to orders including a delivery date issued by the warehouse to the products' suppliers.

The modeling process could easily be extended to show the supplier in his role as manufacturer, i.e. assembling products according to a "bill of materials" (association between products), ordering products and raw materials from elsewhere, or manufacturing products from raw materials. The incoming orders are most important data for the planning and control of the manufacturing process.

1.1.3 Gross architecture of a data base system

At the design of a data base two perspectives must be brought together: Information and usage requirements. This becomes clear when we look at the structure of a data base system (sometimes also called data base management system, abbreviated DBMS), which is represented in figure 4 in a scheme derived from /STEE76/.

Figure 4 shows user groups of a DBMS, application programs, views of information, mappings required between the different views, and flow of information.

Before entering the discussion of views and users a short summary of the environment may be appropriate: The main purpose of a DBMS is to store and provide for shared usage persistent facts concerning entities. However, this must be done in an environment characterized by

o   multi (concurrent) usage, requiring that conflicts between users trying to update the data base must be resolved (<u>consistency</u>)

o   user heterogeneity, requiring protection of confidential data from access by unauthorized individuals and also adaptation to different users' needs (<u>protection</u>, <u>isolation</u>)

o   frequent change with regard to
     - information requirements,
     - user types,
     - hardware and software technology,
     requiring an interface to application programs which remains stable (<u>data</u> <u>independence</u>)

o   dependency of enterprises on data bases, requiring a high degree of
     - <u>reliability</u>
     - <u>availability</u>
     - <u>recoverability</u>

o   economic considerations, requiring
     - <u>cost</u> <u>effectiveness</u>
     - <u>tuning</u> <u>facilities</u>.

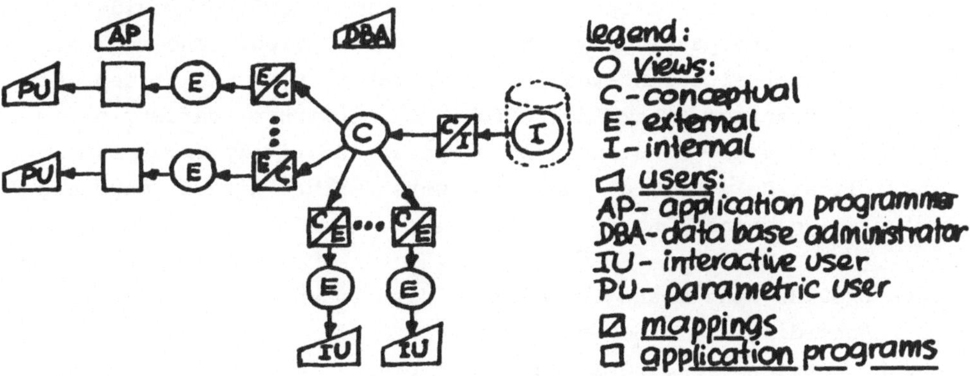

Fig.4: Gross architecture of a data base system.

1.1.4   <u>Views</u> <u>of</u> <u>data</u>

The isolation of application programs from the data by means of three different levels of views has the purpose to make them insensitive to changes within the DBMS; changes, which are made in order to

. introduce new hardware and software
. fulfil new information requirements
. improve system performance.

The _external view_ represents data as they are needed to implement an application program. The mapping from conceptual to external view allows selection and transformation of information. Selection of only that part which is required helps to isolate application programs against each other, enabling more concurrency and better protection. Selection may be more important than to transform the information into some representation which better suits the application.

The _conceptual view_ is the central point. It depicts the information as it is seen by the user group which is responsible for the system aspects, the socalled data base administrator. Clearly it should be close to the intuitive notion of information, as is the graph model which was informally introduced above. Other proposals for the conceptual and/or external view will be discussed under the heading data models.

The   _internal view_   provides   the   interface to   the   physical representation of data. To establish new data representations one has to generate or modify the internal view accordingly and to provide the mapping from the conceptual view onto the internal view. The indirect mapping from external to internal representation via the conceptual view has the advantage that the effort to support a variety of m external and n internal constructs is composed additively (m+n) rather than multiplicatively (mxn) as it were with direct mappings (supporting all combinations).

Data views provide the means to develop data independent application programs. According to the three levels   of views one has to distinguish between internal and conceptual   data independence. Internal data independence means that the application programs are insensitive to changes in storage structures or storage devices operationwise (not performancewise). Conceptual data independence would mean that changes at the conceptual view (e. g. addition of new types of information) have no effect on existing application programs: Changes at the conceptual view must not propagate to the external view − a design aim which cannot be met e.g. for update and insertion.

1.1.5   User groups

Four different user types are distinguished in figure 4. The <u>data base administrator</u> (DBA) is responsible for the system aspects. Also, data base design and maintenance (i. e. to model and change the conceptual view and the mappings from conceptual view onto internal view and external view) fall under his responsibility. He attempts to optimize the internal data organization for a given mix of application programs. He may also issue standards for naming and documentation.

Special tools (data base design aids) have been developed to ease the DBA's data base design /HUBB75/.   The development of new access methods and/or support of new storage devices (i. e. mapping of internal view to physical storage device) is done by the vendors of a data base system, not by the data base administrator. However, he has to make the choice between different possibilities offered, based on considerations of cost effectiveness. A whole group of people may be needed to fulfil all the tasks and to bring together system knowledge with an understanding of the various needs for information within an enterprise.

Data base systems are heavily used for commercial applications like airline reservation, banking etc. Typically involved is a relatively small set of operations (transactions) which may be used to extract and modify information within the data base according to well established rules.   Transactions are   concurrently activated   by <u>parametric users</u>, e. g. clerks sitting at a terminal and pushing buttons according to rules dictated by the application program. The parametric user generally has no EDP-expertise. His information needs are embedded in the context of his job responsibilities and strictly predictable. A transaction may represent a very complex operation on the data base.

The <u>application programmers</u> are responsible for the development of application programs. They work with external views provided by the data base administrator. Development of an application program may take a considerable effort and is therefore only suited for repetitive tasks. Using his EDP-knowledge the application programmer "translates" the parametric users' requirements (hopefully) to the data base system. Only well understood problems can be handled in this way.

<u>Interactive</u> <u>problem</u> <u>solving</u> with unpredictable requirements for selection and manipulation of information needs a different approach. The aim is to combine man's intuition with the machine's ability to do routine work quickly, for developing a solution. A better understanding of the problem may be a by-product. The response time must be short enough to prevent disruption in the user's train of thought. However, delay is usually tolerated for complex operations. Interactive users typically lack EDP knowledge and have no motivation to become computer experts. The main difference to parametric usage is that application expertise is contributed by the user rather than by an aplication program. This gives a chance to innovation, not found in application packages in which the computer plays the role of the application expert /PUGH76/.

1.2   <u>Data</u> <u>models</u>

1.2.1   <u>Relational</u> <u>model</u>

The relational model, as developed by E. F. Codd in a series of papers /CODD70,71,74/ has been a most successful contribution to data base research in terms of stimulus and acceptance. It considers information to be a finite set of named relations of assorted degree.

An n-ary relation R is a set of n-tuples (d1,d2,...,dn). Each tuple element di is taken from some value set (domain) Di, a potentially infinite set of "scalars" (numerical or string values):

$$R = \left\{ (d1,...,dn) \mid di \in Di, \text{for } i = 1,...,n \right\}$$

An n-ary relation may be visualized as an m by n table (flat file) with n-columns (degree=n), each column identified by an attribute name (=role name of domain) and m rows (cardinality=m). The number of rows, m, may change, and the order of rows is immaterial. By definition a relation contains no duplicate tuples.

Some columns within a relation may play the role of keys and/or references. The key elements of two tuples are always different. Reference elements may be used to refer to some other tuples in the same or another relation (reference key).

The information of figure 3 may be cast in the following five
relations:

quotation	qno	price	product	supplier	warehouse	amount	date
	1	89	175-13	X	A	20	25.1.
	2	75	175-13	Y	A	4	30.1.
	3	90	175-13	X	B	10	1.2.
	4	80	175-13	Y	A	20	2.2.
	5	95	185-14	X	B	25	3.2.

order	ono	product	supplier	warehouse	amount	date
	1	175-13	X	A	30	15.1.
	2	175-13	X	B	10	18.1.
	3	175-13	Y	A	100	20.1.
	4	185-14	X	B	25	22.1.

buy	bno	cno	qno	amount	date
	1	1	3	4	1.2.
	2	3	2	2	2.2.
	3	3	2	8	2.2.
	4	2	4	2	3.2.

customer	identifier	name
	1	MAIER
	2	HINZ
	3	MAIER

telephone	cno	tno
	1	4711
	3	2571
	1	2571

Fig.5: Relations of customer, warehouse, supplier environment.

The names of key attributes are underlined. Splitting into buy and
quotation relations has been achieved by introducing the column qno.
The many to many relationship between suppliers and products is split
into two one to many relationships by the order and the quotation
entities. Qno and cno in the buy relation are references, the key bno
is necessary to distinguish between two otherwise identical purchases
(e.g. second and third tuple). The many to many relationship between
customers and telephone numbers is explicitly represented in relation
telephone; it cannot be combined with the customer relation into one
relation without loss of information, except, when customer two
(cno=2) is included with a special value (e.g. 0) for the telephone
number, which means there is none.

Many to many relationships such as the customer-telephone association require explicit representation while one to one and one to many relationships can be handled implictly (e.g. the associations to amount and date). Implicit representation, however, may cause conceptual dependency: If some association is later-on relaxed from a one to many to a many to many relationship then explicit representation becomes mandatory (e.g. one order may split into several deliveries with prescribed amounts).

The relational model has special appeal to those who are used to work with tables. Set operations like union, difference and intersection are immediately applicable since relations are sets. Further operations are projection and several types of composition: The cartesian product and an operation called join which may be used to combine two relations over some common domain(s), e. g. the join of the relations customer and telephone of figure 5 over equal values of cno and identifier in figure 6. The join concept may be generalized by allowing any predicate on the "common domains" instead of equality.

Customer - telephone	cno	name	telephone
	1	MAIER	4711
	3	MAIER	2571
	1	MAIER	2571

Fig.6: Join of the customer and telephone relations.

Three normal forms for relations have been introduced by Codd /CODD71/ to avoid anomalies in storage operations for data base modifications which might be caused by redundancy.

The join relation of figure 6 illustrates some update anomaly: The name of a customer without telephone cannot be inserted into the customer-telephone relation. When the customer's name is changed (e.g. by marriage) then all tuples of the customer-telephone relation must be scanned for occurences of the pertinent cno and in case of match the name is changed. However, in the customer relation only one change would be needed. The anomalies described above are due to the fact that name does only depend on cno; it is not fully dependent on the compound key cno, telephone. A set of relations is said to be in second normal form if non-key elements are fully functionally dependent on the key elements. A further normalization may be required to avoid transitive dependency. This is exemplified by the relation obtained by joining the buy and the customer relations over equal values of cno and identifier. The join relation then contains the column name which depends transitively on bno, since name depends on cno, and cno on bno. An update of name would again require several changes instead of one as in the customer relation. A set of relations is said to be in third normal form if it is in second normal form and, additionally has no transitive dependencies. To summarize: normalization helps to remove redundancy and unwanted anomalies.

The relational model has been subject to a number of critical considerations such as:

o   It does not provide explicit representation of hierarchic structures. They can be modeled with some normalization, which introduces redundancy and may cause the introduction of non-basic (encoded) information (identifiers for suppliers, warehouses, and products).

o   Since a relation cannot contain duplicate tuples special operations may be required, instead of projection, to obtain meaningful statistics. However, two special operations are sufficient to conveniently handle "bill of material" processing /VETT76/.

1.2.2   Hierarchical model

A hierarchical structure represents facts for a <u>single</u> entity type (e.g. customer or warehouse or supplier in figure 3). Hierarchical (tree) structures are a linear structure type which may simplify processing of facts about entities if this occurs according to the inherent order. Figure 3 could be modeled by any of the hierarchies in figure 7 showing dependent segments under their parent segments. The underlying algorithm is very simple: A segment is the set of nodes obtained by following all paths pointing away from the start node. Dependent segments are obtained by proceeding to a node which is connected to some node of the parent segment by an undirected arc or by an arc pointing to the parent segment's node.

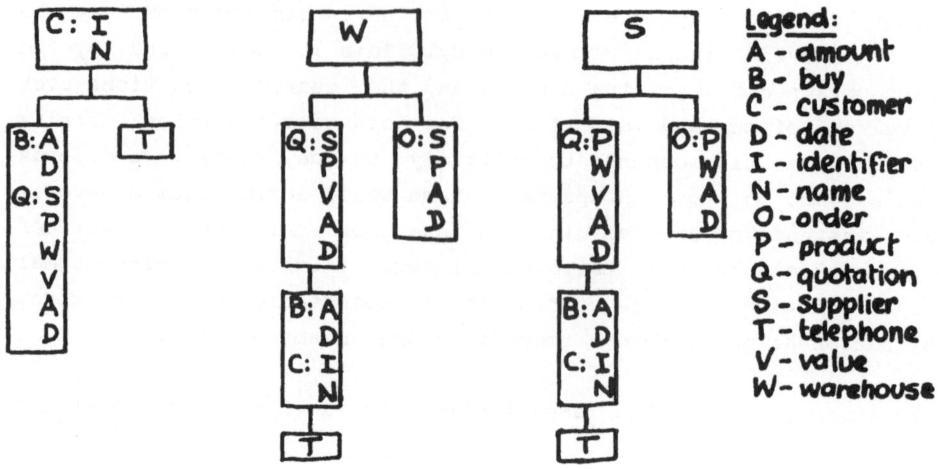

Fig.7: Customer, warehouse, supplier hierarchies.

Each of the hierarchies of figure 7 favors one specific processing and could, therefore, be desirable as one specific external view. Each contains redundant information but no (artificial) identifiers for linking. Since hierarchical structures may be biased towards a specific application context, they are desirable for an external view rather than for the conceptual view.

1.2.3   <u>Network</u> <u>model</u>

A network structure allows to represent facts of <u>several</u> entity types (e.g. customer, warehouse, supplier) without redundancy (compared to possible representations in a relational or hierarchical model). Any segment (node) may be used like the root segment of a hierarchical structure; the remaining segments then serve as properties for the "root" entity type. Figure 3 already is of this form, being an example of a complex network structure since it encounters many to many relationships. Any complex network structure can be transformed into a simple network structure by replacing any many to many relationship by two many to one relationships using an additional segment for linking. This is shown in figure 8 for our example data base of figure 5 and the association between suppliers and products.

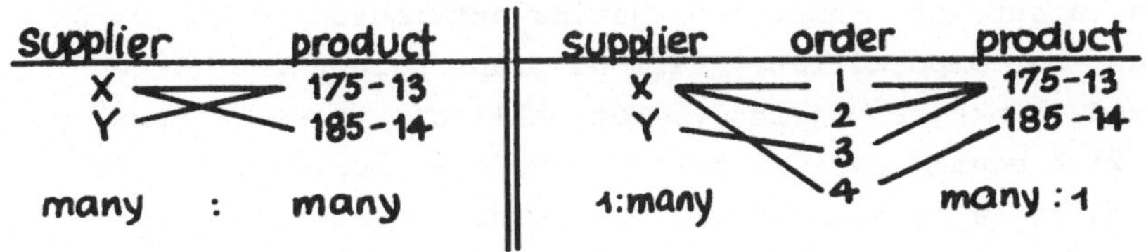

Fig.8: Splitting of a many to many relationship.

The auxiliary entity type order has some properties attached like date, warehouse, amount and thus is no artificial construct.

With some redundancy a simple network structure can always be transformed into one specific hierarchical structure, as shown in figure 7. This allows the design of data base systems which combine advantages of network structures with those of hierarchical structures /IBM75/.

1.2.4 Coexistence of data models

There have been arguments between adherents of different data models, culminating in the debate on data models: data-structure-set versus relational /RUST74/. Largely, the discussion was on single versus multiple record at a time logic, i. e. on query languages supported by the data models. In /BLAS76/ it is shown that a set oriented query language can easily be built on top of the graph oriented model and even stronger that a graph oriented model can be put on top of the relational model and vice versa.

A network structure using binary associations between entity types with known mapping characteristics (graph oriented data model, e. g. see figure 3) can be transformed into a simple network if necessary by introducing some auxiliary entity types for breaking many to many relationships. A simple network of n nodes, however, can be represented by an n-ary relation and a set of functional relationships between its attributes. How to decompose the n-ary relation into a set of relations in third normal form is described in /ADIB76/. Synthesizing of third normal form relations is described in /BERN76,WANG75/.

Vice versa a set of relations having attributes with comparable elements can be composed into various graph structures depending on the selected linkages (joins). Not all of these graphs permit traversal with equal performance. Therefore building a relational model on top of a network model may require extensive optimization with regard to access path selection /ROTH74/. A proposal for a coexistent relational model to a given network model is described in /ZIMM75/.

The hierarchical model is a special case of a network structure (each dependent segment has only one parent segment) and a relation is a special case of a hierarchy (consisting of a root segment only). Therefore, with respect to richness of explicitly expressed structure the network model encompasses the hierarchical model which again encompasses the relational model. This means that a network can be represented by a hierarchy only with some redundancy and the same remark applies to a hierarchy, represented in terms of relations.

The hierarchical, the network, and the relational model are among the most popular views of data. However, many other data models have been proposed, e.g. the entity set model /SENK73/ and the entity-relationship model /CHEN76/, which gives a basis for unification of the network model, the relational model, and the entity set model.

To summarize: Data models may and should coexist; the real issue is how to build _efficiently_ one data model on top of the other /BLAS76/.

1.3   Data manipulation languages

1.3.1   Low level

With a set of primitives for access to "one tuple at a time" an application programmer can perform any manipulation he wants on a set of relations. The high flexibility, however, also has the danger that he uses inadequately supported access paths. Hierarchical structures specially adapted to an application with their inherent hierarchical ordering of segments may better suit for manipulation "one record at a time".

Network structures present more difficulty than hierarchies by offering several access possibilities. The application programmer has to "navigate" properly through the network structure in order not to impact performance.

A low level (procedural) language interface (e.g. DL/1 /IBM75/) normally consists of a set of primitives, embedded in a procedural host language(e.g. PL/1, COBOL, ASSEMBLER), which allow explicit navigation through a hierarchy or network which may have close resemblance to the internal storage structures used. However, no binding to a physical storage structure should occur in the application program. It is the data base administrator's duty to provide external views, which can be traversed efficiently. Procedurality and "one record at a time logic" limit the usefulness of a low level language for interactive users.

1.3.2   <u>High level</u>

A high level interface typically uses "multiple record at a time" logic. Much research activity has been put into the development of high level query languages, primarily intended to support interactive data base users. However, they could also be made available to application programmers within some host language, for example SQL with host language PL/1 /ASTR76/. Five different styles will be exemplified:
    (1) relational algebra approach /TODD75/
    (2) mapping approach /CHAM74a/
    (3) query by example /ZLOO75/
    (4) graph oriented FORAL /SENK75/
    (5) natural language approach /KOGO76/

For illustration we use the conceptual model of figure 3 with the following query:

Who are the customers who bought product 175-13 supplied by X?

The query has to be answered by some manipulation on the quotation, buy, and customer relations (figure 5).

(1) LIST((quotation ; product='175-13' & supplier='X' % qno) * buy %
    cno) * customer;identifier=cno%name.
    From the quotation relation those tuples are selected with
    product=175-13 and supplier=X. By projection one obtains a unary
    relation of qno-s which is joined with the buy relation on equal
    qno-s. By projection follows a unary relation of cno-s which is
    joined with the customer relation on equal values of identifier
    and cno. The resultant list is then obtained by pojecting the
    name column. ";","*", and "%" are abbreviations for the operators
    "selection", "cartesian   product"   (resp   "join"),   and
    "projection".

(2) SELECT name FROM customer WHERE identifier=
    SELECT cno FROM buy WHERE qno=
    SELECT qno FROM quotation WHERE supplier=X AND product=175-13.
    The operations described in (1) are specified in reverse order in
    a   sturctured   phrase   using   the   keyword   sequence
    SELECT...FROM...WHERE, repeatedly, if necessary.

(3) In query by example the user inserts a possible answer (capital
    letters) into system provided skeletons of the customer, buy,
    quotation relations (small letters):

customer	identifier	name
	1	P.

buy	bno	cno	qno	amount	date
		1	2		

quotation	qno	price	product	supplier	warehouse	amount	date
	2		175-13	X			

Underlining means a variable, P. (for print) identifies result
field(s). The user   entries need not follow a predefined
sequence.

(4) Customer(name) WHERE FOR buy FOR quotation product=175-13 AND
     supplier=X

     or in alternative form

     customer(name) WHERE product OF quotation OF buy OF
     customer=175-13 AND supplier OF quotation OF buy OF customer=X.

     The queries are specified according to figure 3 using the
     keywords WHERE, FOR, and OF. FOR is needed for "indirect
     properties" to move the context, and OF is used for back
     chaining.

(5) What is the name of the customer who bought product 175-13 from
     supplier X?

     or in the German version of the user specialty language

     Was ist der Name des Kunden der Produkt 175-13 vom Hersteller X
     kaufte?

     The "natural language" queries have to adhere to language rules
     (of the implemented language subset) and can only use "names"
     (noun, attribute, verb) which have a unique meaning in the data
     base context.

1.3.3   <u>Graphical objects</u>

Drawings are the language of engineers. Therefore, manipulation of
graphical objects is another type of high level language. From a
hardware point of view entity types of a graphical display are points,
characters and line segments. These fundamental entities may be used
for construction of arbitrarily complex entities using entity
aggregation and composition /BAUM75/. Admittedly, only polyhedrons can
be represented in this way, but extensions are possible e. g. by
allowing for circles, splines, and patches as additional entity types
which can be described and interfaced in terms of points and line
segments /RIES75/. Entity aggregation and composition is the key to
representation of graphical objects, which may be composed of
composite entities, each described by a set of properties. Some

properties may be related to geometry and display representation, i.e. they have graphical meaning. Others may be needed to describe the graphically represented object in the context of the conceptual model of reality.

The drawing of a part e. g. contributes to the description of the entity "part". It contains information specific to the manufacturing process of the part (geometrical dimensions, finish of surfaces etc.) and information specific to the drawing as an entity in its own right (date and author of last update). The information of the drawing must be available to several activities, some of which may not refer to the graphical content at all.

A highly specialized graphical data base may be justified in some applications (e.g. integrated circuit design), but, there is also need for a general data base system enhanced to handle graphical objects (graphically): e.g. GADS (geodata analysis and display system /MANT76/) has demonstrated that non EDP-experts can handle their planning and design work efficiently by graphical interaction based on comprehensible visualization.

The full integration of graphical and non-graphical information into one data base with means for graphical interaction is not yet found in today's commercially available data base systems. The feasibility has been demonstrated e. g. by the picture building system /WILL76/ which is implemented on top of a relational data base system. It allows nested composition of complex structures from the basic entity types point and line segment. Each of the intermediate constructs may have non-graphical meaning attached (figure 9). Graphical interaction is possible at the level of intermediate constructs. For a real application the picture building system may be used by an application programmer for two purposes:
 . to handle the graphical data involved,
 . to provide a graphically oriented data manipulation interface to the enduser.

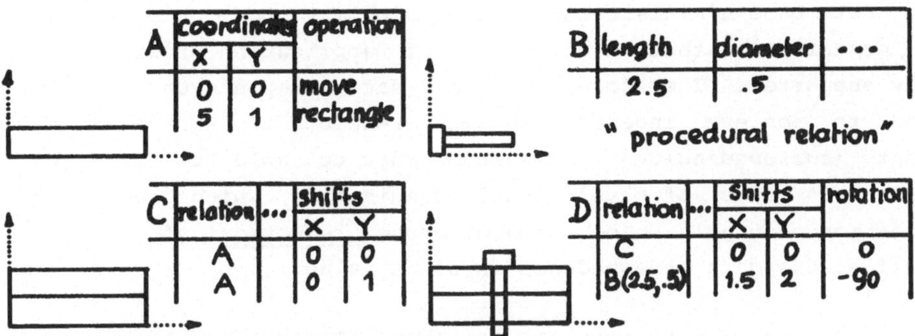

Fig.9: Nested composition of drawings.

1.4 System aspects

1.4.1 Introduction

A major part of large scale data base systems, like IMS /IBM75/, is devoted to the problems of multi usage and the dependency of an enterprise on its data base. Implementation of a system with concurrent access to data shared by many users, supporting application program management and scheduling, system enforced data integrity, security and back up facilities, and all of this at high transaction rates with adequate response times is costly in time and manpower. Therefore not all of the above features are found in experimental or special purpose data base systems. This holds true especially for "relational systems"; System R is an exception since it plans to provide efficient solutions to all the problem areas mentioned above/ASTR76/.

1.4.2 Data independence

A data base system ideally provides an interface to application programs for data access which is not affected by data transformations at the internal or conceptual level. This data independence must be put into perspective with performance, which heavily depends on implemented access paths. Each additional access path may cause redundancy in storing and therefore additional effort with updating.

It is the data base administrator's responsibility to "optimize" the internal organization that a given mix of application programs is adequately supported. Therefore, internal data independence is only the means to achieve independence with respect to the changing environment (surrounding). The system must be able to use the available access paths of the internal organization which "best" fit the application program's need. Without proper reduction of external to internal access data independence is of no value.

Conceptual independence has its limitations: If additional entities and/or associations are introduced in the conceptual model or if connection types get changed then also some application programs will be affected. It is tempting to require the system to mark or even better to modify those programs affected, however, no firm theory for this type of decision problem has been developed yet.

1.4.3 Data integrity

Problems of data integrity and recovery may already exist in a single user system. However, they can be handled under user control. In a multi user environment only the system can take over the responsibility.

Data integrity means that only data which obey a set of consistency rules may enter the data base. Consistency rules may state conditions

o between entity occurrences, e.g. a person always has name, address, and birthday
o between entity values (of varying complexity), e. g. any birth date has to be less than or equal to the current date, or the different expenses of a department may not exceed its budget.

The concept of a transaction is related to consistency rules. A data base may undergo several modifications before it again reaches a consistent state. A transaction always leaves the data base in a consistent state.

A set of consistency rules must themselves be consistent. Any language used to express consistency rules, therefore, must be simple enough that consistency is decidable. Practical systems, like IMS, adhere to this rule. However, the frequently found proposal to use a query language for expressing consistency rules may violate this rule and also the obvious restriction that consistency rules should not cause excessive time overhead (beyond some linear function of the time needed without consistency checking).

Concurrent access has another integrity problem: Two users trying to update a common portion of the data base cannot proceed in parallel. The system must provide facilities to give a user exclusive control (locking) to a part of the data base for a limited time. Locking creates the danger of deadlocks. The system must have some strategy to avoid or handle deadlock situations /CHAM74b/.

As long as some transaction may terminate abnormally the system has to have some recovery facility, which
o isolates the failure, such that no error propagates into the data base
o restarts all transactions which have been affected by the failure without being responsible for it /SAYA74/.

The whole responsibility for the problems of integrity and recovery describe above remains with the system. The application programmer only specifies begin and end of his transaction and thus specifies the unit of exclusive control respectively of consistency checking. An interactive user, however, should not be required to think in terms of transactions. Rather he should be able to act as if he were the only user.

Some of the problems discussed still need additional insight, the main issue being to provide the needed functions with good performance.

1.5   Data structures

1.5.1   Acess path

The benefits of internal data independence derive from the availability of storage structures which can be processed efficiently. This implies the existence of algorithms which prevent excessive search times.

A variety of data structures has been introduced and described in text books and surveys /KNUT68,73/. The problem is to provide such structures with data independence. This may limit the number of different structures offered within a data base system.

Inverted files are a frequently employed technique. By repeated inversion one arrives at a hierarchical index organization known as B-Trees which allows a logarithmic search time for retrieval, update, and insert operations /BAYE74/. Other techniques are hashing /MAUR75/ or bit lists in combination with some compression techniques /HAER76/.

1.5.2   Access path selection

Reduction of external to internal accesses based on a knowledge of the relationship between external and internal representation as defined by the mappings between the external, conceptual, and internal views involves a complex optimization process. For a transaction oriented environment the reduction can be kept simple since it is the data base administrator's duty to provide the "right" external and internal views, and the application programmer may be required to navigate /BACH73/. In a problem solving environment the flexibility of a relational model may be needed at the external view, but without navigational aspects, and therefore only the system can take over the responsibility for the reduction.

Performance is the main issue of access path selection. Optimization of compound relational algebra expressions /SMIT75/ cannot handle all useful information such as key property and existing secondary indices. The problem is complex already for queries covering two relations /ROTH74/; sorting may be the key to efficiently joining two relations on non-key domains. However, a query may involve more than two relations and in that case there is also some sequencing problem involved. An algorithm designed by H.Schmutz (personal communication) considers all possible sequences in parallel, discarding inferior and equivalent ones immediately. That sequence is selected which has the "least" number of storage accesses, as evaluated using keys, secondary indices, and estimated hit ratios. A performance oriented multilevel architecture, allowing the implementation of fast access paths is described in /BERN75/.

2. CAD <u>specific</u> <u>requirements</u>

2.1 <u>Structure</u> <u>of</u> <u>design</u> <u>processes</u> <u>and</u> <u>data</u>

"Engineering design is a process of planning and decision making in order to produce information to ensure correct manufacture or construction " /GOTT73/.

Computers have been mainly applied to aid the later stages of the design process, even though the economics of design illustrated in figure 10 would suggest to use computer aids at the early stage to develop a better understanding of the constraints and to enable solutions close to the optimum.

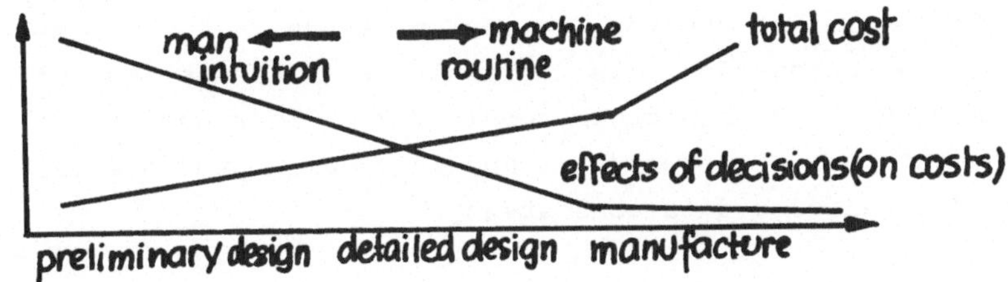

Fig.10: Economics of design

The early design stage (conceptual design) is a kind of interactive problem solving: It involves problem recognition, problem definition, problem solution, and verification of the solution, typically in an iteration loop to improve on desired properties and/or costs (figure 11).

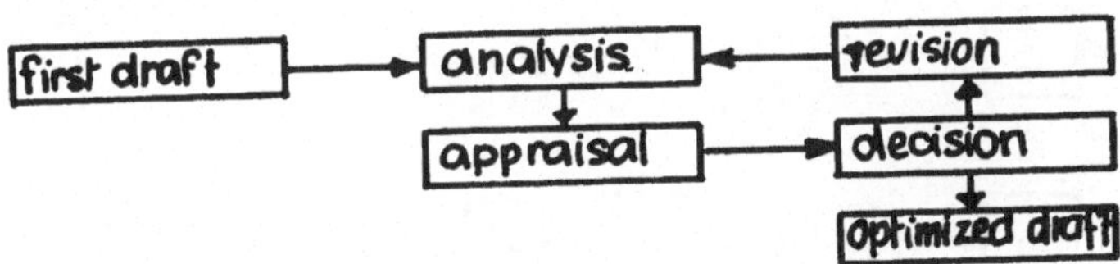

Fig.11: Design iterations.

Completion of the design involves dimensioning, selection of materials, and assembly of components. The last step, manufacturing, has its own design needs often performed using a DBMS.

It is common practice to represent design as a chain of activities each of which may perform some transformation on the contents of a

common data base and/or involve some communication with the designer
(preplanned or interactive).

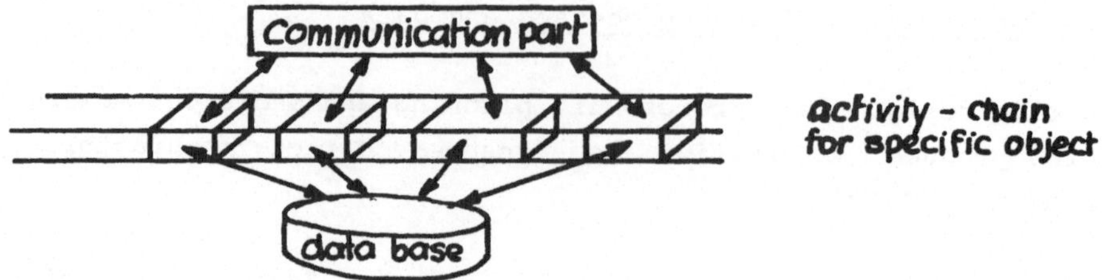

Fig.12: Sequence of design activities.

Historically, from program packages there have evolved subsystems for
specific design work each with its own data base (file structure) for
the shared data according to understood requirements /ROOS67/. The
next step in the evolution towards a design system, i. e. the
combination of several subsystems has difficulties: The mapping of
data from one subsystem into the other requires the introduction of
levels of views (external, conceptual, and internal) and special
attention is needed to enforce data consistency.

Figure 13 illustrates the conceivable evolution of design systems
/EAST76/. Data redundancy must be removed to avoid consistency
problems and to relax restrictions on the sequence in which activities
are applicable. However, complete elimination of data redundancy may
be impracticable for logical and/or performance reasons.

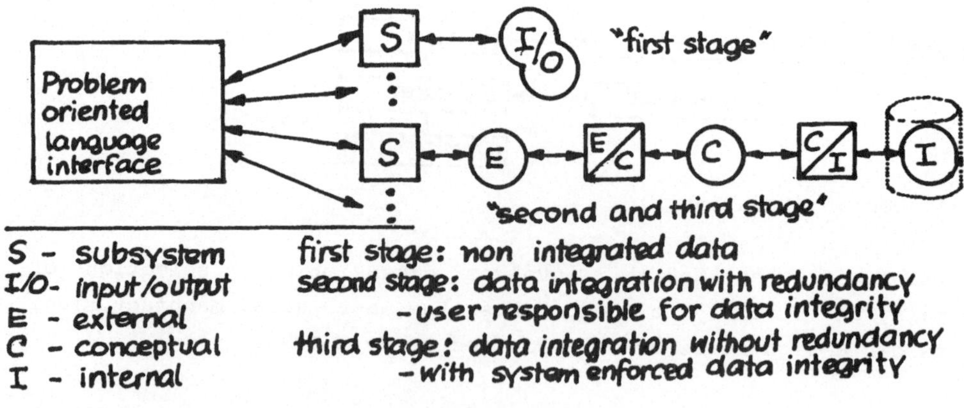

Fig.13: Evolution of design systems.

The structure of engineering data and of the design process are
reviewed in /FENV75/. Hierarchical data structures seem to be most
appropriate. Engineering data can be hierarchically organized
according to some modularity of the object to be designed (location,
component etc.). Another segregation may be achieved by considering
responsibility (e. g. architectural data, structural and mechanical
data for a building) or by considering the design stage (preliminary
design or feasibility study, detailed design, manufacture). A
hierarchical structure, allowing to present each activity with its
essential information is also fundamental to systems for ship building
design /BAND75/.

2.2   Example of engineering design

Classification of data by location, function, and activity allows to
integrate various activities under one data base, as illustrated in
figure 14 /BRAN70/: Computer application to the design and production
of gear-boxes for multi spindle boring and milling tools.

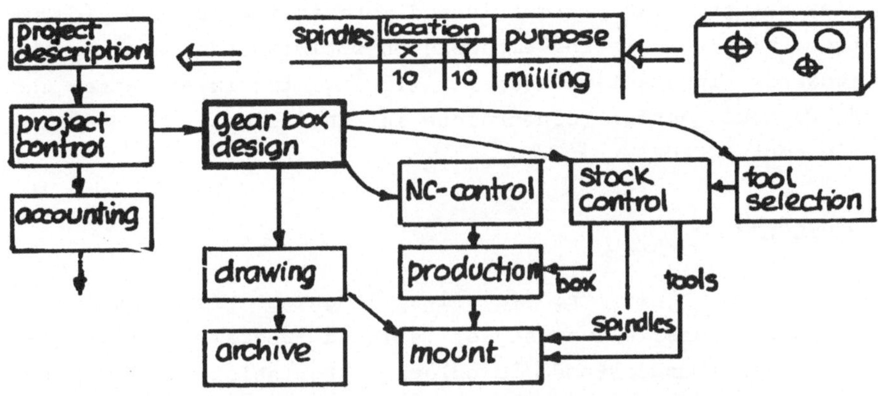

Fig.14: An example of computer-aided manufacturing.

Several stages of computer-aided design and manufacturing are
conceivable ranging from computer aided drawing over automated gear
box design to fully automated production including all administrative
tasks of supply, manufacturing, and assembly.

The close connection between graphical data, engineering data as needed for the calculation of the gear box and administrative data for production control is obvious. The same information is needed in different contexts. The DBMS approach avoids repeated entering of the same data (enforced data integrity). Usually response to a manufacturing request is also improved. However, the major advantage is that design can better take into account the optimization of returns under various constraints, e.g. the availability in stock of needed semi-products (to meet a delivery date).

2.3   User roles

The previous example illustrates that computer aided design, i. e. support of the design engineer in the layout of the transmission gear box may be considered as a first step towards computer based design. The shift from interactive usage towards parametric usage requires complete understanding of the problem to allow unique selection of an "optimal" design.

Within complex design tasks parametric and interactive usage may occur in combination. With increasing emphasis on optimization aspects the trend is towards interactive usage, allowing to investigate the effects of various design constraints in the light of quality, quantity, and cost /CLAU73/.

2.4   Languages

FORTRAN has always been the favorite language for developing engineering applications. A variety of isolated programs evolved for solution of well understood problems. Portability of these applications was achieved by implementation in FORTRAN. However, combined usage was difficult since programs were highly data dependent: Input data being required in some specified external format on one device and resultant data becoming available in a specified format similarly, but possibly on a different device. Isolation of input/output handling, modularity and comprehensive documentation of usage requirements were some principles which allowed arbitrarily complex combinations at least to the community of FORTRAN programmers.

As an enhancement to program libraries subsystems evolved which removed some FORTRAN problems (e.g. allowing dynamic storage allocation) and also provided problem oriented languages and some implicit data flow for easier application by non-programmers.

The combination of different subsystems as a final step towards the development of an information system for manipulation and management of engineering data requires seperation of data management and problem oriented data transformation. This can be achieved by using one underlying DBMS rather than specialized ones for each subsystem, linking each subsystem to its external view of the data base.

There is common agreement on the need for a problem oriented language interface. Whether this should be a command style interface with the user being the active part or some other mode like menu selection or prompting, where the system guides the user through available options, cannot be decided in general.

A problem oriented language can only resolve the needs of transaction oriented processing, i.e. of computer based design. For interactive design a query language is needed to extract, manipulate, and store the pertinent data. It is tempting to require that the syntax of the query language also allows to activate problem oriented building blocks (written in FORTRAN).

In comparison to interactive query systems for commercial and administrative applications interactive design requires a query language of very high computational power. Therefore embedding of the query language into a host language, which provides the computational power, seems mandatory.

The prime candidate of a host language for interactive design's data manipulation is APL /LATT77/. Among the reasons are its simple syntax, its powerful operations on array type data, its consistent and concise notation, and its adaptiveness to the user's growing APL-experience (with a very low initial requirement to get started). The use of APL as host language also provides for quick and easy adhoc data manipulation (extended desk calculator mode).

Graphical means may be required for comprehensible presentation and
evaluation of results and graphical interaction may ease the
communication.

2.5   <u>User guidance</u>

Usability of a system critically depends on the documentation
supporting its usage. An inventory component describing the meaning of
data and of activities without presenting inessential details is
needed, especially for preliminary design which requires flexible
access to a variety of data and a rich repertoire of methods. The
interactive user guidance system (IUGS/ERBE76/) has been developed to
meet such requirements.

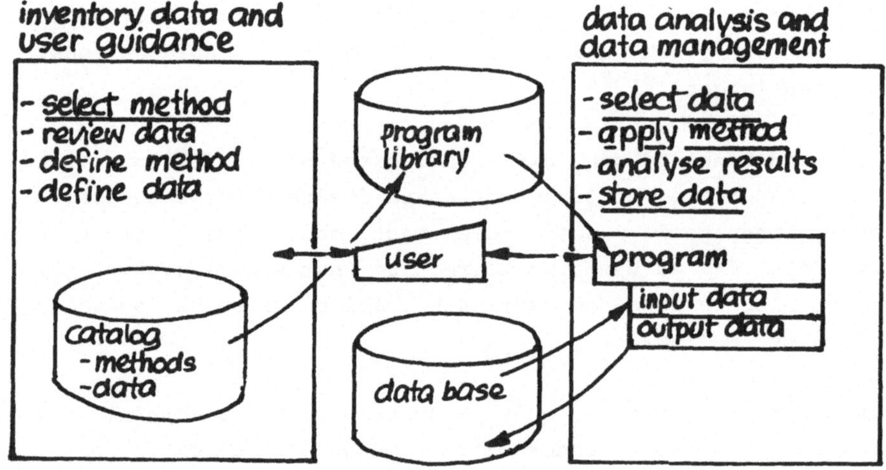

Fig.15: A problem solving environment.

The role of guidance is shown in figure 15. An inventory component
supports the designer in selecting methods, programs, and data. This
inventory component requires a design methodology for structuring of
the information, e.g. based on /CLAU73/.

Any application may be documented in the inventory component as a
network of interrelated activities. Only specialists in their field
can provide this documentation. However, the interactive guidance
system can support them by prompting for the intended description
following the common underlying structure of methodical design.

2.6 Graphical component

The DBMS should allow for composition and manipulation of drawings. The contents of drawings must be accessible within other contexts to avoid data redundancy with its integrity problems. While graphical subsystems often propose a variety of special data structures /EAST76/ it is the thesis of the picture building System (PBS, /WILL76/) that a relational model with some extensions is suitable for manipulation of graphical objects. PBS allows for hierarchical constructs: A relation may reference a relation recursively. Therefore, the detail of a graphical display is adjustable to a specific level. This feature together with the flexibility of the underlying relational system allows to build comfortable graphical language interfaces.

3. A data base system for interactive design

3.1 System components

In the following we will put special emphasis on the conceptual design with its interactive problem solving aspects /PUGH76/. The description closely resembles IDAMS (integrated data analysis and management system /HART76/).

The designer needs some catalog describing data and methods (programs). He may use the catalog e.g. to extract data from similar designs or data for evaluation of design alternatives. It is important that the catalog information is organized in a network allowing to proceed with increasing detail to the pertinent context as in IUGS (interactive user guidance system /ERBE76/).

IUGS supports a system guided tour (menu selection with gradually adjusting detail) but also allows a command mode (set of keywords) which may lead to the context in one move. In the command mode it is not required to memorize keywords exactly. Syntactical similarity on the word level is sufficient /SCHE77/ e. g. linear regression, regression-analysis multi-regression and regresson (printing error is on purpose) are all similar. The user guidance system supports the definition of new data tables and programs by prompting for the necessary descriptive information.

A relational data model is used for the external view of the data base contents, allowing considerable freedom for data extraction. Data types are not restricted to scalars and character strings. Data arrays and digitized continuous lines (sampled functions) are supported as well. Physical units are an integral part of the stored data. This allows to store and retrieve heuristic formulas (nomograms) can be stored and retrieved as a whole with their physical units attached.

3.2   Interfaces

Array type atomic data in tables require a host language with good array handling facilities. IDAMS is heavily based on APL which provides the powerful data analysis facilities. It may be interesting that APL has been successfully applied to computer assisted product development /FRIT77/ and for production control (*).

Within IDAMS there is a central interface which allows to switch between the APL environment and a PL/1 (FORTRAN) environment. This provides the facilities to the interactive APL user to store and retrieve data from a DBMS and to execute programs written in FORTRAN or PL/1 with data supplied within the APL workspace. A set of APL commands may be used for definition of data relations, of links to foreign programs, and for data retrieval and function execution (low level language interface).

The high level language interface (for examples see 3.4) is a graphically oriented tabular approach (extended query by example) which allows to combine the definitional capabilities of query by example with the computational power of APL and the possibility to use e.g. FORTRAN programs for data transformation. Automatic handling of physical units is under control of IDAMS.

(*) APL is successfully used as an interactive host language for transactions to an IMS - data base at the IBM component plant in Burlington /ALLI74/ for production control. Data may be modified, analyzed, and displayed in the APL-workspace before they are used to update the data base. However, APL is not used as a query language. A procedural query language is used for that purpose.

The suitability of IDAMS for interactive optimization of (ship) design has been investigated in a feasibility study /KANT76/. Further investigations are planned in various application areas including CAD. The point here is to use IDAMS as an example of how a CAD-system for interactive design might look like, the requirements of which are not yet fully understood. IDAMS has not been specifically designed for CAD-work. However, it is suitable e.g. for conceptual design (analyzing the effects of few design parameters in detail, as described in /KLAU73/).

Integration of IDAMS with the picture building system /WILL76/ is conceivable since both use the same DBMS /LORI74/. However, loose coupling of IDAMS and PBS through a common data base may be sufficient. Full integration would imply that IUGS is also applied to the description of relations with graphical meaning. At the current stage IDAMS uses a device independent interface to support terminals (including graphical display devices) interchangeably /BERG75/.

3.3 <u>Systemarchitecture</u>

The gross architecture of IDAMS is shown in figure 16.

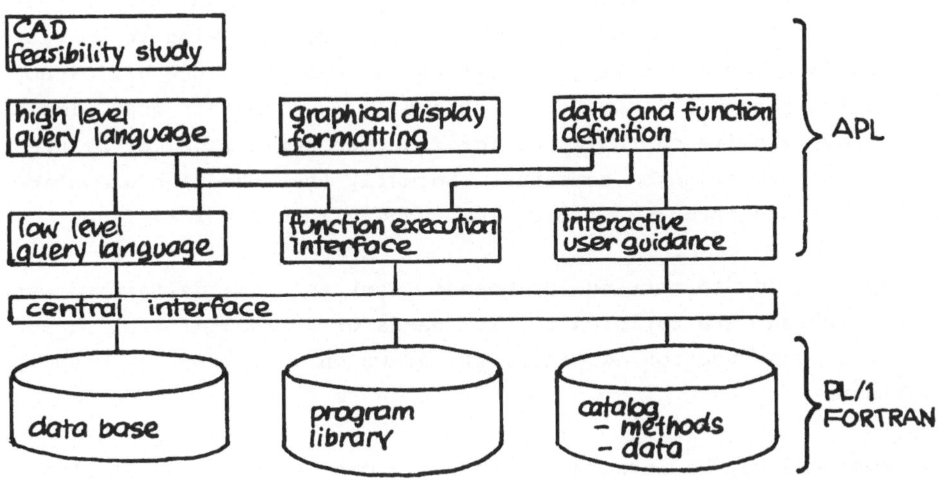

Fig.16: IDAMS gross architecture.

All interfaces to the user are encompassed by the APL time sharing environment. A central interface allows rapid communication between the APL environment (and a PL/1 environment in which the data base resides), a library of programs written in FORTRAN or PL/1, and the structured catalogue of IUGS.

During a working session temporary data may also reside within APL. Temporay data get stored into the data base (to become permanent) under control of the IUGS component to achieve consistent update of catalog and data base. The same remark applies to inclusion of new programs into the library.

The low level query language allows to define data and to access data with detailed control. It serves primarily other components as interface to the data base. The underlying DBMS is XRM developed at the IBM Scientific Center Cambridge /LORI74/. However, alternatives and/or additions are under consideration for a later stage (SYSTEM R, IMS, VSAM).

The inventory component (IUGS) provides guidance to tables and programs and, in the definitional mode, allows for consistent description of tables and programs.

The function execution component may be used directly and then serves as a bridge between APL and PL/1 resp. FORTRAN, allowing to combine the interactive data handling facilities of APL with the efficiency gained through compiled object programs. The concise and simple syntax of APL and its capabilities for function definition may be used to build problem oriented commands. Normally the function execution component is used through the high level query language interface.

The display and formatting component serves for definition of procedures which are taylored to the needs of a special application (e.g. table and function editing). It draws on a library of graphic subroutines.

A CAD front end may be introduced which allows to use building blocks generated by the components below in a command style (problem oriented language approach). Each command corresponds to a compiled query which may have some free parameters submitted within the APL-environment.

3.4   Examples

The following examples are intended to illustrate some of the features
of the high level query language of IDAMS.

(1)   Data selection combined with transformation:
      "Information on those cars is selected which are built after 1954
      and for which weight/power < 15 kg/hp ".

(2)   Sampled functions and program execution:
      "Information on those materials is selected for which the mean
      reflectance over the range 250...300 nm is greater than 60".

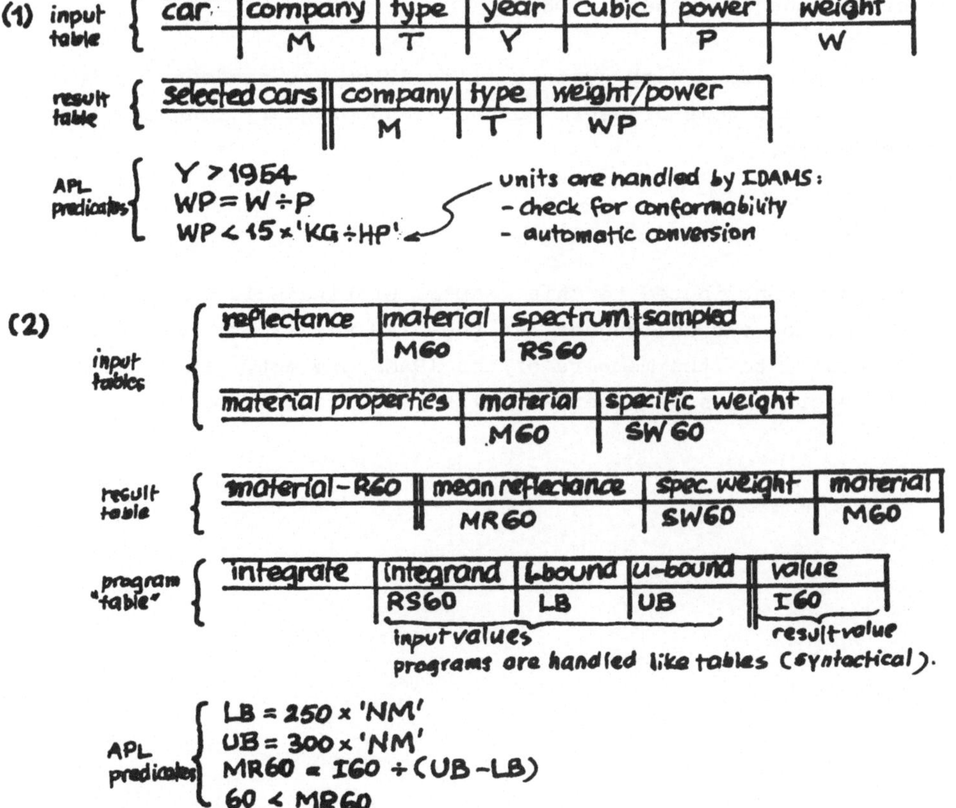

Fig.17: Two examples of "extended query by example".

4.   <u>Summary</u>

There is common agreement that data-base management facilities
supporting all engineering activities are needed. For the following
reasons a general DBMS seems to be preferable to a special version
restricted to engineering applications:
-   To participate in current and future DBMS acchievements.
-   To ease the integration of design activities with others based on
    the "general" DBMS (e.g. accounting, project control).

There is an open question with respect to special data structures for
graphical objects. However, the picture building system has shown that
graphical and non-graphical meaning can be represented combined in one
data structure under a "general" DBMS.

Further experimentation with systems like IDAMS is needed for full
understanding of the role of user guidance and of query languages for
interactive design.

<u>Acknowledgement</u>

Many people have contributed to this paper. Gratitude is expressed to
J. Encarnacao, to our colleagues at the IBM Heidelberg Scientific
Centre, especially to the members of the IDAMS project, and last not
least to our secretaries for their excellent clerical support.

References

ABRI74   Abrial J.R.: Data semantics. In: Klimbie J.W. and Koffemann K.L. (eds.): Data base management. Proc. IFIP Working Conference 1974, Cargese, Corsica, p. 1-60, North Holland, Amsterdam, 1974.

ACM76   ACM Compating Surveys: Special issue: Data-Base Management Systems. ACM Computing Surveys, volume 8, number 1, 1976.

ADIB76   Adiba M., Delobel C., Leonard M: A unified approach for modeling data in logical data base design. In: Nijssen G.M. (ed): Modelling in data base management systems. Proc. IFIP Working Conference 76, Freudenstadt, p. 311-338, North Holland, Amsterdam, 1976.

ALLI74   Allison W.L.: APL and IMS, an interactive approach for the user and his data base. In: Proc. SEAS Spring Technical Meeting 1974.

ASTR76   Astrahan M.M., Blasgen M.W., Chamberlin D.D., Eswaran K.P., Gray J.N., Griffiths P.P., King W.F., Lorie R.A., McJones P.R., Mehl J.W., Putzolu G.R., Traiger I.L., Wade B.W., Watson V.: System R: Relational approach to data base management. ACM TODS 1, 1976 p. 97-137.

BACH73   Bachmann C.W.: The programmer as navigator. CACM 16, 1973, pp. 653-658.

BAND75   Bandurski A.E., Jefferson D.K.: Data description for computer aided design. In: King W.F. (ed): Proc. ACM SIGMOD International Conference on Management of Data 1975, San Jose, California, p. 193-202. Available from ACM, New York.

BARN73   Barnett A.J. and Lightfoot J.A.: Information management system (IMS) a user's experience with evolutionary development. In: Jardine A.D. (ed), Data base management systems. Proc. SHARE Working Conference 1973, p. 1-10, North Holland, Amsterdam, 1974.

BAUM75   Baumgart B.G.: A polyhedron   representation for computer
          vision. In: AFIPS Conference Proc. vol. 44, National Computer
          Conference 1975, p. 589-596.

BAYE74   Bayer, R.: Storage characteristics and methods for searching
          and addressing In: Information processing 74, pp. 440-444,
          North Holland, Amsterdam, 1974.

BEIT74   Beitz E.H.: A set-theoretic view of data-base representation.
          In: Rustin R. (ed): Workshop on data description, access and
          control. ACM SIGMOD Workshop 1974, Ann Arbor, Michigan, p.
          477-494. Available from ACM, New York.

BERG75   Bergen M., Erbe R., Pistor P., Schauer U., Walch G.: An
          environment for the interactive evaluation of scientific data
          and its application of scientific data and its application in
          computer aided design. In: Clemput W.M., Linders J.G. (eds):
          Data bases for interactive design. Proc. ACM Workshop 1975,
          Waterloo, Canada, p. 26-35. Available from ACM, New York.

BERN75   Bernstein P.A., Schmid H.A.: A multi-level architecture for
          relational data base systems. In: Kerr D.S. (ed): Proc. on
          Very Large Data Bases, Framingham, Massachusetts 1975, p.
          202-226. Available from ACM, New York.

BERN76   Bernstein P.A.: Synthesizing third normal form relations from
          functional dependencies. ACM TODS 1, 1976, p. 278-298.

BLAS76   Blaser A., Schmutz H.: Data base research - a survey. In:
          Lecture Notes in Computer Science 39, p. 44-113. Springer,
          Berlin-Heidelberg-New York, 1976.

BRAN70   Brankamp K., Wiendahl H.P.: Rationalisierungs Moeglichkeiten
          im Konstruktionsbereich. In: VDI-Berichte 152, 1970, p. 5-16.
          VDI Verlag, Duesseldorf, 1970.

CHAM74a   Chamberlin D.D., Boyce R.F.: SEQUEL - a structured English
          query language. In: Rustin R.   (ed.): Workshop on data
          description, access and control. ACM SIGMOD Workshop 1974, Ann
          Arbor, Michigan, p. 249-264. Available from ACM, New York.

CHAM74b Chamberlin D.D., Boyce R.F., Traiger I.L.: A deadlock free scheme for resource locking in a data base environment. In: Proc. IFIP Congress 1974, p. 340-343. North Holland, Amsterdam, 1974.

CHEN76 Chen P.P.S.: The entity - relationship model - toward a unified view of data. ACM TODS 1, 1976, p. 9-36.

CLAU73 Claussen U.: Methodical design, the basis of computer-aided design. In: Vlietstra J., Wielinga R.F. (eds): Computer aided design. Proc. IFIP Working Conference 1972, Eindhoven, Netherlands, p. 181-203. North Holland, Amsterdam, 1973.

CODD70 Codd E.F.: A relational model of data for large shared data banks. CACM 13, 1970, p.377-387.

CODD71 Codd E.F.: Further normalization of the data base relational model, and relational completeness of data base sublanguages. In: Rustin R. (ed.): Data base systems, p. 33-64, Prentice Hall, Englewood Cliffs, 1971.

CODD74 Codd E.F.: Recent investigations in relational data base systems. IN: Information Processing 74, Proc. of the IFIP Congress 74, p. 1017-1021. North Holland, Amsterdam, 1974.

DATE75 Date C.J.: An introduction to data base systems. Addison-Wesley, London-Amsterdam-Don Mills, Ontario-Sydney, 1975.

EAST76 Eastman C.M.: Data bases for physical system design: a survey of US efforts. In: Proc. CAD76 Second International Conference on computers in Engineering and Building Design, Imperial College London 1976, p. 1-10.

ERBE76 Erbe R., Walch G.: A general application guidance system. In: GI - 6. Jahrestagung Informatik-Fachberichte 5, p. 267-281. Springer, Heidelberg - Berlin-New York, 1976.

FENV75   Fenves S.J.: Integration of data base management and project
          control for engineering design. In: Clamput W.M., Linders J.G.
          (eds.): Data bases for interactive design. Proc. ACM Workshop
          1975, Waterloo, Canada, p. 93-103. Available from ACM, New
          York.

FRIT77   Fritz R.: Interactive systems for computer assisted product
          development and testing in small and intermediate enterprises.
          In: Lecture Notes in Computer Science 49, p. 258-272.
          Springer, Berlin - Heidelberg-New York, 1977.

GOTT73   Gott B.: The scope of computer-aided design.   In: Vlietstra
          J., Wielinga R.F. (eds): Computer-aided design. Proc. IFIP
          Working Conference 1972, Eindhoven, Netherlands, p. 1-25.
          North Holland, Amsterdam, 1973.

HAER76   Haerder   T.:   Zugriffsmodelle   und   Zugriffszeiten   fuer
          relationale Datenbanksysteme. In: Praxis der Realisierung von
          Informationssystemen. 4. Workshop German Chapter of the ACM,
          1975, p. 31-51. Hanser, Muenchen, 1976.

HART76   Hartwig R.: Interactive data manipulation and data analysis.
          In: GI6. Jahrestagung. Informatik-Fachberichte 5, p. 251-266.
          Springer, Berlin-Heidelberg-New York, 1976.

HUBB75   Hubbard G., Raver N.: Automating logical file design.   In:
          Kerr D.S. (ed): Proc. on Very Large Data Bases, Framingham,
          Massachusetts 1975, p. 227-253. Available from ACM, New York.

IBM75   IBM Corp. (ed): Information Management System/ Virtual Storage
          (IMS/VS)   -   Application   programming.   Reference   Manual
          SH20-9026, IBM Corp. April 1975.

KANT76   Kantorowitz E.: Structured development of a computer aided
          design   system.   In: GI-6.   Jahrestagung.
          Informatik-Fachberichte   5,   p.   179-194.   Springer,
          Berlin-Heidelberg-New York, 1976.

KLAU73   Klaus R.L.: New concepts in interactive computing and their
         relationship to computer-aided design.   In: Vlietstra J.,
         Wielinga R.F. (eds): Computer-aided design. Proc. IFIP Working
         Conference 1972, Eindhoven, Netherlands, p. 79-111. North
         Holland, Amsterdam, 1973.

KNUT68   Knuth D.E.: The art of computer programming. Vol.1:
      73 Fundamental Algorithms (1968), Vol.3: Sorting and searching
         (1973). Addison Wesley, Reading, Massachusetts.

KOGO76   Kogon R., Lattermann D., Lehmann H., Ott N., Zoeppritz M.: The
         user   specialty   language.   In: GI-6.   Jahrestagung.
         Informatik-Fachberichte   5,   p.   221-235.   Springer,
         Berlin-Heidelberg-New York 1976.

LATT77   Lattermann D.: APL - a tool for personalized computing. In:
         Lecture Notes in Computer Science 49, p. 177-192. Springer,
         Berlin-Heidelberg-New York, 1977.

LORI74   Lorie R.A.: XRM-An extended (n-ary) relational memory. IBM
         Scientific Center Report G320-2096, Cambridge, Massachusetts,
         1974.

MANT76   Mantey P.E., Carlson E.D.: Geographic base files: Applications
         in the integration and extraction of data from diverse
         sources. In: Lecture Notes in Computer Science 39, p. 149 -
         182. Springer, Berlin-Heidelberg-New York, 1976.

MAUR75   Maurer W.D., Lowis T.G.: Hash table methods. ACM Computing
         Surveys 7, 1975, p. 5-19.

MCGE76   McGee W.C.: On user criteria fo9r data model evaluation. ACM
         TODS 1, 1976, p. 370-387.

NIJS76   Nijssen G.M.: A gross architecture for the next generation
         data base management systems. In: Nijssen G.M. (ed): Modeling
         in data base management systems. Proc. IFIP Working Conference
         1976, Freudenstadt. p. 1-24. North Holland, Amsterdam, 1976.

PUGH76   Pugh S., Smith D.G.: CAD in the context of engineering design
          - the   designer's viewpoint. In: Proc. CAD 76 Second
          International Conference on Computers in Engineering and
          Building Design, Imperial College London 1976, p. 193-198.

RIES75   Riesenfeld R.F.:   Aspects of modeling   in computer-aided
          geometric design. In: AFIPS Conference Proc. vol. 44, National
          Computer Conference 1975, p. 597-602.

ROOS67   Roos D.: ICES System Design. MIT Press, Massachusetts, 1967.

ROTH74   Rothnie J.B.: An approach to implementing a relational data
          management system. In: Rustin R. (ed.): Workshop on data
          description, access and control. ACM SIGMOD Workshop 1974, Ann
          Arbor, Michigan, p. 277-294. Available from ACM, New York.

RUST74   Rustin R.   (ed): Data models: data-structure-set versus
          relational. ACM SIGMOD Workshop 1974, Ann Arbor, Michigan.
          Available from ACM, New York.

SAYA74   Sayani H.H.: Restart and recovery in a transaction oriented
          information processing system. In: Rustin R. (ed.): Workshop
          on data description, access and control. ACM SIGMOD 1974, Ann
          Arbor, Michigan, p. 351-366. Available from ACM, New York.

SCHE77   Schek H.-J.: Tolerating fuzziness in keywords by similarity
          searches. Kybernetes 6, 1977.

SENK73   Senko M.E., Altman E.G., Astrahan M.M.,   Fehder P.L.: Data
          structures and accessing in data-base systems. IBM Systems
          Journal 12, 1973, p. 30-93.

SENK75   Senko M.E.: Data description language in the concept of a
          multilevel structured description: DIAM II with FORAL. In:
          Douque B.C.M., Nijssen G.M. (eds): Data base description.
          Proc. IFIP Working Conference, 1975, p. 239-258, North
          Holland, Amsterdam, 1975.

SMIT75   Smith J.M., Chang P.: Optimizing the performance of a relational algebra data base interface. CACM 18, 1975, p. 568-579.

STEE76   Steel T.B.: Data base standardization - a status report. In: Lecture Notes in Computer Science 39, p. 362-386. Springer, Berlin-Heidelberg-New York, 1976.

TODD75   Todd S.J.P.: Peterlee relational test vehicle PRTV, a technical overview. IBM Scientific Center Report UKSC0075, Peterlee, England, 1975.

VETT76   Vetter M.: Hierarchische, netzwerkfoermige und relationalartige Datenbankstrukturen (mit ausgewaehlten Beispielen aus einem Fertigungsunternehmen) PH D-Thesis Eidgenoessische Technische Hochschule 1976.

WANG75   Wang C.P. and Wedekind H.: An approach for segment synthesis in logical data base design. IBM Journal of Research and Development, vol. 19, 1975, no. 1, p. 71-77.

WEDE74   Wedekind H.: Datenbanksysteme I. BI Reihe Informatik, 16 Bibliographisches Institut, Mannheim, 1974.

WILL76   Williams R., Giddings G.M.: A picture-building system. IEEE Transactions on Software Engineering. Vol. SE-2, 1, 1976, p. 62-66.

ZIMM75   Zimmermann K.: Different views of a data base: Coexistence between network model and relational model. In: Kerr D.S. (ed): Proc. on Very Large Data Bases. Framingham, Massachusetts 1975, p. 535-537. Available from ACM, New York.

ZLOO75   Zloof M.M.: Query by Example. In: AFIPS Conference Proc. Vol. 44, National Computer Conference 1975, p. 431-438.

Technische Aspekte der Kommunikation in
CAD - Systemen

E. Hörbst
Forschungslabor
SIEMENS München

Kurzfassung:

Der Kommunikation mit dem Rechner kommt bei CAD-Systemen eine weit höhere Bedeutung
zu, als in der rein kommerziellen Datenverarbeitung. Durch Konstruktion und Entwurf
fallen neben den numerischen Daten auch grafische Daten an, die beim Dialog mit dem
Rechner ein- und ausgegeben werden müssen. In der Konstruktion und Entwurfsphase
ist darüber hinaus ein sehr umfangreicher und aufwendiger Dialog mit Rechnerpro-
grammen und großen Dateien notwendig.

Diese besondere Bedeutung der Kommunikation in CAD-Systemen findet ihren Nieder-
schlag in speziell für CAD-Systeme entwickelten Ein-/Ausgabegeräten in, verglichen
zur kommerziellen Datenverarbeitung neue Dialogtechniken, neuen Datenbankmodellen
aber auch in neuen psychologischen Problemen am Arbeitsplatz.

Diese CAD-spezifischen Entwicklungen, ihre Bedeutung und Stellung in einem CAD-
Prozess (1) sowie ergonomische Fragen bei einem CAD-Arbeitsplatz werden in dem
Aufsatz behandelt.

1. Dialoghilfsmittel

Bei den Dialoghilfsmitteln für CAD-Systeme können die verschiedensten Unterschei-
dungskriterien zu unterschiedlichen Kategorien führen. Ich werde unterscheiden
zwischen physikalischen Hilfsmitteln, also Geräten,und methodischen Hilfsmitteln,
das sind Verfahren und Sprachen, also Software. Eine weitere Unterteilung erfolgt
bei der Hardware zwischen Eingabe- und Ausgabegeräten (2). Mit diesen beiden Un-
terscheidungskriterien können Dialoghilfsmittel klassifiziert werden, ohne durch
zuviele Parameter die Übersichtlichkeit zu gefährden. Feinere Unterscheidungen
wie α-numerische oder grafische Geräte (3), Raster oder Random (4) Darstellung werden bewußt vermieden.

Der α-numerische Dialog wird als Untermenge des grafischen Dialogs betrachtet.

1.1 Dialoggeräte

Unter Dialoggeräte werden in diesem Zusammenhang alle technischen Hardwarehilfsmittel
verstanden, die es dem Benutzer eines CAD-Systems erlauben, Daten in den Rechner einzugeben oder vom Rechner zu bekommen. Speziell betrachtet werden in diesem Aufsatz

dabei nur solche Geräte, die für CAD-Systeme besonders geeignet und teilweise
eigens entwickelt wurden und nicht oder noch nicht zu den Standardgeräten einer
Rechenanlage zu zählen sind.

1.1.1 Geräte für die Ausgabe

Ein wesentliches Leistungsmerkmal bei allen Ausgabegeräten ist die Methode der Vektordarstellung (5). Dieses Qualitätskriterium gilt für α-numerische und grafische
Geräte - auch der Buchstabe ist aus Vektoren zusammengesetzt - und spielt besonders bei ergonomischen Betrachtungen eine große Rolle. Ohne auf die vielen Unterschiede der einzelnen Darstellungstechniken einzugehen (6, 7, 8, 9) soll hier nur
der wesentliche Unterschied von punktweiser und analoger Vektordarstellung aufgezeigt werden. Bild 1 zeigt diese beiden unterschiedlichen Darstellungen in ihrer
Wirkung und ihrem physikalischen Prinzip.

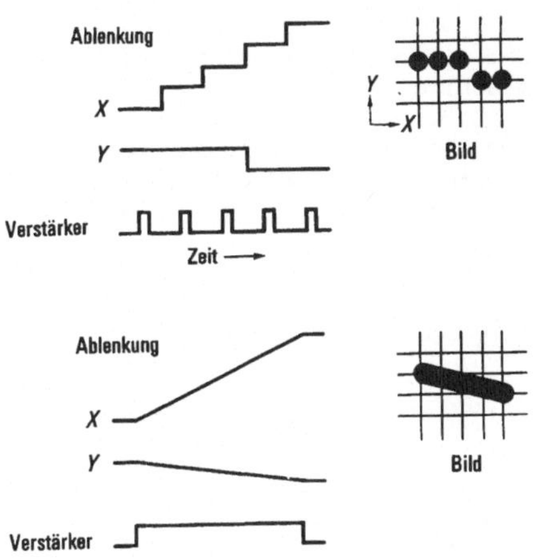

Bild 1: Punktweise und analoge Vektordarstellung

Bei der Betrachtung des physikalischen Ablaufs erkennt man, daß das, aus ergonomischer Sicht vorzuziehende System der analogen Darstellung eine bessere und daher
auch kostspieligere Hardware benötigt als die Punktdarstellung, um über lange Zeit
eine konstante Ablenkung und Verstärkung zu gewährleisten. Geräte mit analoger
Vektordarstellung unterscheiden sich qualitativ darin, wie lange Ablenkung und
Verstärkung konstant gehalten werden können und wie groß die Schwankungen in dieser Zeit sind. Unscharfe Strichführung und uneinheitliche Strichstärke oder Hellig-
keit sind den Anwendern von solchen Geräten meist bestens bekannt und sind die er-

kennbaren Auswirkungen des dargestellten physikalischen Verfahrens.

Neben dieser Unterscheidung können die Ausgabegeräte in zwei Gruppen unterteilt werden und zwar

- Plotter
- Bildschirme.

Die automatischen Zeichentische oder Plotter sind heute schon weit verbreitet (10, 11, 12), ihre wichtigsten Typen - Trommelplotter, Tischplotter, Mikrofilm-plotter, elektrostatischer Plotter - sollen hier nur vollständigkeitshalber erwähnt werden.

Bei den Bildschirmen ist die Kathodenstrahlröhre der zur Zeit am meisten eingesetzte Schirm, andere Schirme wie z.B. der Plasmaschirme sind erst im Kommen (13, 14, 15, 16). Bei den Bildschirmen mit Kathodenstrahlröhren haben sich folgende zwei Typen, die sich in der Technik der Bildspeicherung unterscheiden, am Markt durchgesetzt:

- Der Festspeicherschirm, bei dem wie in Bild 2 gezeigt wird,
  die Bildinformation analog am Schirm gespeichert wird.

- Der Bildwiederholspeicherschirm, bei dem das Bild nur kurz
  (einige µSekunden) am Schirm dargestellt wird und daher
  ca. 50 mal pro Minute wiederholt werden muß, um als stehen-
  des Bild zu erscheinen (Bild 3).

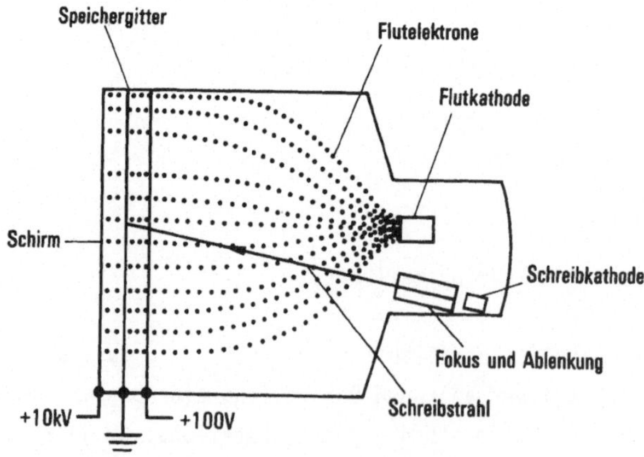

Bild 2: Prinzip des Festspeicherschirms

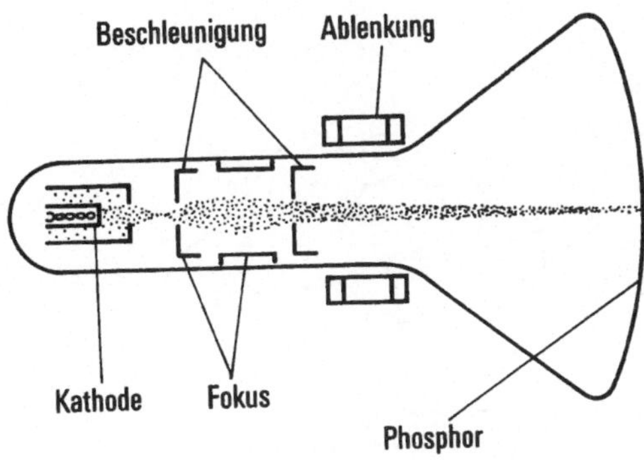

Bild 3: Prinzip des Bildwiederholspeicherschirmes

1.1.2 Geräte für die Eingabe

Bei den Eingabegeräten muß unterschieden werden zwischen reinen Hardwaregeräten
und solchen, bei denen ein Softwareverfahren notwendig ist, um eine Eingabe zu
ermöglichen (17).

Reine Hardwaregeräte sind

> - Steuerknüppel (Joystick)
> - Rollkugel (Track Ball)
> - Funktionstastatur (Function keys)
> - α-numerische Tastatur
> - Maus
> - Grafische Tabletts (Potentiometrisches Tablett,
>   Sylvania Tablett, Ultraschall-Tablett, Rand-Tablett).

Bild 4 zeigt zur Veranschaulichung die Handhabung von Steuerknüppel und Rollkugel.
Diese Geräte werden meistens in Verbindung mit einem Bildschirm und einer Dialog-
software verwendet wie in Bild 4 gezeigt wird. Zum Unterschied der "gemischten
Geräte" können sie aber auch ohne Dialogsoftware zur Eingabe verwendet werden.
Bild 5 zeigt den Aufbau des Rand-Tabletts, die bekannteste Form der grafischen
Tabletts (Digitizer).

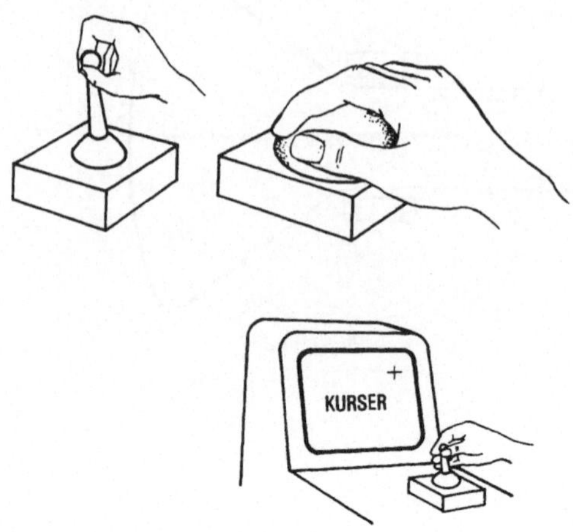

Bild 4: Handhabung von Steuerknüppel und Rollkugel

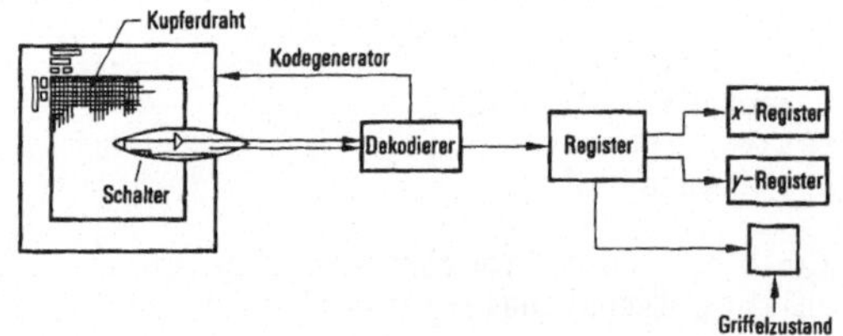

Bild 5: Aufbau des Rand-Tabletts

Das wichtigste Gerät,welches nur mit Softwareunterstützung als Eingabegerät verwendet werden kann ist der Lichtgriffel. Bild 6 zeigt das Funktionsprinzip des
Lichtgriffels.

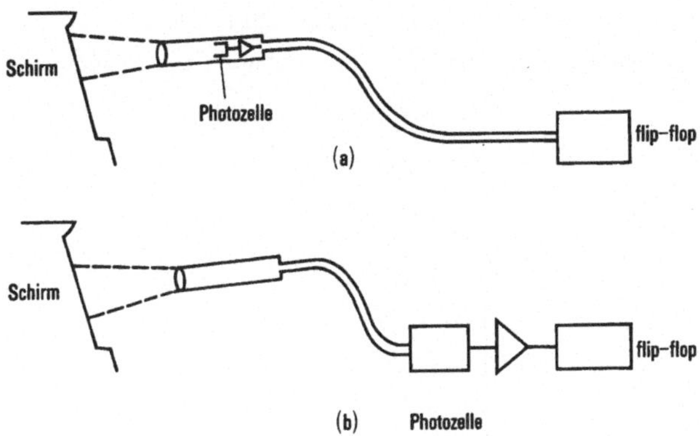

Bild 6: Funktionsprinzip der Lichtgriffel

Um mit dem Lichtgriffel an Bildschirmen arbeiten zu können muß entweder ein Spurkreuz (17, 18) oder ein Feld mit Lichtknöpfen (Lightbottoms) vom Rechner zur Verfügung gestellt werden. Während es sich bei Lightbottems um eine einfache Darstellung α-numerischer oder grafischer Daten (Bild 7) handelt, sind zur Führung des Spurkreuzes komplizierte Berechnungsalgorithmen notwendig.

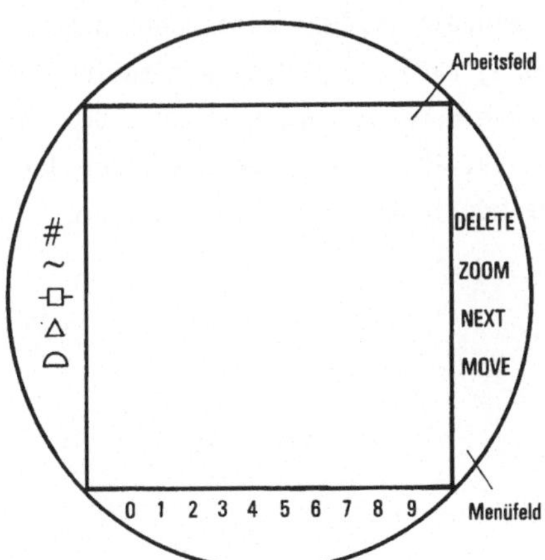

Bild 7: Lichtknöpfe in einem Menüfeld

Bild 8 zeigt den Aufbau eines Outside -In- Spurkreuzes,bei dem mit 4 Punkten
die Vorausberechnung der neuen Position und die Berechnung der Bewegungsgeschwin-
digkeit erfolgt.

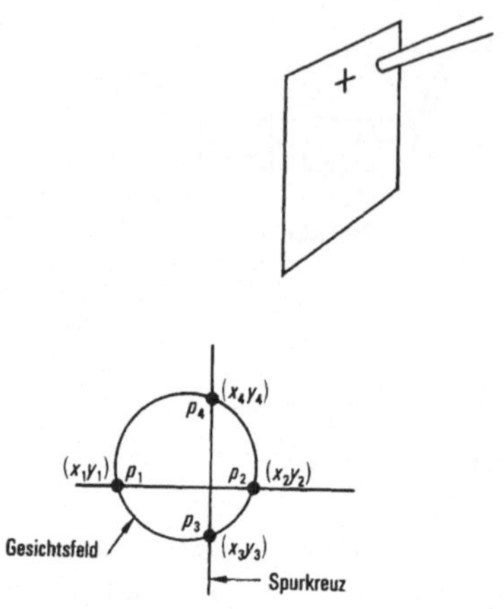

Bild 8: Outside -In- Spurkreuz

Die einzelnen Eingabegeräte und die dazugehörenden Softwaremethoden werden bei
einem interaktiven Dialog selten einzeln sondern miteinandern kombiniert eingesetzt, wobei verschiedene Hardwaregeräte mit Software simuliert und zusammen mit
der Simulation durch andere Hardware ersetzt werden können. Die in Bild 9 gezeigte
Klassifikation der Eingabegeräte (19, 27) gibt einen Überblick der einzelnen Geräte
bezüglich ihres Einsatzes und der Möglichkeit, sie zu simulieren.

Physikalische Geräte								Simulierte Geräte			
Licht-griffel	Tablett	Funktions-taste	Potentio-meter	A/N-Taste	Teletype	Steuer-knüppel	Menü	Pseudo-Potentio-meter	Spur-kreuz	Maus	Pseudo-Licht-griffel
				x	x						
		x	.	x	x		x				
			x					x			
	x					x			x	x	
x									x		

Bild 9: Klassifikation der Eingabegeräte

1.2 Dialogsoftware

In der Literatur (20, 21) ist sei längerem eine modellhafte Erweiterung der Hardware durch die Software bekannt. In dieser Modellvorstellung geht man davon aus, daß der "Komfort" im Hinblick auf die funktionellen Eigenschaften radial nach außen zunimmt. Oder anders ausgedrückt, die weiter außen liegenden "Schalen" benutzen die Funktionen der weiter innen liegenden Schalen. Für die Benutzerprogramme stellt sich damit - an der Schnittstelle - das Organisationsprogramm als Pseudo-Hardware dar. Bild 10 zeigt das Modell für diese hierarchische Erweiterung der Hardware.

Dieses Modell läßt sich sehr gut zur Unterscheidung von Stufen (Schalen) der Dialogsoftware in CAD-Systemen verwenden. Von Interesse ist dabei, daß bestimmte Stufen, die bislang mit Software realisiert wurden (z.B. Spurkreuzalogrithmus) heute bereits mit Hardware realisiert werden und somit die Grundidee dieses Schalenmodells bestätigen. Unter Berücksichtigung dieses Modells wird im folgenden eine Dreiteilung der Dialogsoftware in

- Hardwarenaher Software
- Organisationssoftware
- Benutzernahe Software

beschrieben.

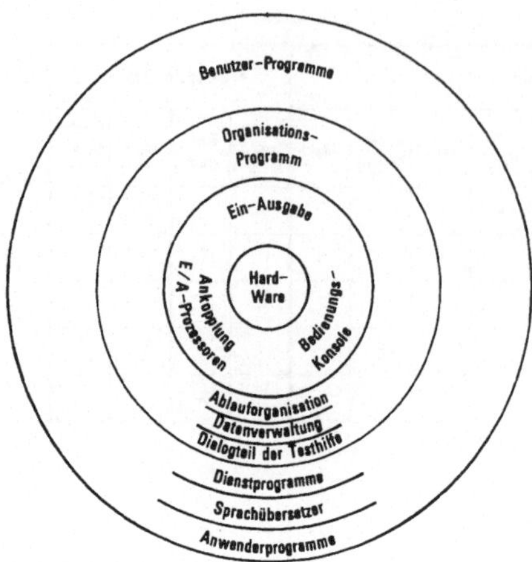

Bild **10**: Hierarchische Erweiterung der Hardware

Diese Aufteilung wird in Bild 11 bei dem prinzipiellen Aufbau eines weitgehend
hardwareunabhängigen grafischen Dialogsystems nochmals durch eine andere Darstellung veranschaulicht (22, 23, 24).

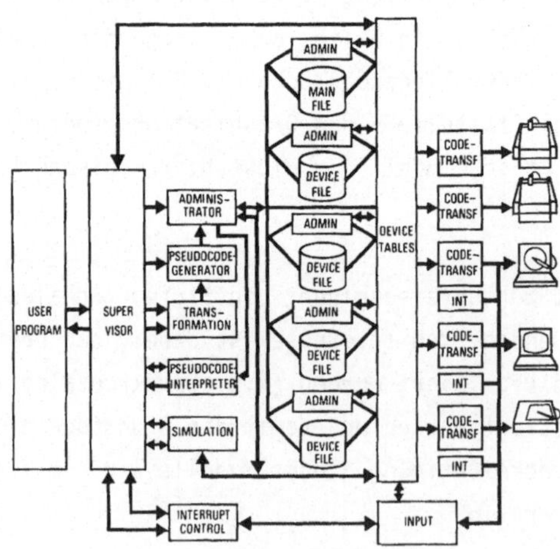

Bild 11: Aufbau eines grafischen Systems

1.2.1 Hardwarenahe Software

Unter hardwarenaher Software wird zunächst das physikalische und logische Ein-/
Ausgabesystem verstanden, das für jedes Gerät vorhanden sein muß. Darüber hinaus
gibt es aber gerade bei den CAD-Systemen Softwareteile, die für bestimmte Dialoggeräte unumgänglich notwendig sind. Diese Softwarehilfen sind bereits unter Kapitel 1 und 1.1.2 angesprochen. Neben der Methode für Spurkreuzführung zählt hierzu
vorallem die sogenannte Menütechnik bei grafischen Tabletts (25). Bild 12 zeigt
ein Beispiel eines Menüfeldes wie es zur Eingabe an einem grafischen Tablett verwendet wird.

					ENDE PLOTT	
———	SUBP 1	SUBP 8	DLINE	EPIC	ENDE PLOTT	
——	2	9	KREIS	EGRP	TEST ABZUG	
---	3	10		BDEF	ENDE DIGIT.	
---	4	11	COPY	EDEF	RASTER	
-·-·	5	12			RASTER	
-·--·	6	13	DELETE		RASTER	
	7	14				

Bild 12: Menüfeld für ein grafisches Tablett

Die Software muß für die Menütechnik gewährleisten, daß zwischen den Symbolen im
Menüfeld und Elementen der Datei oder Kommandos des Systems eine eindeutige Zuordnung besteht.

Ein weiteres Beispiel für diese Softwaregruppe ist auch die Verwaltung der Bilddaten eines Bildwiederholspeicherschirms,sofern diese getrennt verwaltet und gespeichert werden.

1.2.2 Organisationssoftware

Dieser Teil stellt den eigentlichen Kern eines Systems dar, tritt aber zum Anwender
hin trotzdem am wenigsten in Erscheinung. Wesentliche Teile dieser Software sind

die Ablaufsteuerung, die Datenhaltung (26), die Datengenerierung sowie Simulations-
programme für Ein- und Ausgabegeräte. Auf diese Software soll hier nicht weiter
eingegangen werden. Naturgemäß die größte Bedeutung für den Anwender hat die dritte Gruppe der Software, die benutzernahe Software.

1.2.3 Benutzernahe Software

Sieht man von der fertigen Anwendersoftware ab, so sind es hier vorallem die Sprachen, die die Schnittstelle zum Benutzer bilden und mit denen letztlich der Dialog
definiert und geführt wird. Als Benutzer wird dabei im Sinne von Blaser und
Schauer (26) der "Interaktive Problemlöser" und der "Anwendungsprogrammierer"
verstanden. Bei den Sprachen wird zwischen

- Programmiersprachen
- Kommandosprachen
- Anfrage-Sprachen (Querry)

unterschieden.

Bild 13 zeigt ein Beispiel von grafischen Aufrufen (24), die eine Erweiterung der
Programmiersprache FORTRAN für den grafischen Dialog darstellen.

```
VERWALTUNGS AUFRUFE

     CALL      INIT      (ISEN, ITR)
     CALL      BEPIC     (ISEN, X, Y, ID)
     CALL      EPIC      (ISEN, ID)


GRAFISCHE AUFRUFE

     CALL      LINE      (X, Y, IABS)
     CALL      CIRC      (X, Y, RAD, IABS)
     CALL      TEXT      (X, Y, :n)
  n  FORMAT         ('EXAMPLE')
     CALL      LNTYP     (ISEN, LTYP)


DIALOG AUFRUFE

     CALL      DELETE    (ISEN, ID, IZU)
     CALL      MOVE      (ISEN, X, Y, IABS, ID, IZU)
     CALL      ENINT     (ISEN, INTM)
     CALL      SPECI     (ISEN, IWAIT, ISPEC, ID, NRGR, IFELD)
     CALL      ALCOP     (ISEN 1, ISEN 2)
```

Bild 13: Beispiel für grafische Aufrufe

Bild 14 zeigt ein Beispiel aus der Kommandosprache GEOLAN (18), mit der eine Grafik
ohne Programmieren erstellt werden kann.

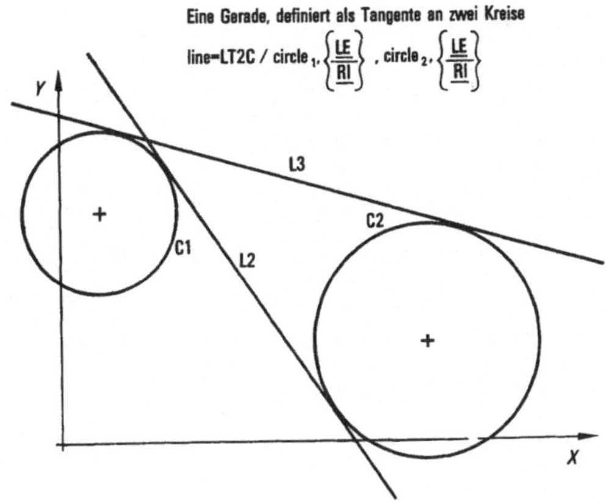

Bild 14: Kommando für eine Gerade (aus GEOLAN)

Gegenüber der Kommandosprache hat die Querry-Sprache den Vorteil, daß Zusammenhänge zwischen den Daten berücksichtigt und dem Benutzer mitgeteilt werden.

Diese drei unterschiedlichen Sprachgruppen werden auch verschieden in einem CAD-
System eingesetzt. Mit Programmiersprachen werden Anwenderprogramme oder Teile
davon programmiert, das Ergebnis ist wieder ein Programm, welches für einen Dialog
oder eine Berechnung angewandt werden kann.

Mit der Kommandosprache kann bereits eine Zeichnung oder eine Berechnung produziert
oder durchgeführt werden. Soll zum Beispiel eine Schraube konstruiert und technisch
gezeichnet werden, so kann dieser Vorgang mit Hilfe einer Kommandosprache (27)
abgewickelt werden.

Werden bestimmte Daten gesucht, oder sollen beim Entwurf oder Konstruieren neben
den konstruktiven Daten noch Randbedingungen berücksichtigt werden, so bietet
sich die Querry-Sprache an. Wird zum Beispiel bei der Konstruktion einer Schraube
drauf Wert gelegt, daß bestimmte, meist hausinterne Vorschriften (z.B. Gewicht,
Material) eingehalten werden, so werden mit der Anfrage-Sprache alle mit dem Begriff Schraube in Verbindung stehenden Vorschriften und Bedingungen in den einzelnen Dateien gesucht und können ausgewertet werden.

Zusammenfassend kann zu dem Kapitel Dialoghilfsmittel gesagt werden, daß speziell
für CAD-Systeme in den letzten Jahren eine große Anzahl von verschiedenen Hardware-
und Softwarewerkzeugen entwickelt wurden, die zum Großteil bereits ihren festen

Platz innerhalb eines CAD-Prozesses gefunden haben.

2. Bedeutung der Dialoghilfsmittel in einem CAD-Prozess

Unter CAD-Prozess wird hier der ganze Arbeitsablauf vom Entwurf über Entwicklung
bis zur Fertigung eines Produkts verstanden (30). In diesem Prozess kommen die verschiedensten Arbeitsschritte vor. Die in Kapitel 1 beschriebenen Dialoghilfsmittel
werden dabei alle in unterschiedlichen Abschnitten des Prozesses zum Einsatz kommen. Die wichtigsten Abschnitte eines CAD-Prozesses sind dabei

- Datenerfassung
- Datenanalyse
- Datenänderung
- Konstruktion
- Dokumentation
- Fertigung.

Soll ein CAD-Prozess reibungslos bis hin zum fertigen Produkt führen, so ist es
notwendig, daß trotz der unterschiedlichen Arbeitsschritte und der dabei verwendeten Dialoghilfsmittel ein Konsens zwischen den einzelnen Programmen besteht, der
durch die gemeinsame Datenhaltung erreicht werden kann. Bild 15 zeigt das Zusammenwirken der einzelnen Programme in einem CAD-Prozess.

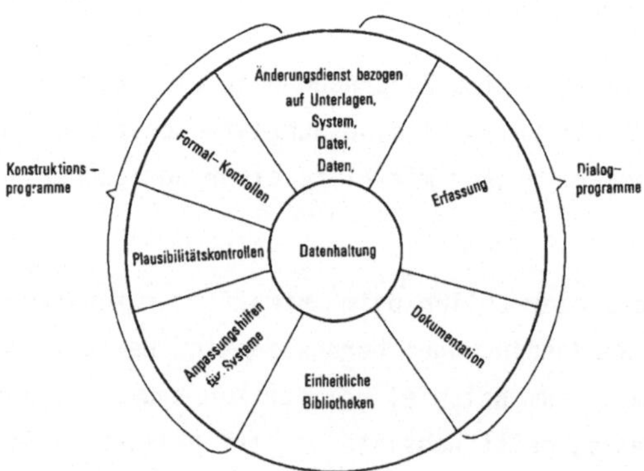

Bild 15: Zusammenwirken von Daten, Konstruktionsprogrammen und Dialogprogrammen in
einem CAD-Prozess.

Im folgenden werden die einzelnen Abschnitte des CAD-Prozesses und die dabei verwendeten Dialoghilfsmittel erläutert. Als Beispiel wird dabei ein CAD-Prozess für
elektrische Schaltungen, wie in Bild 16 dargestellt, zugrunde gelegt (29).

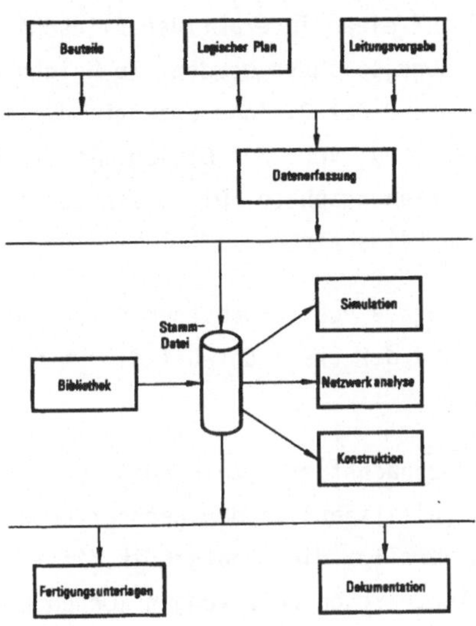

Bild 16: CAD-Prozess für elektrische Schaltungen

Bild 17 gibt einen Überblick über die eingesetzten Dialoghilfsmittel bei den einzelnen Abschnitten des CAD-Prozesses für elektrische Schaltungen.

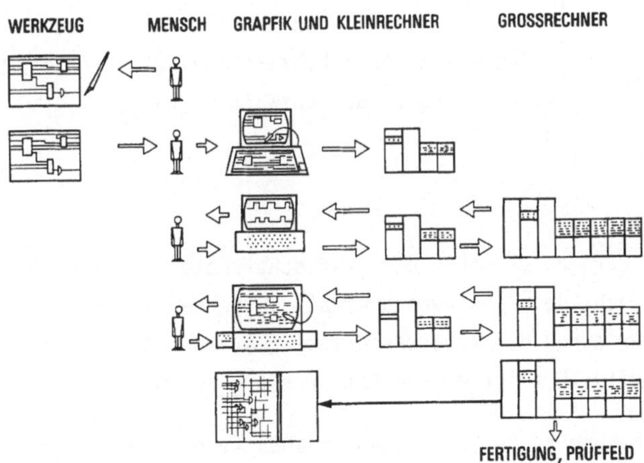

Bild 17: Dialoghilfsmittel im CAD-Prozess

2.1 Datenerfassung

Hier wird jede Form der Dateneingabe verstanden, wobei zwischen Eingabe von Erstdaten und von bereits vorhandenen Daten unterschieden wird. Eingabe von Erstdaten
soll dabei bedeuten, daß entweder an einem α-numerischen Terminal Listen in das
System eingegeben werden oder daß auf einem interaktiven Bildschirm grafische Daten gezeichnet und in den Dateien abgespeichert werden. In beiden Fällen werden
aber die Daten erst am Terminal während des Dialogs erzeugt und liegen noch nicht
auf einem anderen Medium (z.B. Zeichnung) vor. Der Dialog mit dem Rechner erfolgt
hier bereits im kreativen Teil der Planungsphase. Diese Eingabe ist sehr aufwendig
und verlangt teuere und hochwertige Bildschirme.

Aus diesem Grunde setzt sich die Eingabe von vorhandenen Daten immer mehr durch,
d.h. nur in den seltesten Fällen wird der erste Entwurf direkt mit einem Terminal
und mit Rechnerunterstützung gemacht.

Der übliche Weg ist heute der, daß zunächst eine Zeichnung angefertigt wird, die
mit Hilfe des grafischen Tabletts (Digitizer) in den Rechner unter Programmkontrolle eingegeben wird. Hier hat sich vorallem die Menütechnik mit ihren unterschiedlichsten Varianten bewährt. Bei elektrischen Schaltungen können zum Beispiel alle
zugelassenen Bauelemente auf Menüfeldern abgebildet sein. Die Daten der Bauelemente sind in einer eigenen Bibliothek gespeichert. Durch die Zuordnung zwischen Datei und Menüfeld kann eine elektrische Schaltung sehr rasch von einem Plan abge-
stochen und gespeichert werden. Die eingegebenen Daten werden meist zur Kontrolle
an einem Schirm dargestellt, so daß Eingabefehler sofort erkannt und korrigiert
werden können. Es hat sich in der Praxis gezeigt, daß die fehlerfreie Datenerfassung zu den kritischen Punkten eines CAD-Prozesses gehört. Werden Eingabefehler
nicht rechtzeitig erkannt, so wird der ganze Prozess unnötig in die Länge gezogen
und eine, vom Entwickler als sinnlos betrachtete Fehlersuche erforderlich. Dies
kann zur Ablehnung des ganzen Prozesses durch den Entwickler führen.

2.2 Datenanalyse

Unmittelbar nach Eingabe der numerischen und grafischen Daten erfolgt die Analyse
der Daten. Diese Analyse geht je nach Anwendungsfall in mehreren Schritten vor
sich und wird immer wieder durch die Arbeitsschritte - Datenänderung und Datenerfassung - unterbrochen. Bild 18 zeigt diesen Ablauf stark schematisiert.

Die erste Analyse beginnt bereits bei der Dateneingabe, wenn wie unter 2.1 beschrie-
ben, die Daten optisch auf ihre Richtigkeit überprüft werden. Nach dieser optischen
Überprüfung, die ja nur die formale Richtigkeit der Daten ergibt, erfolgt nun die
Überprüfung der Logik. Es wird geprüft, ob die eingegebenen Daten den jeweiligen
Vorschriften entsprechen und der Entwurf logisch richtig ist. Beim Entwurf von

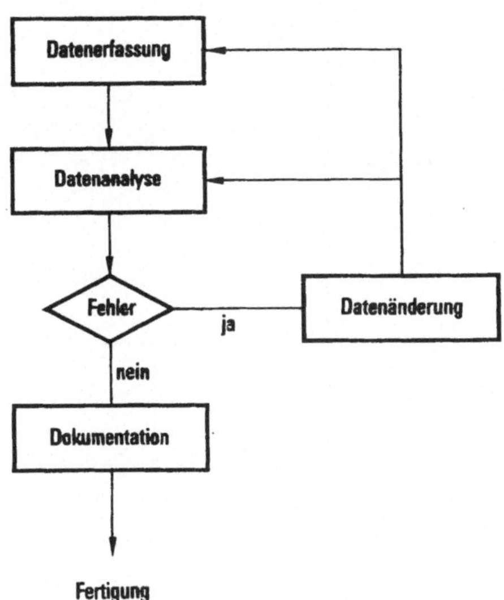

Bild 18: Ablauf der einzelnen Arbeitsschritte

elektrischen Schaltungen wird hier die Schaltung simuliert (31). Die Laufzeiten
der logischen Schaltelemente und die zu erwartenden Leitungslaufzeiten werden dabei ebenso berücksichtigt, wie Einschwing- und Reflexionsvorgänge auf Leitungen,
Eingangskapazitäten und Quellenwiderstände. Das Simulationsprogramm kann selbst
keine logischen logischen Fehler erkennen, es errechnet für jedes vorkommende
Signal das Zeitverhalten aufgrund der logischen Vorgabe. Die so ermittelten Im-
pulsdiagramme (Bild 19) müssen vom Entwickler überprüft werden. Diese Überprüfung
erfolgt wieder am Bildschirm, wobei im Dialog verschiedene Signale zu verschiedenen Zeiten abgerufen und dargestellt werden. Bestimmte Beziehungen von Signalen
untereinander können dabei berücksichtigt werden, so daß Signale in Abhängigkeit
voneinander gezeigt werden. Für diese Suche sind die Anfrage-Sprachen am besten
geeignet.

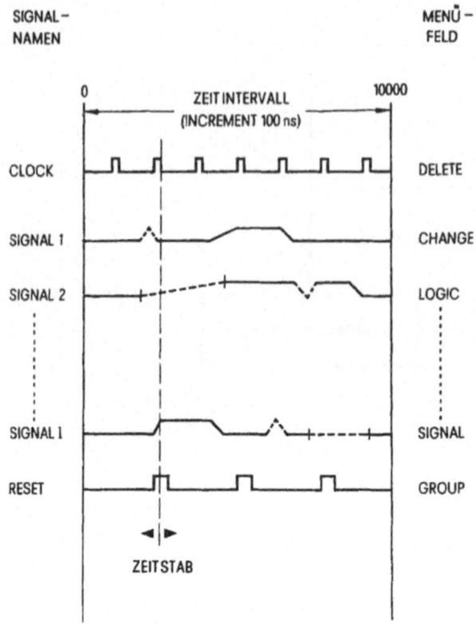

Bild 19: Beispiel der Impulsmuster am Bildschirm

2.3 Datenänderung

Sind die Daten in den CAD-Prozess eingeflossen, so muß eine nachträgliche Änderung
dieser Daten gewährleistet werden. Diese Änderung darf nicht nur das einzelne Datum betreffen, sondern muß auch auf alle, mit diesem Datum in Beziehung stehenden
Daten ausgedehtn werden. Der Änderungsdienst stellt den Kern eines CAD-Prozesses
dar, von seinem Komfort hängt die Wirtschaftlichkeit des Gesamtverfahrens und die
Bereitschaft der Entwickler, mit dem System zu arbeiten, ab. Ein umfassender Änderungsdienst ist nur dann möglich, wenn bei der Konzipierung des CAD-Prozesses die
Datenhaltung richtig gewichtet wurde und das zentrale Bindungsglied aller Programmteile des Prozesses wie in Bild 15 dargestellt, bildet. Bei diesen Änderungen werden meistens α-numerische oder grafische Bildschirme für den interaktiven Dialog
eingesetzt und Drucker oder Plotter verwendet. Die Anfrage-Sprachen bieten sich
für den Änderungsdienst als ideales Hilfsmittel an, da es ja hauptsächlich darauf
ankommt, daß durch einen Eingriff alle relevanten Daten geändert werden. Hier muß
allerdings eingeräumt werden, daß die meisten CAD-Programme auch im Änderungsdienst
noch mit konventionellen Programmiersprachen und Kommandosprachen arbeiten, da
Anfrage-Sprachen sich noch nicht allgemein durchgesetzt haben.

2.4 Konstruktion

Unter Konstruktion werden hier alle Programme verstanden, die von den Eingabedaten
ausgehend, mit Hilfe von anwendungsspezifischen Algorithmen- Berechnung von Finiten-
Elementen, automatische Plazierung der Schaltungsbausteine - das Produkt weiter
entwickeln oder weiter konstruieren. Dieser Abschnitt des CAD-Prozesses ist sehr
rechenaufwendig und zunächst nicht dialogintensiv.

Bei Betrachtung der drei Anlagenebenen von Noppen (1) wird dieser Teil sicher auf
der höchsten Ebene, dem Großrechner, ablaufen. Nun kommt es bei sehr komplexen Aufgaben vor, daß ein Konstruktionsprogramm nicht in der Lage ist, die Aufgabe vollständig zu lösen. Zum Beispiel werden von Programmen zur automatischen Wegesuche
bei elektrischen Schaltungen mit hoher Belegungsdichte nicht alle Wege gefunden
sondern nur ca. 90 - 95 %. In diesem Fall wird das Programm seine Zwischen- oder
Endergebnisse auf einem geeigneten Gerät darstellen (bei dem Beispiel der Schaltung
wird es entweder ein grafischer Schirm oder ein Plotter sein). Nun ist es Aufgabe
des Benutzers, im interaktiven Dialog die Konstruktion zu vervollständigen. Für den
Dialog bzw. die verwendeten Dialoghilfsmittel gilt dabei gleiches wie für den Änderungsdienst.

2.5 Dokumentation

Einen wichtigen Abschnitt im CAD-Prozess stellt die Unterlagenerstellung oder Dokumentation dar. Zur Verständigung der, in den einzelnen Abschnitten tätigen, Abteilungen ist zunächst die Erstellung von Unterlagen nach jedem Teilprozess notwendig.
Diese Unterlagen sollten möglichst genormt sein, damit sie von allen Beteiligten
gelesen werden können. Nach Abschluß der Konstruktion müssen alle Daten nochmals
dokumentiert werden und für die verschiedenen Fertigungsschritte aufbereitet werden. Dazu ist es erforderlich, daß in der zentralen Datenbank nicht nur die Daten
und ihre logischen, physikalischen und konstruktiven Randbedingungen gespeichert
sind, sondern auch Vorschriften über die Fertigungsunterlagen.

2.6 Fertigung

Die Fertigung stellt den Abschluß des CAD-Prozesses dar. Aus der Datenbank des CAD-
Systems werden Fertigungsunterlagen, Fertigungswerkzeuge, Steuerbefehle für NC-
Maschinen, Prüf- und Testanleitungen etc. erstellt. Als letztes Ausgabegerät in
der zeitlichen Reihenfolge in einem CAD-Prozess kann man die NC-Maschine bezeichnen, die nicht mehr Pläne und Listen sondern das fertige Produkt ausgibt.

3. Ergonomische Aspekte

Wird ein Arbeitsschritt automatisiert und werden dadurch neue technische Werkzeuge
eingesetzt, so müssen neben technischen und wirtschaftlichen Überlegungen auch ergonomische Aspekte berücksichtigt werden.

Wird eine neue Methode oder ein neues Werkzeug vom Bearbeiter nicht verstanden
oder nicht anerkannt, so fällt die Leistung sofort ab. Darüber hinaus kann aber
trotz aller technischen Perfektion ein Werkzeug ungeeignet sein oder bezogen auf
bestimmte Umweltbedingungen falsch eingesetzt werden, so daß auch bei Befürwortung
des Werkzeugs seitens des Bearbeiters die Leistung hinter den Erwartungen zurück-
bleibt.

3.1 Einführung neuer Techniken

Werden CAD-Programme und die damit verbundenen Dialoghilfsmittel neu eingeführt,
so werden sich bei vielen Mitarbeitern zunächst bewußt oder unbewußt Abneigung
und Ablehnung des Neuen einstellen (34, 37). Dieses Phänomen ist den Arbeits-
psychologen und verantwortlichen Vorgesetzten schon seit langem bekannt. Es handelt sich dabei auch nicht um ein CAD-spezifisches Problem sondern tritt bei jeder Neuerung auf. Daher soll auf diesem Punkt hier auch nicht weiter eingegangen
werden, es wurde nur der Vollständigkeit halber darauf hingewiesen.

3.2 Die Dialoghilfsmittel aus der Sicht der Ergonomie

Ergonomie ist die Wissenschaft von der Anpassung der Technik an den Menschen
zur Erleichterung der Arbeit, mit dem Ziel, die Belastung des arbeitenden Menschen
so gering wie möglich zu halten.

Das Arbeiten mit modernen technischen Geräten und Methoden nimmt bei CAD-Prozessen
einen sehr großen Anteil der gesamten Arbeitszeit in Anspruch. Ergonomische Betrachtungen sind daher gerade bei CAD wichtig.

Will man die Dialoghilfsmittel auf ihre ergonomische Qualität hin untersuchen und
vergleichen, so muß zunächst ein meßbares Kriterium gefunden werden. In der Literatur (32, 33) wird dabei meist von der Fehlerhäufigkeit, die bei vergleichbarem Test
gemessen wird, ausgegangen. Wenn dieses Kriterium auch am eindeutigsten meßbar
und daher für Vergleiche am besten geeignet ist, so soll im folgenden eine andere
Wertung, die Ermüdung, allen Betrachtungen zugrunde gelegt werden. Der Grund liegt
darin, daß die Ermüdung als Ursache, die Fehler als Wirkung betrachtet werden können und im folgenden weniger ein qualitativer Vergleich von Dialoghilfsmittel ange-
stellt werden soll, sondern Methoden diskutiert werden, die sich mit der Ursache

und deren Beseitigung beschäftigen.

Wird ein Dialoghilfsmittel nach ergonomischer Tauglichkeit überprüft, so müssen
eine Fülle von Eigenschaften betrachtet und miteinander abgestimmt werden (35).
Im einzelnen sind für gute Arbeitsbedingungen folgende Punkte zu berücksichtigen
(am Beispiel eines Sichtgerätes):

    a) - Bildschirmabmessung
       - Bildschirmkontrast
       - Auflösung
       - Flackerfreiheit
       - Menge der Information

    b) - Anordung des Sichtgerätes
       - Arbeitstisch
       - Abstell- Ablagefläche
       - Wärme und Geräuschentwicklung
       - Benutzung von einem Benutzer oder Gruppen

    c) - Antwortzeiten
       - Darstellung wichtiger Information
       - Komplexität von Einzelsymbolen
       - Rückkoppelung
       - Fehler und Hilfestellung

Bei der Aufzählung der einzelnen zu berücksichtigenden Eigenschaften (36) wurden
drei Gruppen gebildet, und zwar die Geräteeigenschaften (a), die Umgebungsbedin-
gungen (b) und die Eigenschaften des Verfahrens oder der Software (c).

Um den Rahmen dieses Aufsatzes nicht zu sprengen, soll aus jeder dieser Gruppe nur
ein Punkt herausgegriffen und näher untersucht werden

3.2.1 Auflösung der Bildschirme

Die Auflösung des Bildschirms, gekennzeichnet durch die Zahl der Linien oder Punkte
pro Längeneinheit und den minimalen Leuchtpunktdurchmesser in der Schirmmitte
(als Leuchtpunktdurchmesser wird meist die Halbwertbreite, d.h., die Entfernung
der beiden Punkte, an denen die Leuchtdichte auf die Hälfte ihres Maximalwertes
abgesunken ist, angegeben) (38) ist vorwiegend ein technisch-wirtschaftliches Problem (39). Es ist leicht, die für den Menschen notwendigen Werte der Schirmauflö-
sung und des Kontrastes festzulegen, diese Werte technisch zu verwirklichen ist
wesentlich schwieriger.

Es sind dabei Zusammenhänge wie Ablenkung, Strahlbeschleunigung, Strahllänge, Bandbreite und Wiederholfrequenz zu berücksichtigen, die sich zum Teil konkurrieren.
So ist zum Beispiel die Bandbreite dem Produkt von Display-Auflösung und Bildwiederholfrequenz proportional (40). Das bedeutet, daß bei gegebener Bandbreite entweder

die Auflösung auf Kosten der Frequenz verbessert oder die Bildwiederholfrequenz
auf Kosten der Auflösung und damit der Bildqualität erhöht wird. Diese Zusammenhänge zeigt Bild 20 für einen Bildschirm, der nach Fernsehraster-Verfahren arbeitet.

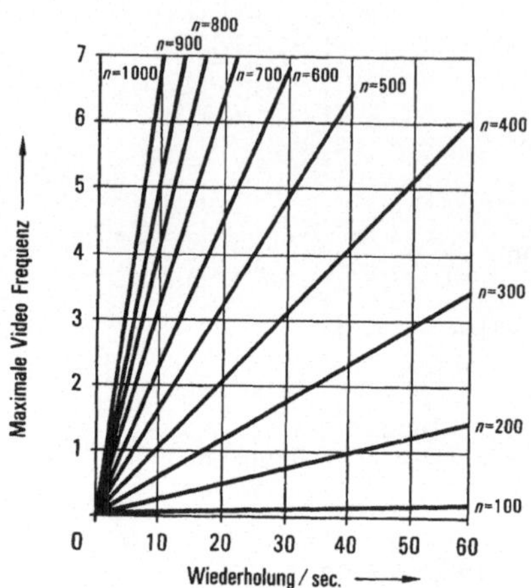

Bild 20: Videofrequenz, Zeilenzahl und Bildwiederholfrequenz (41)

Für den Betrachter ist zu fordern, daß er benachbarte Rasterlinien oder Matrixpunk-
te nicht mehr als getrennt wahrnehmen kann. Dies ist nun leicht zu erreichen, indem man die Beobachtungsentfernung entsprechend vergrößert. Dann jedoch sinkt der
Sehwinkel für die Zeichen eventuell unter die zulässige Grenze ab. Bei einem zu
großen Leuchtpunktdurchmesser nimmt - wegen der geforderten Mindestzeichenauflösung
von neuen Elementen pro Zeichenhöhe - die darstellbare Informationsmenge ab. Bei
sehr kleinem Durchmesser und entsprechend kleinem Raster steigt die benötigte
Bandbreite schnell an, bei nicht in dem gleichen Maß verfeinertem Raster trennt
der Beobachter zwei benachbarte Punkte.

Die von der Geometrie der Anordnung her bestimmenden Parameter sind also Leuchtpunktdurchmesser, der Mittenabstand zweier benachbarter Leuchtpunkte sowie der
Beobachtungsabstand. Mit diesen Parametern läßt sich eine Gleichung für die Mini-
malzahl für die Bildschirmauflösung errechnen.

Es sollte hier ein Beispiel gebracht werden, wie Geräteeigenschaften untersucht
und ihre einzelnen Komponenten abgewogen werden, um zu einem Werkzeug zu kommen,
mit dem der Mensch möglichst ermüdungsfrei arbeiten kann.

3.2.2 Anordnung des Sichtgerätes

Neben den Eigenschaften der einzelnen Geräte spielt auch ihre räumliche Anordnung
eine große Rolle. Dabei muß nicht nur berücksichtigt werden, daß Geräte die häufig
miteinander oder hintereinander benutzt werden, räumlich nahe stehen. Ebenso wichtig sind bestimmte Kriterien bei der Aufstellung des Gerätes selbst (z.B. Beleuch-
tung oder Neigungswinkel). Um dies zu unterstreichen, sollen in Bild 21 die Unter-
suchungsergebnisse von Woodson und Conover (42) über Neigungswinkel gezeigt werden.
Hier wird unterschieden, ob der Benutzer im Stand, im Sitzstand oder im Sitzen
arbeitet.

Danach ergeben sich folgende empfohlene und durch statistische Untersuchungen er-
härtete (43) Werte.

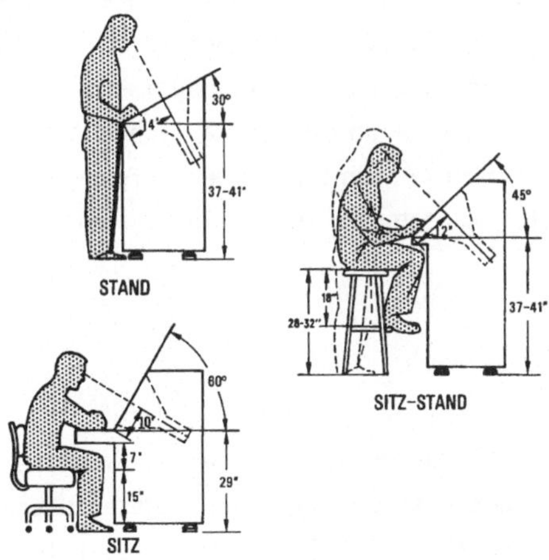

Bild 21: Empfehlungen für Display-Standgeräte

3.2.3 Antwortzeiten

Ein Kriterium und gewissermaßen Gütesiegel für alle Dialogsysteme sind die Antwortzeiten. Gerade bei den sehr dialogintensiven CAD-Prozessen spielt natürlich die
Antwortzeit eine wichtige Rolle, wobei man hier an technische Grenzen stößt, die
man in Kauf nehmen muß. Werden für eine Arbeit umfangreiche Daten und sehr komplexe
Rechenoperation benötigt, so muß man nach heutigem Stand der Technik mit Antwortzeiten von Minuten rechnen. Es ist auch keine Hard- oder Softwareentwicklung abzu-
sehen, die hier Abhilfe schaffen kann. Wenn auf der einen Seite berücksichtigt
wird, daß die ideale Antwortzeit zwischen 2 und 8 Sekunden liegt und längere Zeiten

sehr rasch zu Ermüdungserscheinungen führen, so scheint hier eine Grenze des Einsatzes von CAD-Methoden erreicht.

Es hat sich in der Praxis aber herausgestellt, daß auch sehr lange Antwortzeiten von 10 Minuten und mehr durchaus akzeptiert werden, wenn die gewünschte Antwort entsprechend schwierig zu finden ist. Das heißt, der Benutzer billigt dem System Antwortzeiten in Abhängigkeit des Schwierigkeitsgrades der Aufgabe zu. Die zugebilligten Zeiten sind dabei individuell sehr verschieden und meines Wissens psychologisch noch nicht ausreichend untersucht.

Dieses Verhalten des Benutzers hat natürlich Auswirkungen auf das Systemkonzept. Man wird bei der Entwicklung von CAD-Systemen darauf achten, daß sogenannte triviale Antworten sehr rasch erfolgen können, selbst wenn dadurch Antworten für kompliziertere Fragen länger dauern sollten und die Gesamtzeit dadurch verlängert wird. Berücksichtigt wird dieser Umstand vorallem durch den Aufbau verschiedener Dialogdateien. Weiters hat sich gezeigt, daß es günstig ist, möglichst große Komplexe mit Vorgängen gleichen Schwierigkeitsgrades und daher ähnlichen Antwortzeiten zu bilden. Eine solche Einteilung in Komplexe führt zu einer Aufgabenverteilung auf verschiedene Hardware und in letzter Konsequenz zu dem in (1) vorgestellten Drei-Ebenen-Konzept.

<u>Schlußbetrachtungen</u>

Verschiedene Dialoghilfsmittel für CAD wurden nach Hardware, Firmware und Software unterteilt und ihre wesentlichen Eigenschaften skizziert. Anschließend wurde der CAD-Prozess in fünf Arbeitsschritte zerlegt und jeder Arbeitsschritt kurz erläutert, wobei aufgezeigt wurde, welche Dialoghilfsmittel man in den einzelnen Arbeitsschritten zweckmäßig einsetzen wird. Zuletzt wurde auf die Bedeutung der Dialoghilfsmittel für die Gestaltung des Arbeitsplatzes hingewiesen und aus der Vielzahl von ergonomischen Aspekten drei herausgegriffen und näher geschildert.

Für die zahlreichen Anregungen und Hinweise, die ich für diesen Aufsatz erhielt, möchte ich mich bei Herrn Prof.Encarnacao und bei Frau Gonauser bedanken.

<u>Literatur</u>

1   Noppen, R.;   Technische Datenverarbeitung bei der Planung und Fertigung
                           industrieller Erzeugnisse.
                           Tutorial, Methoden der Informatik für Rechnergestützes
                           Entwerfen und Konstruieren, München, 10.77

2   Newmann, W.M.,   Principles of interactive computer graphics
    Sproull, R.F.;   Mc Graw Hill, 1973

3   Encarnacao, J.;   Computer Graphics
                           Oldenbourg Verlag 1975

4   Negroponte, N.;   Raster Scan approaches to computer graphics
                           MIT, 1976

5   The Computer Display Review, Volume I
                           GML- Cooperation, 1971

6   Baumgartner, H.,   Gesichtspunkte für die Konzeption aufwandarmer Datensicht-
    Nunes, F.;   stationen für Datenferverarbeitung von graphischen Begriffen
                           Gesellschaft für Informatik, Bericht Nr. 2, Berlin 1971,
                           (pp.5-13)

7   Giloi, W.;   Hardware Aspekte von Computer Graphics
                           Gesellschaft für Informatik, Bericht Nr.2,
                           Berlin 1971 (pp. 470-493)

8   Machover, C.;   CRT Graphics Terminals
                           University of Michigan, Engineering
                           Summer Conference, 1968

9   Van Dami A.,   Storage Tube Graphics: Comparison of Terminals
    Michener, J.C.;   Int. Symposium Computer Graphics, England 1970

10 Deyer, B.W.,   Techniques and applications of graphics plotters
    Wellmann, F.;   International Symposium Computer Graphics,
                           England 1970

11 Green, R.E.;   Computer Graphics
                           Computer Aided Design Spring 1970, pp. 29-48

12 Dunfield, J.,   Sawyer-Principle linear motor positions without feedback
    Davison, R.;   Power Transmission Design, June 1974

13 Harrison, J.A.;   A powerful Display Driver for Real Time Systems
                         Displays for   Man-Machine Systems
                         IEE, Nr. 150, April 1977, pp. 6-9

14 Mc Laughlan, S.D.,   The Plasma Panel as a Potential Solution to the Bright
    Thomas, M.G.,   Labelled Radar Display Problem, Displays for Man-Machine
    Watzkins, G.;   Systems
                         IEE, Nr.150, April 1977, pp. 14-15

15 Carlson, C.M.,   A Comparison of Ten Libraries for Computer Graphics
    Halder, D.W.,   Applications,
    Lindberg, A.W.,
    Medea, J.V.;   Interactive Computer Graphics, Online 1973

16 Denes, P.B.,   CRT-Terminal Evaluation
    Gerschkoff, I.K.;   Digital Design, Vol.4 Nr.3 1974

17 Weiß, J.;   Methoden zur Punktverfolgung auf grafischen Bildschirmen
                         Diplomarbeit, TH Wien, Oktober 1973

18   Computer Graphics I, Skript zur Vorlesung
                         WS 1972/73, TU Berlin

19 Encarnacao, J.   A Recommendation of Methodology in Computer Graphics
    et.alt.;   KFK Bericht 2394, Februar 1977, Gesellschaft für Kern-
                         forschung Karlsruhe

20 Katzan, H.;   Computer Systems Organization and Programming
                         SRA, INC. Palo Alto, 1976

21 Madnick, S.E.,   Operating Systems
    Donovan, J.J.;   Mc Graw-Hill, 1974

22 Hörbst, E.;   Dezentrales Mikrocomputersystem für interaktive grafische
                         Software
                         ACM-Tagung, Hamburg 1977

145

23 Gonauser, M.,   Datenstruktur zur interaktiven Behandlung umfangreicher gra-
    Weiß, J.,   fischer Datenmengen durch das Grafische System GMB 300
    Wenderoth, W.;   Fachtagung "Methoden der Information für Rechnerunterstütztes
                      Entwerfen und Konstruieren", München 1977

24 Gonauser, M.,   The Interactive Graphic System GMB 300
    Hörbst, E.,   IPC Ltd. Interactive Design-System, Stratford, April 1977
    Schinner, P.;

25 Gorny, P.;   Interaktive Konstruktionssysteme - Hardware und Software
                      CAD-Mitteilungen, 1973, pp. 391-404

26 Blaser, A.,   Datenbankaspekte
    Schauer, U.;   Tutorial, Methoden der Information für Rechnergestütztes
                      Entwerfen und Konstruieren, München   10.77

27 Encarnacao, J.;   Systemtechnologische Aspekte von CAD
                      Tutorial, Methoden der Information für Rechnergestütztes
                      Entwerfen und Konstruieren, München 10.77

28 Anonym: GEOLAN - Geometric language
                      MBB

29 Hörbst, E.,   Engangement of Interactive Graphic Tools in a CAD-System
    Prechtl, R.,   for Digital Units
    Will, B.;   IEEE, 13 th Design Automation Conference
                      1976, San Francisco, pp. 86-90

30 Walter, H.;   Surface representation in engeneering practice by means
                      of graphic displays
                      GI Bericht Nr.2, Fachtagung Computer Graphics, Berlin, 1971

31 Katzmayr, K.;   BAPSI - Ein Programm zur Logiksimulation
                      Nachrichtentechnische Fachberichte, Bd. 49, 1974, pp. 78-92

32 Shipley, P.,   An experimental evaluation of prototype velocity displays
    Bronton, P.;   for the B.R. Disply for Man-Machines Systems
                      IEE Nr. 150, April 1977, pp.106-109

33 Cocley, M.;   The design and evaluation of the interactive graphic man-
                      machine interface.
                      Uni. of Texas, Austin, Dissertation 1974

34   Anonoym;   Datensichtgeräte verändern Arbeitsplätze
                           Büro u. EDV, 27, 1976, S. 22-23

35   Steward, T.F.M.;   Computer terminal ergonomics
                           Design techniques for teleprocessing, Tagung London 1974

36   Simanis, A.;   Human factors in interactive computer graphics
                           4 th Man-Computer Communications Conference, Ottowa 1975

37   Gillies, G.J.;   Human operator studies at pilkington;Colloquium on Human
                           Factors in Process Control
                           Savoy Place 1975

38   Kazmierczak, H.;   Wandler, Die informierte Gesellschaft - Geschichte und
                           Zukunft der Nachrichtentechnik.
                           Deutsche Verlagsanstalt, Stuttgart 1966

39   Anonoym;   Lichttechnische und Physiologische Faktoren bei Datensicht-
                           geräten
                           Institut für Arbeitswissenschaft, TU Berlin

40   Dill, A.B.,   Flickerless Regneration Rates for CRT Displays as a
     Gould, J.D.;   Function of Scan Order and Phosphor Presistence
                           in Human Factors   1970

41   D'Aluto, J.R.;   Resolution, Video-Bandwith and Frame Time
                           in Information Display, Januar 1969

42   Woodson, W.E.,   Human Engineering Guide for Equipment Designes.
     Conover, D.W.;   Second Edition, University of California Press,
                           Berkeley, Los Angeles 1964

43   Tinker, M.A.;   Legibility of Print
                           Iowa State University, Press 1963

<u>E I N Z E L B E I T R Ä G E</u>

R E C H N E R G R A P H I K   F Ü R   C A D

Rechnerunterstütztes Technisches Zeichnen

S. Lewandowski, P. Melzer-Vassiliadis, H.J. Dohrmann
Institut für Werkzeugmaschinen und Fertigungstechnik
der Technischen Universität Berlin

Vorgestellt wird ein System zur komplexteilgebundenen Erstellung
technischer Zeichnungen. Durch eine allgemeine Vorgehensweise bei der
Realisierung ist das Programmsystem branchenübergreifend einsetzbar.

1. Einleitung

Die Automatisierung des technischen Zeichnens stellt eine der vor-
dringlichsten Aufgaben von CAD-Systemen dar, da zum einen der Anteil
des Zeichnens an den Konstruktionstätigkeiten sehr hoch ist und zum
anderen sich hier wegen des hohen Anteils algorithmierbarer Tätigkeiten der Rechnereinsatz anbietet.

Generell lassen sich durch den Einsatz von CAD-Systemen Verbesserungen
der Produktqualität, kürzere Entwurfs- und Durchlaufzeiten, Kostener-
sparnisse und Qualitätsverbesserungen bei der Erstellung von Fertigungsunterlagen und Erleichterungen bei der NC-Programmierung erreichen.

Die Entwicklung des COMVAR-Systems wurde von 1973 - 1975 durch den
Bundesminister für Forschung und Technologie im Rahmen des 2. DV-Pro-
gramms gefördert. Ab 1976 erfolgt die Weiterentwicklung mit Mitteln
des Instituts für Werkzeugmaschinen und Fertigungstechnik auf der
Grundlage von Erfahrungen aus Testanwendungen in verschiedenen In-
dustriebetrieben.

2. Konzeption des COMVAR-Systems

Systeme zur automatisierten Zeichnungserstellung lassen sich hinsichtlich des Verarbeitungsprinzips einteilen. Man unterscheidet zwischen
einem zeichnungsorientierten und einem werkstückorientierten Prinzip
(Bild 1). In einem zeichnungsorientierten System werden Grundelemente
der ebenen Geometrie, wie Gerade, Kreisbogen, Elipse definiert und zu
den einzelnen Ansichten einer Zeichnung verknüpft. Dagegen geht man bei
werkstückorientierten Systemen von der Beschreibung mittels Volumenele-
menten oder materialbegrenzenden Ebenen aus. Durch Transformation
und Rotation des rechnerinternen räumlichen Werkstückmodells können

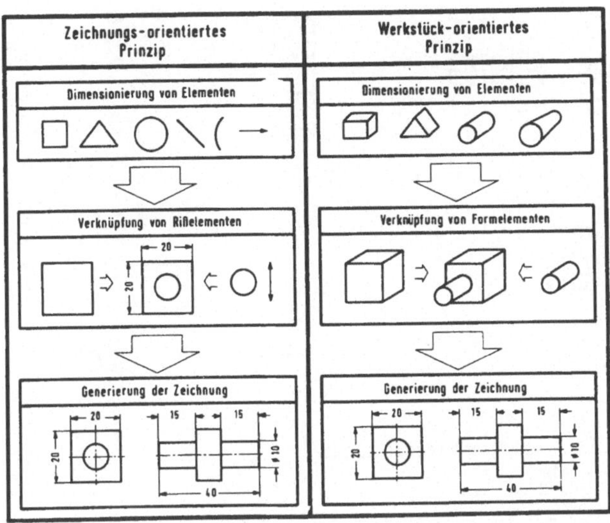

<u>Bild 1:</u> Verarbeitungsprinzipien zur Zeichnungserstellung

beliebige Parallelprojektionen, wie perspektivische Ansichten und
Normalrisse, erzeugt werden.

Aus Gründen des geringeren Verarbeitungsaufwandes wurde das zeich-
nungsorientierte Prinzip gewählt. Außerdem ließ sich durch den geringeren Umfang der Verarbeitungsprogramme die Anwendung von Kleinrechnern verwirklichen.

Neben der Wahl des Verarbeitungsprinzips kommt der Wahl der Beschrei-
bungsmethode eine große Bedeutung zu. Hierbei ist zwischen komplexteilgebundenen und ungebundenen Systemen zu unterscheiden. Unter einem Komplexteil ist das Teil einer Teilefamilie mit der größten Komplexität zu verstehen (<u>Bild 2</u>).In komplexteilgebundenen Systemen ist
ein großer Teil der Komplexteildaten bereits durch eine vorhergehende
Beschreibung rechnerintern abgespeichert, wobei einige Parameter
variabel gehalten sind. Für das automatische Erstellen der aktuellen
Zeichnungen genügt dann das Eingeben der jeweiligen Parameter. Bei
ungebundenen Systemen erfolgt immer eine vollständige Eingabe der
jeweiligen Werkstückinformationen.

Für das COMVAR-System wurde die komplexteilgebundene Beschreibungs-
methode zugrunde gelegt. Deshalb ist die Analyse des Teilespektrums
zwecks Bildung von Teilefamilien eine wichtige Voraussetzung für

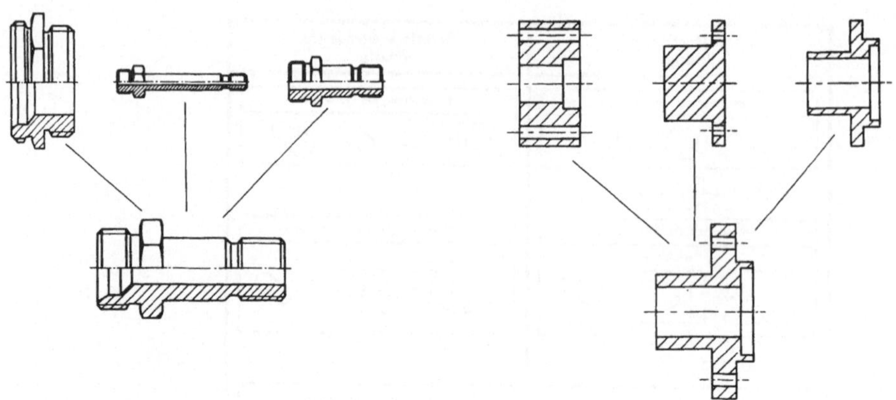

<u>Bild 2:</u> Teilefamilien mit Komplexteilen

den Einsatz des Systems, da die Wirtschaftlichkeit von der Zahl der
wiederholten Anwendung abhängt.

<u>Bild 3</u> zeigt in einer Übersicht den Aufbau des COMVAR-Systems. Es be-
steht aus zwei Prozessoren. Der Beschreibungsprozessor verarbeitet
die für jede Teilefamilie einmalig durchzuführende Komplexteilbeschreibung und erzeugt die entsprechenden variablen Komplexteilmodelle,
die auf Massenspeichern niedergelegt werden, auf denen die Komplexteil-
beschreibungen für Änderungen und Erweiterungen ebenfalls archiviert
werden können.Die Komplexteilmodelle enthalten die unveränderlichen
Daten und die Variationsregeln einer Teilefamilie. Für das Erstellen
einer maßstäblichen Zeichnung eines konkreten Teils einer Teilefamilie
ist jeweils ein Zeichnungsprozessorlauf erforderlich, wobei lediglich
die Komplexteilnummer und die aktuellen Parameter eingegeben werden.

In Bild 3 wird deutlich, daß alle Werkstückdaten interpretativ verarbeitet werden. Auf die Verwendung einer Computersprache für die
Werkstückbeschreibung, z. B. FORTRAN, wurde verzichtet, um den Programmumfang des COMVAR-Systems unabhängig von der Anzahl der Komplexteile zu halten. Durch das Auslagern sämtlicher Werkstückinformationen
auf Massenspeicher konnte der Programmumfang der Verarbeitungsprogramme so klein gehalten werden, daß die Verwendung von Kleinrechnern
möglich ist. Ein weiterer Vorteil ist darin zu sehen, daß in der Zeich-
nungserstellungsphase der gesamte Umfang der Komplexteilmodelle dem
Anwender zur Verfügung steht, ohne daß dies durch entsprechende Lade-
und Bindeoperationen organisiert werden muß. Weiterhin bietet sich

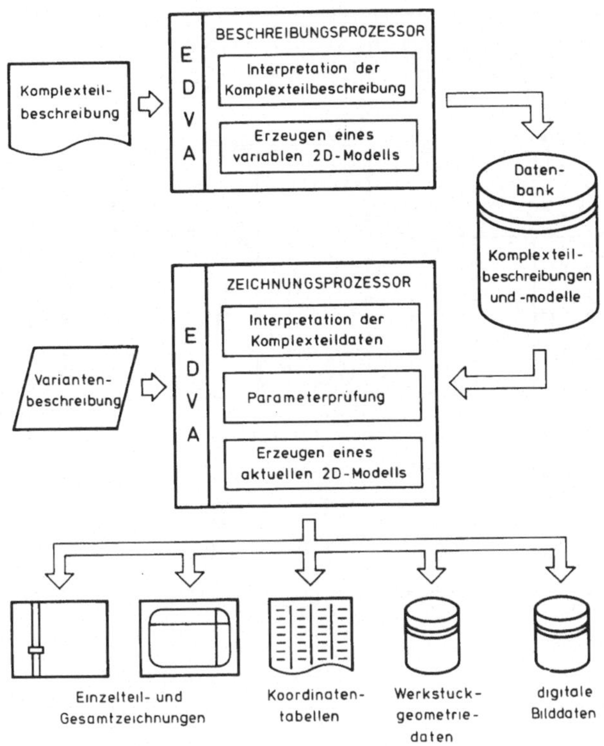

Bild 3: Aufbau des COMVAR-Programmsystems

die Möglichkeit,daß die in der Datenbank enthaltenen Komplexteilmodelle prinzipiell auch für andere Zwecke als den der Zeichnungserstellung als Datenbasis dienen. Dies ist eine wesentliche Voraussetzung für die Erstellung eines integrierten CAD-Systems.

Als Ausgabe ist im COMVAR-System die Erstellung vollständig detaillier-
ter Einzelteil- und Gesamtzeichnungen auf Zeichenmaschinen oder grafischen Speichersichtgeräten möglich. Wahlweise ist darüber hinaus
die Ausgabe von Koordinatentabellen über Schnelldrucker und die Bereitstellung von Geometriedaten für die rechnerunterstützte Arbeitsplanung und NC-Programmierung möglich. Zur wiederholten Zeichnungserstellung wird die Speicherung der digitalen Bilddaten auf der
Magnetplatte durchgeführt.

Das Programmsystem wurde auf einem Rechner PDP-10 der Firma Digital
Equipment Corporation in FORTRAN IV entwickelt. Der Beschreibungsprozessor benötigt 30 K-Worte und der Zeichnungsprozessor 40 K-Worte

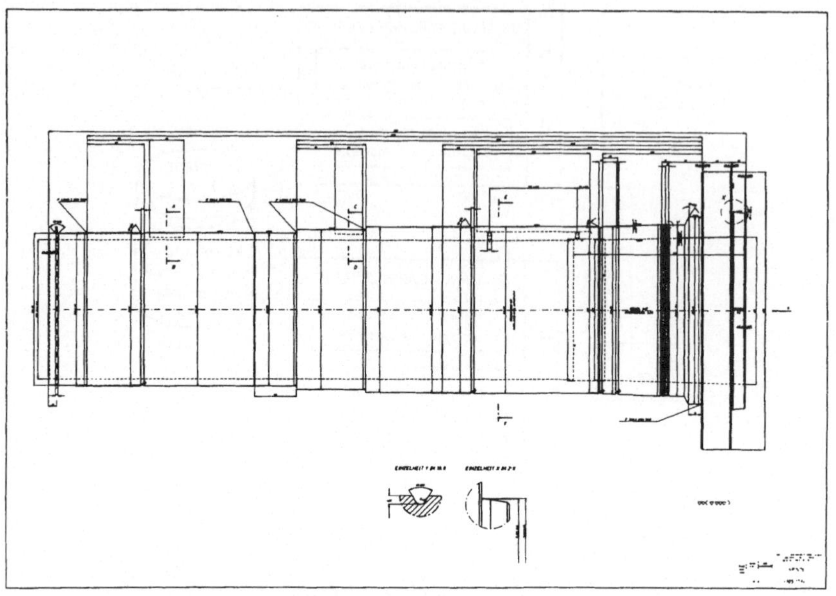

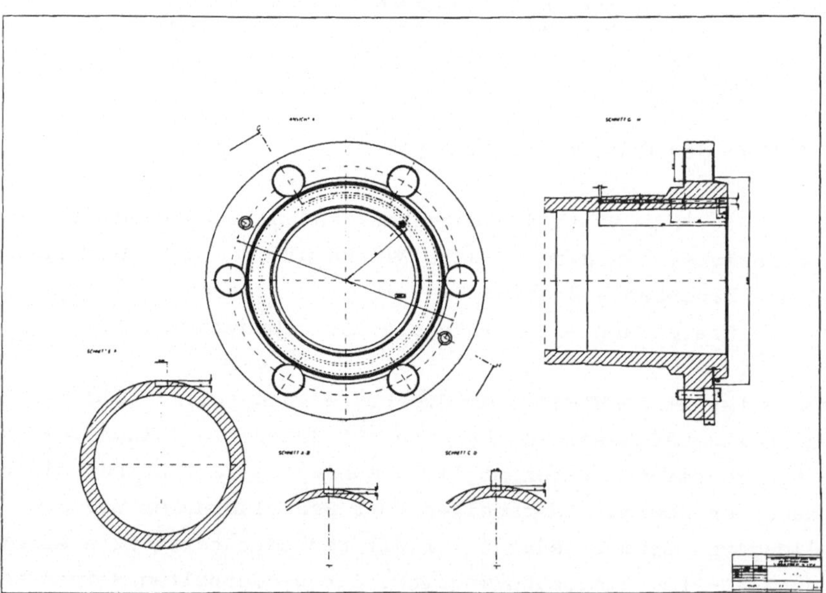

Bild 4: Ansichten und Schnitte einer Hauptspindel

à 16 Bit. Im Zuge der Zusammenarbeit mit verschiedenen Firmen wurden Implementierungen auf den Rechnern CDC 6500, IBM 370/155, PRIME 300 und SIEMENS 330/7730 durchgeführt.

Die <u>Bilder 5 und 6</u> zeigen maschinell erstellte Werkstattzeichnungen einiger Anwendungsbeispiele. Sie lassen kaum Abweichungen von den bestehenden Zeichnungsnormen erkennen. Die Bestrebungen bei der Systementwicklung waren dahingehend gerichtet, die Zeichnungserstellung soweit wie möglich normgerecht zu automatisieren. Als Beispiel sei die enge Anlehnung der Schriftdarstellung an die Normschrift (Groß- und Kleinschreibung), die Berücksichtigung der verschiedenen Linienarten und Linienbreiten, die Bemaßungsanordnung und die verschiedenen Symboldarstellungen genannt. Allerdings ist in diesem Zusammenhang zu erwähnen, daß dieser Komfort durch entsprechende Rechenzeiten zu bezahlen ist. So entfallen im COMVAR-System ca. 25 % der Rechenzeiten zur Erstellung einer Zeichnung auf die Programme zur graphischen Darstellung von Linien und Schrift. Es ist deshalb zu erwarten, daß die Ansprüche der Anwender in bezug auf Normgerechtigkeit der Darstellungen zukünftig etwas reduziert werden.

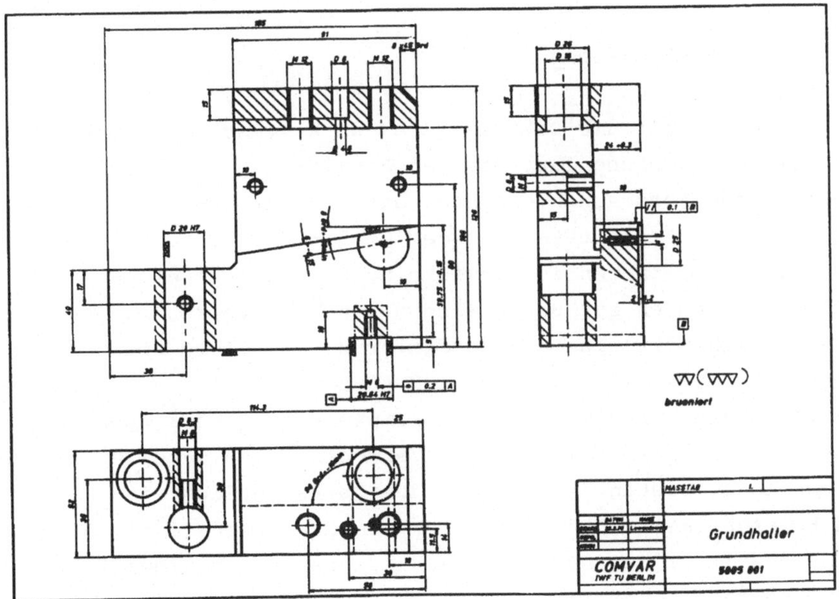

Bild 5: Einzelteilzeichnung eines prismatischen Werkstücks

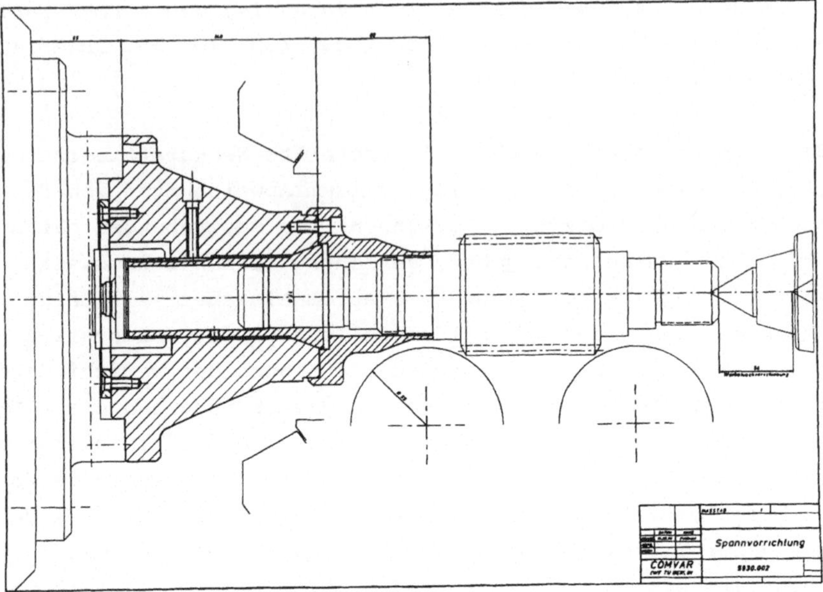

Bild 6: Gesamtzeichnung einer Spannvorrichtung

3. Moduln des COMVAR-Systems

3.1 Komplexteilbeschreibung

In CAD-Systemen stellt die Dateneingabe den kritischsten Punkt für eine
wirtschaftliche Anwendung dar. Das der Entwicklung des COMVAR-Systems
zugrunde liegende Forschungsvorhaben hatte nicht zum Ziel, parallel
zu den zahlreichen Aktivitäten auf dem Gebiet der Werkstückbeschreibung zusätzliche Verfahren zu entwickeln. Prinzipiell eignen sich die
APT-ähnlichen Sprachen zur Beschreibung von Werkstücken in CAD-Systemen,
und es bahnt sich hier eine Standardisierung an. Diese Sprachen weisen
aber bezüglich der Zielsetzung des COMVAR-Systems einige Unzulänglich-
keiten auf, so daß vorläufig für die Komplexteilbeschreibung ein
Tabellensystem entwickelt wurde. Die Verwendung von Tabellen zur Werkstückbeschreibung bieten den Vorteil der Übersichtlichkeit und der
leichten Erlernbarkeit. Außerdem erfordern sie einen geringen Verarbei-
tungsaufwand seitens der EDV. Als Nachteil ist die geringe Flexibilität
zu nennen, so daß zukünftige wesentliche Systemerweiterungen nur in
Verbindung mit der Verwendung einer geeigneten Eingabesprache vollzogen werden. Die Verwendung der Eingabetabellen wird aber weiterhin
möglich sein.

Die Eingabetabellen bestehen aus zwei verschiedenen Tabellen, die bei der Beschreibung parallel ausgefüllt werden können. In der Werte- und Texttabelle werden die zur Beschreibung der in der Beschreibungstabelle zu definierenden Zeichnungselemente Punkt, Linie, Schrift, Figur, Macro, Komplex und Riß benötigten Werte und Texte definiert.

Für das Arbeiten mit diesen Eingabetabellen ist ein Handbuch erstellt worden, welches den Anwender über die einzelnen Möglichkeiten ausführliche Anleitungen bietet. Für geübte Anwender genügt die Verwendung eines Beschreibungsschemas und einer Kennungsliste. Das Beschreibungsschema (Bild 7) gibt an, wie die einzelnen Elemente der Zeichnung mit Hilfe der Tabellen definiert werden müssen, d. h. in welche Spalte der Formulare die betreffenden Informationen über die Linien, Schriften und Zeichen einer Zeichnung zu setzen sind. Die Kennungsliste umfaßt ca. 70 Kennungen, die zur Spezifikation von Zeichnungselementen dienen. Diese zweistelligen Kennungen wurden nach mnemotechnischen Gesichtspunkten ausgewählt. Werte können als Parameter oder durch beliebig geschachtelte arithmetische Ausdrücke definiert werden. Parametern kön-

---

Beschreibungsschema (Formular 4.01-01, 17.Jan.77, VERSION 2 — COMVAR / IWF TU BERLIN — BESCHREIBUNGS-HANDBUCH / Beschreibeschema)

WERTE- UND TEXTTABELLE

	1	2	3	4
Wert	Wertart			Arithmetischer Ausdruck [= Ausgabe-Benennung]
				[Minimum] < Parameter-Benennung < [Maximum]; Standard-Wert
Text	Textart			Konstanter Text
				Parameter-Benennung [< Maximale Textlänge]; Standard-Text

BESCHREIBUNGSTABELLE

	1	2	3	4	5	6	7	8	9
Punkt	Punktart	Spiegelung	Koordinaten	x	y	[Transformations-winkel α]	[Anzahl der Punkte]	Δx	Δy
				r	φ			Δr	Δφ
Linie	Linienart	Geometrie		Punkt 1	Punkt 2	[Punkt 3]	[...]		
				Mittelpunkt	Startpunkt / Radius	Zielpunkt	[a	b]	[α]
					a	b	[α]		
Schrift	Schriftart	Schriftgröße	Zuordnung	Punkt oder Linie	Text 1 oder Wert 1	[Text 2 oder Wert 2]	[Text 3 oder Wert 3]	[Text 4 oder Wert 4]	[Text 5 oder Wert 5]
Figur	Figurart	Schraffur	Sichtbark.	Anzahl der Elemente	Linie 1 oder Schrift 1	[Linie 2 oder Schrift 2]	[...]		
Macro	Macroart	Schraffur	Sichtbark.	Macro-nummer	[Wert 1 oder Text 1]	[Wert 2 oder Text 2]	[...]		
Komplex	Komplexart	Schraffur	Sichtbark.	Anzahl der Elemente	Figur 1 oder Macro 1 oder Komplex 1	Bezugs-punkt 1	[Figur 2 oder Macro 2 oder Komplex 2	Bezugs-punkt 2]	[...]
Riß	Rißart			Komplex	[Bezugs-punkt]	[Maßstab]	[Schraffur-abstand]	[Schraffur-winkel]	

Kennungsliste (Formular 4.02-01, 17.Jan.77, VERSION 2 — COMVAR / IWF TU BERLIN — BESCHREIBUNGS-HANDBUCH / Kennungsliste)

Wertart
AA = arthmetischer Ausdruck
PA = Parameter

Textart
KO = konstanter Text
PA = Text-Parameter

Punktart
EP = Einzelpunkt
BP = Bezugspunkt
PM = Punktmuster

Spiegelung
KS = keine Spiegelung
SX = Spiegelung an der x-Achse
SY = Spiegelung an der y-Achse

Koordinaten
KK = kartesische Koordinaten
PK = Polarkoordinaten

Linienart
BV = breite Vollinie
SV = schmale Vollinie
BS = breite Strichpunktlinie
SS = schmale Strichpunktlinie
BP = breite Phantomlinie
SP = schmale Phantomlinie
SL = Strichlinie
MI = Mittellinie
LK = Lichtkante
PF = Pfeil
MA = Maßlinie
MP = Maßpfeil
NG = nicht gezeichnet

Geometrie
GS = gerade Strecke
KR = Kreisbogen rechtsherum
KL = Kreisbogen linksherum
ER = Ellipsenbogen rechtsherum
EL = Ellipsenbogen linksherum
VR = Vollkreis oder Vollellipse rechtsherum
VL = Vollkreis oder Vollellipse linksherum
PO = Polygonzug
KU = Kurve

Schriftart
SM = schräge Mittelschrift
SE = schräge Engschrift
GM = gerade Mittelschrift
GE = gerade Engschrift

Schriftgröße
18 = 1.8 mm
25 = 2.5 mm
35 = 3.5 mm
50 = 5.0 mm
70 = 7.0 mm
10 = 10.0 mm
14 = 14.0 mm
20 = 20.0 mm

Zuordnung
OP = oberhalb eines Punktes
RP = rechts über einem Punkt
LP = links über einem Punkt
OL = oberhalb einer Linie
UL = unterhalb einer Linie
WR = Wortangabe rechts
WL = Wortangabe links

Figurart
KT = Kontur
SB = Sinnbild
BM = Bemaßung

Schraffur für Figur
OS = ohne Schraffur
MS = mit Schraffur
VS = mit versetzter Schraffur

Sichtbarkeit
SI = sichtbar
VD = verdeckt

Macroart
DM = Daten-Macro
PM = Programm-Macro

Schraffur für Macros
MS = mit Schraffur
OS = ohne Schraffur
VS = mit versetzter Schraffur

Komplexart
NK = Normal-Komplex
SB = Sinnbild

Schraffur für Komplexe
wie bei Macros

Rißart
VA = Vorderansicht
SR = Seitenansicht von rechts
SL = Seitenansicht von links
DS = Draufsicht
US = Untersicht
RA = Ruckansicht
EH = Einzelheit

Bild 7: Beschreibungsschema und Kennungsliste

nen frei wählbare Namen zugeordnet werden, unter denen sie bei der
Variantenbeschreibung im Dialog abgefragt werden.

Zur Definition von Punktkoordinaten ist ein Katalog von Sonderfunktio-
nen entwickelt worden, z. B. zur Berechnung von Schnitt- und Tangenten-
punkt-Koordinaten von Geraden und Kreisen. Ihre Bedeutung wird im
Bild 8 verdeutlicht.

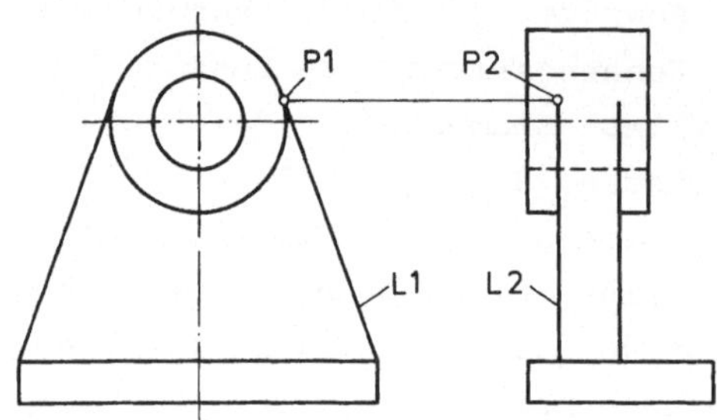

Bild 8:
Verwendung gleicher Punktkoordinaten in verschiedenen Ansichten

Die Gerade L1 in der Vorderansicht läßt sich in vielen Systemen sehr
leicht als Tangente an einem Kreis beschreiben. Bei 2D-Systemen ist
jedoch zur Definition der Geraden L2 in der Seitenansicht der y-Koordi-
natenwert des Tangentenpunktes P1 notwendig. Bild 9 zeigt, wie häufig

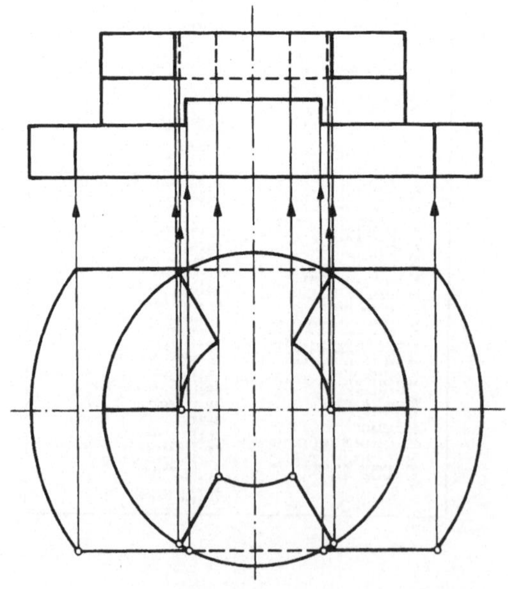

Bild 9:
Beispiel für die Häufigkeit
des Koordinatenübertragens
beim Technischen Zeichnen

das Übertragen von Punktkoordinaten bei noch relativ einfachen Werkstücken auftritt. Deshalb ist die Anwendung von 2D-Systemen zur Zeichnungserstellung prismatischer Werkstücke ohne Definitionsmöglichkeiten von Punktkoordinaten nicht durchführbar. Wie in Bild 7 weiterhin ersichtlich ist, lassen sich mit Hilfe der Werte in der Beschreibungstabelle Punkte definieren, die wiederum Bestimmungselemente von Linien darstellen. Linien und Schrift werden in Figuren zusammengefaßt. Figuren und Macros bilden Komplexe. Komplexe können wiederum Komplexe enthalten, so daß eine beliebige Anzahl von Stufungen der Hierarchie möglich ist. Ein oder mehrere Komplexe bilden eine Riß. Die gesamte Zeichnung ist in einzelne Risse unterteilt.

Häufig wiederkehrende Zeichnungselemente sollten als selbständiges Komplexteil definiert, z. B. ein schwer zu definierender Linienzug, ein normierter Einstich oder eine ganze Ansicht. Jedes Komplexteil kann prinzipiell als Macro verwendet werden, wobei die aktuellen Parameter durch eine Parameterliste übergeben werden. Dadurch kann sich der Anwender produktspezifischer Macros selbst definieren. Durch die Anwendung der Macrotechnik läßt sich der Beschreibungsaufwand von Komplexteilen erheblich reduzieren. Es wurden Komplexteile einmal mit und einmal ohne Verwendung von Macros beschrieben. Dabei konnte durch die Macrotechnik die Länge der Werte- und Texttabelle um bis zu 50 % und die Länge der Beschreibungstabelle um bis zu 80 % reduziert werden.

Die <u>Bilder 10 bis 12</u> zeigen je ein Beispiel eines Kontur-, Sinnbild- und Bemaßungsmacros.

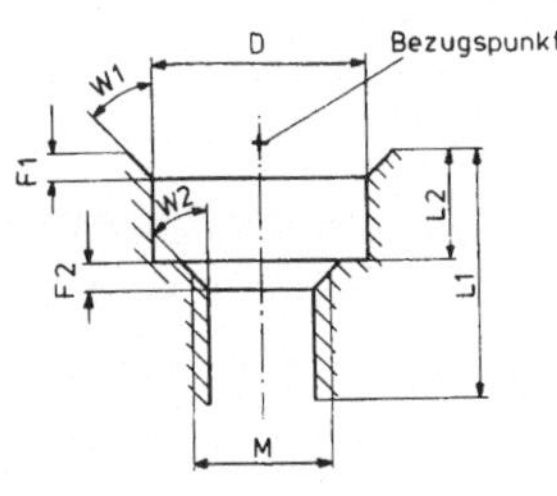

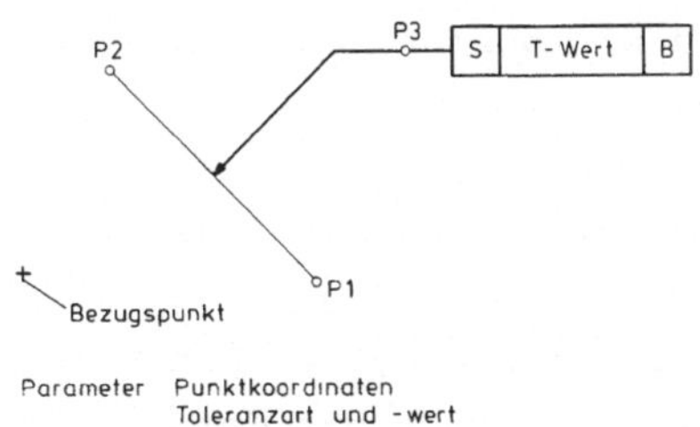

<u>Bild 10:</u> Beispiel eines Konturmacros

<u>Bild 11:</u> Beispiel eines Sinnbildmacros

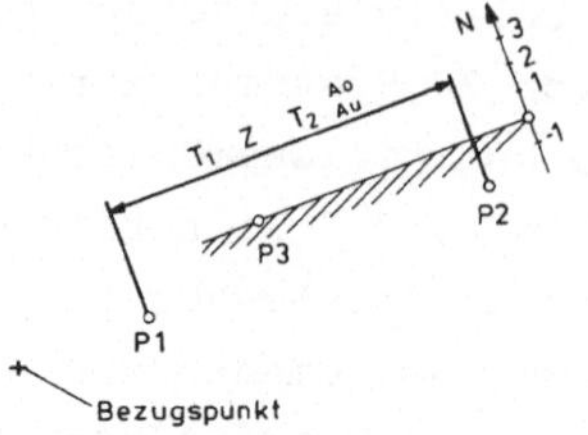

Bild 12:

Beispiel eines Bemaßungsmacros

3.2 Variantenbeschreibung und Zeichnungserstellung

Durch einen Beschreibungsprozessorlauf erfolgt eine rechnergerechte
Aufbereitung und Verschlüsselung der Komplexteilbeschreibung in die
Komplexteildaten. Zur Beschreibung einer Variante ist danach lediglich
die Eingabe aktueller Parameter erforderlich. Die Parametereingabe
kann über eine Datei auf der Magnetplatte oder im Dialog über Tastatur
erfolgen. Der Gebrauch von Parameterübergabedateien eignet sich für
eine automatische Datenübergabe aus Konstruktionsprogrammen.

Bild 13 zeigt den zu führenden Dialog mit dem Rechner, um aus einem
Komplexteil "Platte" eine Variante zu erzeugen. An diesem Beispiel
wird deutlich, daß in Komplexteilen selbst die Abspeicherung logischer
Entscheidungen vorgenommen werden können. Für die Dimensionierung der
Durchgangsbohrung und der Versenkung braucht lediglich der Gewinde-
durchmesser der Schrauben eingegeben zu werden. Weiterhin wird an
diesem Beispiel die Möglichkeit der Dialogverkürzung für einige Varianten demonstriert. Wenn keine Bohrungen in der Platte erwünscht sind,
läßt sich die Abfrage nach den entsprechenden Bohrungsparametern
unterdrücken.

Zur Unterstützung des Dialogs wird die Anwendung von Tischrechnerfunk-
tionen ermöglicht, d. h. statt der Eingabe von Zahlen ist auch die Eingabe von Formeln möglich. Der Leistungsumfang dieser Tischrechnerfunk-
tionen ist identisch mit dem zur Verfügung stehenden Befehlsvorrat
für arithmetische Ausdrücke bei der Komplexteilbeschreibung. In
Bild 13 wurde durch Berechnung der Abstand der Bohrungen so bestimmt,
daß eine symmetrische Anordnung erfolgte. Das Ergebnis der Formel wird
einem Symbol W1 (Wert 1) zugewiesen und ausgedruckt. Jetzt können insgesamt 19 Fortsetzungsformeln definiert werden, wobei die Symbole vor-
heriger Formeln verwendbar sind. Das Ergebnis der Berechnung wird noch
einmal zur Kontrolle ausgedruckt. Wird die Frage AENDERN? mit "Ja"

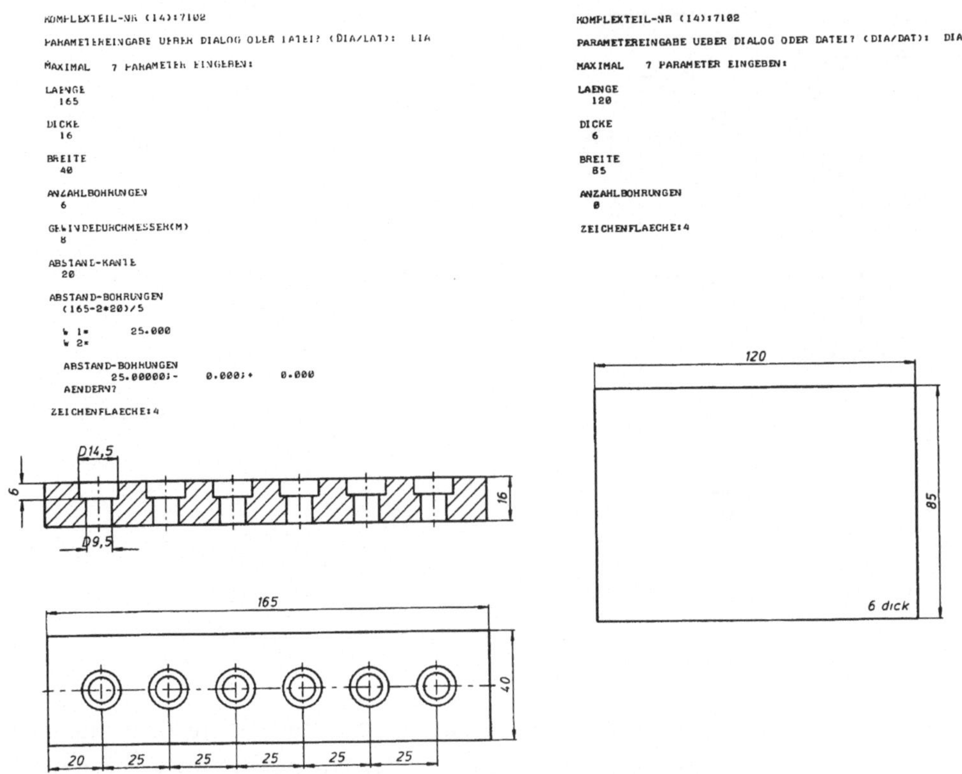

Bild 13: Beschreibung von Komplexteilvarianten im Dialog

beantwortet, kann für den selben Parameter die Berechnung wiederholt
werden. Bild 13 verdeutlicht außerdem wie stark die einzelnen Varianten eines Komplexteilmodells in ihren Abmessungen und in ihrer Gestalt
voneinander abweichen können. Dadurch läßt sich der Beschreibungsaufwand für Komplexteile auf eine große Zahl von Varianten verteilen.

Eine weitere Möglichkeit der Verwendung von Gestaltvarianten ist in
Bild 14 dargestellt. Soll dieses Einzelteil in einer Gesamtzeichnung
als Macro verwendet werden (Bild 6), lassen sich die Bemaßung, die
Sinnbilder und die Wortangaben unterdrücken. Darüber hinaus lassen
sich die Sichtkanten ebenfalls durch Gestaltvarianten ausblenden,
so daß bei solchen klaren Sichtbarkeitsverhältnissen auf die Anwendung rechenzeitintensiver Programme zum Ausblenden verdeckter Kanten
verzichtet werden kann.

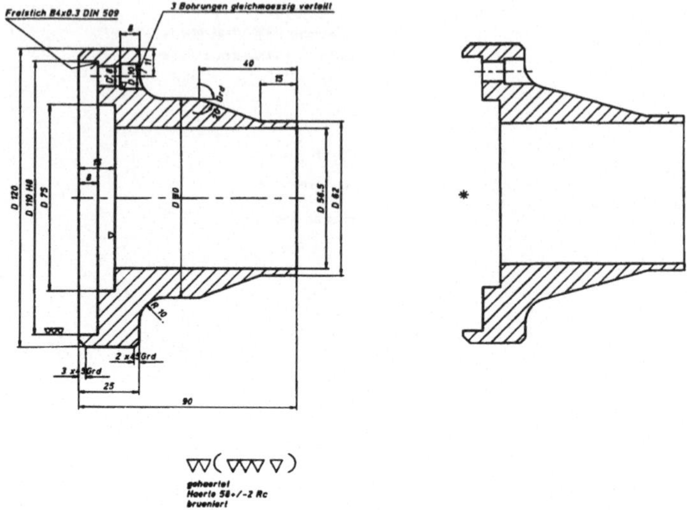

Bild 14: Gestaltvarianten eines Einzelteils

Einen ersten Schritt in Richtung integriertes CAD-System erfolgt durch
die Bereitstellung von geometrischen Daten für die Arbeitsplanung und
NC-Programmierung und für Berechnungsprogramme. **Bild 15** zeigt die be-
maßte Ansicht eines Ritzels und die symbolbemaßte Außenkontur in einem
besonderen Riß. Zusätzlich wurde eine Tabelle mit den Punktkoordinaten
der einzelnen Linien über einen Schnelldrucker ausgegeben. Mit Hilfe
dieser Tabelle entfällt das Errechnen von Konturpunkten infolge der
verschiedenen Maßbezüge beim manuellen Programmieren von NC-Maschinen.
Diese Geometriedaten lassen sich auch rechnerintern über besondere
Dateien weiterreichen. Dadurch kann bei den nachfolgenden Verarbei-
tungsprozessen auf eine wiederholte Eingabe geometrischer Daten verzichtet werden. Auf diese Weise wurde auch eine Koppelung mit dem
System zur automatisierten Arbeitsplanung und NC-Programmierung
CAPSY durchgeführt.

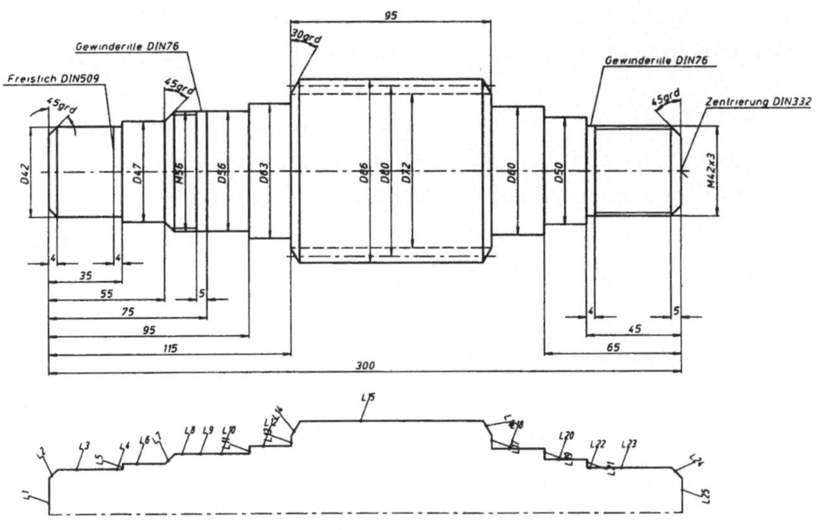


```
I-------------------------------------------------------------------------I
I                                                                         I
I  D7201                                                                  I
I                                                                         I
I  TABELLE FUER MANUELLE NC-PROGRAMMIERUNG                                I
I                                                                         I
I-------------------------------------------------------------------------I
I L1   I  1  I     0. 000 I     0. 000 I     0 000 I    17. 000 I   0. 000 I   0. 000 I
I L2   I  1  I     0. 000 I    17. 000 I     4. 000 I    21. 000 I   0. 000 I   0. 000 I
I L3   I  1  I     4. 000 I    21. 000 I    31. 000 I    21. 000 I   0. 000 I   0. 000 I
I L4   I  1  I    31. 000 I    21 000 I    35. 000 I    21. 000 I   0. 000 I   0 000 I
I L5   I  1  I    35. 000 I    21. 000 I    35. 000 I    23. 500 I   0. 000 I   0. 000 I
I L6   I  1  I    35. 000 I    23 500 I    55 000 I    23. 500 I   0. 000 I   0. 000 I
I L7   I  1  I    55. 000 I    23. 500 I    59. 500 I    28. 000 I   0. 000 I   0. 000 I
I L8   I  1  I    59. 500 I    28. 000 I    70. 000 I    28 000 I   0. 000 I   0. 000 I
I L9   I  1  I    70. 000 I    28. 000 I    75. 000 I    28. 000 I   0. 000 I   0. 000 I
I L10  I  1  I    75. 000 I    28. 000 I    95. 000 I    28. 000 I   0. 000 I   0. 000 I
I L11  I  1  I    95. 000 I    28. 000 I    95 000 I    31. 500 I   0. 000 I   0 000 I
I L12  I  1  I    95. 000 I    31. 500 I   115. 000 I    31. 500 I   0. 000 I   0 000 I
I L13  I  1  I   115. 000 I    31. 500 I   115 000 I    36 000 I   0. 000 I   0. 000 I
I L14  I  1  I   115. 000 I    36 000 I   119. 041 I    43. 000 I   0. 000 I   0 000 I
I L15  I  1  I   119. 041 I    43 000 I   205. 959 I    43. 000 I   0. 000 I   0 000 I
I L16  I  1  I   205. 959 I    43. 000 I   210. 000 I    36. 000 I   0. 000 I   0. 000 I
I L17  I  1  I   210. 000 I    36. 000 I   210. 000 I    30. 000 I   0. 000 I   0. 000 I
I L18  I  1  I   210. 000 I    30. 000 I   235. 000 I    30. 000 I   0 000 I   0 000 I
I L19  I  1  I   235. 000 I    30. 000 I   235. 000 I    25. 000 I   0. 000 I   0. 000 I
I L20  I  1  I   235. 000 I    25. 000 I   255. 000 I    25 000 I   0. 000 I   0. 000 I
I L21  I  1  I   255. 000 I    25. 000 I   255. 000 I    21. 000 I   0. 000 I   0. 000 I
I L22  I  1  I   255. 000 I    21. 000 I   259. 000 I    21 000 I   0. 000 I   0. 000 I
I L23  I  1  I   259. 000 I    21. 000 I   295. 000 I    21. 000 I   0. 000 I   0. 000 I
I L24  I  1  I   295. 000 I    21. 000 I   300. 000 I    16. 000 I   0. 000 I   0. 000 I
I L25  I  1  I   300. 000 I    16. 000 I   300. 000 I     0. 000 I   0. 000 I   0. 000 I
```

Bild 15: Drehkontur mit Symbolbemaßung und Koordinatentabelle

1. Debler, H.: Automatische Erstellung technischer Zeichnungen.
   Zeitschrift für wirtschaftliche Fertigung $\underline{68}$, 388-392 (1973)

2. Spur, G.; Kunzendorf, W.; Stuckmann, G.: Automatisierte Arbeitsplanung für die Einzelteil- und Kleinserienfertigung.
   8. CIRP-Seminar on: Manufacturing Systems, IVREA 1976

<u>Functional Description of the Graphical Core System</u>
<u>GKS as a Step towards Standardization</u>

R. Eckert
Technische Hochschule Darmstadt
Fachbereich Informatik

F.-J. Prester
Universität Erlangen-Nürnberg
Physikalisches Institut

E.G. Schlechtendahl
Kernforschungszentrum Karlsruhe
Institut für Reaktorentwicklung

P. Wißkirchen
Ges. f. Mathematik und Datenverarbeitung
Institut f. graphische Datenverarbeitung
und Strukturerkennung

<u>Abstract</u>

This paper is a short summary of a preliminary concept of the graphics core system
GKS which the authors established by order of FNI Working Group 5.9. An informal
description of the fundamental functions of GKS is given. The functions are defined
on the basis of the modification which they produce in the state variables of the
GKS.

1. Introduction

The task of FNI Working Group 5.9 "Computer Graphics" is to present a recommendation
for standardized computer graphics. At the outset of its activities the Working
Group 5.9 was confronted with various requests. These requests concerned for example:

- a standardized program package for graphical output;
- portability of pictures from computer to computer and from output device to output
  device;
- a standardized interface for output devices;
- portability of user programs from one interactive graphics terminal to another.

The analysis of these requests has shown that before complying with individual
wishes an agreement on the elementary functional behaviour of a graphics system has
to be reached. Based upon proposals set forth and agreements achieved among the
members of FNI Working Group 5.9 the authors of this paper were responsible for
setting up a first draft of a consistent set of states and functions of a graphics
system for output purposes. This draft has been presented to the Working Group and
its basic features are summarized in this paper. This paper,therefore, concentrates
on describing the functional behaviour of a graphics system thus forming the basis
for further work in the field of standardization.

Due to the variety of applications in graphics data processing it is impossible to define a universal graphics system which is equally satisfying to all users. It seems, however, possible to describe a common core of fundamental functions forming the basis for the various applications.

The result to be achieved shall be a functional specification of a graphics core system (GKS=Graphisches Kernsystem).Language and device independence will play an important role. The following comments will concentrate on a language and device independent specification of the interface between user program and core system.

The necessity of a standardizable description of the interface between core and device (driver interface) has been recognized, but not yet worked out for the moment. For.the time being the Working Group concentrated its studies on 2D-line graphics for output. Raster graphics has been intensionally excluded, as this field is presently undergoing such a vehement development that a standardizable description has to be considered premature. Equally the GKS makes only limited use of advanced characteristics of high performance display units, e.g. transformation hardware, so that such units cannot be utilized with maximum efficiency. The functional description of the core was however produced in such a way that the requirements of interactive graphics can be included by expanding the described concept in an upward compatible fashion.

The functional description of the core is independent of the programming languages of the user program. This description forms the basis for the subsequent standardization of the specified interface between core and user program in various programming languages. The core itself may either totally or partly be implemented in software, hardware or on microprocessor basis.

2. The Graphical Core System (GKS)

The GKS consists of a set of procedures and data comprising all basic functions which are required for the programming of graphical output devices and for their management. The definition of the GKS considers the following focal points:

- The GKS is to be installation independent, this will mean in particular that its functions, as far as they manifest themselves at the interface to the user program, are supported by the usual operating systems and do not require any expansions or modifications of operating systems.

- The GKS is to be device independent; This has to be realized by a standardized interface between the GKS and the device drivers.

- The device independence of the GKS application is to be realized in such a way
  that all calls for the graphical basic functions are device independent. For
  allowing an effective programming of the individual graphical output devices
  the GKS however contains calls which may inquire device oriented data from the
  device specification table.

- The GKS is to be language independent. For integrating it into a language the
  GKS has to be surrounded by a language dependent layer containing the language
  dependent conventions, e.g. parameter and name assignment.

- The GKS is to independent of the requirements of specific applicational fields
  (e.g. cartography, computer aided design). For that reason we have choose functions which also allow the realization of specific complex calls and this can
  involve the necessity of surrounding the GKS by one or several application
  oriented layers. As many apllications require a multiple use of picture parts or
  since device independent picture libraries have to be provided, the GKS contains,
  in addition to the drivers for the connected graphical devices, a driver for a
  pseudo device which meets these requirements.

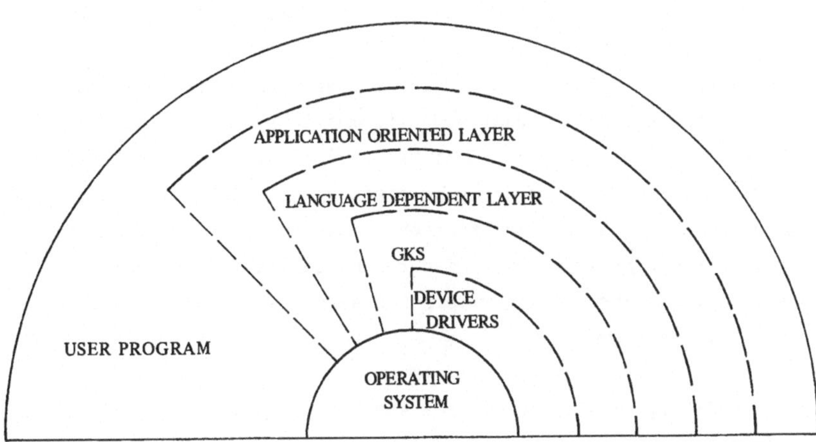

Figure 1: Layer Model of a Graphical System

The layer model represented in figure 1 illustrates the application of a GKS in a graphical system. Each layer may call the functions of the next inner layer (represented by a dashed line). Each communication with another inner layer has to be realized via the layers lying in between and in particular the communication with the graphical devices has to be realized via the GKS.

The design of the GKS allows use of all graphics devices connected to a computer if they are provided with a driver. The GKS user has to open the devices by assigning to the logical device identification a physical device identification and a connection identification. Several devices can be opened. For the output of graphical information one of the opened devices has to be activated, i.e. to be made the actual device. Only one actual device is possible, the actual device can also be the pseudo device which is always open. If another opened device is to output graphical information the actual device must be disactivated beforehand. After having terminated the output of graphical information the devices are closed thus cancelling the assignment of logical device identification to physical device identification.

2.1 Picture Generating Functions of the Graphical Core System

The geometrical information of a picture to be communicated to the actual device or the pseudo device is specified by the user in user oriented dimensions (e.g. m, K, kg). For converting these application coordinates into device coordinates the GKS has to be provided with a transformation rule in form of window, viewport.

A picture to be generated on the actual device may be divided into several segments, but has to contain one segment at least since geometrical information is only to occur within a segment. These segments must be provided with an identifier thus allowing the subsequent deletion or assignment of segment attributes (e.g. visible, high-lighting, detectable). A device oriented management of the segment identifiers is not provided, the user program has to secure unambiguity. The picture structure is simple (single-level), structuring within the segments is not possible, i.e. there are no segments within a segment.

Using the parameters (e.g. window, viewport) set before opening the segment, the geometrical information of a segment is transformed into the device oriented coordinates. Since many applications of graphical output require a multiple use of geometrical information, the pseudo device allows the definition of pseudo segments to be inserted later into the current segment of the actual device. This insertion call can include any suitable transformations (e.g. rotation of the pseudo segment). By this insertion of previously defined graphical information into a segment the simple (single-level) picture structure is not violated. The pseudo segment inserted into a segment is not adressable within segment since only the content of a pseudo segment is entered.

2.1.1 Definition of Pseudo Segments

The GKS pseudo device can only be activated if no logical device is activated. It is possible to transfer the pseudo segments back and forth between the GKS and primary storage areas which belong to the user's program. Thus it is possible to write, within the user program, the pseudo segments into any external memory by means of the guest language calls without burdening the GKS with file organization and file handling calls. When a pseudo segment is built up by the GKS, pen attributes can be assigned to the graphical primitives (e.g. point, line, text). The assignment of representation attribute values (e.g. pen 1 means green line of 0,5mm thickness...) is realized during the insertion of a pseudo segment into a segment when displaying the picture on the actual device. The pseudo segments are provided with an identifier; by using a transformation they can also be inserted into other pseudo segments. The simple (single-level) structure is preserved.

At any time only one pseudo segment can be open on the pseudo device. After having entered all required graphical information in the pseudo segment the pseudo segment has to be closed.

2.1.2 Picture Display

If a logical device is activated, it will be possible to display geometrical information on this device. For this purpose the control parameters for the transformation on the device have to be set. These parameters are window, viewport, value assignment to the pen attributes used in the segments and pseudo segments and segment attributes (e.g. visible, detectable...). The actual geometrical information can only occur within the parenthesis "open segment – close segment" and this is the place where the segments are inserted. By means of above parameters the information of the graphics primitives, specified in user coordinates, is converted into a device oriented code using the driver.

3. The Different States of the GKS

Six different operating states may occur in the GKS:

- GKS closed;
- GKS open;
- device activated;
- segment open;
- pseudo device activated;
- pseudo segment open.

These operating states differ for the user in so far as the individual calls on the
GKS are only allowed in certain operating states. At each moment between two calls
of the GKS the overall state of the GKS is defined by a set of state variables
having specific values. These state variables are characterized by the fact that
they allow a complete description of the effects of the functions. The total set
of GKS state variables comprehends the following subsets:

- Operating State
- Device Specification Table

  It contains the number of available physical devices and indicates the device
  properties as given by the hardware, e.g. working space dimensions in m or raster
  units, maximum viewport limits (boundaries) in normalized device coordinates,
  number and list of the different fonts, number of intensities, number of colours,
  driver identification.

- GKS State List

  It includes the number of existing segments and their identifiers, the libraries
  for internal GKS modules, the set of open devices, allowed and occupied buffer
  capacity, the active device etc.

- Device State List

  This list is set up for each open device and contains the following states:
  connection to the physical device, window, viewport, pen attribute assignments, number of the segments assigned to the device, window clipping enabled etc.

- Segment State List

  This state subset includes the state variables controlling the representation
  of graphical information and texts on the actual device, i.e. actual pen
  attribute, actual font, current position in user coordinates etc.

- Pseudo Device State List

  It contains state variables similar to those of the device state list: number of
  pseudo segments and their identifiers, record length of pseudo segments in memory
  units, window, pseudo viewport, window clipping enabled etc.

- Pseudo Segment State List

  It is identical with the segment state list.

On the basis of individual functions (see chap. 4) these state subsets (with the
exception of the operating state) are allocated, made available and cancelled.
When allocating these state subsets they have to be initialized. Default values are
used unless these initialization values are given as parameters in the corresponding
calls or deduced from other available state subsets. The variables of the state
subsets are modified by the functions and can be queries by the user's program if
such inquiry is allowed.

The following matrix shows the assignment of the operating states to the state subsets mentioned.

state subsets \ operating states	GKS closed	GKS open	device activated	segment open	pseudo device activated	pseudo segement open
operating states	W,R	W,R	W,R	W,R	W,R	W,R
device specification table		R	R	R	R	R
GKS state list		W,R	R	R	R	R
device state list			W,R	R		
segment state list				W,R		
pseudo device state list					W,R	R
pseudo segment state list						W,R

W = WRITE: the state subset can be modified.

R = READ : the state subset can be queried by the GKS user as far as it is specified as allowing inquiry.

Figure 2: Assignment of Operating States to State Subsets

The possible transitions from one operating state into another are represented
in the following figure.

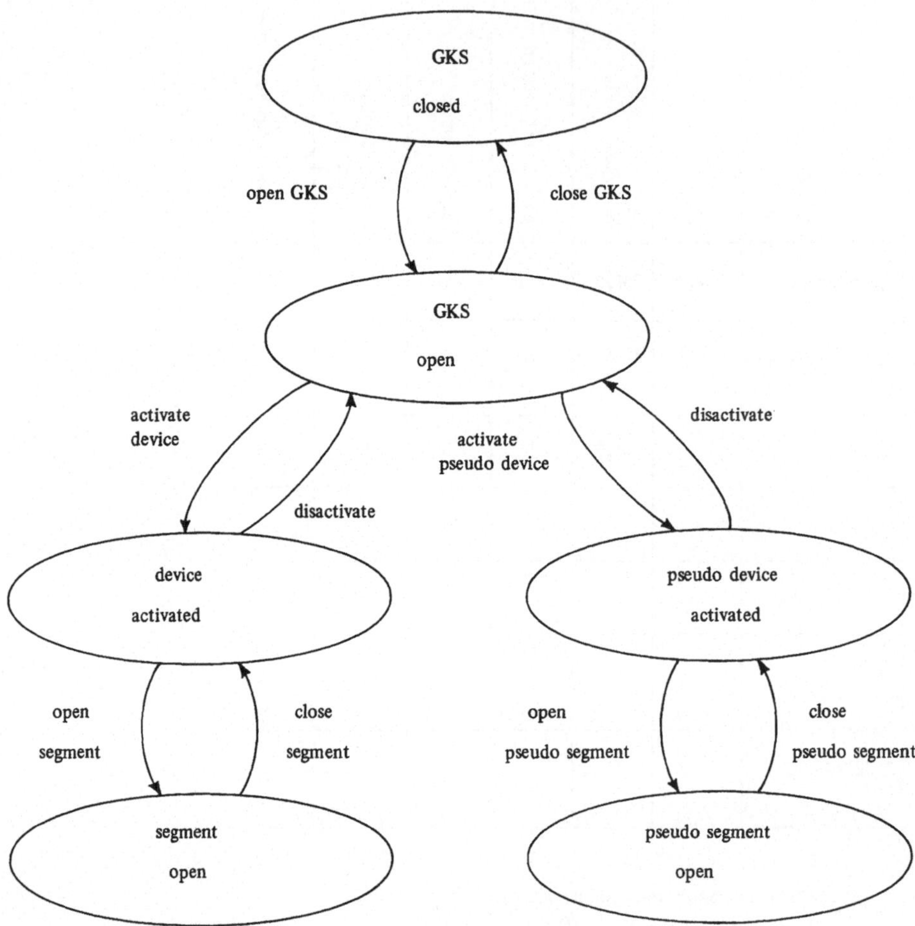

Figure 3: Possible Transitions between Operating States

4. GKS Functions

In the following the principal state modifying GKS functions are listed according
to the operating states defined in cap. 3 and completed by a short description.
Possible errors and error responses have been left unconsidered.

4.1 Functions within Operating Status "GKS Closed"

OPEN GKS

Parameter: none

Effect: The GKS is set into the operating state "GKS open", setting up and initali-
zation of GKS state list; the device specification table is made available. The
pseudo device state list is set up and initialized.

4.2 Functions within Operating Status "GKS Open"

CLOSE GKS

Parameter: none

Effect: Buffer areas are released, open files are closed, the GKS is put into the
operating status "GKS closed". The pseudo device state list is cancelled. The GKS
state list is cancelled. The device specification table is no more available.

LIMIT BUFFER AREA

Parameter: amount of memory units

Effect: The allowed buffer area is limited.

OPEN DEVICE

Parameter: logical device, connection, number of physical device.

Effect: The device state list is set up and initialized. The device is entered in
the GKS state list as open.

CLOSE DEVICE

Parameter: logical device.

Effect: The logical device state list of the corresponding device is cancelled. All
segments of the corresponding logical device are cancelled and their identifiers
are deleted from the GKS state list. The connection to the physical device is
released.

ACTIVATE DEVICE

Parameter: logical device

Effect: The GKS is set into the operating state "device activated". The logical
device state list of the activated device is made available.

ACTIVATE PSEUDO DEVICE

Parameter: none

Effect: The GKS is set into the operating state "pseudo device activated". The pseudo device state list is made available.

4.3 Functions within Operating State "Device Activated"

DISACTIVATE DEVICE

Parameter: none

Effect: The GKS is set into the operating state "GKS open". The corresponding device state list is no more available.

SET WINDOW

Parameter: XMIN, XMAX, YMIN, YMAX in user coordinates, all real

Effect: The user window in the logical device state list is set.

REQUEST DRAWING AREA

Parameter: none

Effect: The display screen is cancalled. New paper is put into the plotter.

SET VIEWPORT

Parameter: XMIN, XMAX, YMIN, YMAX in normalized device coordinates, real.

Effect: The device window in the logical device state list is set.

ENABLE/DISABLE CLIPPING

Parameter: true (enable), false (disable); Boolean variable.

Effect: The clipping switch in the logical device state list is switched on or off.

SET PEN REPRESENTATION

Parameter: pen number, colour, thickness of line, type of line, intensity.

Effect: In the logical device state list the respective pen number is associated with the specified representation attributes

OPEN SEGMENT

Parameter: segment number

Effect: The GKS is set into the operating state "segment open". The segment number is inserted into the logical device state list as existing segment and is recorded as open segment.The segment state list is set up and initialized. The segment number is entered in the GKS state list as assigned.

4.4 Functions within Operating State "Segment Open"

CLOSE SEGMENT
Parameter: none
Effect: The GKS is put into the operating state "device activated". The segment
state list is cancelled

SET PEN NUMBER
Parameter: pen number
Effect: The pen number in the segment state list is set.

SET TEXT QUALITY
Parameter: 0/1/2 integer
Effect: Text quality is set.

SET TEXT FONT
Parameter: integer
Effect: The font number in the segment state list is set.

SET CHARACTER SPACING
Parameter: DX, DY in user coordinates
Effect: The character spacing in the segment state list is set.

SET CHARACTER SIZE
Parameter: height, width in user coordinates
Effect: The character size in the segment state list is set.

$$\text{MOVE TO} \quad \begin{Bmatrix} \text{integer} \\ \text{real} \end{Bmatrix} \quad \begin{Bmatrix} \text{absolute} \\ \text{relative} \end{Bmatrix}$$

Parameter: coordinates or coordinate increments of the target point in user
coordinates system.
Effect: In case of absolute coordinates: The virtual current position in user coordinates is provided with the values given as parameters. In case of relative coordinates: The virtual current position in user coordinates is modified according to
the given increments.

$$\text{GENERATE LINE TO} \quad \begin{Bmatrix} \text{integer} \\ \text{real} \end{Bmatrix} \quad \begin{Bmatrix} \text{absolute} \\ \text{relative} \end{Bmatrix}$$

Parameter: coordinates and coordinate increments of the target point in user
coordinates
Effect: Determine the target point in user coordinates (in case of relative coordinates). Generate a (window clipped) line from the virtual current position to the
target point using the actual pen attributes. Set virtual current position=target point.

GENERATE POLYGON $\begin{Bmatrix} \text{integer} \\ \text{real} \end{Bmatrix}$ absolute

Parameter: number of target points, coordinates of target points in user coordinates.
Effect: For the first target point: The virtual current position in user coordinates
is provided with the values given as parameters. For all further target points (if
existing): Generate a (window clipped) line form the virtual current position to the
target point using the actual pen attributes. Set virtual current position=target
point.

GENERATE CHARACTER AT

Parameter: representable ASCII character.
Effect: Generate a (window clipped) character in the actual text quality and font.
In case of text quality 1 and 2 height and width of the character are given by the
actual values of the segment state list. In case of text quality 0 the character
size is device dependent. The left lower corner of the (axially parallel) rectangle
enveloping this character coincides with the virtual current position. The virtual
current position remains unchanged. Notice: The effect of the clipping for characters
partly situated in the window is not defined.

GENERATE CHARACTER STRING FROM

Parameter: string of representable ASCII characters
Effect: Perform the following for each character of the character string: Generate
a window clipped character in actual text quality and font. In case of quality 1 and
2 height and width of the character are given by the actual values of the segment
state list. In case of text quality 0 the character has a device dependent defined
size. In case of text quality 1 that character size is chosen which is best adaptable
by the driver. The left lower corner of the rectangle enveloping the character
coincides with the virtual current position. For text quality 2 the enveloping
rectangle is inclined to the character spacing, for the other text qualities it is
inclined to the X coordinate.
The virtual current position is modified according to the character spacing of the
segment state list.
Notice: The effect of the clipping for characters partly situated in the window is
not defined.

GENERATE MARKER AT

Parameter: marker type
Effect: A window clipped marker (centered symbol) of the type given as parameter is
generated at the virtual current position. The visual representation on the drawing
space is device dependent. The virtual current position remains unchanged. Notice:
The effect of the clippings upon the marker, whose optical representation is partly

situated in the window is not defined.

INSERT PSEUDO SEGMENT

Parameter: number of pseudo segment. Linear transformation (language oriented representation).

Effect: The transformed and window clipped content of the pseudo segment is inserted
into the open segment

4.5 Functions within Operating State "Pseudo Device Activated"

DISACTIVATE PSEUDO DEVICE

Parameter: none

Effect: The GKS is set into the operating state "GKS open". The pseudo device state
list is no more available.

RESET PSEUDO DEVICE

Parameter: none

Effect: All pseudo segments are cancelled. The pseudo device is reset to its initial
opening state. The identifiers of the pseudo segments are deleted from the GKS state
list.

DELETE PSEUDO SEGMENT

Parameter: number of speudo segment

Effect: The pseudo segment is cancelled. Its identifier is deleted from the GKS
state list.

GENERATE PSEUDO SEGMENT FROM RECORD

Parameter: identifier of pseudo segment, record.

Effect: A pseudo segment is generated from the record content. The identifier is
entered in the pseudo device state list and the GKS state list.

DELIVER PSEUDO SEGMENT

Parameter: identifier of pseudo segment, record

Effect: The contents of the pseudo segment are copied into the record

SET WINDOW

Parameter: XMIN, XMAX, YMIN, YMAX in user coordinates, all real

Effect: The user window in the pseudo device state list is set.

SET PSEUDO VIEWPORT

Parameter: all real, XMIN, XMAX minimum and maximum value of x coordinates or YMIN, YMAX y coordinate in viewport in pseudo coordinates.

Effect: A pseudo viewport is set for the pseudo device.

ENABLE/DISABLE CLIPPING

Parameter: true (enable), false (disable), Boolean variable.

Effect: The clipping switch in the pseudo device state list is switched on or off.

OPEN PSEUDO SEGMENT

Parameter: number of pseudo segment

Effect: The GKS is put into the operating state "pseudo segment open". The number of the pseudo segment is inserted into the pseudo device state list as existing pseudo segment and entered as the open pseudo segment. The pseudo segment state list is set up and initialized.

4.6 Functions within State "Pseudo Segment Open"

All functions of the operating state "segment open" have to be applied accordingly.

5. Interface to operating system and programming languages

The proposal which was presented by the authors to FNI Working Group 5.9 contains also rules for actual implementations of the GKS. The purpose of these rules is to ensure that individual implementations do not make use of operating specialities in a way that the application programs become less portable. Obeying to these rules shall also avoid conflicts between the GKS and other software packages (data base systems, mathematics etc.) which may be used in application programs parallel with the GKS.

6. Acknowledgement

The authors gratefully acknowledge the support of FNI Working Group 5.9 and the permission of its other members for publication of this paper:

Encarnacao (Darmstadt), Flegel (Karlsruhe), Nees (Erlangen), Egloff (Berlin), Fr. Fink (Hamburg), Gnatz (München), Grieger (Stuttgart), Johannsen (Frankfurt), Kansy (St. Augustin), Konkart (Konstanz), Lang-Lendorff (Karlsruhe), Pasemann (Wolfsburg), Schuster (München).

Automatische dialogunterstützte Anpassung diskreter Punktfolgen durch stetige Funktionen

Karl Kaiser

Ruhr-Universität Bochum
Arbeitsgruppe Angewandte Informatik
im Ingenieurwesen

Zusammenfassung

Es werden zwei Verfahren zur Annäherung diskreter Punktfolgen mit elementaren Funktionen vorgestellt. Mit der Methode der Anpassung, dem ersten Verfahren, gelingt es im interaktiven grafischen Dialog, charakteristische Eigenschaften des Ausgangsmaterials zu erkennen und analytisch zu beschreiben. Ein zweites, allgemein einsetzbares Verfahren nach einer Methode der statistischen Versuche führt einen nichtlinearen Ausgleich bei Zulassung beliebiger elementarer Funktionen über alle freien Funktionsparameter durch. Es ergeben sich eindeutige funktionale Zusammenhänge, die Approximationsfehler zeigen an den Intervallgrenzen keine steigende Tendenz, so daß eine Extrapolation oder Trendfortführung über die Bereichsgrenzen hinaus möglich ist.

1. Einleitung und Aufgabenstellung

Die Aufgabe, eine diskrete Punktfolge durch eine leichter zu handhabende charakteristische Funktionsgruppe anzunähern, tritt in vielen Varianten der numerischen Berechnungsmethoden und der Versuchsauswertung auf. Die Frage, ob eine elementare Funktionsgruppe immer so bestimmt werden kann, daß sie jeden Punkt einer diskreten Punktfolge hinreichend genau approximiert, muß grundsätzlich bejaht werden. Verwendet man jedoch nur Funktionen mit einfacher analytischer Bauart, dann müssen bei der Übereinstimmung des Gesamtverlaufes, der Richtung und der Krümmung Kompromisse eingegangen werden.

Im Gegensatz zur Approximation ist bei der Anpassung die Funktionsgruppe vom Typ und von der Form her nicht festgelegt, die Anpassung ist also in der Zielsetzung mit einer Konstruktion zur Erzeugung einer Information vergleichbar, die zur Herstellung etwa eines technischen Gebildes erforderlich ist. Dieses technische Gebilde wird durch den Bearbeiter in einem oftmals wiederkehrenden, quasi iterativen Prozeß entworfen oder verworfen. Der Bearbeitungsprozeß setzt sich zusammen aus der Prägung einer

virtuellen Vorstellung im Kopf des Bearbeiters /1/ und der Umsetzung in
eine Abbildungsfunktion. Ist dieser Schritt einmal vollzogen, nämlich
die Identifikation eines bestimmten Funktionstyps, so lassen sich die
daraus entstehenden Folgeprozesse im allgemeinen auch algorithmisch beschreiben.

2. Numerischer Überblick

Die numerische Behandlung gliedert sich in zwei Teilbereiche, der direkten und der indirekten oder dialogunterstützten Lösung des Anpassungs-
problems.

Die indirekte Lösung greift auf die Möglichkeiten eines interaktiven
grafischen Dialoges zurück und ist zwangsläufig eng an eine geeignete
Rechnerkonfiguration /2/ gebunden - nicht so die direkte Lösung, die
lediglich eine leistungsfähige Rechenanlage erfordert.

Die direkte Lösung gestattet es, in einem endlichen Intervall (a, b)
eine beliebige Näherungsfunktion F(x), die aus mehreren elementaren Ein-
zelansätzen $\varphi_i(x)$ bestehen kann, einer Punktfolge anzupassen. Die Näherungsfunktion enthält eine beliebige Anzahl freier Parameter a_i.

Läßt man bei den Einzelfunktionen $\varphi_i(x)$ neben ganzen rationalen Funktionen auch gebrochen rationale und transzendente Funktionen zu, so
führt die Bestimmung der freien Parameter auf nichtlineare, transzendente Gleichungssysteme. Eine vorherige Bestimmung und Auflösung aller möglichen Fälle ist unrealistisch und mit bekannten Algorithmen nicht möglich, da die Funktionen $\varphi_i(x)$ nicht festgeschrieben sind und deren Katalog beliebig erweiterbar sein muß. Die in Pkt 4 vorgeschlagene Lösung
geht davon aus, daß das Ergebnis nach einem Minimalkriterium (z.B. Feh-
lerquadratminimum o.dgl.) bestimmt wird. Ausgehend von einer beliebigen,
zulässigen Lösung wird ein iterativer Prozeß gestartet, der Lösungsverbesserungen in Form von stochastischen Experimenten konstruiert. Die Ergebnisse sind solange ausgezeichnet, wie die im Ansatz verwendeten Funktionstypen die erwünschte Form befriedigen können.

3. Anpassung im interaktiven grafischen Dialog

Nicht die allgemeine Lösbarkeit der Anpassungsaufgabe soll im Dialog erreicht werden, sondern es werden in einer Punktfolge die spezifischen
Strukturen und Formen identifiziert. Ziel einer entsprechenden Typenvor-
auswahl ist es, diskrete Punktfolgen beliebiger Gestalt so anpassen zu

können, daß das Ausgangsmaterial vom Typ her approximiert wird. Welche Funktionen zu empfehlen sind, hängt weitgehend vom Problem ab.

Bei der Methode der Anpassung werden unter dem Gesichtspunkt verschiedener Anwendungsarten Typen unterschieden, die für die Ermittlung von physikalischen oder bereichsweise stetigen Zusammenhängen benötigt werden. Die Typen selbst bleiben jedoch beliebig austauschbar.

Bei physikalischen Zusammenhängen interessieren Funktionen, die vom Typ her vermutete Gesetzmäßigkeiten beschreiben.Für die zweite Anwendungsform sind Funktionen geeignet, die sich einerseits dem Verlauf einer ganz bestimmten Unstetigkeit gut anpassen, andererseits jedoch in allen anderen Bereichen möglichst nicht stören oder gegen Null gehen.

Bei allen Varianten der Anpassung können stetige, den Erfordernissen angepaßte Kurvenverläufe ohne ungewollte Wellen und Schwingungen erzeugt werden. Die Möglichkeiten einer sinnvollen Extrapolation bleiben solange erhalten, wie glatte Funktionen mit definierten charakteristischen Eigenschaften verwendet werden. Jede beliebige Kombination von Funktionstypen kann zu einer Problemlösung herangezogen werden; eine Beschränkung auf charakteristische Typen erzeugt jedoch in wenigen Dialogvorschriften ein besseres Ergebnis.

Approximationsmethoden beruhen auf der Forderung einer Fehlerminimierung. Es wird meist ein Ansatz zugrunde gelegt, der es zuläßt, bestimmte lineare Koeffizienten zu bestimmen. Die Parameter innerhalb der eigentlichen Funktionsansätze werden festgeschrieben oder nach bestimmten Gesetzmäßigkeiten mit ganzen Zahlen gebildet (Polynomansätze und harmonische Analyse).

Bei der Anpassung wird davon ausgegangen, daß nicht eine Gruppe von Funktionen oder eine Reihenentwicklung typisch für die Struktur einer Punktfolge ist, sondern merkmalsweise ein einzelner Funktionstyp mit wenigen veränderlichen Parametern. Das zufällige Ereignis, daß eine Funktion mit festgeschriebenem Argument und variablen vorgestellten Koeffizienten einen vorgegebenen Zusammenhang gut annähert, tritt nur selten ein.

Ideal ist die Vorstellung, daß ein Rechner automatisch in unbekannten, zufälligen Punktfolgen die charakteristischen Formen erkennt. Dies ist jedoch nicht möglich, da kein Algorithmus typische Formen im voraus kennen und verwalten kann. Ist das zu analysierende Material bekannt, dann kann man automatisch Formen bestimmter Bauart identifizieren und klassifizieren /3/. Mit Erfolg wird dies bei Zeichen und Mustern realisiert, die nur gewisse Variationen in der Darstellung zulassen (Zahlen, Zeichen), aber nach Form und Typ normierbar sind.

Soll ein weitgehend automatisches Auffinden und Beurteilen von Gesetzmäßigkeiten realisiert werden, dann müssen die zur Auswahl stehenden Funktionstypen universell einsetzbar und unabhängig voneinander sein.

Bei der Auswahl eines charakteristischen Typs aus einer Gruppe ähnlicher Typen ist der unvorbelastete Benutzer im Dialog in der Regel überfordert. Bei mangelnder Eindeutigkeit muß er eine Willkürentscheidung treffen. Bezogen auf die Eindeutigkeit des Lösungsweges besteht bei der Methode der Anpassung die gleiche Schwierigkeit - ein mit viel Information unterstützter Dialog versucht diese Schwäche zu mildern.

Der Vorgang, einen bestimmten Funktionstyp aus einer Vielzahl von anderen dargestellten Mustern einer Punktfolge zu erkennen, erfordert die Fixierung charakteristischer Eigenschaften. Die Analyse muß qualitativ und quantitativ erfolgen, denn erst dann ist ein Muster nach Typ und Form eindeutig festgelegt. Als ein für viele Funktionstypen geeignetes Verfahren bietet sich die Methode des Abgleichens an.

Unter der Voraussetzung, daß in einem gegebenen Intervall, in dem ein Typ identifiziert werden soll, eine funktionale Abhängigkeit besteht, werden Transformationen so bestimmt, daß die gegebene Punktfolge durch eine lineare Beziehung verknüpft ist. Mit den Transformationen

$$X = \varphi(x,y) \quad \text{und} \quad Y = \psi(x,y)$$

ergeben sich aus den Punktepaaren (x_i, y_i) der Punktfolge dann rektifizierte Punktepaare. Ist der gewählte Funktionstyp, der die Transformation bestimmt, spezifisch für das zu analysierende Material, so müssen die transformierten Punkte nahezu auf einer Geraden liegen.

Der Benutzer ist nun in der Lage, wahlweise mit verschiedenen Typen Rektifizierungen im Dialog vorzunehmen. Der Typ, der die Punktfolge bereichsweise am günstigsten linearisiert, sollte gewählt werden.

Eine weitere Möglichkeit der Typenidentifikation ist die Abspaltung von Polynomen niedriger Ordnung. Sie kann mit Erfolg nur bei Punktfolgen angewendet werden, die frei von Streuungen sind und eine mehrfache numerische Differentiation zulassen. Gute Ergebnisse lassen sich durch eine zwischengeschaltete Splineinterpolation mit direkter Differentiation erzielen, da hier weitgehend Fehler ausgeschaltet werden, wenn der benutzte Spline in der Lage ist, die Punktfolge hinreichend gut zu approximieren. Durch eine anschließende n-fache numerische Integration entsteht wieder das Ausgangsmaterial, von dem die Polynome (n-1)-ter Ordnung abgespalten sind. Eine Abspaltung mit einem Polynomgrad n größer als zwei sollte vermieden werden.

Ist für eine diskrete Punktfolge die dialogunterstützte Anpassung im ganzen Bereich abgeschlossen, so lassen sich die verbliebenen Abweichungen grafisch darstellen und beurteilen. Erfolgt eine automatische Anpassung (siehe Punkt 4) mit den bekannten, im Dialog ausgewählten Funktionstypen, so wird das Ergebnis nach einem Minimalkriterium bestimmt.

Selbst wenn zum Beispiel die Fehlerquadratsumme oder das Betragsintegral ein Minimum erreicht haben, so ist damit nicht automatisch auch der Anspruch erreicht, daß die erzielte Näherung wirklich richtig und gut ist. Fehlernormen sagen meist nichts über maximale Fehler oder über die Verteilung der Fehler aus. Selbst ein nicht geeigneter Funktionstyp kann bei der automatischen Analyse eingerechnet werden, und für eine bestimmte Parameterwahl wird irgendeine Fehlernorm zum Minimum.

Eine grafische Kontrolle einer errechneten Näherung bietet eine gute Alternative, doch sie ist ungeeignet, wenn der Prozeß der Anpassung automatisch ablaufen soll. Der digital arbeitende Rechner muß in die Lage versetzt werden, eine qualitative Entscheidung zu treffen. Dies läßt sich mit Signifikanztesten durchführen, z.B. dem χ^2-Test.

Die Anwendung dieser Testmöglichkeiten beschränkt sich nicht nur auf Vergleiche von Verteilungsfunktionen, sie lassen sich auch mit Erfolg bei Vergleichen zwischen funktionalen Darstellungen verwenden. Beachtung muß vor allem die Signifikanzzahl finden; wird sie sehr klein gewählt, so ist die Wahrscheinlichkeit klein, daß eine falsche Hypothese als richtig angesehen wird - andererseits ist die Wahrscheinlichkeit groß, daß eine richtige Hypothese als falsche verworfen wird.

4. Nichtlinearer Ausgleich mit beliebigen elementaren Funktionsgruppen

Zur Annäherung diskreter Punktfolgen geht man meist von der Annahme aus, daß die wahren Wertepaare auf einer glatten Kurve liegen. In der überwiegenden Zahl der Anwendungen wird ein formaler Ausgleich durchgeführt in der Hoffnung, daß mit einem algebraischen Polynom eine möglichst getreue zahlenmäßige Wiedergabe erzeugt werden kann. Nach dem Weierstraß'schen Approximationssatz ist dies auch immer möglich; bei größeren Punktfolgen kann jedoch nur in den seltensten Fällen eine befriedigende Lösung für den Gesamtbereich angegeben werden.

Im Gegensatz zu den Schwierigkeiten der allgemeinen Polynomansätze sind orthogonale oder orthonormale Funktionssysteme wesentlich einfacher zu berechnen, solange Polynomansätze (Tschebyschewpolynome, Grampolynome, Legendrepolynome) verwendet werden.

Läßt man Funktionssysteme oder beliebige Funktionen $\varphi_i(x)$ zur Annäherung einer diskreten Punktfolge $f(\xi)$ zu, so wird vorausgesetzt, daß für bestimmte a_i und b_i

$$F(x) = a_0 \cdot \varphi_0(b_0, x) + a_1 \cdot \varphi_1(b_1, x) + \cdots + a_n \cdot \varphi_n(b_n, x) \cong f(\xi)$$

wird (die b_i stehen repräsentativ für mehrere, noch nicht festgelegte Funktionsparameter).

Die Annäherung zum Beispiel nach der Methode der kleinsten Quadrate im Sinne einer nicht gewichteten euklidischen Seminorm führt für eine Punktfolge mit N Punkten zu

$$Q = \sum_{i=1}^{N} [F(\xi_i) - f(\xi_i)]^2 \stackrel{!}{=} Min$$

Unter der Annahme eines linearen Ausgleichs werden alle b_i konstant festgesetzt und die Erfüllung der Minimalforderung führt auf die Bedingung

$$\frac{\partial Q}{\partial a_n} = 0 \quad \text{für } n = 0, 1, 2, \cdots, n$$

Dies führt zu den bekannten Gauß'schen Normalgleichungen. Läßt man jedoch eine allgemeine Kombination von elementaren Funktionen zu, so ist ein geschlossener Ansatz unmöglich, da die Minimalforderung neben den Parametern a_i auch die Parameter b_i in Form von vollständigen Differentialen mit berücksichtigen muß.

Für festgeschriebene Funktionssysteme können in wenigen speziellen Fällen direkte oder iterative Lösungen für nichtlineare Gleichungssysteme angegeben werden. Die meisten Systeme werden jedoch transzendent mit zunächst unbekannter Anzahl und Anordnung der Parameter.

Eine vorherige Festlegung der zu erwartenden Gleichungssysteme in expliziter Form verbietet sich, da die Typenwahl problemabhängig bleiben muß. Ein iteratives Verfahren, das nicht das Gleichungssystem selbst löst, sondern den Ansatz unter der Nebenbedingung, daß die Summe aller Fehlerquadrate zu einem Minimum wird, bietet die Möglichkeit, in Form eines Simulationsprozesses eine befriedigende Lösung aufzubauen.

Das Rechenschema, das bei einigen Methoden der statistischen Versuche benutzt wird, besteht aus der Nachbildung eines Markoff'schen Prozesses mit einer endlichen Zahl von Zwischenzuständen und diskreter Zeit.

Ein solcher Prozeß stellt ein System dar, das sich in einem von endlich vielen Zuständen befinden kann. Wenn das System in Zeitpunkt $t = t_o$ den Zustand w_i inne hat, so wird es im folgenden Zeitpunkt mit einer von t_o unabhängigen Wahrscheinlichkeit in den Zustand w_j überwechseln. Konstruiert man den Prozeß derart, daß man nach Ablauf von hinreichend vielen Realisierungen mit positiver Wahrscheinlichkeit von einem beliebigen Anfangszustand in einen absorbierenden Zustand oder Endzustand gelangt, so handelt es sich um einen Prozeß mit stationärer Grenzverteilung, d.h. die mittlere Lebensdauer des Prozesses ist endlich. Natürlich hängt die Lebensdauer auch vom Anfangszustand des Systems ab.

Grundsätzlich kann beim Anfangszustand davon ausgegangen werden, daß eine zulässige, nichttriviale Lösung vorliegt, selbst wenn sie nur geraten ist. Andererseits können im Dialog schon relativ weitgehend befriedigende Lösungen erarbeitet werden, die die Funktionstypen mit in der Größenordnung richtigen Parametern enthalten.

Das entwickelte Verfahren, eine Monte-Carlo Methode, ermittelt in einem Planspiel Lösungsverbesserungen. Dabei wird davon ausgegangen, daß die freien Parameter a_i und b_i mit Zufallszahlen, die in ihrer jeweiligen Größenordnung gewählt werden, verändert werden. Eine Verbesserung oder Verschlechterung des Ergebnisses durch die Benutzung gleich verteilter Zufallszahlen ist statistisch gesehen bei jedem Versuch zu erwarten;

wann die Lösung einen Endzustand zustrebt, ist zunächst nicht absehbar,
da die Lebensdauer des mit Zufallszahlen gesteuerten Markoff'schen Prozesses nicht von der Vergangenheit des Prozesses abhängt.

Eine wesentliche Verkürzung der Lebensdauer des Prozesses tritt ein,
wenn nur Zwischenzustände akzeptiert werden, die eine Verbesserung des
Ergebnisses erzielen. Ob ein Versuch verworfen oder akzeptiert wird, entscheidet die Nebenbedingung der euklidischen Seminorm.

Mit dieser Einschränkung der Versuchssteuerung wird der Markoff'sche
Prozeß zu einer homogenen Markoff'schen Kette, denn durch die Konstruktion des Akzeptierens einer verbesserten Lösung hängt der Prozeß vom
zuletzt angenommenen Zustand, jedoch nicht von den in früheren Zeitpunkten angenommenen Zuständen /4/ ab.

Kürzere Lebensdauer des Prozesses wird auch durch die folgende Überlegung erzielt: Solange die gewählten Zufallszahlen in der Größenordnung
der zu variierenden Parameter a_i in der Form $a_i + x_i$ liegen, tritt nach
einer gewissen Anzahl von Versuchen nur noch selten eine Verbesserung
auf. Die Zufallszahlen sind, wenn sie auf die Größenordnung der entsprechenden Parameter transformiert werden, zu groß und nur noch die kleineren führen Lösungsverbesserungen herbei. Wird dies nach einer bestimmten
Anzahl R von Versuchen festgestellt, so wird die Größenordnung der Zufallszahlen um eine Potenz oder um einen bestimmten Faktor verringert.

Eine wesentliche Beschleunigung wird alternativ zum oben beschriebenen
Algorithmus durch eine parallel mitgeführte Trenduntersuchung erreicht,
die die anteilsmäßige Lösungsverbesserung einzelner Lösungskoeffizienten,
die aus der Ausgangslösung a_i und der Kombination mit den Zufallszahlen
x_i in der Form $a_i + x_i$ gebildet werden, beobachtet. Die Zufallszahlen x_i
werden derart modifiziert, daß von ihrer betragsmäßigen Größenordnung
ausgehend, geometrische Folgen x_i^* mit dem Grenzwert Null gebildet werden. Auch mit diesen Kombinationen $a_i + x_i^*$ werden hypothetische Versuche
durchgeführt und die Darstellungen $a_i + x_i^*$ gesucht, die die größte Verbesserung erwarten lassen.

Durch diese Anordnung und Auswertung der Versuche wird ihre Gesamtzahl
stark reduziert, da nur Ansätze zur Kombination hinzugezogen werden, die
eine Verbesserung entweder in Aussicht stellen oder wenigstens keine
Verschlechterung des Ergebnisses hervorrufen. Diese Aussage ist absolut
gesehen nicht immer richtig, da aufgrund einer Verbesserung eines Para-

meters a_i eine erwartete Verbesserung eines Parameters a_{i+1} in eine
Verschlechterung umschlagen kann.

Da aber alle Verbesserungen oder Nichtverbesserungen miteinander variiert werden und nur Versuche mit einer tatsächlichen Verbesserung akzeptiert werden, kann dieser Nachteil in Kauf genommen werden.

5. Ausblick

Die beiden entwickelten Verfahren der dialogunterstützten und der automatischen Anpassung sind zur Zeit noch nicht universell einsetzbar, da
einerseits nur beschränkte Anzahlen von Funktionstypen implementiert
sind und andererseits bei der automatischen Anpassung Beschränkungen der
verwendeten Rechenanlage beachtet werden müssen.

Rechenanlagen wie der verwendete Telefunkenrechner TR 44o sind in ihrer
Technologie und Geschwindigkeit in einigen Jahren überholt, nachfolgende
Rechner werden die heute noch verhältnismäßig hohen Rechenzeiten von ei-
nigen Minuten reiner CPU-Zeit in den Bereich weniger Sekunden reduzieren.
Dann wird es möglich sein, auch Problemstellungen mit wesentlich mehr als
zehn freien Parametern zu berechnen.

Das erarbeitete Verfahren der statistischen Versuche ist in seiner derzeitigen Formulierung nur für die Behandlung funktionaler Abhängigkeiten
zweier Veränderlicher geeignet, eine Erweiterung auf Flächenanpassungen
ist nur mit sehr leistungsfähigen Rechnern wegen der vergrößerten Anzahl
freier Parameter sinnvoll - verfahrenstechnisch ergeben sich keine Probleme.

Weiterhin können mit der Methode der Anpassung vorteilhaft die bekannten
Methoden der Interpolation, Approximation und des Ausgleichs eingesetzt
werden. Praktische Anwendungsgebiete liegen überall dort, wo geschlossene Funktionen an die Stelle einer Vielzahl von diskreten Werten treten.
Da das Datenmaterial nicht irgendwie, sondern möglichst von seinem de-
terministischen Typ her erfaßt wird, ist einerseits die gute Annäherung
in Randbereichen für eine Extrapolation mit der gebotenen Vorsicht möglich, andererseits bieten sich einmal erkannte charakteristische Funktionstypen kontinuierlicher Prozesse an für eine platzsparende Datenhaltung und für Methoden der Klassifizierung.

Die normalen Einsatzmöglichkeiten der Klassifizierung nach bestimmten
Mustern finden ihre natürliche Grenze darin, daß nur eine beschränkte
Anzahl von Größen in der Zeiteinheit mit einer Informationsmenge verglichen oder verknüpft werden kann. Werden typische Muster verwendet,
so können sinnvollere Klassifizierungen schneller und sicherer realisiert werden.

Die meisten Problemstellungen schreiben eine Bearbeitungsweise vor, die
nicht vorab festgeschrieben werden kann. Prizip eines üblichen Programm-
ablaufs soll es sein, eine automatische Lösung mit festgeschriebenen
Grenzen zu ermitteln. - Anders jedoch bei Vorgängen, die derart gestaltet
sind, daß innerhalb logisch zusammenhängender Programmlaufketten beliebige sinnvolle Entscheidungen offenbleiben und Verknüpfungen eines qua-
lifizierten Benutzers verlangt werden.

Literatur:

/ 1 / Gorny, P., Heidemann, E.: Das semantische Fenster als Entwurfs-
        prinzip für kaskadierte interaktive CAD-Systeme. Bericht zur An-
        gewandten Informatik, Universität Oldenburg, 1977

/ 2 / Flessner, H. et al.: Entwicklung und Einsatz eines Interaktiven
        Konstruktionsplatzes. IKP-Bericht, Ruhr-Universität Bochum, Be-
        richt Nr. 4, 1974

/ 3 / Niemann, H.: Methoden der Mustererkennung. Frankfurt, Akademische
        Verlagsgesellschaft, 1974

/ 4 / Smirnow, N.W., Dunin Barkowski, I.W.: Mathematische Statistik in
        der Technik. Berlin, VEB-Deutscher Verlag der Wissenschaften, 1963

SPEZIELLE PROBLEMLÖSUNGEN

Zwei Rechnergestützte Entwurfssysteme für
Leiterplatten mit hoher Packungsdichte

R.P. Kugel
Institut für Datenverarbeitungsanlagen
Technische Universität
Braunschweig, Deutschland

U. Krupstedt

Firma Tekade
Nürnberg, Deutschland

Es werden zwei Leiterplatten-Entwurfssysteme vorgestellt, die auf Klein-
Rechnern implementiert werden können. Hauptsächlich erläutert wird die
Form des interaktiven Arbeitens mit dem System, die zur Verbesserung des
automatisch erstellten Leiterbahnbildes dient. Zusätzlich sind Ergebnisse
angegeben.

1. Einleitung

Die galvanischen Verbindungen zwischen den Bauelementen einer elektrischen Schaltung werden im Bereich der Schwachstromtechnik heute üblicherweise in Form "gedruckter" Schaltungen hergestellt. Die Schaltkarte ist
dabei sowohl Träger der Verbindungsleitungen als auch Träger der Bauelemente (Halbleiter, Widerstände, Kondensatoren, usw.). Sie kann eine,
zwei oder mehrere Ebenen zur Führung der Leitungen haben. Im letzteren
Fall spricht man von einer Mehrlagen-Schaltkarte (Multilayer). Eine derartige Karte ist notwendig, wenn die elektrischen Bauelemente sehr dicht
gepackt werden sollen und die Schaltung viele Verbindungsleitungen erfordert. Da man die Leiterbahnbreite und den Leiterbahnabstand aus fer-
tigungs- wie aus elektrotechnischen Gründen nicht beliebig klein wählen
kann, ist die Anzahl der Leitungsführungsmöglichkeiten in einer gegebenen Fläche begrenzt. Wegen der geringen Kosten werden in weiten Bereichen
der Industrie die ein- oder zweilagigen Schaltkarten bevorzugt. Mehr-
lagen-Karten erfordern einen wesentlich aufwendigeren Herstellungsprozeß,
der sie gegenüber gleich großen ein- oder zweilagigen Karten erheblich
teurer werden läßt. In digitalen Schaltungen bestehen die verwendeten
Bauelemente überwiegend aus "integrierten Schaltkreisen" (ICs). Hierbei
sind viele Einzelelemente in einem kleinen, kompakten Gehäuse unterge-
bracht, wodurch sich viele Anschlußpunkte auf engem Raum ergeben.

Zum manuellen Entwurf solcher Leiterplatten, d.h. für den Weg vom Schalt-
bild zur fertigen Elektronik-Einheit, benötigt man teures Fachpersonal

und viel Zeit. An Programmsystemen für den rechnergestützten Entwurf
wird schon lange gearbeitet. Neu ist, daß man heute bereits solche Systeme auf Klein-Rechnern implementieren kann.

Die vorgestellten Systeme wurden entworfen für einen 16-bit-Rechner mit
16K-Arbeitsspeicher, Wechselplattenhintergrundspeicher, Zeilendrucker,
Konsole, sowie schneller Lese- und Stanzeinheit für Lochstreifen (Inve-
stitionsvolumen etwa DM 150.000,--)

2. Automatisierungs-Philosophie

Ein Rechner hat die Fähigkeit, ein einmal erarbeitetes und gespeichertes
Programm mit hoher Geschwindigkeit beliebig oft auszuführen. Zusammenhänge zu sehen, die nicht programmiert sind, ist ihm dagegen nicht möglich. Einen Pseudo-Überblick kann er nur gewinnen durch Speicherung aller
Möglichkeiten und Vergleich anhand eines programmierten Entscheidungs-
verfahrens. Das ist normalerweise ein rechenintensiver Prozeß.

Der optimale Einsatz eines Rechners liegt daher bei Aufgaben, die er
schneller und besser erledigt als der Mensch (Routinearbeit, Dokumentation, usw.). Ein Rechner kann einen vollständigen Entwurf einer Schaltkarte automatisch erarbeiten, indem er jede Leitung mit jeder vertauscht
und jede mögliche Leitungswegführung berücksichtigt und auch wieder vertauscht. Der Aufwand an Rechenzeit und Speicherplatzbedarf wäre aber
prohibitiv groß. Die meiste Zeit würde ohnehin dabei verwendet, Wege
nachzuprüfen, deren Absurdität ein Mensch mit einem Blick feststellen
kann. Ebenso fehlt dem Rechner die Möglichkeit, aus Ungeschicklichkeiten
zu lernen, also Erfahrungen zu sammeln.

Der Mensch hingegen hat kein Gedächtnis für große Mengen von Detaildaten
und sein logisches Entscheidungsvermögen ist sehr langsam verglichen mit
einem Rechner. Dafür ist seine Lernfähigkeit ausgeprägt: Er kann Teil-
probleme bearbeiten, auf den Gesamtprozeß rückkoppeln und schnell bewer-
ten, ob eine Verbesserung vorliegt oder nicht. Den Überblick über eine
Schaltkarte erhält er durch ein Abbild derselben, z.B. als Bleistift-
zeichnung auf Papier. Eine Änderung (Radieren) kostet Zeit.

Die Summe der positiven Fähigkeiten von Mensch und Rechner lassen sich
in einem interaktiven System ausnutzen. Der Rechner verwaltet alle Daten
und Einzelheiten und erledigt die programmierbaren Detailaufgaben (Verlegen geradliniger Leitungen, Aufbereitung von Teilinformationen, Um-

wandlung der Informationen, usw.). Der Mensch trifft die schwierigen
Entscheidungen anhand der vom Rechner vorgelegten Information und macht
evtl. auch Schritte des Rechners rückgängig. Auf diese Weise kann in
einen Entwurfsprozeß die Kreativität einfließen, die heute noch nicht
programmierbar ist.

3. Interaktivität bei der Leitungswegsuche

Unter Interaktivität soll hier die gekoppelte Zusammenarbeit von Mensch
und Rechner verstanden werden. Im engeren Sinne und bezogen auf das
Problem der Leitungswegbestimmung heißt das, daß der Rechner automatisch
bis in ein vorprogrammiertes Stadium arbeitet, Konfliktfälle dem Menschen zur Entscheidung vorlegt, um dann wieder automatisch weiterzuar-
beiten. Dieser Vorgang kann sich mehrfach wiederholen.

Die Kommunikation mit dem Rechner wird durch periphere Geräte möglich
gemacht. Für interaktives Arbeiten kommen in Frage

      grafisches Terminal
      alphanumerisches Display (Sichtschirm)
      Lineprinter (Zeilendrucker)
      Konsolschreibmaschine (Fernschreiber)
      Plotter (X-Y-Schreiber)

Die Ideallösung für ein interaktives System ist wahrscheinlich ein großer
Bildschirm, auf den der Rechner ständig das aktuelle Bild der bearbeite-
ten Schaltkarte maßstabsgerecht und vergrößert projiziert (grafisches
Terminal). Hat der Bearbeiter dazu einen sogenannten Lichtgriffel (von
Hand bewegte Steuerelektrode des Bildschirms) zur Verfügung, kann er im
Prinzip alle Leitungen interaktiv "von Hand" verlegen. Der Mensch gibt
den Weg ein, und der Rechner speichert und aktualisiert das Projektions-
bild. Änderungen sind zu jedem Zeitpunkt möglich. Allerdings verlangt
diese Lösung des Problems eine Fachkraft hoher Ausbildungsstufe, große
Investitionen und viel Zeit.

Bei einem System, für das hoher Automatisierungsgrad angestrebt wird,
lohnt sich der Aufwand eines grafischen Terminals nicht. Die Arbeits-
geschwindigkeit eines Plotters hingegen liegt so niedrig, daß er für
interaktiven Betrieb ausscheidet. Für die Kommunikation mit dem Rechner
bleiben also Sichtschirm, Fernschreiber und Zeilendrucker. Da die Druck-
geschwindigkeit eines Fernschreibers ebenfalls sehr gering ist, muß als
optimale Ausstattung ein Display (Transferrate 20mal höher als beim
Fernschreiber) mit Hardcopy-Einrichtung (Druck des Bildschirminhaltes)

oder die Kombination Display/Zeilendrucker angesehen werden.

Ein Display (Sichtschirm) bietet zwar nicht die Möglichkeiten eines Lichtgriffels oder der Bildprojektion, aber normalerweise gehört zur Ausstattung des Gerätes ein interner Speicher, dessen Inhalt ohne weitere Be-
fehlseingabe nur durch Tastendruck auf den Bildschirm ausgegeben wird
(ist die Kapazität des Speichers größer als der Bildschirminhalt, kann
man - ebenfalls per Taste - den Bildschirminhalt als Lupe über dem Speicher-
inhalt "hin- und herfahren"). Auch größere Datenmengen (abhängig von der
internen Speicherkapazität) lassen sich daher schnell betrachten.

Bei Vorhandensein entsprechender Software lassen sich zusätzlich Datenmengen blockweise aus dem Rechner in den internen Speicher des Sichtgerätes übernehmen. Der Datenblock kann mit Hilfe eines Cursors (über
Tasten bewegbarer Leuchtstrich) und eines speziellen Tastensatzes
("delete character" und ähnliches) modifiziert und wieder in den Rechner
zurück übertragen werden. Das bedeutet, daß gegebenenfalls eine numerische
Darstellung des Leiterbahnbildes modifiziert werden kann. Allerdings ist
die zu diesem Vorgang gehörende Prüf-Software (Ausschließen von Bedie-
nungsfehlern) sehr komplex.

Eine numerische Darstellung des Leiterbahnbildes sieht folgendermaßen
aus:

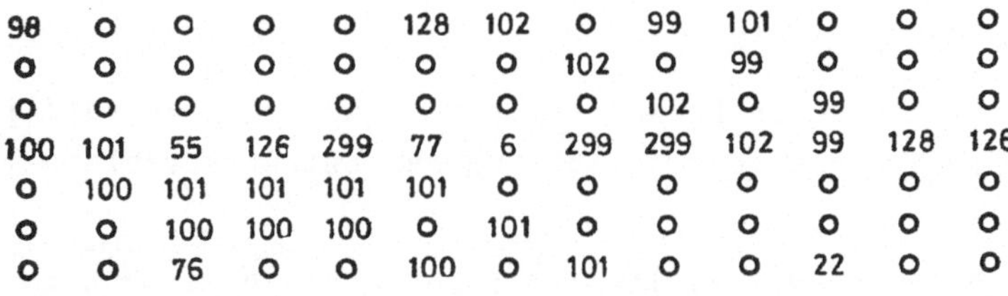

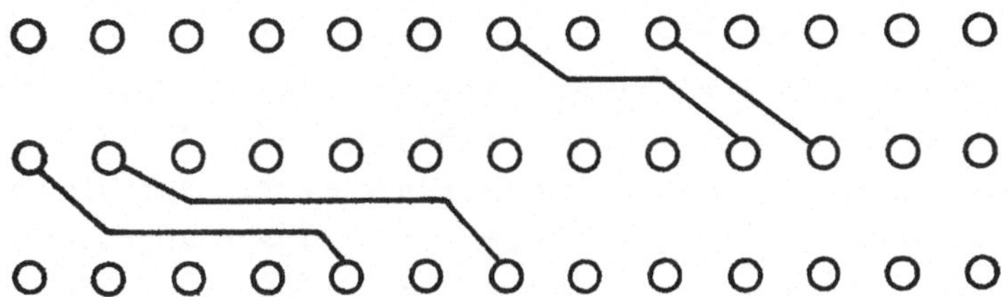

Bild 3.1: Ausschnitt aus einer Schaltkarte (waagerechte Ebene) -
           Zahlendarstellung und Interpretation

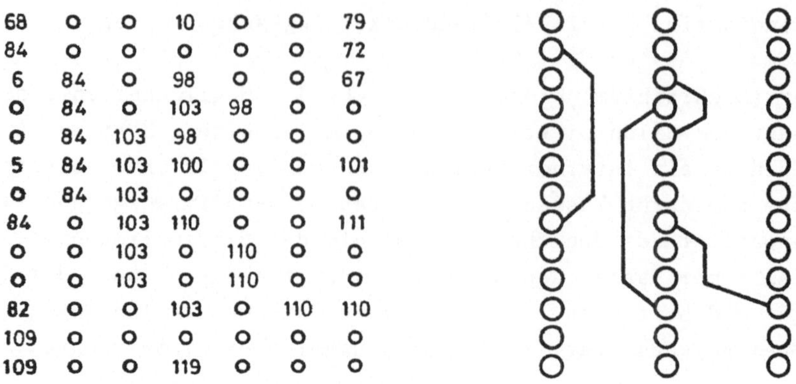

<u>Bild 3.2:</u> Ausschnitt aus einer Schaltkarte (senkrechte Ebene) -
Zahlendarstellung und Interpretation

Ausgehend von einer Aufteilung der bearbeiteten Schaltkarte durch ein
orthogonales Gitter entstehen einzelne Zellen (Leiterbahnteilstücke),
die auf eine Matrix im Rechner abgebildet werden können. Der Inhalt der
Zellen besteht im einfachsten Fall aus der Nummer der betreffenden Leitung. Der Inhalt einer solchen Matrix ist nach kurzer Gewöhnungsphase
leicht zu interpretieren, solange der Verlauf der Leitungen nicht kom-
pliziert ist.

4. Grundzüge der Software

Die hier vorzustellenden Entwurfssysteme arbeiten grundsätzlich nach der
konventionellen Methode der Aufteilung des Entwurfsproblems in Einzel-
schritte:

    1.   Zerlegung der Vielfalt der zu verbindenden Punktmengen in
         Einzelverbindungen (Baumzerlegung)

    2.   Sortieren der Einzelverbindung nach Länge oder Form

    3.   Leitungswegsuche

Die programmtechnische Realisierung besteht aus 10 verschiedenen Moduln.
Die Unterteilung ergibt sich funktionsbedingt oder durch Speicherplatz-
Restriktionen. Einerseits kann die Reihenfolge des Aufrufs der Moduln
den Notwendigkeiten der jeweiligen Entwurfsaufgabe angepaßt werden, andererseits ist die Menge der innerhalb eines Programms möglichen Schritte
durch die Speicherkapazität des verwendeten Rechners eingeschränkt. Die
meisten der Moduln sind aus diesem Grunde bereits segmentiert.

Die 10 hauptsächlich verwendeten Moduln haben folgende Namen:

1. Datentest
2. Platzwechsel
3. Verbindungsbaumzerlegung
4. Sortieren der Einzelverbindungen
5. Leitungswegsuche auf geradlinigen Wegen ohne Ebenenwechsel
6. Zwischeninspektion
7. Leitungswegsuche auf beliebigen Wegen ohne Ebenenwechsel
8. Wegsuche mit einfachem Ebenenwechsel
9. Wegsuche mit mehrfachem Ebenenwechsel
10. Streifenstanzen und Drucken

Hier soll nur das wichtigste Modul "Zwischeninspektion" vorgestellt werden, das die Möglichkeit der interaktiven Verbesserung des Entwurfs bietet. Der Bearbeiter bekommt während des Ablaufs des Moduls 6 nach Ebenen getrennt vom Rechner auf dem Sichtschirm nacheinander für jede noch nicht gezogene Verbindung einen Start- und Zielpunkt einschließenden kleinen Bereich der Ebene angezeigt. Die Darstellung entspricht Bild 3.1 und 3.2. Das Programm akzeptiert und implementiert folgende Befehle:

1. Veränderung der Grenzen des Sichtbereiches

    Form: MO,xxx

        MO: obere Grenze
        MU: untere Grenze
        ML: linke Grenze
        MR: rechte Grenze

2. Allgemeine Befehle

    Form: /R

        /R: Übergang zur nächsten Verbindung
        /D: Ausdruck der gesamten Ebene auf dem Zeilendrucker
        /N: Wiederholung des Ausdrucks auf dem Display

3. Änderung der Belegung

    Form: /P,xxx

        /P: Leitung löschen
        /L: Leitung gerade verlegen
        /M: Leitung beliebig verlegen
        /V: Leitung "ausbeulen"
        /S: Leitung in neue Liste nichtrealisierter Leitungen eintragen
        /C: Punkt der Leitung austauschen
        /K: Leitung "kippen"
        /T: Leitung von einem Punkt aus an Baum direkt anschließen

```
/I:  Via zusätzlich eintragen
/B:  Via löschen
/Q:  Leitung "spiegeln"
```

In Punkt 1 bedeutet xxx eine dreistellige ganze Zahl, die der Anzahl von
Zeilen oder Spalten entspricht, um die die Grenzen des Sichtbereiches
variiert werden sollen. In Punkt 3 kennzeichnet xxx die Baumnummer.

Alle Befehle zur Änderung des Leitungsbildes haben ihre Wirkung ausschließlich in dem auf dem Sichtschirm ausgegebenen Bereich und werden
nur implementiert, wenn die zu bearbeitende Leitung anhand der Baumnummer eindeutig identifiziert werden kann. Um die Eindeutigkeit der Bewertung zu gewährleisten, sind die Grenzen des Sichtbereiches änderbar.
Konfliktfälle müssen durch entsprechende Wahl des Ebenenausschnitts vermieden werden. Das hat den Vorteil leichter Programmierung und ermöglicht Verfahren, die sonst - bezogen auf die Gesamtebene - großen Aufwand erfordern, wie z.B. der Anschluß eines Punktes direkt an den Baum.

Die Befehle zur Änderung der Belegung bedeuten im einzelnen:

/P: Löschen:
     Die Leitung mit der angegebenen Baumnummer wird gelöscht; d.h. die
     Kanalzellen werden zu Null gesetzt, die Via-Zellen (Start- und Ziel-
     punkt) bleiben erhalten.

/L: Leitung gerade verlegen:
     Es geht um den Versuch, eine Verbindung geradlinig zu verlegen,
     deren Endpunkte aus einer Kurzzeit-Liste herausgesucht werden. Das
     Suchverfahren arbeitet automatisch.

/M: Leitung beliebig verlegen:
     Hier wird der Versuch gemacht, eine Verbindung mit Hilfe eines mo-
     difizierten Lee-Algorithmus [1] innerhalb des Ebenen-Ausschnittes
     zu verlegen.

/V: Leitung "ausbeulen:
     Mit der Direktive "Ausbeulen" wird der Verlauf gerader Leitungen
     derart geändert, daß ein Zwischenraum zwischen Via-Reihe und Lei-
     tung entsteht.

/S: Leitung auflisten:
     Soll für eine Verbindung im Rahmen der Zwischeninspektion nicht
     weiter ein Weg gesucht werden (das muß nicht notwendigerweise die
     ursprüngliche noch nicht realisierte Verbindung sein), so wird die

mit /S angegebene Verbindung in die Liste der weiter zu bearbeitenden Verbindungen aufgenommen. Gleichzeitig damit geht der Rechner
zur Bearbeitung der nächsten Verbindung in der alten Liste über.

/C: Punkt tauschen:
Es kann geschehen, daß der Bearbeiter bei der Betrachtung des Aus-
schnittes um eine nicht gefundene Verbindung herum feststellt, daß
eine leichtere Realisierung der Verbindung möglich ist, wenn man
Start- oder Zielpunkt gegen einen naheliegenden anderen Punkt des
gleichen Raumes austauscht. Nach der Eingabe /C,xxx gibt man dem
Rechner die Mikrokoordinaten von altem und neuem Punkt an. Voraussetzung ist natürlich, daß beide Punkte bereits an den Baum angeschlossen sind.

/K: I1-Leitung "spiegeln":
Es gibt zwei Möglichkeiten der geradlinigen Realisierung von I1-
Leitungen. Sind die entsprechenden Zellen der Ebene frei, so wird
mit dem Befehl /K jeweils zur anderen Realisierung übergegangen.

/T: Direktanschluß an den Baum:
Das Entwurfssystem bearbeitet normalerweise immer nur eine Verbindung zu einer Zeit. Bei der Wegsuche wird nicht darauf geachtet,
ob der Suchprozeß zufällig eine andere Teilleitung des gleichen
Baumes berührt oder in deren Nähe vorbeiführt. Für den kleineren
Bereich des betrachteten Ebenenausschnittes kann der Sachbearbeiter
entscheiden, ob eine Wegsuche zum Direktanschluß an den Baum sinnvoll ist, und sie implementieren.

/I: Via zusätzlich eintragen:
Es ist nützlich, wenn der Bearbeiter für bestimmte Leitungsverläufe
Zwischenziele angibt [2]. Diese Zwischenziel-Vias müssen in der
Via-Matrix belegt werden. Dazu dient der Befehl /I. Zusätzlich wer-
den die Mikrokoordinaten des Vias eingegeben.

/B: Via löschen:
Bei der gleichen Anwendung wie für /I kann es notwendig sein, den
Inhalt einer Via-Zelle zu löschen.

/Q: IO-Leitung "spiegeln"
Sind auf beiden Seiten einer Via-Spalte oder Reihe die Zellen frei,
gibt es zwei Möglichkeiten der Führung einer IO-Verbindung. Der
Befehl /Q bewirkt die Änderung des bestehenden Verlaufs in die jeweils andere Form.

Mit dem beschriebenen Befehlssatz ist der Bearbeiter in die Lage versetzt, entweder Konfliktfälle im betrachteten Ebenenbereich sofort zu lösen oder später folgenden weiteren automatischen Wegsuchverfahren bereits in dieser Phase die Arbeit zu erleichtern. Der Umgang mit dem Befehlssatz und der Blick für die günstigen Korrekturen des Leitungsbildes erfordert Erfahrung, die aber nach der Bearbeitung von ein bis zwei Schaltkarten schnell angesammelt ist.

5. Ergebnisse

Das Entwurfssystem CARIN (Computer aided routing of two-layer interconnections) wurde für die Leitungswegfindung bei Zweilagen-Leiterplatten entworfen. Die bearbeiteten Platten tragen 35 integrierte Schaltungen (IC) im Dual-In-Line-Gehäuse in 7 Reihen und 5 Spalten. Ein doppelreihiger 64-poliger Stecker ist vorgesehen. Der Platzbedarf pro IC beträgt $3,1$ cm^2.

Das System ARMIN (Automatic routing of multilayer interconnections) bearbeitet Mehrlagen-Schaltkarten (6 Lagen), die 42 Flatpack-ICs tragen (7 Zeilen, 6 Spalten). Der Stecker ist 79-polig (einreihig). Der Platzbedarf pro IC liegt bei 2 cm^2.

Literatur:

[1]   Kugel, R.P.:
      Ein rechnergestütztes Entwurfssystem für Leiterplatten mit hoher
      Packungsdichte
      Technische Universität Braunschweig
      Dissertation 1976

[2]   Krupstedt, U.:
      Ein interaktives Entwurfssystem zur Leitungswegbestimmung bei
      Mehrlagen-Schaltkarten
      Technische Universität Braunschweig
      Dissertation 1975

<u>Ein CAD-Anwendungssystem für Autoelektrik</u>

Klaus Pasemann und Klaus Schneider
Forschung und Entwicklung,

Volkswagenwerk AG, 3180 Wolfsburg

Zusammenfassung

Es wird ein CAD-Anwendungssystem zur Erstellung von Fertigungsunterlagen für die Autoelektrik beschrieben. Die bei diesem Konstruktionsprozeß anfallenden zahlreichen Schaltpläne und Leitungsstrangtabellen werden häufig neu erzeugt. Um den Entwurf und den Änderungsdienst für den Konstrukteur so einfach wie möglich zu gestalten, wurde dieses System entwickelt. Es ist für einen Control-Data (CD) Bildschirm mit Bildwiederholspeicher, der an einen CD-Großrechner angeschlossen ist, implementiert worden. Alle Daten werden auf den Massenspeichern des Großrechnerns verwaltet.

1. Einführung

Aufgrund der verschiedenen Vorschriften der Länder, der verschiedenen Modelle und deren variabler Ausstattung gibt es eine Vielzahl von VW-Modellvarianten. Für alle werden elektrische Fertigungsunterlagen, Schaltpläne und Leitungsstrangtabellen benötigt. Sie bilden die Ausgangsinformation für Einkauf, Materialwirtschaft und Fertigung.

Die Unterlagen enthalten graphische (zeichnerische) Information in Form von Stromlaufplänen und Leitungsstrangzeichnungen sowie Textinformation in Form von Stücklisten und anderen Tabellen. Innerhalb der graphischen Information gibt es eine Vielzahl immer wieder vorkommender gleicher Teilbilder, wie Schaltsymbole (Schalter, elektrische Geräte) und Steckersymbole (mechanische Symbole). Um die manuelle Erstellung dieser Unterlagen durch einen computergestützten Entwurfsprozeß abzulösen, wurde das hier beschriebene System als Projekt Zeisig (<u>Zei</u>chnen von <u>S</u>chaltplänen mit <u>i</u>nteraktiver <u>G</u>raphik) durchgeführt.

2. Aufgabe

Häufig ist der Einsatz von graphischer Datenverarbeitung (GDV) lediglich für die Ausgabe von Zeichnungen nicht wirtschaftlich. Erst durch Ausnutzung der weitergehenden Möglichkeiten von elektronischen Rechenanlagen lassen sich wirtschaftlich sinnvolle Anwendungen im Bereich des CAD verwirklichen.

Für die hier beschriebene Anwendung ist ein interaktiver Arbeitsplatz gefordert, mit dessen Hilfe die Fertigungsunterlagen auf einfache Weise verändert und schnell neu erstellt werden können. Die folgenden Funktionen sollten am graphischen Bildschirm zur Verfügung stehen:

- Auswahl und Darstellung der graphischen und textlichen Information einer Unterlage aus einem Archiv sequentieller Dateien.

- Hinzufügen (und Entfernen) von festen Symbolen (Segmenten) aus einem Vorrat.

- Erzeugen und Verändern von Bildelementen mit dem Lichtgriffel.

- Text-Änderungsdienst für Stücklisten und Tabellen.

- Archivierung der Unterlagen auf sequentiellen Dateien zur Speicherung auf Massenspeichern.

- Ausgabe der Unterlagen in pausfähiger Form auf automatischen Zeichengeräten.

Bis zu 20 Unterlagen müssen pro Tag geändert archiviert und neu ausgezeichnet werden können.

Die Zeichnungen werden immer nur im Maßstab 1:1 benötigt. Sie können wegen ihrer Abmessungen (bis zu 3 m Länge) und wegen ihres Datenumfanges nicht vollständig auf dem Schirm dargestellt werden. Die sonst übliche, feste Segmentierung größerer Zeichnungen scheidet aus, da an beliebigen Ausschnitten gearbeitet werden muß.

Etwa 350 feste Symbole müssen für jede Unterlage immer am Schirm verfügbar sein, wobei für einige Symbole zur Unterstützung des Konstrukteurs kurzzeitig Textinformation am Schirm angezeigt werden soll.

3. Hardware- und Software-Voraussetzungen

Für die Implementierung wird Hardware und Software der Firma Control Data (CD) eingesetzt. Der interaktive graphische Arbeitsplatz (CD 777-3), aus Bildschirm und Kleinrechner (CD /17) bestehend, ist als TP-Terminal an einen Großrechner (CD CYBER 173) angeschlossen. Der Arbeitsspeicher des Kleinrechners dient als Bildwiederholspeicher.

Die interaktiven Programme werden im Großrechner unter dem Betriebssystem NØS/BE im Timesharing exekutiert. Als Programmiersprache dient FØRTRAN, wobei die Steuerung des interaktiven Arbeitsplatzes über spezielle Unterprogramme (CD IGS-777) vorgenommen wird, [1] . Einfache Funktionen können an den Kleinrechner delegiert und dort ausgeführt werden.

Neben der Standard-Peripherie werden für die graphische Ausgabe Plotter von CalComp (1136) und Versatec (Matrix 2000) verwendet; sie sind über ein VW-eigenes Programmpaket angeschlossen [2] , Bild 1.

Damit steht für die Programmentwicklung ein umfangreiches Betriebssystem mit entsprechender Programmier-Unterstützung bereit. Auch die Organisation der anwendungsbezogenen Daten läßt sich auf diese Weise verhältnismäßig einfach realisieren. Alle Datenbestände können immer direkt vom Schirm aus gehandhabt werden.

4. Implementierung

4.1. Datenstruktur

Der Bildwiederholspeicher ("Displayfile") kann nicht alle Daten einer Unterlage aufnehmen. Archivierung auf sequentiellen Dateien (Magnetbändern) war gefordert, um eine einfache Weiterverarbeitung zu ermöglichen. Am Bildschirm müssen Teilbilder schnell verfügbar sein. Ein weiterer Datenbestand sind die gleichbleibenden Symbole, die ebenfalls mit kurzen Antwortzeiten vom Schirm aus abgerufen werden sollen. Daraus ergeben sich die folgenden Dateien, die vom System verwaltet werden:

- Archiv-Datei

  Diese sequentielle Datei enthält alle Daten einer Unterlage, sie dient zur Archivierung auf Magnetband oder Platte des Großrechners.

- Log-Datei

  Die gesamte Information einer Unterlage ist während der Arbeit am Schirm in dieser Datei, die mit wahlweisem Zugriff ausgestattet ist, enthalten. Alle Änderungen der Unterlage, die der Anwender am Schirm eingibt, werden hier laufend mitgeschrieben. Die Log-Datei liegt immer auf der Platte des Großrechners, sie kann jederzeit in eine Archiv-Datei überführt bzw. aus einer Archiv-Datei erzeugt werden.

- Basis-Datei

  Diese Datei stellt alle festen Symbole mit wahlweisem Zugriff für die Anzeige am Schirm sowie für die graphische Ausgabe zur Verfügung.

- Bildschirm mit Bildwiederholspeicher ("Displayfile")

Der Bildschirm ist die Quelle der Steuerinformation ("Kommando-Picks") sowie der Änderungsinformation. Alle passiven und aktiven Text- und Bildteile auf dem Schirm werden im Displayfile des Bildwiederholspeichers verwaltet.

Die festen Symbole sind nur einmal in der Basis-Datei enthalten. In der Log- und Archiv-Datei sind lediglich Verweise ("Pointer") auf die entsprechenden Adressen der Basis-Datei enthalten.

Durch eine Tabelle im Arbeitsspeicher des Großrechners ist die Verknüpfung zwischen Bildsegmenten im Displayfile und den entsprechenden Einträgen in der Log-Datei gegeben. Bei der Überführung von der Archiv-Datei in die Log-Datei, während der Initialisierung, werden in die Tabelle außer den Log-Datei Adressen auch die äußeren Abmessungen der Bildsegmente eingetragen. Für die auf dem Schirm angezeigten Bildsegmente wird jeweils die Displayfile Adresse ("IDDAD") hinzugefügt. Auf diese Weise können während der Bildschirmarbeit beliebige Ausschnitte schnell angezeigt und bearbeitet werden. Die Log-Datei enthält immer den aktuellen Stand der Unterlage. Bild 2 zeigt den Zusammenhang.

4.2. Programm- und Kommandostruktur

Alle Programmfunktionen werden vom Schirm aus durch das Antippen ("Picken") von Kommandoworten mit dem Lichtgriffel gesteuert. Die einfache Erlernbarkeit und Handhabbarkeit der Kommandos für den Konstrukteur war das entscheidende Kriterium beim Entwurf der Benutzerschnittstelle ("command language") [3].

Eng verknüpft mit der Struktur der Kommandos ist die Struktur der Programme [4]. Beginnt man bei der Systementwicklung mit der Festlegung der Kommandos als Baumstruktur, so folgt man zwangsläufig einem "top-down approach". Als analoges Mittel der Programmstrukturierung bietet sich eine Segmentierung in Overlays an. Von diesen Voraussetzungen ausgehend mußten noch die folgenden, zusätzlichen Bedingungen beachtet werden:

- Aufgrund der Übersichtlichkeit sollten nicht mehr als etwa 10 Kommandoworte gleichzeitig auf dem Schirm wählbar sein.

- Der Baum soll aus möglichst wenig Knotenebenen bestehen, da mit jeder weiteren Verzögerungen entstehen (größere Zahl der Interaktionen und entsprechendes Laden von Overlays).

Das hier verwendete CD 777-IGS ermöglicht die Aufteilung des Anwendungsprogramms auf den Großrechner und den Kleinrechner. Der Kleinrechner kann ganze Kommandofolgen bestimmter Klassen ("Single-, String- und Parameter Pick") in Warteschlangen speichern,

die er erst bei Kommandos einer anderen Klasse ("Button-Pick") in den Großrechner
überträgt. Außerdem können einfache Funktion, wie das Ein- und Abschalten von Kom-
mandogruppen, im Kleinrechner direkt durch Kommandos einer speziellen Klasse initialisiert werden.

Mit diesen Mitteln läßt sich mit einer zweistufigen Overlaystruktur im Großrechner
eine dreistufige Kommandostruktur am Schirm aufbauen, Bild 3. Insgesamt sind 17 Funktionen implementiert, die jeweils in zwei Stufen, durch ein Programm (Overlay) im
Großrechner gesteuert, ausgewählt werden. Die Funktionen wie Erzeugen einer Leitung,
Modifikation eines Bildelements usw. sind durch die zweite Overlay-Ebene realisiert.

4.3. Anwendung der Funktionen

Für jede Funktion wird mit Hilfe des entsprechenden Overlays eine Gruppe von Kommandos am Schirm zur Verfügung gestellt.

Die Einträge (Record-Typen) in der Log-Datei (und in der daraus erzeugten Archivda-
tei) entsprechen den Funktionen, durch die sie erzeugt wurden. Beispielsweise ergibt
eine Kommandofolge der Funktion "Leitung" zunächst die Anzeige am Schirm, durch das
Kommando "Einbau" werden die zugehörigen Daten als Record-Typ Leitung Bestandteil
der Log-Datei. Bei fehlerhaften Kommandofolgen erscheint eine Fehlernachricht, nach
deren Quittierung mit dem Lichtgriffel, neu begonnen werden kann.

Weitere Funktionen dienen der Erzeugung von Leitungssträngen, Texteinträgen, Be-
maßungen, Stücklisteneinträgen und Auswahl von festen Symbolen. Bildsegmente können
entfernt und verschoben werden. Bild 4 zeigt einen Ausschnitt aus einem Stromlaufplan.

Alle Datenbestände werden vom Schirm aus verwaltet. Zu beliebigen Zeitpunkten können
Zeichnungen archiviert und auf den automatischen Zeichenanlagen ausgegeben werden.

5. Erfahrungen bei der Implementierung und beim Einsatz

Zwei entscheidende Bedingungen für einen erfolgreichen Einsatz sind hier gegeben:
Erstens der dringende Wunsch des Anwenders (Konstrukteurs) nach Computerunterstützung
und zweitens die möglichst weitgehende Anpassung des Systems an den Entwurfsprozeß.
Dabei zeigt sich immer wieder, daß nicht eine mehr oder weniger abstrakte Spezifikation, sondern nur eine beispielhafte Implementierung zur Beurteilung ausreicht.

Die Programmier-Unterstützung, die ein Großrechner bietet, wirkt sich günstig auf den
Programmieraufwand aus. So wurden für das hier beschriebene System insgesamt etwa 2
Mannjahre benötigt.

Alle Ressourcen des Großrechners sind über das Timesharingsystem direkt am Schirm
für Handhabung der Daten und Programme verfügbar. Dieser Flexibilität und der dadurch gegebenen Geschwindigkeit stehen in bestimmten Fällen etwas längere Antwortzeiten, als sie bei kleinen, isolierten Systemen üblich sind, gegenüber.

Das System ist seit einigen Monaten im Einsatz. Dabei hat sich gezeigt, daß es auch
für andere Zwecke, als ursprünglich vorgesehen, vorteilhaft eingesetzt werden kann.
So sind beispielsweise die Bilder 1, 2 und 3 damit erstellt worden. Außerdem wird
es auch zur Entwicklung von elektronischen Schaltungen eingesetzt.

[1] Control-Data, Benutzer-Handbuch; 777 Interactive Graphics System, Version 2.1
     Reference Manual; Control Data Corporation St. Paul, Minnesota 55112, USA.

[2] K. Pasemann, K. Schneider und E. Vöge: Das grafische Ausgabesystem am VW-Pro-
     zeß-Leit-System (PLS). Elektron. Rechenanl. 18:5, 241-245, 1976

[3] W.M. Newmann, R.F. Sproul: Principles of interactive Computer Graphics, New
     York: Mc Graw Hill 1973

[4] D.J. Kasik: Controlling User Interaction. Computer Graphics, Siggraph-ACM,
     10:2, 109-115 (1976)

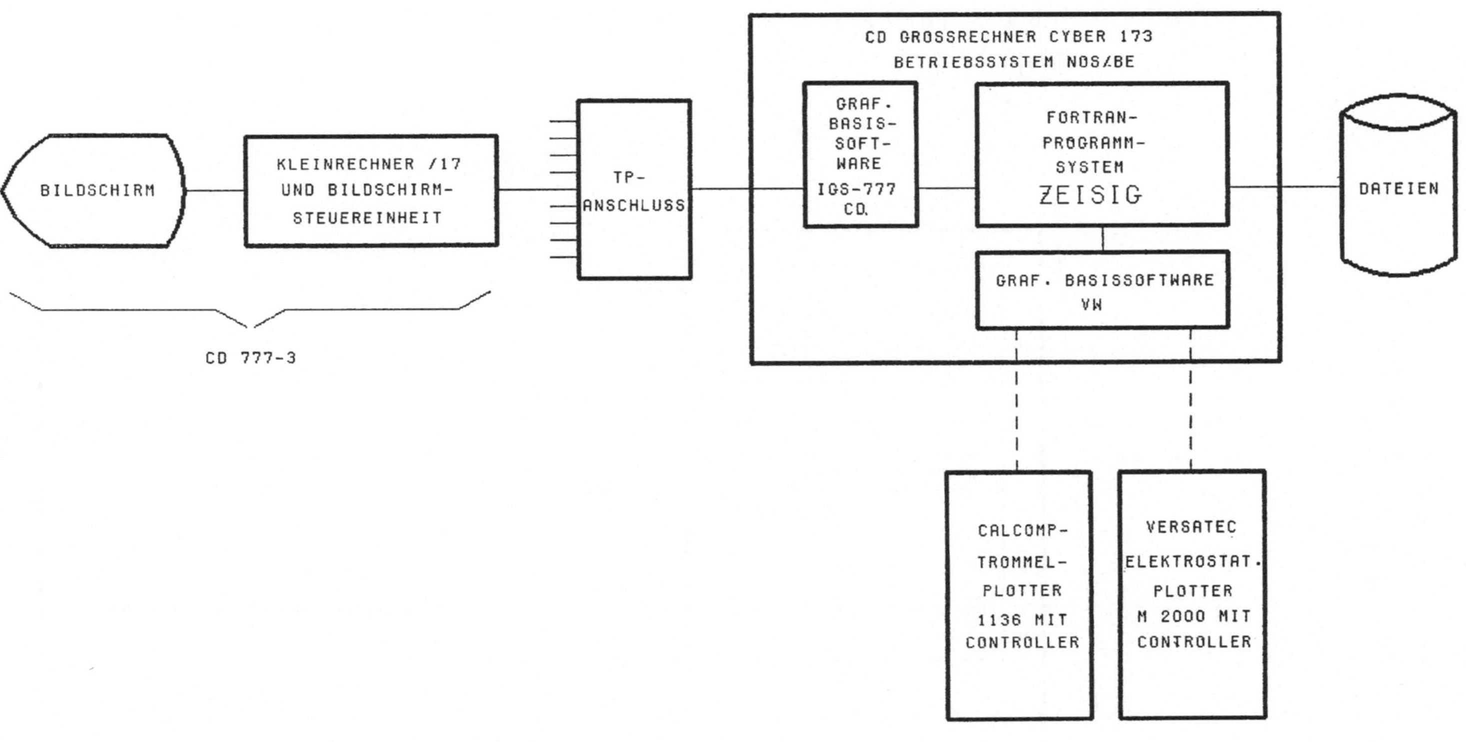

BILD 1   SYSTEMKONFIGURATION

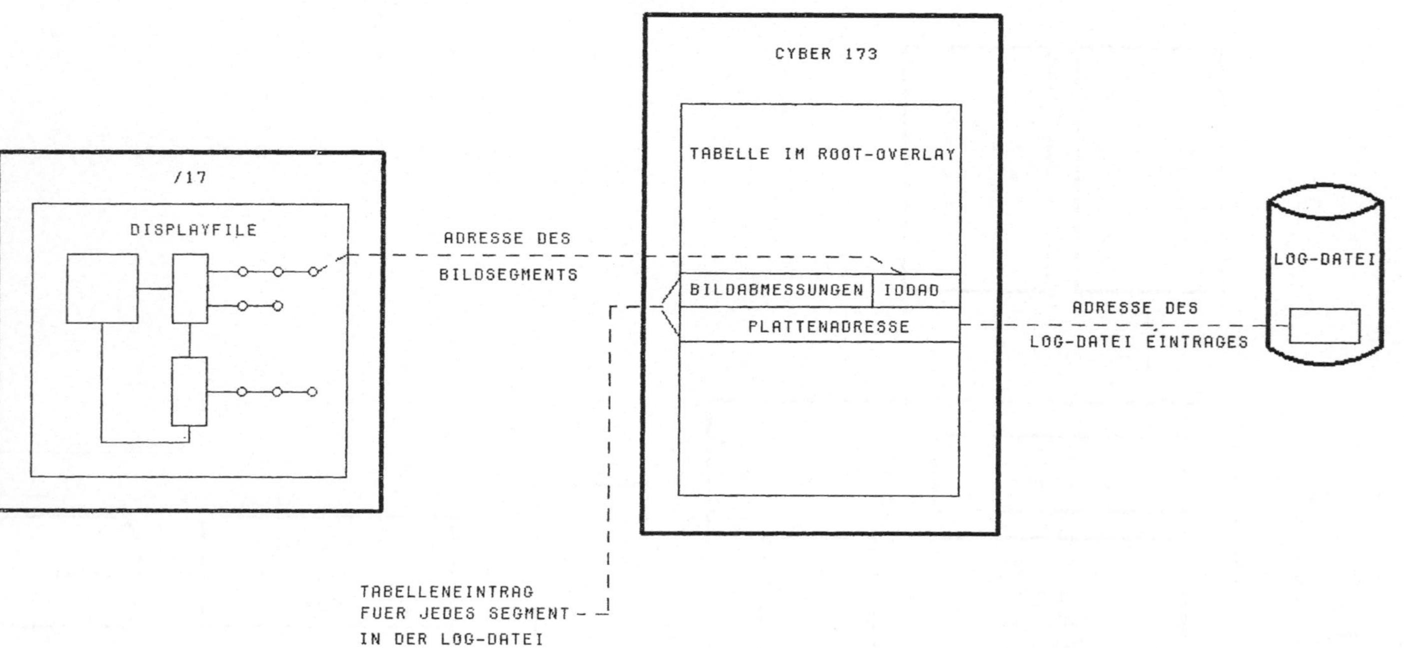

BILD 2   VERKNUEPFUNG VON DISPLAYFILE UND LOG-DATEI

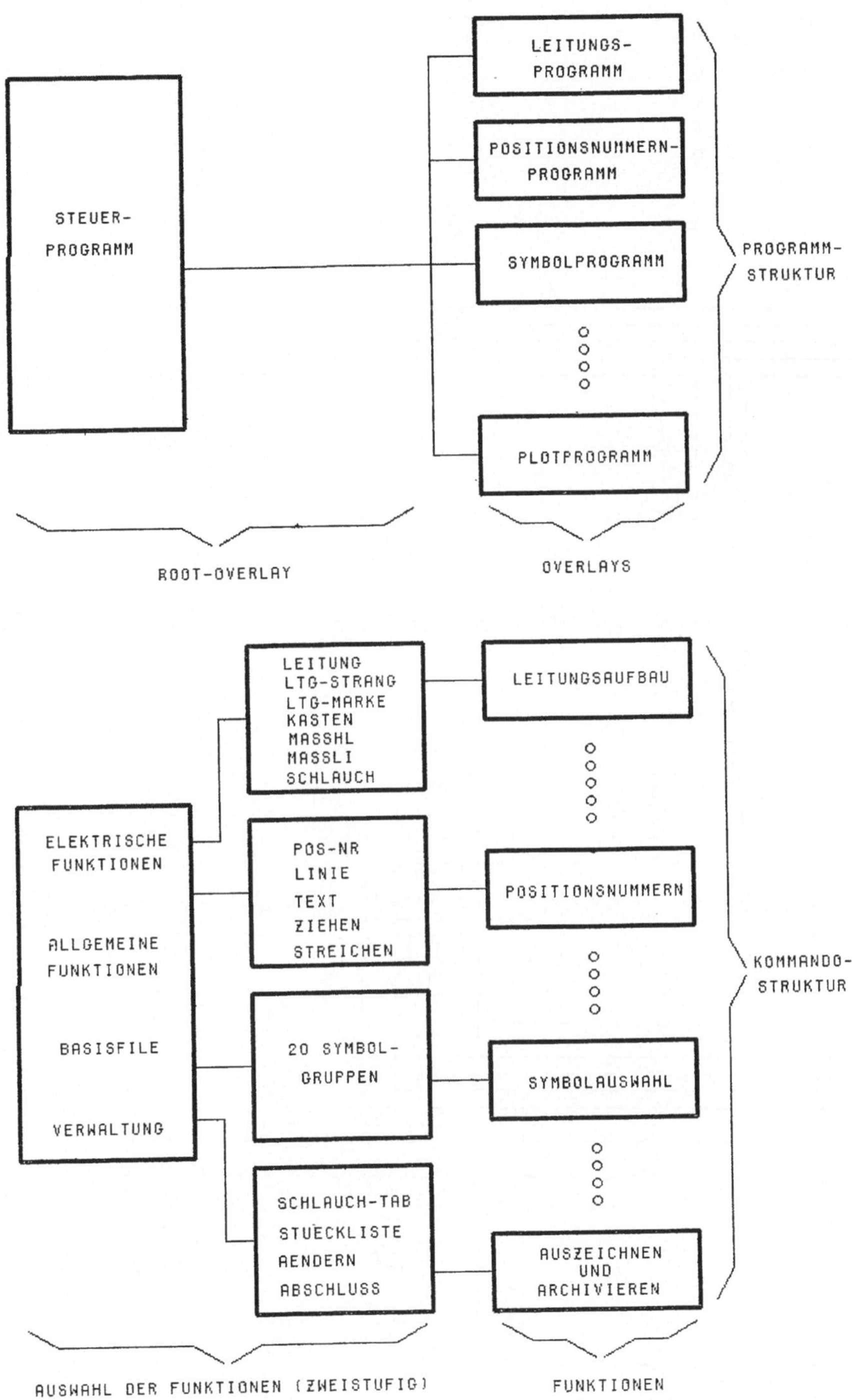

BILD 3   PROGRAMM UND KOMMANDOSTRUKTUR

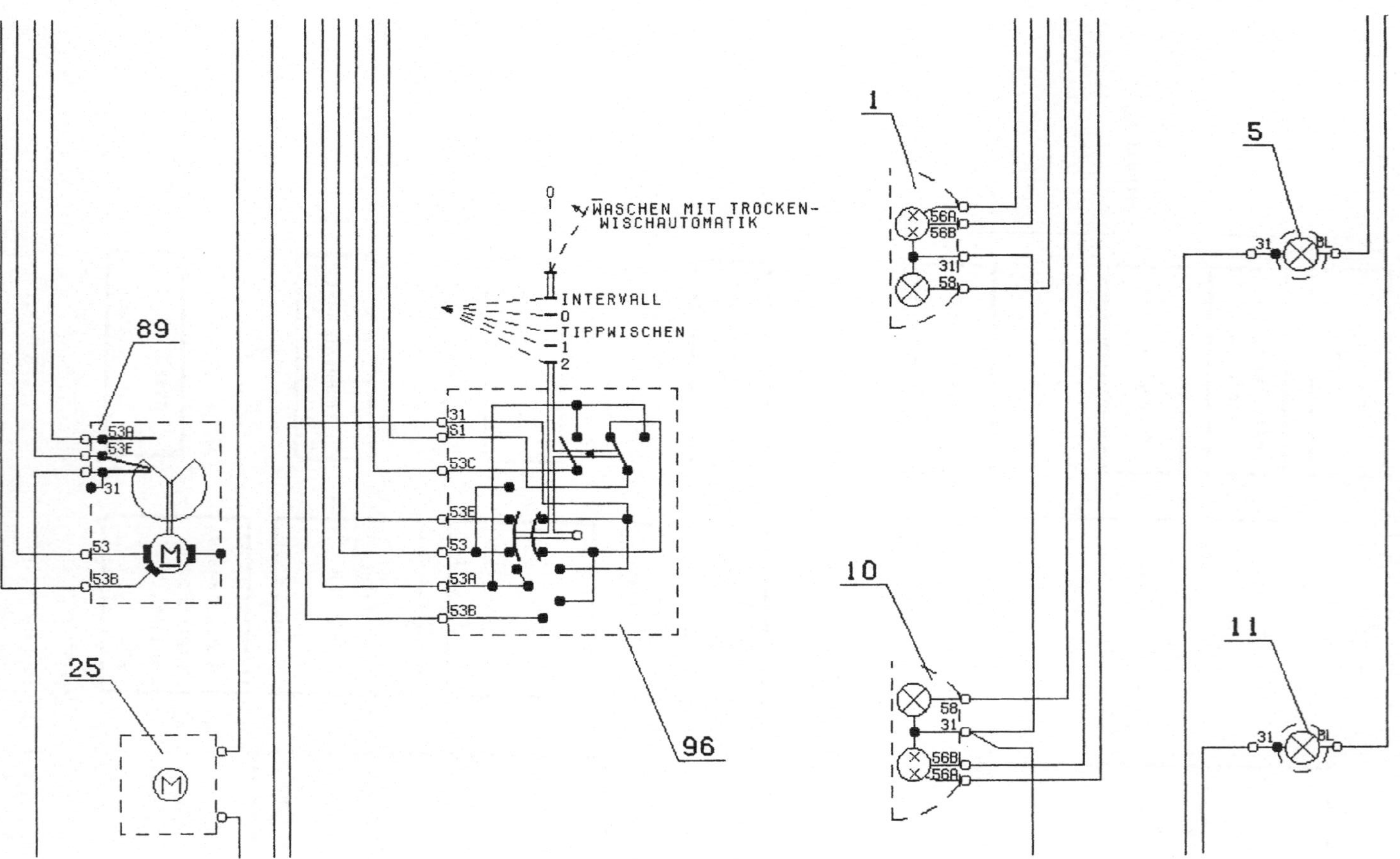

Bild 4 Ausschnitt aus einem Stromlaufplan

<u>Einige praktische Aspekte zu CAD und AI bei
verfahrenstechnischen Problemlösungen</u>

Gerhard A. Ostertag
Friedrich Uhde GmbH, Friedrich-Uhde-Straße 2,
D-6232 Bad Soden/Taunus

Das digitale Konzept heutiger Rechenmaschinen läßt lediglich eine Rechenunterstützung
der intellektuellen Tätigkeit beim Design zu, was die Aufnahme des Attributes "Aided"
in die Disziplin "Computer Aided Design (CAD)" fordert. Eine weiterreichende Übernahme intellektueller Anteile durch die Maschine wird durch die Disziplin der "Artificial
Intelligence (AI)" gefordert, wobei im Gegensatz zu CAD die praktische Nutzanwendung
kein unmittelbares Ziel ist, sondern die Simulation menschlicher Intelligenz primär
im Vordergrund steht. Erkenntnisse, die in der Disziplin AI gewonnen wurden, werden
zunehmend auch beim CAD zur Verbesserung der Module und zu deren Integration Verwendung finden.

1. <u>Vorteile einer heuristischen Vorgehensweise gegenüber einer algorithmisch-</u>
<u>modularen bei der Chemieanlagenplanung</u>

Die detaillierte Bilanzierung chemischer Anlagen wird bei Neuplanungen bereits weitgehend mit modularen Simulationsprogrammen durchgeführt[1]. Diese Programme berechnen, ausgehend von den Strömen der Einsatzprodukte, sequentiell (von links nach rechts)
eine Verfahrenseinheit nach der anderen durch. Die benötigten Informationen je Verfahrenseinheit werden einerseits teilweise aus dem Ergebnis ihrer vorausgegangenen Einheit erhalten und andererseits in Form von Randbedingungen dem Anwender abverlangt,
der diese a priori kennen muß, was leider selten zutrifft. Endprodukt- und Entsorgungs-
ströme sind hingegen bekannt. Diese a-priori-Kenntnisse können jedoch hier bestenfalls
zum Vergleich der Ergebnisse herangezogen werden. Das gleiche gilt auch für alle internen Ströme, die irgendwann fixiert und somit zu Spezifikationen erklärt wurden.
Diese Spezifikationen legen als technische Kommunikationsmittel die Fahrweise fest,
die sich im Zuge der Verfahrensentwicklung und späterer Evolutionen als sinnvoll und
optimal herausstellte.
Die in der Praxis bei der Verwendung solcher Simulationssysteme auftretenden Schwierigkeiten bestehen vor allem im Transfer dieses Know-Hows, das heißt, der Anwender
muß vertraglich festgelegte Spezifikationen in Randbedingungen (Rücklaufverhältnisse,
Bodenzahlen usw.) so übertragen, daß im Ergebnis diese Spezifikationen exakt getroffen werden.
Diese komplexe Aufgabe wird vor allem dadurch erschwert, daß jeder Modul des Simula-
tionsprogrammes nur näherungsweise eine reale Situation simulieren kann, was zwangsläufig dazu führt, daß Randbedingungen abweichend von der Realität gesetzt werden
müssen.

Der Einsatz solcher Systeme in der Praxis wird also umso schwieriger, je mehr Spezifikationen bei der Planung einzuhalten sind und je unexakter die reale Situation mittels der Mathematik beschreibbar ist. Aus dieser Sicht stellt sich die Frage, wie der Rechner diesen Teil des Planungsvorganges rationell unterstützen kann.

Historisch gesehen hat der Ingenieur wegen des oben beschriebenen Risikos - abgesehen von Verfahrensentwicklungen - den Weg einer sequentiellen Rechnung stets gemieden. Er hat sich ohne Computer, ausgehend von seinen Spezifikationen, die Randbedingungen der Einzelapparate ermittelt und diese in einem sekundären, von der Bilanzberechnung weitgehend entkoppelten Vorgang berechnet.

Ein Programm, das diese traditionelle Vorgehensweise rationell unterstützt, ist bei uns seit einigen Jahren mit Erfolg im Einsatz.

<u>Voraussetzungen</u>

Ein Programm dieser Art muß im Bilanzschema erkennen

- wo im Falle von Unterspezifikationen weitere Informationen benötigt werden und
- wo sich im Falle einer Überspezifikation Widersprüche ergeben.

Unser Programm unterstützt Unterspezifikationen durch ein mittlerweile umfangreiches Reservoir an Ante-Informationen $X_{i,j}$ (Verteilungskoeffizienten) aus früheren Planungen des gleichen Verfahrens.

Widersprüchliche Überspezifikation kann durch Spezifikationspräferenzen abgeglichen werden. Nach Abschluß eines jeden Planungsvorganges werden alle Verteilungskoeffizienten für zukünftige Zugriffe in Dateien ausgelagert, wo sie jederzeit abrufbar sind und wo sie über Bildschirm leicht mit komfortablen Datenbankprogrammen verwaltet werden können. Zur maximalen Nutzung redundanzfreier Spezifikationen wird das über die Anlagengrenzen in sich abgeschlossene Bilanznetz wiederholt nach relativ einfachen algebraischen Lösungsmöglichkeiten durchsucht.

<u>Heuristik</u>

Die in der folgenden Tabelle hierarchisch geordneten Lösungsanweisungen sind zweifach konditional, was bedeutet, daß sie nur ausgeführt werden, wenn beide Konditionen gleichzeitig erfüllt sind. Die eigentliche Suche (Heuristik) wird durch die erste Kondition gesteuert, während die zweite gewährleistet, daß nur dann eine Anweisung ausgeführt wird, wenn die informatorischen Voraussetzungen hierzu gegeben sind.

<u>Tabelle:</u> Hierarchische Anordnung zweifach konditionaler
Lösungsanweisungen

Kondition-1 Rang	Kondition-2 zur erfolgreichen Ausführung	Anweisung zur Lösung
1	Alle Ströme zweier Knotenpunkte sind bereits aufgelöst, außer deren Verbindung	$A_{i,j} = \sum_k A_{i,k\neq j} - \sum_l A_{l\neq i,j}$
2	Alle Zuströme eines Knotenpunktes sind aufgelöst	$A_{i,j} = X_{i,j} \cdot \sum_k A_{k,j}$
3	Mindestens ein Abstrom ist aufgelöst	$A_{i,j} = A_{k,j} \cdot X_{i,j}/X_{k,j}$
4	Zumindest eine Verbindung zwischen zwei beliebigen Knoten ist bekannt	$A = X\,\vec{B}$ z.B.Gauss-Elimination

Die Hierarchie der Tabelle ist absichtlich so gewählt, daß mit steigendem Rang die
Nachfrage nach Ante-Informationen wächst. Das Ziel, die maximale Ausnutzung aller
Spezifikationen, läuft auf eine Minimalisierung verwendeter Ante-Informationen hinaus.
Das Programm erreicht dies in einfacher Weise durch ein Zurücksetzen eines internen
Levels (Ranganzeigers) auf den niedrigstmöglichen Rang=1 nach jeder erfolgreichen
Ausführung einer Lösungsanweisung. Der interne Ranganzeiger wird um eins erhöht als
Folge eines einmaligen nicht-erfolgreichen Durchlaufes durch das Bilanzschema.
Die Auflösungsgeschwindigkeit, selbst großer Schemata, ist hoch, da die Suche optimiert und nur durch eine Vermerktabelle erfolgt, in der nach jeder Veränderung an
einem Knotenpunkt der Status quo vermerkt wird, aus dem das Programm jederzeit die
Kondition-2 obiger Tabelle direkt und ohne Umwandlung erkennt.
Im Monitorausdruck des Rechenablaufes sieht der Anwender alle X-Werte mit der Ortsangabe(i,j), die entweder durch eine nun sekundäre Berechnung der Verfahrenseinheit
oder durch weitere Spezifikationen zu eliminieren bzw. zu bestätigen sind, wobei
vor allem das Letztgenannte im Planungsstadium erneut den wesentlichen Zugriff zum
Know-How fordert, das bei ausgereiften Verfahren in erheblichem Umfange zur Verfügung steht und das voll in die Planung einfließen soll.

Dieses hohe Informationsangebot führt verständlicherweise zu widersprüchlichen Redundantinformationen, wenn die Informationen bei gleichem Verfahren aus leicht unterschiedlichen Fahrweisen stammen. Hieraus resultierende Diskrepanzen werden mit der
Ortsangabe ihres Auftretens ausgewiesen, wenn die verursachenden Spezifikationen
alle mit einer Präferenz von 1oo % initialisiert wurden und widersprüchliche Redundanz vorliegt. Der Anwender hat hier die Möglichkeit, durch ein Herabsetzen aller
oder einiger Präferenzen einen Lagrange'schen Bilanzabgleich zu erzielen [2], was
spontan zu einer Veränderung der verursachenden Spezifikationen führt. Die Praxis
zeigt jedoch, daß davon so gut wie kein Gebrauch gemacht wird, was andererseits für
die große Bedeutung der Spezifikation spricht. Vielmehr veranlassen die auftretenden

Diskrepanzen zur Diskussion und letztlich zur Elimination irrelevanter Redundantinformationen.

Das hier vorgestellte Programm kann und soll kein Ersatz für ein modernes Simulations-
system zur Anlagenberechnung sein. Es stellt vielmehr eine notwendige Ergänzung hierzu dar, wenn ausgereifte Verfahren mit vielen Spezifikationen und stark realem Verhalten rechnerunterstützt geplant werden müssen.

2. Verbesserung von CAD-Modulen durch Methodendiskriminierung.

Für naturwissenschaftlich-technische Phänomene gibt es oft mehrere Modelle, welche
die Realität, wie oben erwähnt, meist nur unvollkommen beschreiben. Die folgende Abbildung zeigt dies für das extreme Beispiel des zweiphasigen Druckabfalls, den ein
Dampf-Flüssigkeitsgemisch in einer waagerechten Rohrleitung verursacht. Diese Zielgröße kann heute nach 33 verschiedenen Methoden berechnet werden. Für das gezeigte Kohlenwasser-
stoffgemisch wurde die gleiche Berechnung nach den sechs bekanntesten Methoden durchgeführt.
Meßergebnisse sind nicht bekannt und zunächst auch hier nicht von Bedeutung. Verfahrenstechnische Module bestehen aus einer Vielzahl solcher Phänomene, die in Sequenz, ähnlich dem vorherigen
Beispiel, verarbeitet werden. Eine Verbesserung der oben gezeigten Situation sollte bereits hier
einsetzen. Fortschritte, die sich durch weitere Forschungen und somit durch bessere Methoden und
geklärte Anwendungsgrenzen ergeben, sind ein lang-wieriger Prozeß. Das Herleiten von Anwendungsbereichen aus dem Modell ist meist aussichtslos, da der empirische Anteil entsprechend hoch ist.

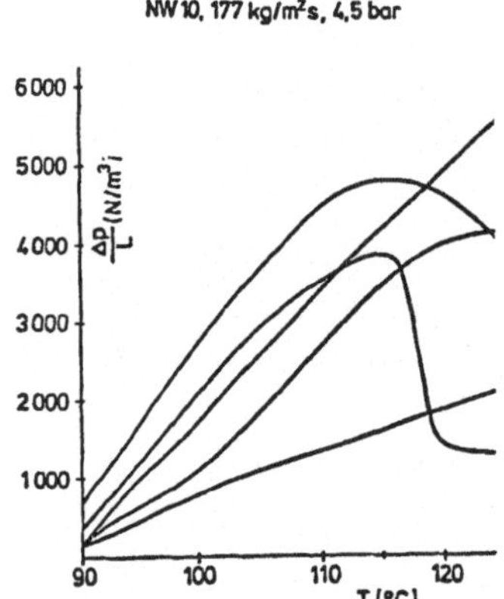

In der Vergangenheit wurden bei der Programmierung von Modulen zur Berechnung chemischer Anlagen auch parallele Methoden programmiert, deren Anwendung, basierend auf den
wenigen in der Literatur mitgeteilten Anwendungsbereichen und/oder aufgrund eigener
Erfahrungen, a priori vom Programmierer entschieden wurde. Dies führte zu unübersicht-
lichen Programmen, die intern durch eine Vielzahl von Abfragen belastet waren. Die
interne Programmsteuerung war für alle Zeiten durch den Stand des Wissens fixiert,
den der Programmierer zur Zeit der Programmerstellung hatte. Die adaptiv-lernende
Komponente, die der Mensch bei der Anwendung seiner Methoden ein Leben lang nutzt,
fehlte.
Im Prinzip kann der Rechner Erfahrungen über Methodenanwendungen ebenso sammeln,
wenn man ihn nicht ausschließlich zu a-priori-Rechnungen einsetzt, sondern ihm
erneut mit den zu diesen Rechnungen notwendigen Parametern, a-posteriori-Erfahrungs-

werte bezüglich der Zielgröße gibt. Wir sind uns natürlich der Schwierigkeiten
eines solchen Informationsrückflusses voll bewußt, die vor allem daher rühren, daß
der Nutzen zurückfließender Information klein ist, wenn diese nicht voll genutzt
wird.

Bei dem nachfolgend beschriebenen Programm [3] wird ein Status quo aufgrund neuer Erkenntnisse über die Zielgröße so gespeichert, daß er unter ähnlichen Bedingungen zur
Verbesserung des Ergebnisses beiträgt. Die Berechnung des Zweiphasendruckabfalles,
die wir hier als Beispiel wählten, wird durch 11 äußere Variable bestimmt. Eine drei-
fache Unterteilung jeder dieser Variablen zur sequentiellen Partitionierung des Para-
meterraumes, entsprechend einem Entscheidungsbaum, konnten wir uns aufgrund der $3^{11}=$
177147 verschiedenen Kombinationsmöglichkeiten aus zweierlei Gründen nicht erlauben.
Der große Speicherplatzbedarf für nur ein Phänomen ist nicht vertretbar und das Sammeln von Erfahrungen in jeder dieser Zellen offenbar aussichtslos. Wir beschränkten
uns deshalb auf die sieben wesentlichen Einflußgrößen, wovon 3 in 3 und 4 in 2 Bereiche aufgeteilt wurden, wodurch $3^3 \times 2^4 = 432$ Speicheradressen benötigt werden. Diese Adressen j lassen sich nach Gleichung (1) für die jeweils vorliegende Parameterkombination
ausrechnen:

$$j = 1 + \sum_{\gamma=1}^{\Gamma} [(\nu_\gamma - 1) \prod_{\mu=\gamma+1}^{\Gamma} \lambda_\mu] \qquad (1)$$

Die Größe j ist gleich der Record-Number, von der an die Trefferhäufigkeiten der
unter diesen Bedingungen erzielten Methodentreffer abgespeichert sind. Als Treffer
wurden 1o % Methodengenauigkeit vereinbart. Aus dem Inhalt einer Zelle, der ein Histo-
gramm darstellt, wird zusammen mit den Rechenergebnissen der acht programmierten Methoden nach Gleichung (2) ein maximal-wahrscheinlicher Wert (Expected Value) errechnet.

$$E_j = \sum_{i=1}^{m} M_i P_{i,j} \quad \bigg| \quad \sum_{i=1}^{m} P_{i,j} \equiv 1 \; . \qquad (2)$$

Die Häufigkeiten werden hierzu durch eine Normierung auf eins in Trefferwahrschein-
lichkeiten überführt. Methoden, die keinen Beitrag aufgrund dieser Statistik zu
leisten vermögen, werden natürlich nicht ausgeführt.

Formelzeichen

E	maximal wahrscheinlicher Wert
P	Methodenerfolgswahrscheinlichkeit

g a n z z a h l i g :

i	Nummer der Methode
m	Anzahl der Methoden
j	Nummer der vorliegenden Konditionskombination
γ, μ	Nummer der Einflußvariablen
Γ	Anzahl der Einflußvariablen
ν	Nummer des Bereichs, in dem sich die Variable befindet
λ	Anzahl der Bereiche je Einflußvariable

Um zumindest in der Anfangsphase den bestehenden Mangel an Meßwerten zu überbrücken,
haben wir eine zweite Datei rein subjektiv (Teach-in) aufgefüllt. Durch eine geschick-
te Anordnung der Parameter bei der Zellennummerberechnung - abnehmende Bedeutung der

Parameter im mit Gleichung (1) korrespondierenden Entscheidungsbaum - wird gewährleistet, daß im Falle einer Leerzelle die nächstmögliche Information in der nächst-
benachbarten Vollzelle zu finden ist.
Adaptiv lernende Software, die so oder anders konzipiert ist, müßte im Prinzip dazu
führen, daß die Maschine aus dieser Sicht dem Menschen überlegen wird.

3. Elementarmethoden für das freie Design

Wie bereits im ersten Abschnitt erwähnt wurde, können verfahrenstechnische Berechnun-
gen in zwei Ebenen unterteilt werden, in die
- Berechnung ganzer Anlagen und die
- Apparateauslegung.

Trotz des Trends zur völligen Integration gibt es, wie bereits diskutiert, Gründe
für diese Unterteilung.
Module zur Anlagensimulation und Programme zur Apparateauslegung beinhalten natur-
wissenschaftliche Grundphänomene, wie sie im Falle des Druckabfalles zuvor diskutiert
wurden. Viele solcher Mikros bauen diese Makros auf, die in standardisierter Form in
Chemieanlagen immer wieder vorkommen. Hierzu gehören Kolonnen, Verdampfer, Wärmetauscher usw.
Neben diesen existiert eine nicht zu unterschätzende Anzahl von Apparaten, für die
sich aus rein wirtschaftlichen Erwägungen heraus die Erstellung eigener Programme bzw.
Module nicht rentiert und zu deren Berechnung man bestehende Programme auch nicht
abwandeln möchte.
Um diese Berechnungen dennoch sinnvoll zu unterstützen, benötigt man Programme, die
sich durch eine sehr hohe Flexibilität auszeichnen.
Seit Jahren sammeln wir deshalb verfahrenstechnische Methoden, die wir in Form standardisierter Funktionen (Mikros) abspeichern und die von einem Programm in einer vom
Benutzer angebbaren Sequenz aufgerufen werden. Diese Möglichkeit erlaubt mit Einschränkungen die Simulation von Spaltöfen, Wärmetauschern verschiedenster Art, Kom-
pressoren, Pumpenkreisläufen und vieles andere mehr. Die große Beliebtheit dieses
Programmes beruht vor allem auf der Unterstützung, die dieses System durch die unten
beschriebene Stoffdatensammlung erfährt und auf der völlige Kompatabilität der benutzten Stoffströme mit den zu Beginn diskutierten Systemen.
Vom Benutzer werden lediglich die Designparameter verlangt, wozu im Falle eines be-
rippten Rohres z.B. Rippen- und Rohrabmessungen gehören. Das Programm arbeitet im
wesentlichen immer mit dem gleichen Strom, den es mit einem Mikro verändert und den
es so an den nächsten weitergibt. Bei der Simulation von Spaltöfen kann die Gasstrah-
lung in Ofenraum bei vorgegebenen Ofenabmessungen berechnet werden. Beim anschließen-
den Durchrechnen des aufzuheizenden, verdampfenden und umzusetzenden Mediums in der
Schlange werden die Gegebenheiten des Außenraumes berücksichtigt, die jedoch eine
Rückwirkung durch die nun veränderten Bedingungen des Reaktionsmediums erfahren,
was im nächsten Durchgang berücksichtigt wird. Der nachfolgende Ausdruck zeigt die

FRIEDRICH UHDE GMBH * WAERMEUEBERGANGSZAHLEN UND DRUCKABFALL IN ANLAGENTEILEN *

VERKUERZTES BEISPIEL FUER KREISLAUFBERECHNUNG ZUR KOMPRESSORAUSWAHL

#	K7	KODE	NR	L M	DI MM	ALPHA KCAL/M2HC	CJH	DELTA-P KP/CM2	P KP/CM2	T C	NSR	DURCHSATZ FLUESSIGK. KG/H	DAMPF/GAS KG/H	RE,GR	PR	STROEMUNGS-KOORDINATEN X (BAKER)	Y	> GRD.
1	1	15003	1	33.7	119.	2377	0.0	3.602E-02	266.000	45.	5	0.0	1.3188E 04	3.1260E 06	0.44	0.0	0.0	0.
2	2	15003	1	73.1	89.	4010	0.0	3.544E-01	265.964	45.	5	0.0	1.3188E 04	4.1797E 06	0.44	0.0	0.0	0.
3	3	12002	1	4.3	89.	10025	0.0	9.433E-02	265.609	45.	7	3.8582E 03	1.2760E 04	2.0657E 05	0.14	9.32E 00	7.53E 04	0.
4	4	32	1	0.0	89.	0.0	0.0	-2.858E-03	265.515	45.	7	3.8582E 03	1.2760E 04	2.0657E 05	0.14	9.32E 00	7.53E 04	0.
5	5	42	1	0.0	265.	0.0	0.0	2.571E-04	265.518	45.	7	3.8582E 03	1.2760E 04	6.9245E 04	0.14	9.32E 00	8.46E 03	0.
6	6	12002	250	15.0	17.	20017	0.0	4.492E-02	265.517	148.	7	1.8408E 03	1.4777E 04	2.4132E 03	0.19	2.87E 00	9.97E 03	0.
7	7	32	1	0.0	265.	0.0	0.0	-1.335E-04	265.472	250.	7	8.4867E 02	1.5769E 04	1.6735E 04	0.45	1.21E 00	1.11E 04	0.
8	8	42	1	0.0	89.	0.0	0.0	1.357E-02	265.472	250.	7	8.4867E 02	1.5769E 04	4.9922E 04	0.45	1.21E 00	9.92E 04	0.
9	9	12002	1	21.7	89.	5819	0.0	3.081E-01	265.459	250.	7	8.4867E 02	1.5769E 04	4.9922E 04	0.45	1.21E 00	9.92E 04	0.
10	10	32	1	0.0	89.	0.0	0.0	-4.680E-03	265.150	250.	7	8.4867E 02	1.5769E 04	4.9922E 04	0.45	1.21E 00	9.92E 04	0.
11	11	42	1	0.0	113.	0.0	0.0	4.703E-03	265.155	250.	7	8.4867E 02	1.5769E 04	3.9319E 04	0.45	1.21E 00	6.15E 04	0.
12	12	12002	78	13.2	13.	22539	0.0	7.663E-01	265.150	275.	7	5.1500E 02	1.6103E 04	2.9484E 03	0.42	7.43E-01	6.43E 04	0.
13	13	33	1	0.0	113.	0.0	0.0	-2.912E-03	264.384	300.	7	0.0	1.6618E 04	2.7643E 06	0.43	0.0	0.0	0.
14	14	43	1	0.0	89.	0.0	0.0	1.375E-02	264.386	300.	7	0.0	1.6618E 04	3.5097E 06	0.43	0.0	0.0	0.
15	15	15003	1	18.7	89.	5098	0.0	2.157E-01	264.373	300.	7	0.0	1.6618E 04	3.5097E 06	0.43	0.0	0.0	0.
16	16	33	1	0.0	89.	0.0	0.0	-3.251E-04	264.157	300.	7	0.0	1.6618E 04	3.5097E 06	0.43	0.0	0.0	0.
17	17	15103	1	5.6	1200.	1206	0.048	4.258E-01	264.157	300.	7	0.0	1.6618E 04	1.3014E 03	0.42	0.0	0.0	0.
18	18	43	1	0.0	89.	0.0	0.0	1.479E-02	263.731	300.	7	0.0	1.6618E 04	3.5097E 06	0.43	0.0	0.0	0.
19	19	15003	1	24.7	89.	5085	0.0	2.850E-01	263.716	300.	10	0.0	1.6618E 04	3.5071E 06	0.44	0.0	0.0	0.
20	20	33	1	0.0	89.	0.0	0.0	-3.253E-04	263.431	300.	10	0.0	1.6618E 04	3.5071E 06	0.44	0.0	0.0	0.
21	21	15103	1	5.6	1200.	1203	0.048	4.260E-01	263.431	300.	10	0.0	1.6618E 04	1.3005E 03	0.42	0.0	0.0	0.
22	22	43	1	0.0	89.	0.0	0.0	1.480E-02	263.005	300.	10	0.0	1.6618E 04	3.5071E 06	0.44	0.0	0.0	0.
23	23	15003	1	25.0	89.	5085	0.0	2.885E-01	262.990	300.	10	0.0	1.6618E 04	3.5071E 06	0.44	0.0	0.0	0.
24	24	33	1	0.0	120.	0.0	0.0	-2.900E-03	262.702	300.	10	0.0	1.6618E 04	2.6011E 06	0.44	0.0	0.0	0.
25	25	25003	250	15.0	120.	2017	0.0	1.464E-01	262.704	204.	10	0.0	1.6618E 04	9.9417E 04	0.42	0.0	0.0	0.
26	26	43	250	0.0	89.	0.0	0.0	1.448E-07	262.558	108.	10	0.0	1.6618E 04	1.8815E 04	0.41	0.0	0.0	0.
27	27	15003	250	24.9	89.	55.72	0.0	4.876E-06	262.558	108.	10	0.0	1.6618E 04	1.8815E 04	0.41	0.0	0.0	0.
28	28	33	250	0.0	89.	0.0	0.0	-1.876E-08	262.558	108.	10	0.0	1.6618E 04	1.8815E 04	0.41	0.0	0.0	0.
29	29	43	250	0.0	197.	0.0	0.0	5.828E-09	262.558	108.	10	0.0	1.6618E 04	8.5000E 03	0.41	0.0	0.0	0.
30	30	12002	270	10.0	12.	33039	0.0	1.519E-01	262.558	72.	10	3.6547E 03	1.2963E 04	5.2773E 03	0.15	7.60E 00	1.61E 04	0.

GESAMTDRUCKABFALL = 3.591E 00 262.406

KODIERUNGEN :

1500 = GASSTROM IN DEN ROHREN	= F(NR,DI,ROL	)
1200 = GAS/FLUESSIG IN DEN ROHREN	= F(NR,DI,ROL	)
3 = PLOETZLICHE EXPANSION	= F(DA,DI	)
4 = PLOETZLICHE KONTRAKTION	= F(DA,DI	)
1510 = GASSTROM IN EINER KONTAKTSCHICHT	= F(NR,DI,ROL,DP,EPS,METHOD	)
2500 = GASQUERSTROM UM DIE ROHRE	= F(NR,DA,ROL,DM,IRR,ASC,QFF,TAU,DELT,METHOD	)

Berechnung eines Kreislaufes, der zur Auswahl eines Kompressors durchgeführt wurde.
Das Programm errechnet als wesentliche Zielgrößen die Wärmeübergangszahl und den
Druckabfall. Allein der Druckabfall wird bei obigem Beispiel benötigt. Zeitliche Änderungen eines oder einiger Stoffe können durch reaktionskinetische Differentialglei-
chungen beschrieben werden, wobei die restliche Stöchiometrie elegant durch Matrix-
algebra gelöst wird.

Dieses System erfüllt rein organisatorisch den Zweck eines Prüfstandes für Funktionen,
die nach längerer Testphase in Makros implementiert werden können. Die Programmierer
und Anwender haben hier die Möglichkeit, die Grenzen, Stärken und Schwächen von Methoden zu testen, was bei fertigen Makros durch das Zusammenspiel nur begrenzt möglich
ist. Dieses Zusammenspiel, das in speziellen Modulen individuell für standardisierte
Makros erstellt wird, läßt sich nur schwer verallgemeinern, jedoch dürften gerade auf
diesem interessanten Gebiet Fortschritte durch interdisziplinäre Zusammenarbeit zu
erzielen sein.

4. Flexible Adressierung mit etikettierten Daten

Technisch-wissenschaftliche Datenbanken sind bezüglich ihrer Struktur fast ausschließlich aus Vektoren beziehungsweise Matrizen aufgebaut und deshalb direktadressierbar.
Die Stellung eines Datenwertes innerhalb des Vektors oder der Matrix definiert, worum
es sich bei diesem Zahlenwert handelt. Im Falle physikalisch-chemischer Stoffeigen-
schaften wurde seither mit einer großen Matrix gearbeitet [4], bei der jeder einzelne Vektor die zur Verfahrensberechnung benötigten Daten einer bestimmten chemischen
Substanz enthielt. Die Beschreibung der Eigenschaften geschah durch die Stellung des
Zahlenwertes innerhalb des Vektors. Dazugehörige Ambiantkonditionen wurden hierbei
entweder implizit fixiert oder auf einen Folgeplatz abgespeichert, der per Definition dafür vorgesehen war.

Der niedrige Informationsgehalt einer solchen Direktadressierung führt zwangsläufig
zu einer Reihe von Nachteilen, die durch den Vorteil eines schnellen Zugriffes in
Zeiten fallender Rechenkosten kaum aufgewogen werden.

Die Nachteile sind folgende:

Die Datenvektoren entwickeln sich historisch, da eine für alle Zeiten geltende Vor-
planung rein organisatorisch kaum durchführbar ist. Tabellenlängen müssen im voraus
festgelegt werden, was dazu führt, daß sie bei vielen Substanzen infolge mangelnder
Meßwerte nicht ausgefüllt werden können, während sie bei Stoffen mit technologischer
Bedeutung nach einiger Zeit zu klein bemessen sind. Datenbanken in Matrixform müssen
deshalb bezüglich der Eigenschaften und der neu hinzukommenden Stoffe häufig erweitert werden.

Vor dem Abspeichern müssen alle Daten in die vereinbarten Dimensionen umgewandelt
und mittels naturwissenschaftlicher Beziehungen auf die vereinbarten Ambiantbedin-
gungen umgerechnet werden. Diese Inter-und Extrapolationen sind von der Brauchbar-
keit solcher Beziehungen abhängig. Jeder Fortschritt, der in dieser Hinsicht in

Zukunft erzielt wird, kann nicht wahrgenommen werden, da es kaum möglich ist, den Meßwert zusätzlich in seiner ursprünglichen Form festzuhalten. Die Datenerfassung benötigt qualifiziertes Personal. Interdisziplinäre Zusammenarbeit erfordert Absprachen in Gremien, in denen Art und Ausmaß der Speicherung abzustimmen sind, was vor allem späteren Änderungen erschwert.

Basierend auf diesen und ähnlichen jahrelangen Erfahrungen haben wir uns zu einer neuen Konzeption entschlossen, die alle diese Nachteile bewußt vermeidet, die aber der Schnelligkeit und Kompatibilität wegen auf das ursprüngliche System zurückführt und somit dieses unterstützt. Diese Stoffdatenbank soll nachfolgend in ihrem Prinzip erläutert werden [5].

Die neue strukturierte große Stoffdatenbank ist aus Sätzen aufgebaut, die jeweils ein Lochkartenimage enthalten. Jeder Satz, beziehungsweise jede Folge von Sätzen, enthält am Beginn eine Kennung von vier Zeichen, die einen allgemeinen Bezug zu Hilfsdateien herstellt, die für das Retrieval der nachfolgenden Stoffdaten verwendet werden. Danach sind Plätze vorgesehen, auf denen mitgeteilt wird, wieviele Daten davon betroffen und nach welchem Format diese abgespeichert sind. Weitere Informationen über den Aufbau verwendeter Etiketten zur Datenbeschreibung folgen. Die Formatierung der Daten ist flexibel, da sie als Object-Time-Formate in einer Hilfsdatei vereinbart werden können. Die Daten selbst sind mit Etiketten versehen, die nach bestimmten Regeln aufgebaut sind und ein oder mehrere Daten beschreiben. Das Etikett besteht aus mehreren Teilen, wobei, wie im Falle eines zweiteiligen Etiketts, der erste Teil die Bedeutung und der Rest die Dimension des Datums definieren. Beispielsweise beschreibt das Etikett

        TKC   xxxx   den Wert   xxxx
        mit TK als kritische Temperatur   (Teil-1)
        und mit TC diese Temperatur in Grad Celsius   (Teil-2)

Desgleichen wird durch

        PMT   xxxx   der Wert   xxxx
        mit PM als Schmelzdruck und   (Teil-1)
        mit PT als Druck in Torr gekennzeichnet   (Teil-2)

Das Datenprogramm liest diese Daten in einen Vektor optimaler Länge aus, wobei der Teil-1 die Stellung innerhalb des Vektors festlegt während der Teil-2 die Umrechnung in die Zieldimension vornimmt. Die durch Teil-1 hervorgerufene Transaktion und die durch Teil-2 vorgenommene Konversion werden durch Hilfstabellen mit sehr einfachem Aufbau durchgeführt. Sind Teile des Etikettes nicht in der Transaktionsfile enthalten, so bleibt das entsprechende Datum unaufgelöst. Diese Vorgehensweise hat den Vorteil, daß nur problemrelevante Daten ein Retrieval erfahren. Auf diese Weise ist es uns möglich, die verschiedensten technischen Programme mit Daten aus dem gleichen Großspeicher zu versorgen, der zentral und/oder dezentral, jedenfalls vom Problem entkoppelt, mit Daten versorgt wird. Die Qualifikation des zum Datenspeichern notwendigen Personals kann wegen der entfallenden Aufbereitung zumindest beim Verarbeiten von Sekundärliteratur geringer sein. Die Verarbeitung von Ambiantinformationen entspricht dem Verarbeiten von Tabellen und geschieht im Falle einer Dampfdruckkurve wie folgt:

    PVT xxxx * TC xxxx * PT xxxx * TC xxxx * PT xxxx * TC ....

Mit PV, dem Dampfdrucketikettanteil, wird über die Transaktionsfile der Anfangspunkt
im Vektor gefunden. Der Anteil PT wandelt zum Beispiel den Wert von Torr in Bar um,
abhängig davon, was in der Konversionsfile für PT festgelegt wird. Das nachfolgende
Etikett * TC enthält zwei Informationen, nämlich den Stern, der besagt, daß der Wert
als Ambiantbedingung auf einen Folgeplatz in den Vektor gehen soll, und den Anteil TC,
der den Wert als Temperatur in der Einheit Celsius erklärt, wodurch eine Konversion
vorgenommen wird. Beim Fortschreiben der Tabelle muß für nachfolgende Dampfdruckwerte
nur noch der Konversionsanteil geschrieben werden, während der Transaktionsteil wegen
der gewünschten Speicherung auf einem Folgeplatz aus einem Stern besteht. Würde man
hier statt * PT wiederholt PVT schreiben, so würden diese Werte im Vektor immer wieder
den Anfang überschreiben.

Übergeordnet ist den vorgenannten Arten von Zuordnungen bzw. Kennzeichnungen die Zuordnung von Sätzen zu einer chemischen Verbindung oder zu einem Gemisch bestehend aus
chemischen Verbindungen. Diese Kennzeichnungen werden als Satz den zu diesem Über-
griff gehörenden Datenkarten vorangestellt, die als geschlossenes Paket durch den Beginn eines folgenden neuen Übergriffs abgeschlossen werden. Eine chemische Verbindung wird dabei durch eine "Wiswesser-Line-Formular-Chemical-Notation (WLN)"(6) gekennzeichnet, einer Methode zur Linearisierung chemischer Strukturformeln, die das
übliche 48-Charakter-Set verwendet. Diese eindeutige Zeichenkette wird intern in eine
Zahl umgesetzt, die entsprechend der Zellennummer nach Gleichung (1) errechnet wird.
Diese Zeichenkette ist vom Programm her nicht begrenzt, da dieses beim Überschreiten
der Grenze zur internen Zahlendarstellung beliebig viele Überläufe handhabt, wobei das
Zahlenäquivalent das nicht darstellbare Produkt dieser nun darstellbaren Faktoren
ist. Diese Umwandlung wird für alle Stoffe bei der Compilation der Datenbank und bei
jedem Retrieval für die abgerufene Substanz vollzogen. Der Benutzer arbeitet ausschließlich mit dem WLN-Kode und merkt davon nichts. Das Programm nimmt neue Daten in
die Stammdatei über eine Updating-File auf, die in ihrem Aufbau identisch ist. Durch
das Voranstellen des WLN-Kodes finden die Daten automatisch ihren Platz in der Stammdatei. Für Stoffe, die noch nicht in der Stammdatei enthalten sind, werden die Daten
in eine Reservedatei ausgelagert, wo sie anschließend von einem Chemiker mit einer
Adresse für die Stammdatei versehen werden, wodurch ein Einschub ermöglicht wird.
Wir bemühen uns, chemisch verwandte Stoffe unmittelbar aufeinanderfolgend einzu-
speichern.

Bei diesem Updateing-Vorgang geben wir immer wieder den Namen der Substanz mit ein.
Stimmt bei gleichem Kode auch der Name überein, so wird die Botschaft "PERFECT-NAME
—MATCH" ausgedruckt. In diesem Falle wird der Name nicht erneut mit aufgenommen.
Stimmt der Name nicht überein, so zeigt die Botschaft:"CAUTION-ALIAS-ENTRY" an,
daß hier unter Umständen ein Mißverständnis vorliegt. Meist handelt es sich doch

um einen der vielen Alias-Namen, der dann mit in die Stammdatei aufgenommen wird.
Wir werden in Zukunft die Compilation sowohl nach dem WLN-Kode als auch nach sämt-
lichen Alias-Namen durchführen, wodurch die Daten auch dem WLN-Unkundigen zugänglich
werden. Schwierigkeiten gibt es dabei nicht, da ein Name niemals für mehrere
Substanzen steht.

Abschließend möchten wir darauf hinweisen, daß diese Datei nicht auf physikalisch-
chemische Stoffdaten beschränkt ist, sondern überall dort einsetzbar ist, wo Zahlen-
werte stark unterschiedlicher Bedeutung mit unterschiedlichen Dimensionen in einer
großen Datenbank zusammengefaßt werden sollen. Das heißt, die Datenbank mit etikettier-
ten Daten schließt eine Lücke im technisch-naturwissenschaftlichen Zweig. Der Nachteil
vieler Retrieval-Systeme besteht im mangelnden Zugriff auf die zahlenmäßige Information als Basis zur Weiterverarbeitung.

Im vorliegenden Beitrag sollten an einer Auswahl von Beispielen unsere Bemühungen
um mehr Flexibilität gezeigt werden. Obwohl es sich nur um den Nachvollzug bekannter, jedoch komplexer Tätigkeiten handelt, ist es auch hier schwierig, eine akzepta-
ble Software zu gestalten. Ideen, die bei dieser Software Verwendung fanden, sind
teilweise Wissenschaftszweigen entnommen, deren ausschließliches Ziel die maschinelle
Simulation humaner Intelligenz ist. Es bleibt für die Zukunft zu hoffen, daß ähnliche oder gleiche Bemühungen in verschiedenen Wissenschaftszweigen synergetische
Effekte bezüglich der Methodologien verursachen.

Der Geschäftsleitung der Friedrich Uhde GmbH sei an dieser Stelle für die Freigabe
zur Veröffentlichung gedankt.

Literatur:

[1] Hughson,R.V.,Steymann,E.H.;Chem.Eng.,Sept.17,(1973)S.134
[2] Hartmann,K.(Hrsg.): Analyse und Steuerung von Prozessen der Stoffwirtschaft,
    Berlin:Akdademie Verlag 1971,S.717/726
[3] Ostertag,G.;Chem.-Ing.-Tech.48(1976)Nr.9,S.783/784
[4] Ostertag,G.,et all;CZ-Chem.-Tech.2(1973)S.191/197
[5] Neumann,K.K.,Ostertag,G.;erscheint in Chem.-Ing.-Tech.
[6] Smith,E.G.:The Wisswesser Line-Formular Chemical Notation;Mc Graw-Hill
    Book Company,New York usw.1968

<u>SIMFLEX - Ein Softwaresystem zur interaktiven graphischen Erstellung und</u>
<u>Steuerung von Modellen flexibler Fertigungssysteme</u>

A. Reinhardt
Institut für Angewandte Informatik
Technische Universität Berlin

<u>Kurzfassung</u>
Der Beitrag beschreibt ein Modellierungssystem für flexible Fertigungssysteme. Der Aufbau eines Baukastensystems erlaubt die Untersuchung des Materialflusses in alternativ strukturierten Fertigungssystemen. Die interaktiven
graphischen Eigenschaften ermöglichen realitätsnahe Modellexperimente mit
Hilfe eines Sichtgerätes.

1.   Einführung

Die Entwicklung flexibler Fertigungssysteme wird derzeit stark vorangetrie-
ben, um im Bereich der Mittel- und Kleinserienfertigung automatisch und
wirtschaftlich fertigen zu können. Flexible Fertigungssysteme bestehen aus
einer "Reihe von Fertigungseinrichtungen, die über ein gemeinsames Steuer-
und Transportsystem so miteinander verknüpft sind, daß einerseits eine
automatische Fertigung stattfinden kann, andererseits innerhalb eines gegebenen Bereiches unterschiedliche Bearbeitungsaufgaben an unterschiedlichen
Werkstücken durchgeführt werden können" [1]. Die Erstellung dieser
Systeme ist mit hohem Aufwand an Entwicklungszeit und -kosten verbunden
und setzt daher rationale Entscheidungen über Entwurfsalternativen voraus.

Simulationsmodelle werden immer häufiger als kostengünstige und zeitraffende
Hilfsmittel für die Planung, Verbesserung und Leistungsbestimmung dieser
komplexen Systeme eingesetzt. Zur Steigerung der "Vertrauenswürdigkeit der
Simulatoraussagen" [2] ist es sinnvoll, Vorteile des realen Experimentes,
wie z.B. Interaktionsmöglichkeiten mit gegenständlichen, dynamischen Objekten
in der abstrakten Modellebene angemessen zu berücksichtigen. Zur Analyse
des Materialflusses in alternativ strukturierten Fertigungssystemen wurde deshalb das Softwaresystem SIMFLEX unter zwei Zielsetzungen entwickelt:

(1) Ein Modellierungssystem soll es erlauben, Modelle unterschiedlich strukturierter Fertigungssysteme aus einer definierten Menge von Bausteinen mit einheitlichen Schnittstellen aufzubauen.

(2) Simulationsmodelle sollen realitätsnahes Experimentieren erlauben. Sie müssen daher interaktive graphische Eigenschaften besitzen, die den Aufbau und das zeitliche Verhalten flexibler Fertigungssysteme sinnfällig darstellen und so die Voraussetzung für situationsgerechtes Handeln schaffen. $\underline{/\,3\,\underline{/}}$

2. Eigenschaften des Modellierungssystems

2.1. Das Baukastensystem

Flexible Fertigungssysteme lassen sich in Funktionseinheiten gliedern, die über Material- und Informationsfluß gekoppelt sind. Werkstückträger in der Form codierter Paletten werden als temporäre Baukastenelemente abgebildet. Diese werden in das System eingebracht und nach Ausführung einer Folge von Transport-, Speicher- und Operationsfunktionen wieder ausgeschleust. Ausgehend von den Verknüpfungseigenschaften der Teilsysteme werden zwei Klassen von Grundelementen bereitgestellt:

a) Stationen, die an den temporären Elementen Transport- und Operationsfunktionen ausführen. Ihre räumliche Anordnung beschreibt die Struktur flexibler Fertigungssysteme.

b) Förderspeicher, die Stationen materialflußmäßig verbinden und zugleich die Funktion der Werkstückspeicherung übernehmen.

Für die Entwicklung dieser strukturbildenden Elemente wurden verkettungsfähige Baueinheiten als Vorlage benutzt. Die Untergliederung dieser Grundelemente nach ihren typspezifischen Funktionen ergibt die Gesamtheit der Baukastenelemente bzw. das Baukastensystem, das zur Beschreibung des automatischen Werkstückflusses und zur Erfüllung der Fertigungsaufgaben erforderlich ist. Die nachfolgende Funktionsbeschreibung ordnet die Modellelemente der Klasse STATION in Operationsstationen und Transportstationen.

Operationsstationen	Funktion
AUFSPANNSTATION	Aufspannen von Werkstücken auf Paletten, Palettencodierung
ARBEITSSYSTEM	Ausführen von Arbeitsvorgängen an palettierten Werkstücken, Aktualisieren der Palettencodierung
ENTSPANNSTATION	Trennen von Werkstück und Palette
ZENTRALSTATION	Aktualisieren der Palettencodierung, Wiedereinschleusen palettierter Werkstücke aus einem zentralen Wartebereich

Transportstationen	Funktion
SAMMELWEICHE	Palettierte Werkstücke aus zwei Eingängen übernehmen und über einen Ausgang weiterleiten
VERTEILWEICHE	Palettierte Werkstücke aus einem Eingang übernehmen und abhängig von der Palettencodierung über zwei alternative Ausgänge weiterleiten
KREUZWEICHE	Palettierte Werkstücke aus zwei Eingängen übernehmen und abhängig von der Palettencodierung über zwei alternative Ausgänge weiterleiten
TRANSPORTER	Palettierte Werkstücke aus räumlich getrennten Operationspfaden nach vorgegebenen Steuerkriterien übernehmen und abhängig von der Palettencodierung an m Operationspfade weiterleiten

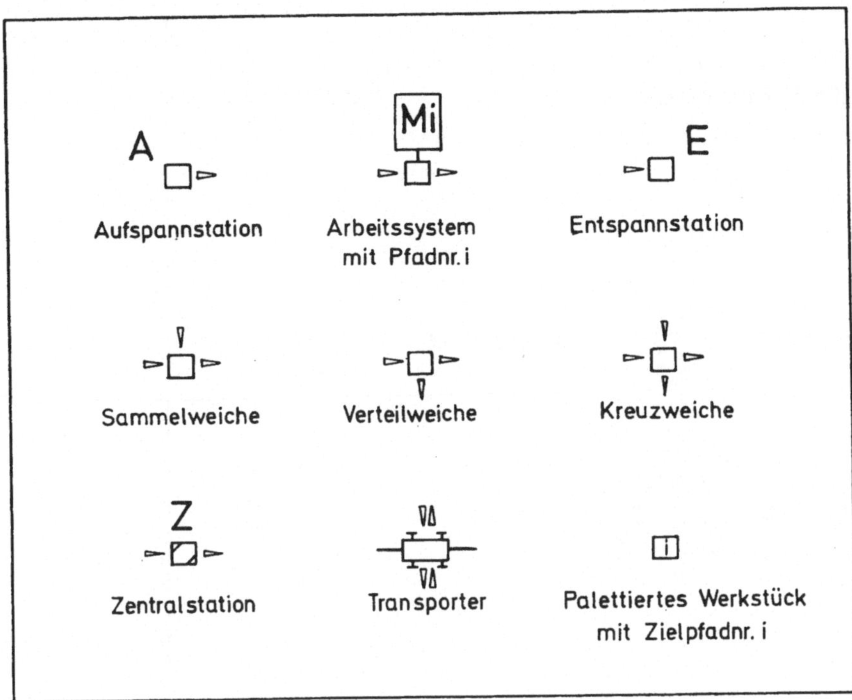

<u>Bild 1:</u>   Baukastenelemente: Stationen, palettiertes Werkstück

FOERDERSPEICHER werden unterschieden in Elemente, die Werkstücke sequentiell oder wahlfrei zwischen Stationen bewegen und speichern.

<u>Förderspeicher</u>	<u>Funktion</u>
SQ-FOERDERSPEICHER	Gerichtete, sequentielle Bewegung und Speicherung palettierter Werkstücke zwischen zwei Stationen.
WF-FOERDERSPEICHER	Transport und Speicherung palettierter Werkstücke zwischen zwei bis vier Stationen mit wahlfreiem Zugriff.

In Bild 1 und 2 sind die Baukastenelemente in ihrer geometrischen Form zusammengestellt.

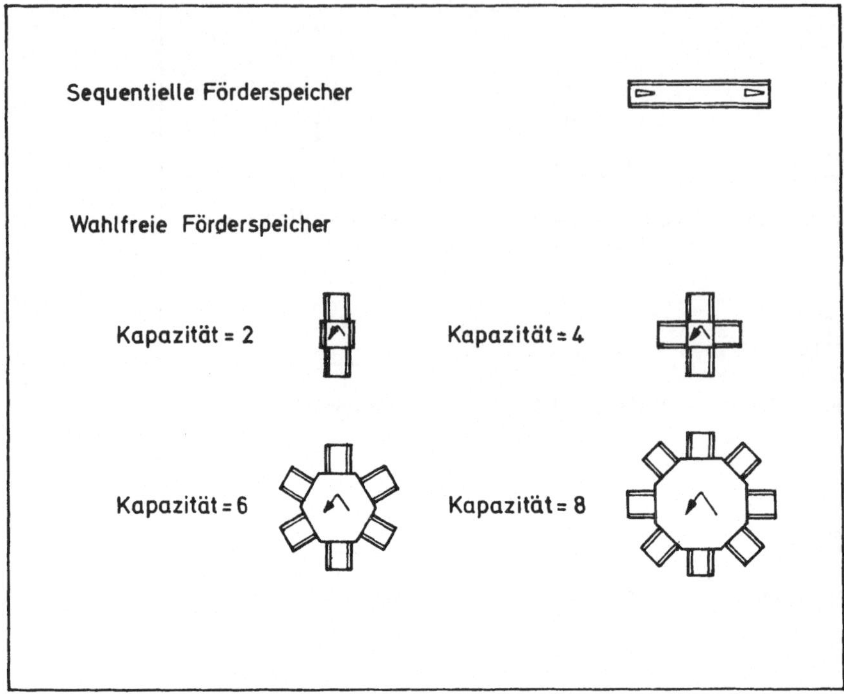

Bild 2:   Baukastenelemente: Förderspeicher

2.2   Operations- und Transportpfade als Strukturmerkmale

Die Anzahl und die Anordnung der Operationsstationen legen die Grundstruktur für den Werkstückfluß fest. Unabhängig von den Übergangsbeziehungen zwischen den Operationsstationen ist zunächst deren engere Umgebung zu betrachten. Für eine flexible Ablaufsteuerung werden Operationsstationen mit Eingangs- und Ausgangspuffer versehen, die die Übernahme von Werkstücken aus einem Transportsystem und deren Weiterleitung gestatten. Das Subsystem aus Operationsstation und Ein-/Ausgangspuffer soll hier als Operationspfad bezeichnet werden. Gekennzeichnet mit einer Operationspfadnummer, die gleichzeitig die Eignung der Operationsstation für bestimmte Operationen angibt, stellt es die von den Paletten anzulaufende Systemeinheit dar. Die Zuordnung von palettierten Werkstücken und Operationsstationen läßt sich dann über die Übereinstimmung von Palettencodierung und Operationspfadnummer steuern.

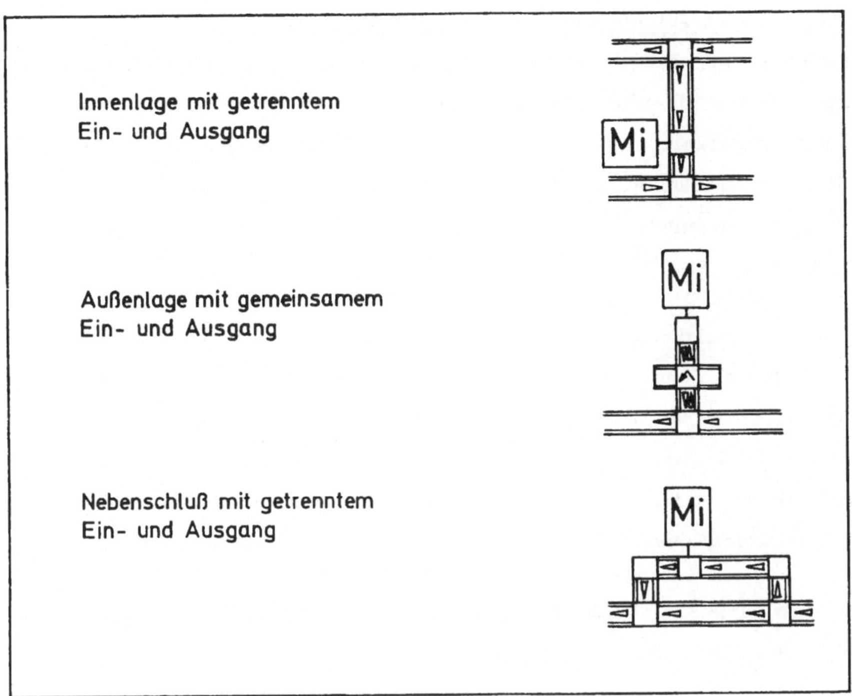

Bild 3:   Zuordnung von Operations- und Transportpfaden

Die Verbindung der Operationspfade wird über Transportpfade realisiert, die aus Weichen, Förderspeicher und Transportern aufgebaut sind. Die Operationspfade können durch die Art ihrer Anschlüsse und ihre Zuordnung zu den Transportpfaden in drei Typen /̲4̲/ unterschieden werden, die in Bild 3 dargestellt sind:

a)   Innenlage mit getrenntem Ein- und Ausgang

Zwei Förderspeicher und eine Operationsstation bilden den Operationspfad. Der Eingangsspeicher kann in sequentieller oder wahlfreier Zugriffsart auf Werkstücke ausgeführt sein. Der Operationspfad hat getrennte Ein- und Ausgangsanschlüsse und liegt innerhalb zweier Haupttransportpfade.

b)   Außenlage mit gemeinsamem Ein- und Ausgang

Der Operationspfad besteht aus einer Operationsstation und einem Förderspeicher, der in wahlfreier Zugriffsart ausgeführt sein muß. Die Anschlüsse des Pfades sind durch den gemeinsamen Förderspeicher vorgegeben. Der Operationspfad liegt außerhalb des Haupttransportpfadsystems.

c)   <u>Nebenschluß mit getrenntem Ein- und Ausgang</u>

Zwei Förderspeicher und eine Operationsstation bilden zusammen mit zwei Eck-
weichen den Operationspfad. Wie unter (a) kann der Eingangsspeicher in wahlfreier Zugriffsart ausgeführt sein. Der Operationspfad hat zwei getrennte Anschlüsse und liegt im Nebenschluß zum Haupttransportpfad. Bei hoher Übergangshäufigkeit zwischen angrenzenden Operationspfaden können diese, direkt
miteinander verbunden, das Haupttransportpfadsystem entlasten.

Durch die räumliche Anordnung von Operationspfaden in unterschiedlicher Ausführungsform und deren Verbindung über Transportpfade werden Modelle unterschiedlich strukturierter Fertigungssysteme aufgebaut. Die Führung der Transportpfade und ihre Zusammensetzung aus Weichen und Förderspeichern, ver-
fahrbaren Transportern, oder die Ausführung in Mischformen, bestimmen das
Verhalten des Werkstückflusses und die Möglichkeiten der Ablaufsteuerung.

Zur Charakterisierung des Strukturprinzipes werden Systembeispiele erläutert,
die sich in folgenden Merkmalen unterscheiden:

- Anzahl der Arbeitssysteme (Mi)
- Anordnung der Operationspfade (I=Innenlage, A=Außenlage,
  N=Nebenschluß)
- Ausführungsform der Werkstückpuffer (S=sequentiell, W=wahlfrei)
- Ausführungsform des Transportpfadsystems (F=Weichen und För-
  derspeicher, T=Transporter)
- Entlastungsmöglichkeiten für Operationspfade in der Form von Um-
  wegen (U) oder gezieltem Werkstückabruf aus einem zentralen
  Zwischenlager mit sequentiellem (S) oder wahlfreiem (W) Werk-
  stückzugriff der Zentralstation.

Drei Arbeitssysteme (M3), die unterschiedliche Fertigungsaufgaben charakterisieren und damit unterschiedliche Arbeitsvorgänge an palettierten Werkstücken
verrichten, werden mit einer Aufspannstation A und einer Entspannstation E
zu unterschiedlich strukturierten Fertigungssystemen verkettet (Bild 4).

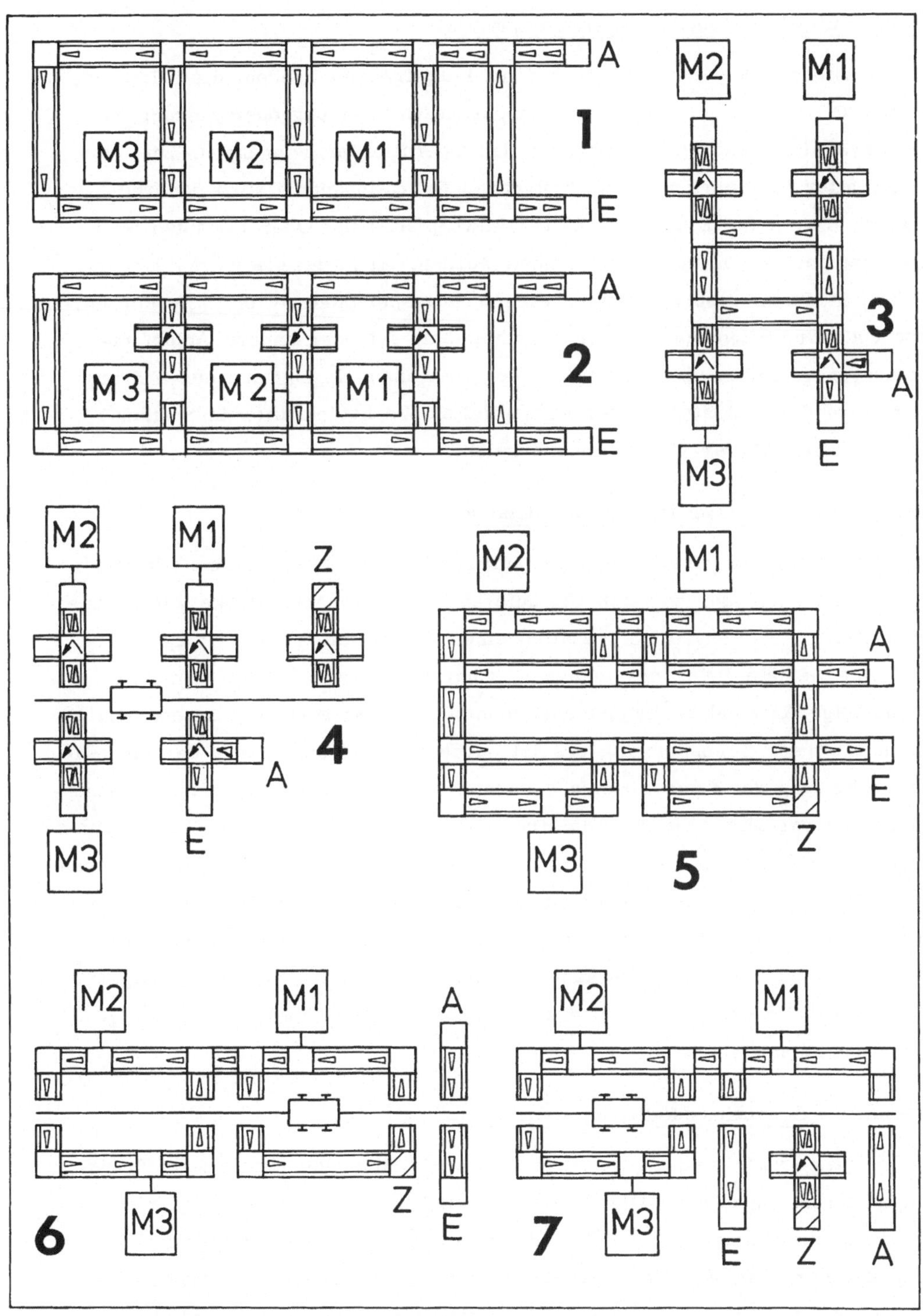

Bild 4:   Beispiele alternativer Systemstrukturen

Systeme mit innenliegenden Operationspfaden

Die Operationspfade liegen zwischen zwei Haupttransportpfaden, die palettierte Werkstücke zu- und abführen. Eine temporäre Überlastung oder Störung an Arbeitssystemen bewirkt Stauungen an den Operationspfadeingängen. Die Versorgung aller in Flußrichtung nachfolgenden Operationspfade wird dadurch blockiert. Durch die Einführung eines Umwegpfades um Operationspfad M 3 können temporäre Engpässe überwunden werden. Abgewiesene Werkstücke laufen dann in einem geschlossenen, äußeren Transportpfadring um, bis der entsprechende Operationspfad wieder aufnahmefähig ist oder andere Ablaufentscheidungen getroffen sind. Eine flexible Maschinenbelegung aus den Eingangslagern wird durch Austausch der sequentiellen Werkstückpuffer in System 1 durch wahlfreie Puffer in System 2 erreicht.

Systeme mit außenliegenden Operationspfaden

In System 3 sind die Operationspfade außerhalb eines geschlossenen Transportringes angeordnet, der zugleich Umläufe abgewiesener Werkstücke zuläßt. Die Vorlager der Arbeitssysteme gestatten einen wahlfreien Werkstückzugriff und damit eine flexible Belegungssteuerung. Charakteristisch ist der minimale, zahlenmäßige Aufwand an Baukastenelementen und der geringe Platzbedarf. In System 4 ist der Transportring ersetzt durch einen Transporter, der die einzige Verbindung der Operationspfade darstellt. Die Geschwindigkeit des Transporters und vor allem die Auswahlstrategie der Transportaufträge hat bestimmenden Einfluß auf das Systemverhalten. Die räumliche Anordnung der Operationspfade gibt die Transportentfernungen und damit die Übergangszeiten zwischen den Arbeitsvorgängen vor. Die Einrichtung eines Zentralspeicherbereiches gewinnt an Bedeutung als Ausgleichslager bei hoher Übergangshäufigkeit zwischen den Arbeitssystemen und bei Engpässen durch überlastete oder gestörte Operationspfade.

Systeme mit Operationspfaden im Nebenschluß

Die Operationspfade sind in System 5 auf zwei Seiten des gestreckten Transportpfadringes angeordnet. Die direkte Verbindung zwischen den Pfaden mit den Operationsstationen M1 und M2 entlasten das Haupttransportsystem. Zur Minderung der Umlaufhäufigkeit abgewiesener Werkstücke ist ein Zentralspeicher aufgebaut. Bei gezieltem Werkstückabruf führt der mit sequentieller

Zugriffsart ausgeführte Zentralspeicher jedoch zu erhöhten Werkstückumläufen, weil alle in Flußrichtung vor dem abgerufenen Teil liegenden Elemente ebenfalls in den Transportring geschleußt werden müssen. Dies wirkt sich insbesondere dann negativ aus, wenn das Transportsystem durch einen Transporter ersetzt wird (System 6). Der Einsatz eines Zentrallagers mit wahlfreiem Zugriff erhöht die Verfügbarkeit des Transportsystems und zugleich die Flexibilität der Ablaufsteuerung (System 7).

2.3. Die Kommunikationsstruktur

Die graphische und logische Verknüpfung der Baukastenelemente führt zum Abbild von Gestalt, Funktion und Zeitverhalten materialflußverketteter Fertigungssysteme. Organisations- und Steuerelemente bilden zusammen mit dem Baukastensystem das Modellierungssystem, das die Entwicklung und den Betrieb von Systemmodellen ermöglicht. Im einzelnen werden folgende Funktionen dargestellt:

Organisations- und Steuerelement	Funktion
STRUKTURVERKETTUNG	Logische Erzeugung und Verkettung von Baukastenelementen zu Fertigungssystemmodellen nach Strukturdaten; Initialisierungsfunktion.
AUFTRAGSORGANISATION	Bereitstellung und Verwaltung von Auftragselementen nach vorgegebenen Auftragsdaten; Bereitstellung von werkstückbeschreibenden Datensätzen für die Ablaufsteuerung.
ABLAUFSTEUERUNG	Automatische Ablaufsteuerung nach Parametern, die über die Steuerdatei oder direkte Interaktion vorgegeben sind; Bestimmung einzulastender Aufträge; Aktualisierung globaler Systemgrößen und Sollwertvorgabe an lokale Baukastenelemente.
PROTOKOLLEINRICHTUNG	Erzeugung von Zustandsprotokollen, Zwischenberichten und statistischen Zeitreihen zur Beschreibung des Systemverhaltens.

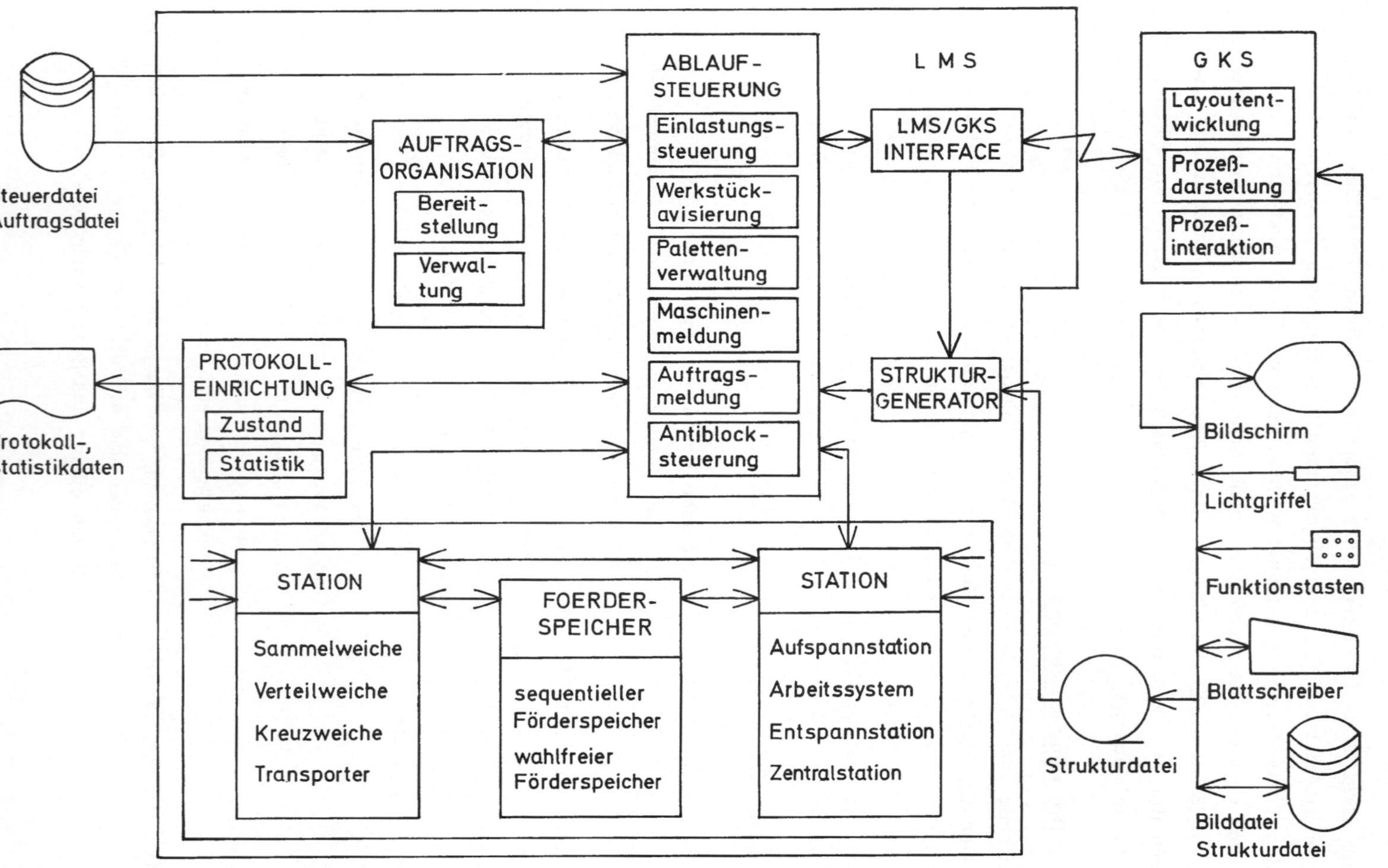

Bild 5: Kommunikationsstruktur des Softwaresystems SIMFLEX

GKS
(Graphisches Kommunikationssystem)

Erzeugung von Baukastenelementen und Darstellung von Systemstruktur und -prozeß auf
dem Bildschirm; Kommunikationssteuerung
zwischen Modellsystem und Benutzer.

Der Informationsfluß in einem aufgebauten Modellsystem läuft in zwei hierarchisch geordneten Ebenen ab (Bild 5). In der unteren Ebene der Baukastenelemente kommunizieren Stationen mit ihren direkten Nachbarstationen und benachbarten Förderspeichern, sowie mit der übergeordneten Ablaufsteuerung.
Förderspeicher kommunizieren mit den Nachbarstationen an ihren Werkstück-
eingängen und -ausgängen. In der übergeordneten Ebene übernimmt die Ablaufsteuerung als zentrales Element den Informationsaustausch mit den Baukastenelementen sowie mit den übrigen Organisations- und Steuerelementen.

3. Betriebsarten des Modellierungssystems

Für die Implementierung wurde SIMFLEX in zwei Teilsysteme mit unterschiedlichen Funktionen zerlegt:

-   SIMFLEX-LMS wurde als logisches Modellierungssystem in
    der Simulationssprache SIMULA 67 ausgeführt. Es ist da-
    durch rechnerunabhängig, soweit ein SIMULA-Compiler zur
    Verfügung steht. Dieses Teilsystem wurde bisher auf den
    Anlagen DEC-System-10 und IBM 370-158 ohne Portabilitäts-
    probleme eingesetzt.

-   SIMFLEX-GKS ist als graphisches Kommunikationssystem
    auf dem Kleinrechnersystem PDP 15 - VT15 in FORTRAN
    programmiert und durch die benutzte Graphic-Grundsoftware
    rechnerabhängig.

Das Kleinrechnersystem kann über eine normale Datenleitung an einen Großrechner gekoppelt werden. Das graphische Sichtgerät dient dann sowohl für
den Aufbau der Systemstruktur als auch für die Steuerung des quasirealen
Fertigungssystems.

3.1 Interaktives Experimentieren im gekoppelten Betrieb

Die räumliche Gestaltung und die Untersuchung des Systemverhaltens in einzelnen Abläufen an alternativen Systemkonzeptionen erfordern das interaktive Experimentieren im Dialogbetrieb am graphischen Sichtgerät. Für die Erstellung der räumlich-logischen Struktur und die Steuerung von Fertigungssystemmodellen bietet das GKS eine einfache Kommandosprache an, deren Elemente in Kommandotabellen auf dem Bildschirm dargestellt und mittels Lichtgriffel aktiviert werden (Bild 6). Über die Layout-Kommandotabelle werden

- Baukastenelemente auf dem Bildschirm erzeugt,
- in einem Layoutraster angeordnet und verschoben, sowie
- zu einem räumlichen und logischen Fertigungssystemmodell verkettet.

Diese räumlich-logische Beschreibung eines Fertigungssystems kann in eine Strukturdatei auf externe Speichermedien abgelegt oder zur direkten Initialisierung eines Modellprozesses im LMS benutzt werden. Der anlaufende Transport- und Fertigungsprozeß wird durch zeitdiskrete Änderung und Bewegung von Bildsymbolen auf dem Bildschirm dargestellt. Über die Steuer-Kommandotabelle, Funktionstasten und Blattschreiber kann der Modellprozeß interaktiv gesteuert werden, beispielsweise durch

- Stoppen und Reaktivieren von Funktionsabläufen in einzelnen Baukastenelementen,
- Einlasten von Werkstücken zu beliebigen Zeitpunkten,
- direktes Steuern einzelner Werkstückpaletten,
- Verändern von Auftragsdaten und -prioritäten,
- Verändern von Parametern der automatischen Ablaufsteuerung.

Der visuelle Ablauf des Modellprozesses läßt sich zeitlich durch Einzelschrittschaltung, unterschiedliche Zeitraffung oder durch Überspringen von Zeitabschnitten beeinflussen.

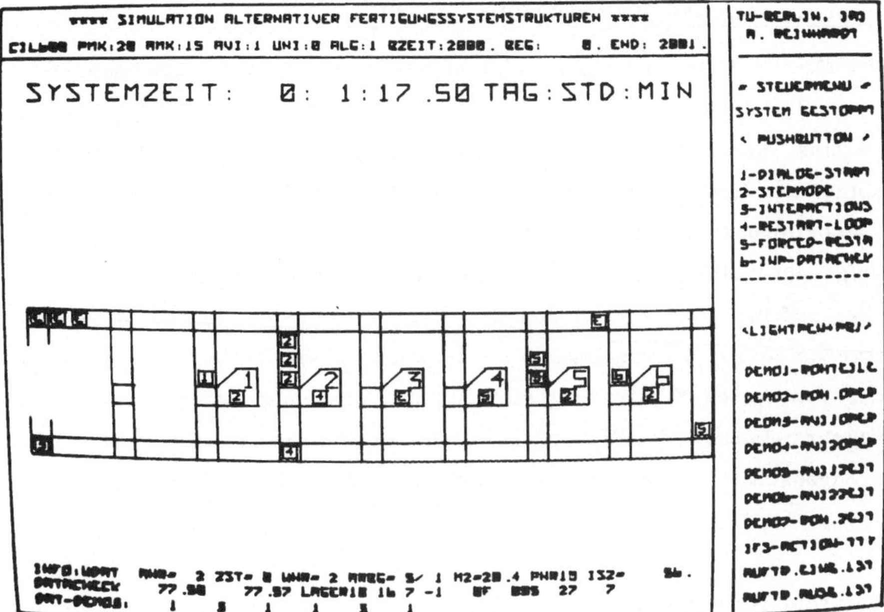

Bild 6: Beispiel eines Modellsystems auf dem Bildschirm

3.2 Langzeituntersuchungen mit LMS im Stapelbetrieb

Für Langzeituntersuchungen zur statistischen Bewertung alternativer Ferti-
gungssystemkonzeptionen und Steuerstrategien ist die visuelle Darstellung des
Modellprozesses in der Regel nicht notwendig bzw. mit hohem Zeitaufwand
verbunden. Das LMS kann deshalb mit starker Laufzeitverkürzung und redu-
ziertem Arbeitsspeicherbedarf im Stapelbetrieb eingesetzt werden. Strukturdateien für unterschiedliche Systemkonzeptionen können über portable Datenträger bereitgestellt werden. Ein Versuchsplan wird über die Parameter der
Steuerdatei vorgegeben. Die Protokolleinrichtung legt für die Ergebnisanalyse
zu vorgegebenen Zeitpunkten Zustandsprotokolle, Zwischenberichte und statistische Zeitreihen in Protokoll- und Statistikdateien ab. Zur visuellen Kontrolle bestimmter Zeitabschnitte des Modellprozesses können Dateien aufgebaut werden, die Prozeßdaten als Beschreibung von Systemstruktur, Aus-
gangszustand und Ereignisfolge des Zeitabschnittes enthalten.

3.3 Nachzeichnen von Prozeßabläufen mit GKS

Das GKS kann für die Untersuchung bereits abgelaufener Prozesse unabhängig vom LMS eingesetzt werden. Prozeßdaten, die die Strukturbeschreibung eines Fertigungssystems, den Belegungszustand zu einem definierten Zeitpunkt und den Prozeßablauf als Ereignisfolge vorgeben, werden auf dem Bildschirm als graphischer Modellprozeß dargestellt. Interaktionen sind dann nur in bezug auf die Ablaufgeschwindigkeit möglich, durch Einzelbildschaltung und unterschiedliche Zeitraffung. Der Vorteil dieser Betriebsart besteht in der Möglichkeit, Prozeßdaten sowohl von logischen als auch physikalischen Modellsystemen oder von realen Fertigungssystemen zu übernehmen und zu vergleichen. Die Beschreibbarkeit des Ursprungsystems in seinen statischen und dynamischen Eigenschaften durch das Baukastensystem wird dabei vorausgesetzt.

4. Literaturverzeichnis

/1/   Stute, G.:   Flexible Fertigungssysteme, Werkstatts-
        technik, 147 - 156 (1974)

/2/   Beilner, H.: Zur Gültigkeitsbestimmung diskreter Simulations-
        modelle. Kernforschungszentrum Karlsruhe, Bericht KFK 1845,
        Mai 1973

/3/   Charwat, H.J.: Sichtgeräte als Kommunikationsmittel für die
        Prozeßführung. Regelungstechnische Praxis: 2, 43 - 48 (1977)

/4/   Scharf, P.: Strukturalternativen integrierter, flexibler Ferti-
        gungssysteme und ihre Bewertung. Universität Stuttgart,
        Dissertation, 1975.

<u>KONZEPT ZUR BESCHREIBUNG UND AUSFÜHRUNG VON HIERARCHISCH</u>
<u>STRUKTURIERTEN BILDSCHIRMDIALOGEN</u>

E. Bauböck
Philips GmbH Forschungslaboratorium Hamburg,
2000 Hamburg 54

Es wird zunächst die Zielsetzung und die speziellen Randbedingungen
im Anwendungsbereich CAD erläutert. Ausgangspunkt für die Lösung ist
die Beschreibung von Dialogen durch Zustandsdiagramme. Es wird dann
eine spezielle Form eines Zustandsdiagramms entwickelt, bei dem auch
die Übergänge Verzweigungselemente enthalten können. Im folgenden wird
eine Beschreibungsform dieses Zustandsdiagramms mit Hilfe einer deskriptiven Sprache und deren Einbettung in eine Trägersprache beschrieben. Anhand von Beispielen wird die Dialogausführung erläutert.

1 Aufgabenstellung

CAD-Programme für graphische Datensichtgeräte, geeignet zum Entwurf
technischer Objekte (z.B. Bereich mechanische Konstruktion [8], Mas-
kenentwurf für IC [9]),präsentieren sich dem Benutzer am Bildschirm
durch eine Fülle von Texten, die ihn über den jeweiligen Programmzu-
stand informieren, die ihn auffordern, aus Befehlslisten auszuwählen,
graphische Figuren zu identifizieren, Tasten zu drücken, Positionen
zu bestimmen oder Werte einzugeben. Das Programm reagiert auf seine
Aktionen durch vielerlei Markierungen wie Sterne, Kästchen, Blinken,
Helligkeitsänderungen, akustische und optische Signale.

Diese vielfältigen Ein/Ausgabemöglichkeiten erlauben einen Dialog
zwischen dem Benutzer und dem Rechner in einer dem Problem angepaß-
ten Form. Bei der Programmerstellung ist nun allerdings ein erheblicher Aufwand für das Ansprechen der graphischen Peripherie notwendig, der neben der Hauptaufgabe, dem Entwickeln der Algorithmen, den
echten "Computer Aids", erbracht werden muß.

Zur Unterstützung für diese Arbeiten bieten die Rechnerhersteller
Grundsoftwarepakete an, die es erlauben, die vorhandenen physischen
Geräte auf einer logischen Ebene anzusprechen.

Untersuchungen von Dialogprogrammen haben gezeigt, daß bei der Dialogverarbeitung im Rechner vom jeweils aktuellen Dialog unabhängige,
allgemeiner definierbare Aufgaben anfallen. In mehreren Arbeiten
[1,2,3] werden Systeme zur Entwicklung und Ausführung von Dialogpro-

grammen beschrieben, bei dem die Dialoge einer bestimmten Anwendung
gewissermaßen als Parameter spezifiziert werden können.

Hier wird aufbauend auf diese Arbeiten ein System zur Dialogprogram-
mierung vorgeschlagen, das speziell die Erfordernisse bei CAD Anwendungen berücksichtigt.

1.1 Hierarchische Dialogstruktur

Die Aufgaben beim Entwurf technischer Objekte sind so vielfältig,
daß eine hierarchische Gliederung notwendig ist. Gruppen von Detail-
arbeiten werden in mehreren Stufen jeweils zu größeren Aufgabenkom-
plexen zusammengefaßt. Dementsprechend muß ein Dialog, der die Werkzeuge zur Lösung dieser Aufgaben bereitstellt, ebenfalls hierarchisch
strukturiert sein.

Dem Anwender sollte es freigestellt sein, jederzeit von den niedrigen
Dialogebenen, also auch ohne vollständigen Abschluß eines Unterdia-
logs, zu den übergeordneten Dialogebenen zurückzukehren (siehe [3]).
Diese Forderung wird verständlich, wenn man den Dialog mit dem Rechner nicht als mehr oder weniger starr vorgegebene Sequenz von Ein/
Ausgaben ansieht, sondern dem Anwender das Durchspielen von Alternativen erlaubt. Ein Weg kann sich während der Ausführung als nicht
gangbar oder unzweckmäßig erweisen. Der Anwender möchte alternative
Lösungsmöglichkeiten in Gestalt von übergeordneten Befehlslisten vor
Augen haben. Für das Fernziel einer kreativen Arbeit am Bildschirm
ist diese flexible Arbeitstechnik von wesentlicher Bedeutung.

1.2 Trennung zwischen Dialogverarbeitung und Algorithmus

Wie schon vorher angesprochen, soll unterschieden werden zwischen der
Dialogverarbeitung als einer besonderen Form der Eingabe und der al-
gorithmischen Verarbeitung als der Ausführungsphase. Die Gründe für
diese Trennung sind zweierlei: Zum einen sollen Algorithmen vielsei-
tig verwendbar sein, ihre Struktur also unabhängig von den Erfordernissen des jeweils vorhandenen Eingabemediums definiert werden können. Ein algorithmisch ablaufendes Programm, das umfangreiche Dateneingabe benötigt, sollte unabhängig davon verwendbar sein, ob diese
Daten und Steueranweisung über Bildschirmdialog oder über Lochkarte
in Stapelverarbeitung in Form einer problemorientierten Sprache eingegeben werden.

Zum anderen muß die Dialogstruktur vom späteren Anwender bestimmt
werden können, der zwar das Fachwissen und technologische "know how"
mitbringt, jedoch wenig über die rechnerinternen Erfordernisse weiß

(siehe [2]). Die Zielvorstellung war, daß auch Spezialisten ohne Programmiererfahrung allein oder in Zusammenarbeit mit Software-Experten die Dialoge definieren können.

1.3 Portabilität, Anwendung auf Kleinrechnern

Die Abhängigkeit von der jeweiligen Hardware kann nur zum Teil durch Benutzung einer höheren Programmiersprache (hier FORTRAN) vermieden werden. Eine wesentliche Rolle spielt auch die vorhandene Grundsoftware, z.B. graphische Ein/Ausgabe. Es gibt gegenwärtig an vielen Stellen Bemühungen, auch hier eine Standardisierung einzuführen, die zum Teil noch nicht abgeschlossen sind, zum Teil aber auch nur beschränkt auf zukünftige Hardwareentwicklungen Rücksicht nehmen können.

Durch Zentralisierung der interaktiven Teile konnte eine gute Anpassungsfähigkeit an spätere Soft- und Hardwareentwicklung erreicht werden. Wie später noch gezeigt wird, läuft das gesamte Ansprechen der graphischen Werkzeuge, wie Befehlslisten generieren, Erklärungen und Rückmeldungen ausgeben, über eine einzige Routine (nach [1] Reactionhandler genannt).

Es bestand außerdem die Forderung, den für ein allgemeines Programmsystem notwendigen Verwaltungsaufwand so klein zu halten, daß ein Einsatz auf Kleinrechnern mit Kernspeichern zwischen 32 - 64 k möglich ist.

2 Dialogbeschreibung - graphische Darstellung

2.1 Der Dialog als endlicher Automat

Newman hat als einer der ersten vorgeschlagen, Kommandosprachen durch Zustandsdiagramme zu beschreiben [1]. Die Zustände entsprechen den Wartezuständen, in denen Eingabe über die Peripherie erfolgen kann. Für jeden Zustand ist festgelegt, welche Eingaben alternativ zulässig sein sollen. Zu jeder der erlaubten Eingaben oder Benutzer-_Aktion_ ist festgelegt, welche _Reaktionen_ durch das Programm erfolgen sollen. In der Regel werden das ohne Einfluß von außen ablaufende Programmstücke sein. Nach der vollständigen Ausführung einer Reaktion geht das Programm in einen _Folgezustand_ über (als Sonderfall kann es der vorherige sein). Aktion, Reaktion und Folgezustand zusammen nennen wir hier eine _Dialogverzweigung_. Um dies graphisch darzustellen, werden folgende Symbole verwendet (Bild 1): Die kreisähnlichen Gebilde repräsentieren die Zustände, wobei noch angedeutet sein soll, welche Aktionen erlaubt sind. Die rechteckigen Symbole stellen die Reaktio-

nen dar. Die Pfeile geben an, wie Aktionen, Reaktionen und Folgezustände zugeordnet sind (Bild 2).

Es ist außerdem noch die Information notwendig, welches der Anfangs-
und welches der Endzustand sein soll. Dazu gibt es Connectoren, einen
Eingangsconnector (in Bild 1 kleiner Kreis mit Pfeil, dessen Spitze
auf den Anfangszustand weist), sowie Ausgangsconnectoren, die an die
letzte durchlaufende Reaktion anschließen. Der Ablauf eines interaktiven Programms erscheint als Fortschreiten in diesem Netzwerk. Wichtig
für die späteren Erläuterungen ist, daß ein Folgezustand erst dann erreicht wird, wenn eine Reaktion vollständig abgelaufen ist. Es soll
also für Ablauf des Programms zugelassen werden, daß die Reaktion intern abgebrochen, die auslösende Benutzeraktion vergessen und der
alte Zustand wieder hergestellt wird.

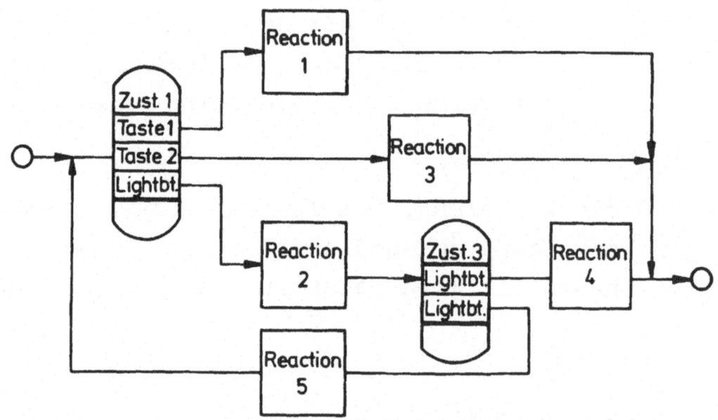

Bild 1: Zustandsdiagramm zeigt Reaktionen des Programms auf Be-
nutzerreaktionen

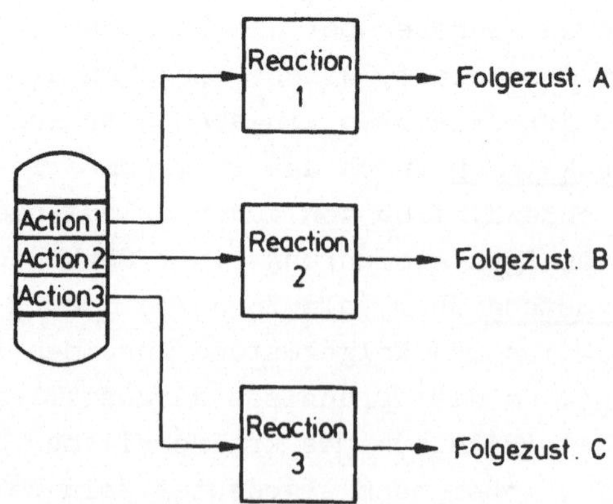

Bild 2: Zustand mit Dialogverzweigungen

2.2 Reaktion - Black Box mit 1 Eingang, n Ausgängen

Im folgenden sollen die Reaktionen näher definiert werden. Es sollen "Black Boxes" sein mit einem Eingang und n Ausgängen ($n \geq 1$). Die Wahl des jeweiligen Ausgangs nach Durchlaufen dieser "Black Boxes" ist durch deren innere Beschreibung definiert. Damit erhalten wir neben dem Beschreibungselement für die Zustände ein zweites Verzweigungselement. Während jedoch bei den Zuständen die Entscheidung für eine bestimmte Dialogverzweigung nur über interaktive Eingabe erfolgen kann, soll bei der Reaktion der Entscheidungsmechanismus nicht festgelegt sein.

Die Dialogverzweigungen im Zustandsdiagramm, wie es unter 2.1 beschrieben wurde, kannten nur Reaktionen mit einem Ausgang und müssen daher noch modifiziert werden (siehe Bild 3).

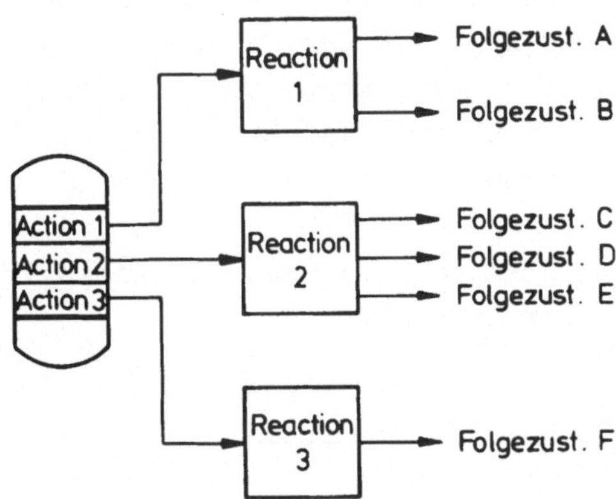

Bild 3: Zustand mit Dialogverzweigungen.
Einführung eines zweiten Verzweigungselementes

In diesem Punkt weicht das hier vorgeschlagene Konzept sehr wesentlich von dem in [1] zitierten und anderen darauf aufbauenden Konzepten ab. Während bei Newman eine Dialogverzweigung zu einem und nur einem Folgezustand führt, können es hier n verschiedene sein. Das algorithmisch ablaufende Element mit einem Ausgang ist hier der Sonderfall.

Die Gründe für die generelle Einführung von Elementen mit n Ausgängen sind folgende: Es wurde die Erfahrung gemacht, daß es Programme mit einem logischen Ausgang kaum gibt. Es wird z.B. häufig vom Programm die Aussage gegeben, ob es erfolgreich abgelaufen ist oder nicht. Abhängig von solchen Aussagen wird aber das nachfolgende Programm verschieden fortschreiten [7]. Wenn man nun als Standardelement das Programm mit nur einem logischen Ausgang fordert, dann birgt dies eine große Gefahr. Die Entscheidungen, die intern getroffen werden, müssen zunächst in einem Datensatz (Variable) abgespeichert werden. An ganz anderer Stelle, die mit der Entscheidungsfindung nichts mehr zu tun hat, wird dann der Inhalt dieses Datensatzes wieder in eine Programmverzweigung rückverwandelt. Diese Rückverwandlung könnte im Zustandsdiagramm z.B. durch Einführung eines besonderen Zustandstyps erfolgen, bei dem die Verzweigungen nicht durch Benutzeraktionen, sondern durch Abfragen von Datensätzen erfolgen.

Stellt man ein Programm dieser Art graphisch dar, dann erhält man aber ein ganz anderes Bild, als es der logischen Programmstruktur entspricht. Ein Teil der logischen Entscheidungen wird nicht als Programmverzweigungen sichtbar, sondern ist in Datensätzen verschlüsselt und damit unsichtbar. Die Beschränkung der Elemente auf einen Ausgang zwingt also den Anwender, einen Teil der Programmstruktur in eine Datenstruktur zu verlagern, und dies führt dazu, daß Programme, die formal sehr übersichtlich erscheinen, trotzdem schwer lesbar und verständlich sind.

Hier wurde versucht, im Zustandsdiagramm alle Dialogverzweigungen an ihrem Ursprung sichtbar zu machen.

2.3 Die Hierarchie von aktiven Zuständen

Eine Reaktion kann ein beliebiges Programm sein und daher auch graphische Eingabe enthalten. Diese kann dann selbst wieder durch ein Zustandsdiagramm beschrieben werden. Unter 2.1 wurde definiert, daß ein Folgezustand erst dann erreicht ist, wenn eine Reaktion vollständig abgelaufen ist. Wenn es nun während des Ablaufs der Reaktion neue Wartezustände gibt, dann entsteht auf diese Weise eine Hierarchie von Wartezuständen. Die Entscheidungsmöglichkeiten jeder aktiven Ebene stehen dem Anwender offen.

Eine sehr anschauliche Vorstellung von diesem Dialogmodell erhält man, wenn man hierarchisch strukturierte Dialoge 3-dimensional zeichnet, so wie in Bild 4 durch perspektivische Darstellung. Das Zustandsdiagramm einer bestimmten Dialogebene läßt sich zweidimensional darstellen. Die dritte Dimension wird benötigt für die übereinanderliegenden Dialogebenen.

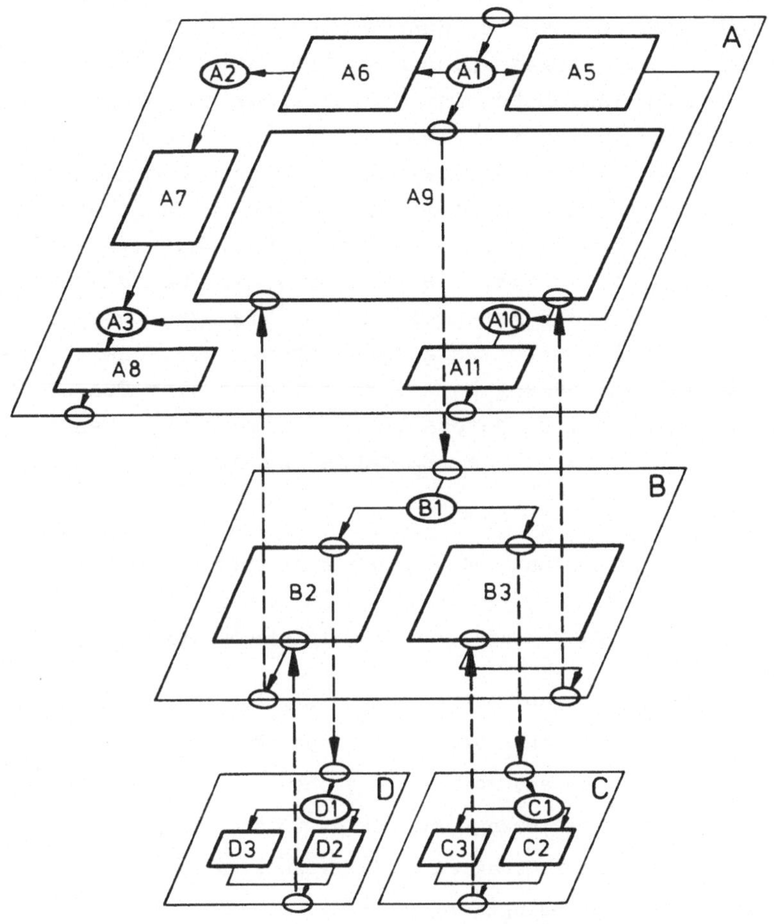

Bild 4: Hierarchische Ordnung von Zustandsdiagrammen

Der Ablauf eines Dialogs wie z.B. in Bild 4 geht auf folgende Weise
vor sich:
Nehmen wir an, das Programm befindet sich im Zustand A1. Der Anwender
löst durch eine Aktion die Reaktion A9 aus. Die interne Struktur der
Black Box A9 ist in B näher beschrieben. Als erstes wird der Zustand
B1 erreicht. A1 wird jedoch noch nicht verlassen, da die gestartete
Reaktion A9 noch nicht beendet ist. In B1 entscheidet sich der Anwender z.B. für B2 und der Dialog geht eine Ebene tiefer in Zustand
D1. Es sind jetzt bereits 3 Zustände aktiv, A1, B1 und D1. Die wähl-
baren Dialogverzweigungen sind jetzt alle Verzweigungen dieser drei
Zustände, also zu Reaktion D2, D3, B3, A6, A5. Wählt der Anwender D1
oder D2, so erreicht D einen Ausgang (vorausgesetzt D2 und D3 laufen
rein algorithmisch ab). Damit ist auch B2 abgeschlossen, A9 abgeschlossen, und das Programm geht auf der Ebene A in den Zustand A3.

Wird z.B. von D1 aus A6 gewählt, dann werden die Aktionen, die über B1 nach D1 geführt haben, vergessen, und das Programm geht nach Ausführung von A6 in den Zustand A2. Dabei ist jedoch eines zu beachten. Wenn B und C kompliziertere Zustandsdiagramme sind, können bereits Reaktionen abgelaufen sein, die eventuell rückgängig gemacht werden müssen. Die Programmkontrolle darf also nicht sofort an den Zustand der höheren Ebene weitergegeben werden, sondern es muß vorher, auf der unteren Ebene eine Reaktion ablaufen, die z.B. die Wirkung eines "Cancel" haben kann. Zu diesem Zweck wird für die Beschreibung von Dialogverzweigungen im Zustandsdiagramm neben den Verzweigungen durch graphische Aktionen eine "higher level action" angeboten. Es ist dies eine Dialogverzweigung, die nur eine Reaktion, jedoch keinen Folgezustand kennt. Der Folgezustand ist definiert durch das Zustandsdiagramm auf einer der höheren Ebenen.

Symbol für Zustand und alle darin erlaubten Aktionen

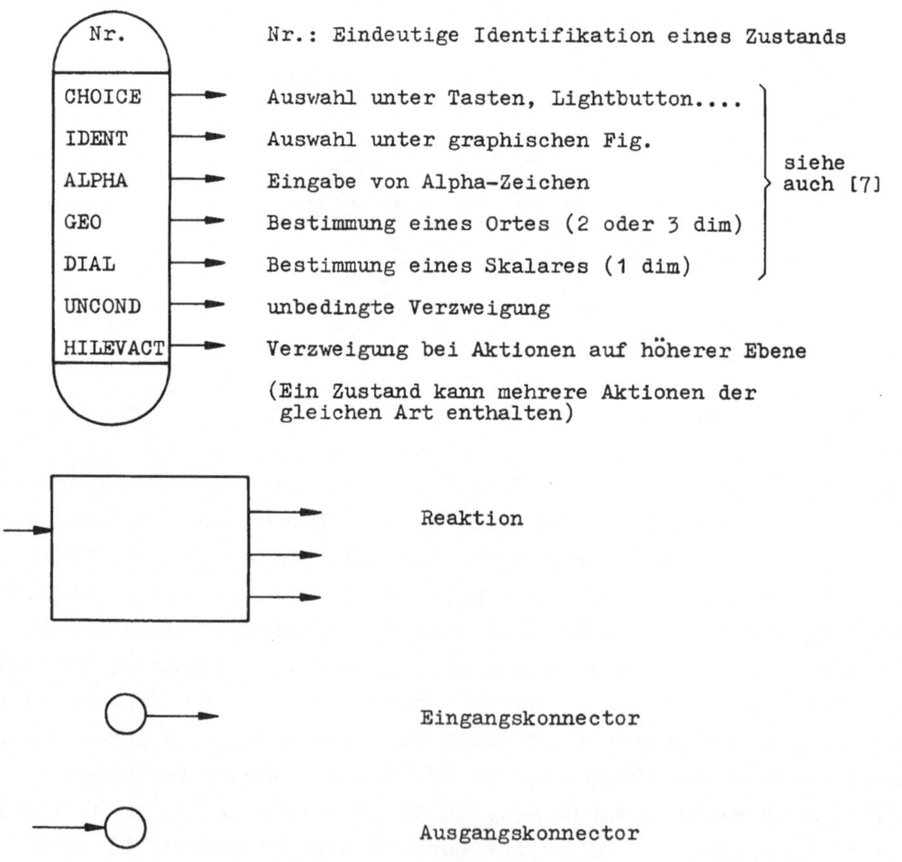

Bild 5: Benutzte Symbole für die graphische Darstellung von Dialogen

Es wird außerdem eine unbedingte Verzweigung angeboten, die bei Erreichen eines Zustandes sofort ausgeführt wird, ohne daß graphische Eingabe erfolgt. Dies ist nur sinnvoll, wenn hier eine Reaktion angeschlossen wird, die selber Wartezustände enthält. Wenn sich das Programm in einem dieser tieferen Wartezustände befindet, bleiben nach dem vorher Gesagten die Verzweigungen der höheren Ebene wählbar. Mit Hilfe dieser unbedingten Verzweigung ist es also möglich, Aktionen einer höheren und einer tieferen Ebene "parallel" zu schalten, ohne daß der Anwender durch eine besondere Aktion von der höheren auf die tiefere Ebene hinabsteigen muß.

3 Dialogbeschreibung in deskriptiver Sprache

Für die Umsetzung des Zustandsdiagramms in maschinenlesbare Form wurde eine einfache deskriptive Sprache entwickelt. Ein Merkmal einer deskriptiven Sprache ist folgendes: Während in den üblichen prozeduralen Sprachen die Reihenfolge der Befehle eine entscheidende Rolle spielt, ist sie hier belanglos, sofern nicht syntaktische Forderungen es verlangen. Die Benutzung dieser Sprache dürfte dem mehr bildhaft denkenden Spezialisten ohne Programmiererfahrung (siehe 1.2) leichter fallen, als wenn der Zwang zum Denken in zeitlichen Abläufen besteht.

Die Sprache beschreibt Zustände mit ihren Aktionen, Reaktionen mit ihren Ein- und Ausgängen sowie die Zuordnung der Folgezustände. Die interne Struktur der Reaktionen kann von Programmen in einer prozeduralen Sprache (hier FORTRAN) und/oder Dialogbeschreibungen definiert werden.

Dieses Zweisprachen-Konzept wurde bereits von Newman [1] vorgeschlagen und hat Vor- und Nachteile. Von den Vorteilen wurde bereits einer genannt. Weiterhin ist sehr wünschenswert und wesentlich, daß der Dialog definiert und weitgehend auch auf Praktikabilität und Akzeptanz von Seiten der Anwender hin getestet werden kann, bevor die umfangreiche Programmierung der Algorithmen einsetzt.

Nachteile sind folgende: Dialog und Algorithmen sind vielfältig ineinander verzahnt. Bei Eingriffen in den logischen Ablauf wird man of beide Bereiche betrachten müssen. Das Problem der Übergabestellen von Dialog an Algorithmus und umgekehrt ist nicht einfach. Gibt es außerdem eine physische Trennung zwischen FORTRAN-Programmen und Dialogbeschreibung, dann wird auch die Bibliotheksverwaltung und das Binden aufwendiger.

3.1 Dialogdeklaration in einer Trägersprache

Die Grammatik der deskriptiven Dialogschreibungssprache ist in 3.2 definiert. Es ist nun zu überlegen, wie man die Vorteile dieser Sprache
nutzen kann, ohne jedoch die genannten Nachteile in Kauf zu nehmen,
die vor allem aus der physischen Trennung zwischen Dialogbeschreibung und Beschreibung der Algorithmen herrühren.

Es wird vorgeschlagen, die Dialogbeschreibung als Spracherweiterung
der Trägersprache (z.B. FORTRAN) einzuführen. Die Dialogbeschreibung
soll als <u>Deklaration</u> aufgefaßt werden.

So wie Felder und ähnliches in deskriptiver Form deklariert werden,
kann auch das Dialognetzwerk als komplexere Struktur deklariert werden. In der Deklaration werden die Schnittstellen mit dem ausführenden
Teil genannt. Das können z.B. Namen von Marken oder Unterprogrammen
sein. Auch eine Vereinbarung über die Übergabe von numerischen Werten
(siehe Aktionen in Bild 5) wird man treffen müssen.

Die Übersetzung der Dialogdeklaration kann nun durch einen Pre-Compiler
geschehen. Das Ziel ist eine Dialogdatenstruktur, die später zur Ausführungszeit vom Reaction-handler (siehe 4.1) interpretiert wird. Der
Pre-Compiler generiert diese Datenstruktur und fügt sie z.B. in Form
von DATA-Statements in ein FORTRAN-Programm ein. Die Programmteile in
der Trägersprache werden vom Pre-Compiler nicht verändert, und das
Programm bleibt lesbar, was zur Interpretation von Fehlermeldungen
unbedingt erforderlich ist.

3.2 Die Grammatik der Dialogdeklaration

Im folgenden wird eine Grammatik sowie einige semantische Regeln für
die Deklaration eines Dialogs eingebettet in den Rahmen eines FORTRAN-
Moduls angegeben. Es wird hierzu eine maschinenlesbare Metasprache [5]
benutzt, die für den Dialog-Compiler direkt als Beschreibung der syntaktischen Regeln dient. Diese Metasprache lehnt sich mit einigen Erweiterungen an die BN Notation an.

Erläuterungen zu dieser Metasprache:
<WORD> Nichtterminales Zeichen
"CHAR" Literal (an dieser Stelle wird der Zeichensatz CHAR erwartet)
INTEGER (an dieser Stelle wird eine Integerzahl erwartet)
STRING ("DEL") (an dieser Stelle wird ein beliebiger Zeichensatz er-
wartet, begrenzt durch die Zeichenfolge DEL
(<ELEMENT>v<ELEMENT>) Alternative
(<ELEMENT> <ELEMENT>) (n1, n2) Wiederholung (mindestens n1 höchstens n2x).

```
*      G R A M M A T I K   FORTRAN   D I A L O G P R O G R A M
*      -------------------------------------------------------
*
<DIALOGPROGRAMM>=("PROGRAM"<PROGRAMNAME> ^ -
                 "SUBROUTINE"<SUBROUTINENAME><FPARAM>)-
                 (<DIALOGDECLARATION>)(0,1)-
                 (<FORTANDECLARATION>)(0,1)-
                  <PROGRAMBODY>-
                  "END"
*------------------------------------------------------------
*
<DIALOGDECLARATION>="DIALOG"(<NAME>)(0,1)-
                 (<STATEDECLARATION>)(0,1000)-
                  "ENDDIA"
*------------------------------------------------------------
*
<STATEDECLARATION>="STATE"<STATENRDEF>(<PROMTINGMESS>)(0,1)-
                  (<BRANCH>)(0,100)
<BRANCH>          =(<BRONACTION>^<BRTOHILEVEL>)

<BRONACTION>=<DEVSPEC>"/"<REACTION>"/"<NEXTSTATE>(","<NEXTSTATE>)(0,100)

<BRTOHILEVEL>=2"HIGHLEV""/"<REACTION>


<DEVSPEC>=(<CHOICE>^<IDENT>^<ALPHA>^<GEO>^<DIAL>^<UNCND>)(<PRESEL>)(0,1)
*------------------------------------------------------------
*
<CHOICE>=2"CHOICE"(<LIGTHTBTN>^<KEYNR>)

<IDENT> =2"IDENT "(<TYP>)(0,1)

<ALPHA> =2"ALPHA" (<NCHAR>)(0,1)

<GEO>   =2"GEO"   (<INITKOO>)(0,1)

<DIAL>  =2"DIAL"  (<INITVAL>)(0,1)

<UNCND> =2"UNCND" (<PRIOR>)(0,1)

<LIGHTBTN>= STRING(",")","(<LOCX>)(0,1)(<LOCY>)(0,1)

<REACTION>=("LAB"<LABELREF> ^ "CALL"<SUBROUTINEREF><APARAM>)
*------------------------------------------------------------


<NEXTSTATE>=(<CONNREF=>)(0,1) (<STATEREF>^<CONNDEF>)
*------------------------------------------------------------

*              SEMANTISCHE SPEZIFIKATIONEN
*              ---------------------------
*    <STATENRDEF> DEFINITION EINES STATES,   EINDEUTIG IN <DIALOGD.>
*    <CONNDEF>   DEFINITION EINES CONNECTORS.EINDEUTIG IN <DIALOGD.>
*                MUSS ALS PARAMETER IN <FPARAM> ENTHALTEN SEIN
*    <PROMTINGMESS> STRING ZUR ANZEIGE WENN STATE AKTIV IST
*    <PRESEL>   GIBT AN OB VEREWEIGUNG ALS DEFAULTACITON GEWUENSCHT
*    <INITKOO>,<INITVAL> INITIALWERTE FUER GRAPHISCHE GERAETE
*    <LOCX><LOCY> ORTSANGABE FUER LIGHTBUTTON AUF LOGISCHER EBENE
*    <LABELREF> REFERENZ ZU LABEL INNERHALB <PROGRAMBODY>
*    <STATEREF> REFERENZ ZU STATE INNERHALB <DIALOGDECLARATION>
*    <CONNREF>  REFERENZ ZU CONNECTOR INNERHALB <SUBROUTINEREF>
*                MUSS ALS PARAMETER IN <APARAM> ENTHALTEN SEIN
```

4 Ausführung eines Dialogprogramms

4.1 Aufgaben des Reaction-handler

Graphische Ein/Ausgabe wird auf verschiedenen Software-Ebenen verarbeitet. Um diese Ebenen zu definieren, werden in [6] die Vorgänge beim
Senden und Empfangen einer Nachricht näher analysiert. Man kann dabei
eine lexikalische, eine syntaktische und eine semantische Phase unterscheiden. Diese drei Phasen lassen sich bei jeder Form der interaktiven Eingabe sowohl über Tastatur. als auch über die graphischen
Werkzeuge feststellen. Es läßt sich zeigen, daß die lexikalische Verarbeitung vollständig von den geräte-unabhängigen graphischen Software-
paketen (GINO, GPGS, PHILDIG) ausgeführt wird. Anders jedoch die syntaktische Phase. Einige Funktionen dieser Phase werden ebenfalls
schon dort erledigt (z.B. Übertragung der Eingabe von der physischen
auf die logische Ebene). Die meisten Funktionen dieser Phase aber
müssen im jeweiligen Anwenderprogramm ausgeführt werden. Dazu gehören z.B. die vielen Formen von Echos, Prompts und Abbildung von
Befehlslisten, wie sie eingangs genannt wurden.

Ein zentraler Reaction-handler kann alle Funktionen der lexikalischen
und syntaktischen Verarbeitung ausführen. Nur die semantische Verarbeitung geschieht in den vom Handler angestoßenen Programm-Moduln,
die in dieser Arbeit Reaktionen genannt werden. Die Informationen
über die geforderten Ein- und Ausgaben erhält der Handler aus der
Dialogdeklaration. Diese wurde vom Dialogcompiler in eine Datenstruktur DS umgewandelt, und im jeweiligen FORTRAN Modul eingelagert. Der
Reaction-handler kann diese Datenstruktur interpretieren.

4.2 Dialogausführung an einem Beispiel

Bild 6 zeigt als Beispiel ein Programm bestehend aus einem Hauptprogramm ohne Interaktion sowie zwei Subroutinen mit Interaktion. Sub-
routine A enthält Dialog A, der wiederum die Reaktionen A1-A3 rufen
kann. A1 und A2 sollen rein algorithmisch ablaufen, während A3 einen
Unterdialog mit den Reaktionen B1, B2, B3 ruft. Der Aufruf von Dia B
in Reaktion A3 ist ein normaler Unterprogrammaufruf. Wenn in Dia B
der Reaction-handler die Kontrolle erhält, stellt er anhand seines
Zeigers zu DS Dia B eine tiefere Hierarchieebene fest und verbindet
als erstes die Dialogdatenstrukturen von Dia A und Dia B über Zeiger.
Durch diese Zeiger kann der Handler die Kontrolle jederzeit an höhere
Hierarchieebenen zurückgeben, falls der Dialogbenutzer dies wünscht.

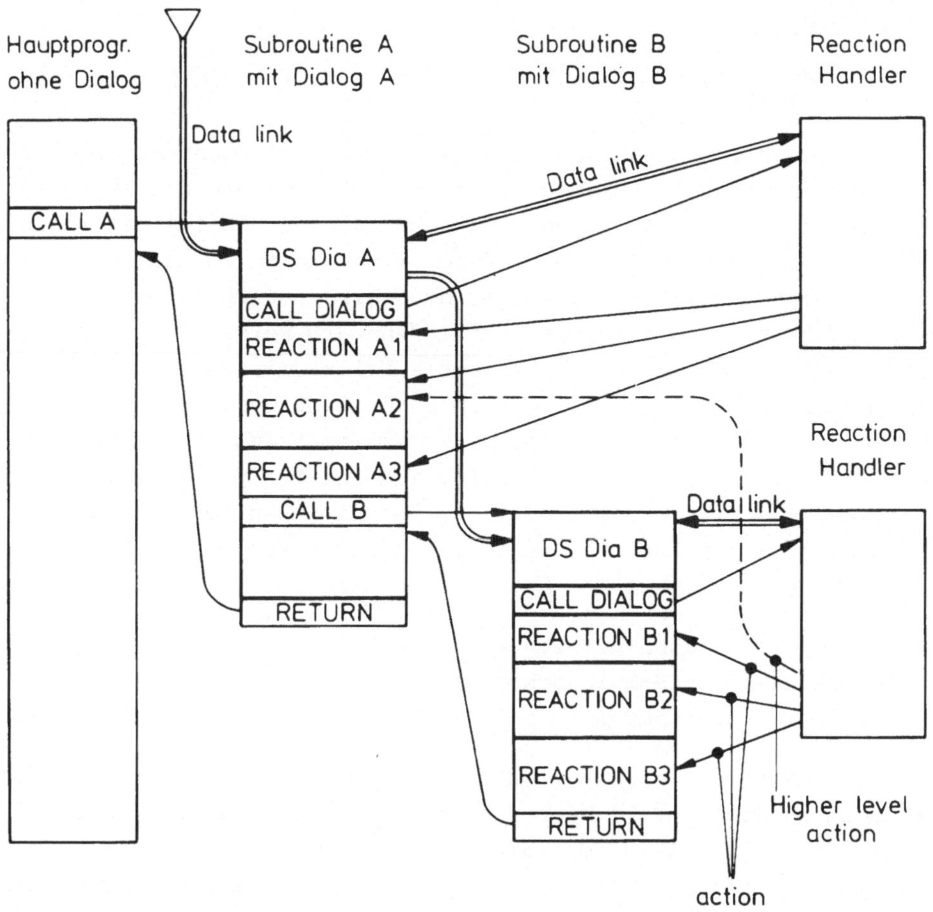

Bild 6: Ablauf eines Dialogprogramms im Kernspeicher

Wird einer der in der Deklaration festgelegten Ausgänge erreicht, dann
wird der betreffende Dialog D5 aus dem Zeigerverband entfernt und das
Programm könnte z.B. als normales FORTRAN-Programm weiterlaufen.
Zwischen einem Dialog auf hoher und einem auf niedriger Ebene können
beliebig viele Programmebenen ohne Dialog liegen.

4.3 Ausführung des Dialogs in der Testphase

Der Dialog soll auch dann bereits funktionsfähig sein, wenn die Reaktionen noch nicht durch Programme realisiert wurden. In diesem Fall
geht die Kontrolle sofort an die Folgezustände über. In dem Fall, in
dem für eine Reaktion mehrere Ausgänge vorgesehen sind, wird der Benutzer aufgefordert, eine Entscheidung zu simulieren.

5 Dialog-Macros

Der zentrale Reaction-handler kann als sehr nützliches Nebenprodukt
ein rechnerinternes Protokoll aller Benutzeraktionen anlegen. Anhand
dieses gespeicherten Protokolls kann ein Dialog des Rechners mit dem
Benutzer bei definiertem Anfangszustand selbsttätig wiederholt werden (Fehlersuche, Demonstrations- und Lehrdialoge). Es ist natürlich
auch möglich, nur bestimmte Aktionstypen wiederholen zu lassen, während andere nach wie vor der Benutzer am Schirm ausführt. Der Zweck
dieses Vorgangs soll an einem Beispiel erläutert werden:
Im Bereich CAD für Mechanik gibt es viele Teile, die zwar nicht geo-
metrisch, wohl aber topologisch gleich sind. Gemeinsam ist eine bestimmte Folge von Linien und Kreisen. Unter dem Befehl "STORE ALL
CHOICES" wird hier das Urbild erstellt. Während der Konstruktion der
nächsten Variante dieses Teils hält der Reaction-handler nur bei
Koordinatenwerte- und Zahleneingaben und Identifikationen (GEO, DIAL,
ALPHA, IDENT) an und führt den Rest selbsttätig aus.

Bei konventionellen Techniken war es nötig, für jedes Topologie-
Macro ein FORTRAN Programm zu schreiben oder eine Folge von Daten-
struktur-Routinen aufzurufen.

Die hier beschriebene Technik stellt eine sehr flexible Macro-Technik
dar. Während konventionelle Macro-Techniken in problem-orientierten
Sprachen (z.B. APT, EXAPT) bestenfalls eine Zahl von numerischen Werten als Aktualparameter zulassen, kann hier jede beliebige Aktion der
Macrosequenz austauschbar gemacht werden. Auch der Macroaufruf ist
wesentlich einfacher, da der Benutzer am Bildschirm genau über die
Reihenfolge und Bedeutung der von ihm verlangten Aktionen informiert
wird.

6 Schlußbemerkungen

Eine Realisierung dieses hier vorgestellten Konzepts ist im Rahmen
eines Forschungsprojekts CAD Feinwerktechnik geplant. Erst dann wird
man durch praktische Erfahrung konkrete Aussagen über die Reduzierung
der Entwicklungszeit von Dialogprogrammen machen können. Auch die
Wartungsfreundlichkeit von mit dem System erstellten Programmen wird
dabei geprüft werden müssen. Einen sehr wesentlichen Vorteil für bestimmte Anwendungen verspricht die unter 5 beschriebene und in ihrer
Art völlig neue Macro-Technik.

<u>Literatur</u>

[1] Newman, William, M.: A system for interactive graphical programming, AFIPS Conf. Proc., Vol. 32, 47-54 (1968)

[2] Denert, E.: Specification and design of dialogue system with state diagrams, International Computing Symposium 1977, Proceedings, p. 417-424

[3] Kasik, David, J., Battelle Columbus Lab., Controlling User Interaction, p. 109-115

[4] Newman Sproull, McGraw Hill, Principles of interactive computer graphics

[5] Heindel, L.E., Roberto, J.T.: Lang-Pak An Interactive Language Design System, Elsevier Publishing Company

[6] Butlin, G.A.: Techniques for processing interactions in Fortran, Proc. of IFIP Working Conf. on CAD Systems 1977

[7] Wirth, N.: Systematisches Programmieren

[8] Renelt, G., Bauböck, E., Koppe, R., Schneider, H.J., Wittorf, L.: Entwurf von hochintegrierten Schaltungen mit Hilfe von Rechnern, Abschlußbericht für BMFT, Forschungsauftrag Nr.: DV 3004/59 (24.6.74)

[9] Blume, P.: Computer Aided Design, Philips Techn. Rev. 36, 162-175, 1976, No. 6

<u>Zur automatischen Verifikation der funktionalen Spezifikation</u>
<u>sequentieller Schaltungen</u>

Wolfgang Coy [+)]
Institut de Programmation
Université de Paris
Paris, France

Zusammenfassung

Ein sequentielles Schaltwerk sei durch seine Zustands-Übergangs-Tabelle,
sein Zustands-Diagramm oder in äquivalenter Weise beschrieben. Zusätzlich
zu diesem Entwurf sei eine Beschreibung der funktionalen Arbeitsweise als
Ein/Ausgabe-Relation gegeben. Es werden Ansätze gezeigt, mit denen die
Korrektheit des Entwurfs relativ zu der Ein/Ausgabe-Relation verifiziert
werden kann. Formale Regeln zur Beschreibung dieses Verifikations-Prozesses
werden angegeben. Mehrere Beispiele erläutern das Verfahren.

Einleitung

Die Spezifikation von Algorithmen zur maschinellen Bearbeitung eines Problems kann durch ein Programm (software) oder durch eine Schaltung (hardware) erfolgen. Eine grundsätzliche Schwierigkeit beim Entwurf komplexer
Algorithmen besteht darin, daß es nicht unmittelbar einsichtig ist, ob
die formale Spezifikation durch ein Programm oder eine Schaltung die ge-
forderte Lösung darstellt. Gemeinsamer Ansatz zur Lösung dieses "Korrekt-
heits-Problems" ist sowohl bei software- wie hardware-mäßig implementier-
ten Algorithmen die Methode des Testens mittels repräsentativer Daten.
Unglücklicherweise ist ein vollständiger Test mit allen zulässigen Ein-
gabe-Daten auf Grund der enormen Zahl der Möglichkeiten kaum durchführbar;
andererseits sind bisher nur schemenhafte Ansätze einer theoretischen
Fundierung des Testvorgangs erkennbar, so daß trotz sorgfältigen Aus-
testens im allgemeinen keine Sicherheit bezüglich des korrekten Entwurfs
des getesteten Algorithmus besteht.
In der Theorie der Programmierung wird nun seit etwa zehn Jahren ein anderer Ansatz verfolgt, der das Austesten von Programmen wirkungsvoll ergänzt, wenn nicht gar, wie einzelne Autoren hoffen, ganz ersetzen kann.
Dieser Ansatz besteht aus der Verifikation der logischen (funktionalen)
Eigenschaften eines Programms relativ zur gegebenen formalen Spezifikation
seines Ein/Ausgabe-Verhaltens. Ein Programm wird dazu als berechenbare
Funktion aufgefasst, die in formaler Weise als Transformation zwischen
einem Eingabe-Prädikat (welches die Eingabedaten beschreibt) und einem

---

+) deutsche Anschrift: Universität Dortmund, Abteilung Informatik, Postfach 5oo5oo, D-46 Dortmund 50.

Ausgabe-Prädikat (welches das Verhältnis von Ausgabedaten zu den Eingabedaten beschreibt) wirkt. Es werden also zwei verschiedene formale Spezifikationen des Algorithmus gegeben: einmal das abstrakt formulierte Ein/
Ausgabe-Verhalten, beschrieben in einem dem Problemkreis angepassten logischen Kalkül, und andererseits das Programm, das zusätzlich zum Ein/Aus-
gabe-Verhalten ja noch eine Menge strukturaler Informationen zur Ausführung der Berechnung enthält. Ziel des Korrektheitsbeweises ist es nun, zu
zeigen, daß das Programm das abstrakt formulierte Ein/Ausgabe-Verhalten
impliziert. Dazu werden die verschiedenen Programm-Bausteine (Anweisungen,
Verzweigungen, Schleifen usw.) und die zwischen ihnen vereinbarten Operationen (Hintereinanderausführung, Unterprogramme u.ä.), sowie die Datenstruktur in einem formalen Kalkül beschrieben, so daß mit der Angabe geeigneter "Schlußregeln" eine logische Theorie über die zugrunde liegende
Programmiersprache aufgebaut werden kann, in der der Begriff "korrekter
Algorithmus" abgeleitet (und damit bewiesen) werden kann. Das skizzierte
Verfahren ist also eine wesentliche Ergänzung zum Austesten des Algorithmus.

Obwohl das oben beschriebene Vorgehen keinen wesentlichen Unterschied
zwischen Programm und Algorithmus impliziert, ist es zur Verifikation von
hardware-Algorithmen (also Schaltungen) bisher nicht verwendet worden
(vgl. aber /2/). Ziel der vorliegenden Arbeit ist es nun, einige Aspekte
einer solchen Übertragung des Verfahrens auf Schaltungen zu erläutern.
Zu dem Problemkreis gibt es einige frühere Ansätze. So sind Kleene's
reguläre Ausdrücke, die ein algebraisches Äquivalent zur akzeptierten
Wortmenge eines endlichen Akzeptors darstellen, grundsätzlich zur Verifikation geeignet. Die Herleitung regulärer Ausdrücke ist aber oft genauso
schwierig wie die Konstruktion eines Zustands-Diagramms, so daß wir es
vorziehen, dem Entwerfer die Freiheit zu lassen, das Kalkül, in dem er
die Ein/Ausgabe-Spezifikation beschreiben will, selbst so zu wählen, daß
es dem gewählten Problemkreis angemessen ist. Näher an unserer Frage-
stellung ist die Arbeit von Kamal Abdali /2/, die sich aber auf Akzeptoren
beschränkt. Außerdem sei erwähnt, daß in letzter Zeit mehrere Arbeiten
zur Frage der Verifikation von Mikro-Programmen erschienen sind, etwa /3/.

Die Verifikation von Akzeptoren

Zur Einführung in den Problemkreis der Verifikation sequentieller Schaltungen betrachten wir zuerst Automaten ohne Ausgabe, also Akzeptoren. Als
endlichen Akzeptor $\underline{A} = (X, S, s_0, F, \delta)$ bezeichnen wir eine Schaltung, die
eine endliche Zahl von Eingabesymbolen X, eine endliche Menge von Zustän-
den S mit dem ausgezeichneten Anfangszustand $s_0 \in S$ und der Menge $F \subseteq S$
der Endzustände, sowie die Zustands-Übergangs-Funktion $\delta: X \times S \to S$ besitzt. Der Akzeptor $\underline{A}$ verarbeitet Worte $\underline{x} \in X^*$, die von links nach rechts

buchstabenweise gelesen werden, indem $\underline{A}$, beginnend im Zustand s_o, mit
Hilfe der Funktion δ aus dem jeweiligen Zustand s und dem jeweiligen Eingabesymbol x den nächsten Zustand $s'=\delta(x,s)$ berechnet. Der Akzeptor hält an, wenn entweder die Eingabe beendet ist oder wenn ein nicht
definiertes $\delta(x,s)$ erreicht wird. Ein Eingabewort $\underline{x} \in X^*$ wird akzeptiert
falls die Berechnung in einem Endzustand $f \in F$ endet; ansonsten wird die
Eingabe $\underline{x}$ zurückgewiesen.
Unter der Verifikation eines Akzeptors wollen wir folgendes verstehen:

- Sei $\underline{A} = (X,S,s_o,F,\delta)$ ein endlicher Akzeptor. Sei $p_F(\underline{x})$ ein Prädikat
welches die Eingabeworte $\underline{x} \in X^*$ charakterisiert, die zur akzeptierten Wortmenge von $\underline{A}$ gehören. Wir bezeichnen $\underline{A}$ als __korrekt__ __bezüglich__ $p_F(\underline{x})$ gdw
$p_F(\underline{x})$ auf die Eingaben $\underline{x}$ zutrifft, die $\underline{A}$ von s_o in einen Endzustand $f \in F$
überführen und auf keine anderen $\underline{x} \in X^*$.

Als Beispiel betrachten wir den Akzeptor M_1, dessen Zustands-Diagramm in
Abbildung 1 gezeigt wird. M_1 soll gerade diejenigen Eingabeworte $\underline{x} \in \{o,L\}^*$
akzeptieren, die eine (in der üblichen Weise kodierte) durch zehn teil-
bare Binärzahl repräsentieren.

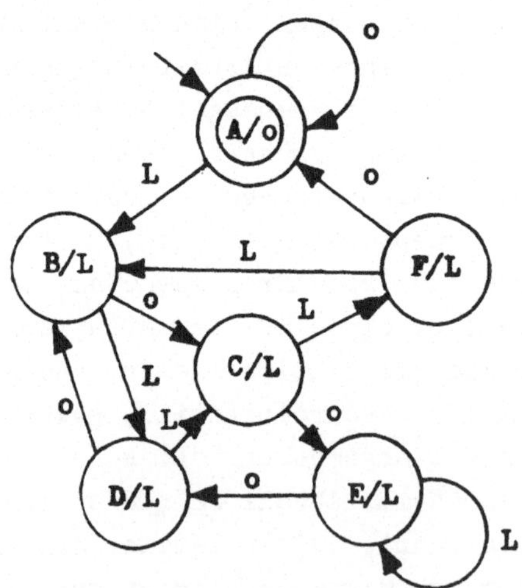

Abbildung 1. Das Zustandsdiagramm des Akzeptors M_1.

Um einen vollständigen formalen Beweis dieser Eigenschaft anzugeben,
müßten wir zuerst eine klare Definition der erlaubten Beschreibungen von
solchen Eingabe-Prädikaten wie "zehn teilt die Binärzahl x" angeben. Dies
würde uns bei der Darlegung der Grundlagen des Verifikations-Prozesses
auf dieses Kalkül festlegen und uns damit stark einschränken. Im folgenden
sollen statt dessen "quasi-formale" Beschreibungen wie "10|x" (gelesen
als "zehn teilt die Binärzahl x") genügen, wobei wir annehmen, daß der

Entwerfer eine Übertragung von $10|x$ in ein Beschreibungs-Kalkül seiner
Wahl vornehmen kann. Dieses Kalkül würde dann eine axiomatische Beschreibung des gewählten Problemkreises darstellen, wobei bestimmte Beweis-
Regeln, die problemspezifisch sind, aufgenommen werden. Diese Bestimmung
der Eingaben- bzw. Ausgabenbeschreibung ist für die eigentliche Verifikation sekundär; dies wird in der Folge deutlich werden.

Der einfachste Fall einer Prädikaten-Transformation durch die Zustands-
Übergangs-Funktion δ ist eine Transition von einem Zustand s zu einem
anderen Zustand s' mittels des Eingabesymbols x. Dieser Fall wird axioma-
tisch beschrieben durch das folgende Schema:

Axiomen-Schema

$$p(\underline{x}w) \ \{ s \xrightarrow{W} s' \} \ p(\underline{x})$$

Die Notation (die sich an Hoare's Beschreibung von Programmiersprachen
anlehnt, vgl /4/) soll bedeuten, daß aus der Gültigkeit von $p(\underline{x})$ mit $\underline{x} \epsilon X^*$
in $s' \epsilon S$ die Gültigkeit von $p(\underline{x}w)$ mit $w \epsilon X$ in $s \epsilon S$ folgt. Die Axiome beschreiben die Transformation zwischen unmittelbar verbundenen Zuständen;
die folgende Regel der Konkatenation erweitert die Axiome auf die Verbindung zweier Zustände mittels einer Eingabefolge $w_1 w_2 \ldots w_{n-1} \epsilon X^*$, wobei
mehrere Zwischen-Zustände durchlaufen werden.

Regel der Konkatenation

$$\frac{p(\underline{x}) \ \{ s_1 \xrightarrow{w_1} s_2 \xrightarrow{w_2} \ldots \xrightarrow{w_{k-1}} s_k \} \ q(\underline{x}) \qquad q(\underline{x}) \ \{ s_k \xrightarrow{w_k} s_{k+1} \xrightarrow{w_{k+1}} \ldots \xrightarrow{w_{n-1}} s_n \} \ r(\underline{x})}{p(\underline{x}) \ \{ s_1 \xrightarrow{w_1} \ldots \xrightarrow{w_{k-1}} s_k \xrightarrow{w_k} \ldots \xrightarrow{w_{n-1}} s_n \} \ r(\underline{x})}$$

Die Situation wird etwas komplizierter falls mehrere Transitionen vom Zustand s nach s' möglich sind. Wir beschreiben dies mit der folgenden
Regel der Parallelität, (wobei $\underline{u}/\underline{v}$ bedeuten soll "mittels $\underline{u}$ oder $\underline{v}$"):

Regel der Parallelität

$$\frac{p(\underline{x}) \ \{ s \xrightarrow{u_1} \ldots \xrightarrow{u_k} s' \} \ q(\underline{x}) \qquad r(\underline{x}) \ \{ s \xrightarrow{v_1} \ldots \xrightarrow{v_m} s' \} \ q(\underline{x})}{r(\underline{x}) \wedge p(\underline{x}) \ \{ s \xrightarrow{u_1 \ldots u_k / v_1 \ldots v_m} s' \} \ q(\underline{x})}$$

Mit Hilfe der obigen Regeln können wir aus dem Prädikat $p_f(\underline{x})$ eines Endzustandes $f \epsilon F$ für alle Zustände s, die f erreichen können, ein Prädikat
$p_s(\underline{x})$ ableiten. Für Transitions-Schleifen (die ja potentiell unbeschränkt
lange Eingaben $\underline{x}$ verarbeiten) müssen wir eine weitere Regel einführen.
Der Anfang einer Schleife durch einen Zustand s_1 lässt sich durch

$$s_1 \xrightarrow{\;w_1\;} s_2 \xrightarrow{\;w_2\;} \ldots \xrightarrow{\;w_{n-1}\;} s_n \xrightarrow{\;w_n\;} s_1 \xrightarrow{\;w_1\;} \ldots$$

beschreiben, wobei gerade das einmalige Durchlaufen der Schleife von s_1
nach s_1 (mit der Eingabe $w_1 \ldots w_n$) gezeigt wird. Als Abkürzung für die
Schleife benutzen wir im folgenden die Schreibweise

$$s_1 \xrightarrow{\;w_1 \ldots w_n\;} s_1^{\;*} \;.$$

Sei $p(\underline{x})$ ein Prädikat, das in s_1 gilt. Wenn wir zeigen wollen, daß dieses
Prädikat $p(\underline{x})$ in s_1 für jeden Schleifendurchlauf gilt, d.h. daß $p(\underline{x})$ invariant unter der Schleife durch s_1 ist, so genügt es $p(\underline{x}) \implies p(\underline{x}w_1 \ldots w_n)$
zu zeigen. Es ergibt sich die folgende Regel:

Schleifenregel

$$\frac{p(\underline{x}) \implies p(\underline{x}w_1 \ldots w_n)}{p(\underline{x}) \{ s \xrightarrow{\;w_1 \ldots w_n\;} s^{\;*} \} \; p(\underline{x})} \;.$$

Ist die Invarianz des Prädikats $p(\underline{x})$ unter der Schleife durch s erst bewiesen, so kann s behandelt werden, als gäbe es diese Schleife nicht.
Werden so alle Schleifen eliminiert, so genügt es, eine endliche Zahl endlich langer Eingaben $\underline{x} \in X^*$ zu betrachten. Wir beschreiben dieses Vorgehen
zur Verifikation von Akzeptoren mit Hilfe der Axiome und Regeln. Der Einfachheit halber nehmen wir an, daß jeder Akzeptor jeweils nur einen einzigen Endzustand besitzt.

Eine <u>Methode zur Verifikation</u> von endlichen Akzeptoren:
a) Aus dem Endprädikat $p_f(\underline{x})$ des Endzustandes f wird für jeden Zustande
s, der von s_o erreichbar ist und f erreichen kann, mit Hilfe der Axiome
und Regeln ein Prädikat $p_s(\underline{x})$ abgeleitet.
b) Für den Anfangszustand s_o wird das Prädikat $p_{s_o}(\underline{x})$ für die leere Eingabe $x = \lambda$, also $p_{s_o}(\lambda)$ verifiziert.
c) Für jede Schleife durch einen Zustand s_i wird das Prädikat $p_{s_i}(\underline{x})$ als
Invariante der Schleife durch s_i bewiesen.
d) Es wird gezeigt, daß $p_f(\underline{x})$ nur für die Folgen $\underline{x}$, die f erreichen, gilt.

Der Korrektheitsbeweis erfolgt mit der angegebenen Methode induktiv. Der
Schritt a) ist syntaktischer Natur, da er den einzelnen Zuständen, die
für die Berechnung von Bedutung sein können, durch ein zugehöriges Prädikat charakterisiert. Schritt b) führt den Induktionsanfang aus. Schritt
c) ist der Induktionsschritt. Für jede Schleife wird gezeigt, daß die
Eigenschaft "der Zustand s ist korrekt für die schleifenfreien Eingaben
$\underline{x}$, die nach s führen" invariant unter der Schleife ist. Damit wird die
Korrektheit des Zustandes s voll bewiesen. Schließlich wird im letzten
Schritt gezeigt, daß die Eingabefolgen $\underline{x}$, die $p_f(\underline{x})$ erfüllen, auch stets
zum Endzustand f führen.

Ein Beispiel zur Verifikation eines Akzeptors

Wir zeigen, daß der Akzeptor M_1 = ({o,L},{A,B,C,D,E,F},A,{A},δ) mit der Übergangsfunktion δ, die durch Abb. 1. beschrieben wird korrekt ist bezüglich des Prädikats $p_A(\underline{x})$ = 10|$\underline{x}$ (d.h. jede Eingabe $\underline{x}$, die zum Endzustand A führt, ist als von links nach rechts geschriebene Binärzahl interpretierbar, die durch die Dezimalzahl zehn teilbar ist).

a) Mit Hilfe der Axiome und Regeln leiten wir für jeden Zustand B,C,D,E und F ein Prädikat aus p_A ab.

$p_F(\underline{x})$:   10|$\underline{x}$o $\{$ F $\xrightarrow{\text{o}}$ A $\}$ 10|$\underline{x}$.

Das Prädikat $p_F(\underline{x}) \equiv$ 10|$\underline{x}$o lässt sich kürzer als $p_F(\underline{x}) \equiv$ 5|$\underline{x}$ schreiben.

$p_C(\underline{x})$:   5|$\underline{x}$L $\{$ C $\xrightarrow{\text{L}}$ F $\}$ 5|$\underline{x}$.

Für $p_B(\underline{x})$ sind zwei Transitionen von B nach C zu betrachten:

$$5|\underline{x}\text{oL} \quad \{ \text{ B } \xrightarrow{\text{o}} \text{C } \} \; 5|\underline{x}\text{L}$$
$$5|\underline{x}\text{LLL} \quad \{ \text{ B } \xrightarrow{\text{L}} \text{D} \xrightarrow{\text{L}} \text{C } \} \; 5|\underline{x}\text{L}$$

$p_B(\underline{x})$:   5|$\underline{x}$oL $\wedge$ 5|$\underline{x}$LLL $\{$ B $\xrightarrow{\text{o/LL}}$ C $\}$ 5|$\underline{x}$L .

Auch für $p_D(\underline{x})$ sind zwei Transitionen von D nach C zu betrachten.

$$5|\underline{x}\text{LL} \quad \{ \text{ D } \xrightarrow{\text{L}} \text{C } \} \; 5|\underline{x}\text{L}$$
$$5|\underline{x}\text{ooL} \quad \{ \text{ D } \xrightarrow{\text{o}} \text{B} \xrightarrow{\text{L}} \text{C } \} \; 5|\underline{x}\text{L}$$

$p_D(\underline{x})$:   5|$\underline{x}$LL $\wedge$ 5|$\underline{x}$ooL $\{$ D $\xrightarrow{\text{L/oo}}$ C $\}$ 5|$\underline{x}$L .

$p_E(\underline{x})$:   5|$\underline{x}$oLL $\wedge$ 5|$\underline{x}$oooL $\{$ E $\xrightarrow{\text{o}}$ D $\}$ 5|$\underline{x}$LL $\wedge$ 5|$\underline{x}$ooL .

b) Wir zeigen, daß $p_A(\lambda)$ gilt; dies folgt aus der Definition 10|λ ; damit besitzen wir einen Induktionsanfang.

c) M_1 hat drei Schleifen durch A. Wir zeigen die Invarianz von 10|$\underline{x}$ für diese drei Schleifen.

(i)
$$\frac{10|\underline{x} \Longrightarrow 10|\underline{x}\text{o}}{10|\underline{x} \; \{ \text{ A } \xrightarrow{\text{o}} \text{A } * \} \; 10|\underline{x}} \; .$$

(ii)
$$\frac{10|\underline{x} \Longrightarrow 10|\underline{x}\text{LoLo}}{10|\underline{x} \; \{ \text{ A } \xrightarrow{\text{LoLo}} \text{A } * \} \; 10|\underline{x}} \; .$$

(iii)
$$\frac{10|\underline{x} \Longrightarrow 10|\underline{x}\text{LLLLo}}{10|\underline{x} \; \{ \text{ A } \xrightarrow{\text{LLLLo}} \text{A } * \} \; 10|\underline{x}} \; .$$

Die logische Behauptung 10|$\underline{x} \Longrightarrow$ 10|$\underline{x}$o ist trivial. 10|$\underline{x} \Longrightarrow$ 10|$\underline{x}$LoLo folgt aus der Zerlegung $\underline{x}$LoLo = 16·|$\underline{x}$|+10, wobei |$\underline{x}$| die dezimale Repräsentation von $\underline{x}$ sein soll. Entsprechend folgt 10|$\underline{x} \Longrightarrow$ 10|$\underline{x}$LLLLo aus der Zerlegung $\underline{x}$LLLLo = 32·|$\underline{x}$|+30.

Durch F gehen zwei Schleifen, die nicht durch A gehen.

(iv)
$$\frac{5|\underline{x} \Longrightarrow 5|\underline{x}\text{LoL}}{5|\underline{x} \; \{ \text{ F } \xrightarrow{\text{LoL}} \text{F } * \} \; 5|\underline{x}} \; .$$

Zum Beweis betrachten wir die Zerlegung $xLoL = 8 \cdot |\underline{x}| + 5$.

(v)
$$\frac{5|\underline{x} \implies 5|\underline{x}LLLL}{5|\underline{x} \ \{ F \xrightarrow{LLLL} F^* \} \ 5|\underline{x} .}$$

Dies folgt aus $xLLLL = 16 \cdot |\underline{x}| + 15$.

Durch C gehen zwei Schleifen, die nicht durch A oder F gehen.

(vi)
$$\frac{5|\underline{x}L \implies 5|\underline{x}ooLL}{5|\underline{x}L \ \{ C \xrightarrow{ooL} C^* \} \ 5|\underline{x}L .}$$

(vii)
$$\frac{5|\underline{x}L \implies 5|\underline{x}ooooL}{5|\underline{x}L \ \{ C \xrightarrow{oooo} C^* \} \ 5|\underline{x}L .}$$

Die Beweise folgen wiederum durch geeignete Zerlegung:

$5|\underline{x}L \iff 5|(2 \cdot |\underline{x}|+1) \iff 5|(16 \cdot |\underline{x}|+8) \iff 5|(16 \cdot |\underline{x}|+3) \iff 5|\underline{x}ooLL$ und

$5|\underline{x}L === 5|(2 \cdot |\underline{x}|+1) \iff 5|(32 \cdot |\underline{x}|+16) \iff 5|(32 \cdot |\underline{x}|+1) \iff 5|\underline{x}ooooL$.

Durch B geht eine Schleife, die nicht durch A, F oder C geht.

(viii)
$$\frac{5|\underline{x}oL \land 5|\underline{x}LLL \implies 5 \ \underline{x}LooL \land 5 \ \underline{x}LoLLL}{5|\underline{x}oL \land 5|\underline{x}LLL \ \{ B \xrightarrow{Lo} B^* \} \ 5|\underline{x}oL \land 5|\underline{x}LLL.}$$

Beweis: $5|\underline{x}oL \iff 5|(4 \cdot |\underline{x}|+1) \iff 5|(16 \cdot |\underline{x}|+4) \iff 5|(16 \cdot |\underline{x}|+9) \iff 5|\underline{x}LooL$
und $5|\underline{x}LLL \iff 5|(8 \cdot |\underline{x}|+7) \iff 5|(32 \cdot |\underline{x}|+28) \iff 5|(32 \cdot |\underline{x}|+23) \iff 5|\underline{x}LoLLL.$
Schließlich gibt es noch eine Schleife durch E, die noch nicht behandelt
wurde:

(ix)
$$\frac{5|\underline{x}oLL \land 5|\underline{x}oooL \implies 5|\underline{x}LoLL \land 5|\underline{x}LoooL}{5|\underline{x}oLL \land 5|\underline{x}oooL \ \{ E \xrightarrow{L} E^* \} \ 5|\underline{x}oLL \land 5|\underline{x}oooL .}$$

Beweis: $5|\underline{x}oLL \iff 5|(8|\underline{x}|+3) \iff 5|(16 \cdot |\underline{x}|+6) \iff 5|(16 \cdot |\underline{x}|+11) \iff 5|\underline{x}LoLL$
und $5|\underline{x}oooL \iff 5|(16 \cdot |\underline{x}|+1) \iff 5|(32 \cdot |\underline{x}|+2) \iff 5 \cdot (32 \cdot |\underline{x}|+17) \iff 5|\underline{x}LoooL.$
Damit ist gezeigt, daß die gewählten Prädikate invariant gegenüber den
vorkommenden Schleifen sind.

Aus a)–c) folgt, daß jede Eingabe $\underline{x} \epsilon X^*$, die den Endzustand A vom Anfangs-
zustand A aus erreicht, das Prädikat $p_A(\underline{x}) \equiv 10|\underline{x}$ erfüllt, also eine
durch zehn teilbare Binärzahl ist.

d) Wir zeigen, daß keine Eingabe $\underline{x}$ mit der Eigenschaft $10|\underline{x}$ einen Zustand
B, C, D, E oder F von A aus erreichen kann. Es gilt nämlich für die Folge
in B: $p_A \land p_B \equiv 10|\underline{x} \land 5|\underline{x}oL \land 5|\underline{x}LLL \iff 5|4 \cdot |\underline{x}| \land 5|(4 \cdot |\underline{x}|+1)$;
in C: $p_A \land p_C \equiv 10|\underline{x} \land 5|\underline{x}L \iff 5|\underline{x}o \land 5|\underline{x}L$;
in D: $p_A \land p_D \equiv 10|\underline{x} \land 5|\underline{x}LL \land 5|\underline{x}ooL \iff 5|4 \cdot |\underline{x}| \land 5|(4 \cdot |\underline{x}|+3)$;
in E: $p_A \land p_E \equiv 10|\underline{x} \land 5|\underline{x}oLL \land 5|\underline{x}oooL \iff 5|8 \cdot |\underline{x}| \land 5|(8 \cdot |\underline{x}|+3)$.
Um zu zeigen, daß $p_A \land p_F$ nicht erfüllbar ist, zeigen wir, daß $2|\underline{x}$ in F
nicht erfüllbar ist. Dies folgt aber aus der Beobachtung, daß die einzige
Transition, die nach F führt, nämlich $C \xrightarrow{L} F$, nur solche $\underline{x}$ nach F überführt, die ungerade sind.

Damit ist die Korrektheit von M_1 bezüglich der Eigenschaft 10|$\underline{x}$ für alle akzeptierten Eingaben bewiesen. Wir erweitern nun das gezeigte Verfahren auf sequentielle Maschinen mit Ausgaben.

Die Verifikation von sequentiellen Maschinen mit Ausgaben

Als Modell sequentieller Maschinen mit Ausgaben werden wir im folgenden endliche, initiale Moore-Automaten betrachten. Die Behandlung von Mealy-Automaten ist im wesentlichen mittels der bekannten Transformation daraus ableitbar.

Unter einem endlichen, initialen Moore-Automaten $\underline{A} = (X,S,Z,s_o,\delta)$ soll eine Schaltung verstanden werden, die durch ein Eingabealphabet X, ein Ausgabealphabet Z, eine Menge von Zuständen S mit dem ausgezeichneten Anfangszustand s_o und der Funktion δ: X x S $\rightarrow$ S x Z beschrieben wird. Die Funktion δ kann dabei als Tabelle oder als Diagramm oder in äquivalenter Weise gegeben sein; sie berechnet schrittweise mit dem Eingabesymbol x (aus dem von links nach rechts gelesenen Eingabewort $\underline{x} \in X^*$) und dem jeweiligen Zustand s den nächsten Zustand s' des Automaten und das Ausgabesymbol z (aus dem von links nach rechts geschriebenen Ausgabewort $\underline{z} \in Z^*$).

Unter der Verifikation eines endlichen, initialen Moore-Automaten wollen wir das folgende verstehen:

- Sei $\underline{A} = (X,S,Z,s_o,\delta)$ ein endlicher, initialer Moore-Automat. Sei $p(\underline{x},\underline{z})$ ein Prädikat über den Eingabeworten $\underline{x} \in X^*$ und den Ausgabeworten $\underline{z} \in Z^*$. Wir sagen, daß $\underline{A}$ __korrekt bezüglich__ $p(\underline{x},\underline{z})$ ist gdw $p(\underline{x},\underline{z})$ für alle Eingaben $\underline{x}$ und alle von $\underline{A}$ im Anfangszustand s_o aus $\underline{x}$ berechneten Ausgaben $\underline{z}$ gilt.

Wir gehen an dieser Stelle davon aus, daß die Umsetzung eines endlichen Automaten in ein (synchrones) sequentielles Schaltwerk ein im wesentlichen klar definierter Prozess ist, so daß die Verifikation der logischen Eigenschaften des Automaten die Korrektheit des Schaltwerks (auf dieser Ebene der funktionalen Spezifikation) impliziert.

In der obigen Präzisierung der Verifikation ist der Begriff "Endzustand des Akzeptors" durch "Ausgabefolge eines endlichen Automaten" ersetzt worden. Dies beschreibt die Vorstellung, daß die Zustände eines endlichen Automaten mit Ausgaben (bzw. seine Realisierung als sequentielle Schaltung) eine unmittelbare Beobachtung der inneren Zustände "von außen" nicht zulässt. Dadurch müssen die Axiome und Regeln der Verifikation neu formuliert werden.

Axiomen-Schema

$$p(\underline{x}w,\underline{z}b) \; \{ \; A/a \xrightarrow{\;w\;} B/b \; \} \; p(\underline{x},\underline{z})$$

Die Axiome beschreiben den Übergang vom Zustand A (mit der Ausgabe a) unter der Eingabe w zum Zustand B mit der Ausgabe b. ($\underline{x} \in X^*; \underline{z} \in Z^*; w \in X; a,b \in Z$).

Streng genommen lässt sich in den Axiomen $p(\underline{x}w,\underline{z}b)$ durch $p(\underline{x}w,\underline{z}ab)$ ersetzen, da im Zustand A ja die Ausgabe a festliegt.

Regel der Konkatenation

$$p(\underline{x},\underline{z}) \ \{ \ A_1/a_1 \ \xrightarrow{w_1} \ \dots \ \xrightarrow{w_{k-1}} \ A_k/a_k \ \} \ q(\underline{x},\underline{z})$$
$$q(\underline{x},\underline{z}) \ \{ \ A_k/a_k \ \xrightarrow{w_k} \ \dots \ \xrightarrow{w_{n-1}} \ A_n/a_n \ \} \ r(\underline{x},\underline{z})$$
$$\overline{\phantom{p(\underline{x},\underline{z}) \ \{ \ A_1/a_1 \ \xrightarrow{w_1} \ \dots \ \xrightarrow{w_{n-1}} \ A_n/a_n \ \} \ r(\underline{x},\underline{z})}}$$
$$p(\underline{x},\underline{z}) \ \{ \ A_1/a_1 \ \xrightarrow{w_1} \ \dots \ \xrightarrow{w_{n-1}} \ A_n/a_n \ \} \ r(\underline{x},\underline{z})$$

Regel der Parallelität

$$p(\underline{x},\underline{z}) \ \{ \ A_1/a_1 \ \xrightarrow{u_1} \ \dots \ \xrightarrow{u_i} A_n/a_n \ \} \ q(\underline{x},\underline{z})$$
$$r(\underline{x},\underline{z}) \ \{ \ A_1/a_1 \ \xrightarrow{v_1} \ \dots \ \xrightarrow{v_i} A_n/a_n \ \} \ q(\underline{x},\underline{z})$$
$$\overline{}$$
$$p(\underline{x},\underline{z}) \wedge r(\underline{x},\underline{z}) \ \{ \ A_1/a_1 \ \xrightarrow{u_1\dots u_i/v_1\dots v_i} A_n/a_n \ \} \ q(\underline{x},\underline{z})$$

Schleifenregel

$$p(\underline{x},\underline{z}) \ ==\!\!\Rightarrow \ p(\underline{x}w_1\dots w_n,\underline{z}a_1\dots a_n)$$
$$\overline{}$$
$$p(\underline{x},\underline{z}) \ \{ \ A_n/a_n \ \xrightarrow{w_1} A_1/a_1 \ \dots \ \xrightarrow{w_n} A_n/a_n \ * \ \} \ p(\underline{x},\underline{z})$$

Hier soll noch einmal betont werden, daß die Anwendung der Axiome und
der Regeln der Konkatenation und der Parallelität immer möglich ist,
während die Schleifenregel nur dann angewendet werden kann, wenn die
Behauptung $p(\underline{x},\underline{z}) \ ==\!\!\Rightarrow \ p(\underline{x}w_1\dots w_n,\underline{z}a_1\dots a_n)$ bewiesen ist. Dies hängt
von der inhärenten Schwierigkeit, die Implikation zu beweisen und von
der Eigenschaft von $p(\underline{x},\underline{z})$ Invariante zu sein ab. Man weiß von der Verifikation von Programmen, daß nicht jedes Prädikat, daß in jedem Schleifendurchgang gilt, auch Invariante im Sinne der Schleifenregel ist. Bei
der Behandlung endlicher Automaten scheint dieses Problem aber nicht so
gravierend wie bei Programmen zu sein; dies mag an der syntaktischen
Einfachheit der vorliegenden Schleifen liegen.
Wir geben nun eine Methode zur Verifikation endlicher Automaten und
ihrer (im Sinne der vorherigen Bemerkungen) äquivalenten Repräsentationen
als sequentielle Maschinen an.

Eine <u>Methode zur Verifikation</u> endlicher, initialer Moore-Automaten:
a) Man verifiziere für den Anfangszustand s_o und die leere Eingabe
die Eigenschaft $p(\lambda,a_o)$ (a_o sei Ausgabe in s_o)! Man setze $\underline{S} = \{s_o\}$!
b) Man verifiziere alle Schleifen, die nur durch Zustände aus $\underline{S}$ gehen !
c) Man suche eine direkte Transition, die von einem Zustand $s \in \underline{S}$ zu einem
Zustand $s' \in (S \setminus \underline{S})$ geht!
Existiert keine solche direkte Transition, so ist der Automat verifiziert.

Gibt es ein s', so zeige man mit Hilfe der Axiome, daß die Gültigkeit
von p($\underline{x}$,$\underline{z}$) in s' der Gültigkeit von p($\underline{x}$,$\underline{z}$) in s nicht widerspricht !
Man setze $\underline{S}$:= $\underline{S}\cup\{s'\}$ und fahre bei b) fort !

Der Beweisgang ist wiederum induktiv. Durch a) wird der Induktionsanfang
gemacht. Ist die Korrektheit bzgl. p($\underline{x}$,$\underline{z}$) für die Menge $\underline{S}$ bewiesen, so
wird sie mit Hilfe der Schritte b) und c) für $\underline{S}\cup\{s'\}$ bewiesen, also für
eine Menge von Zuständen, die gegenüber $\underline{S}$ gerade um einen Zustand erweitert wird. Ist keine Erweiterung mehr möglich, so sind alle vom Anfangszustand aus erreichbaren Zustände des Automaten verifiziert; d.h. der
Automat ist bzgl. p($\underline{x}$,$\underline{z}$) korrekt.

Ein Beispiel zur Verifikation eines endlichen, initialen Moore-Automaten

Abbildung 2 zeigt das Zustands-Diagramm des Automaten
$$M_2 = (\{o,L\},\{A,B,C,D,E,F\},\{\{o,L\}\times\{1,2,3\}\},A,\delta).$$
M_2 soll aus einer binären Eingabe $\underline{x}\in\{o,L\}^*$ die Ausgabe $\underline{z}=(\underline{q},\underline{r})$ berechnen,
wobei $\underline{q}=\underline{x}+3$ eine Binärzahl ist und die letzte Ziffer von $\underline{r}\in\{0,1,2\}^*$ den
Rest der Division $\underline{x}/3$ angibt.

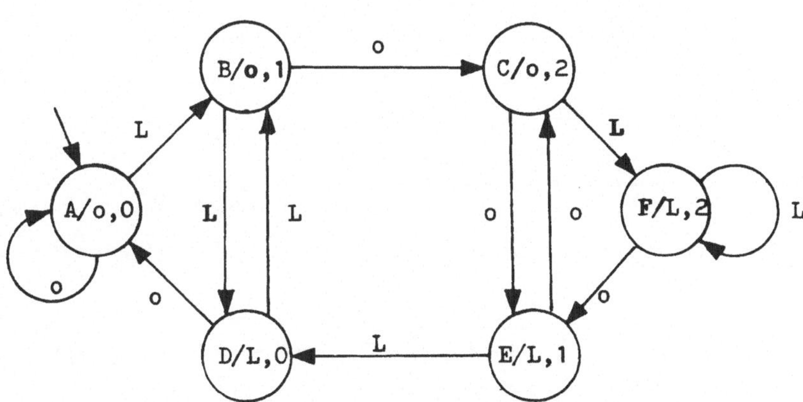

Abbildung 2. Zustands-Diagramm des endlichen Automaten M_2.

Wir zeigen, daß M_2 korrekt bezüglich $|\underline{x}|= 3\cdot|\underline{q}|+r_n$ ist; dabei ist r_n die
letzte Ziffer von $\underline{r}$. Wir kürzen das Prädikat zu $\underline{x}=3\underline{q}+r_n$ ab.

a) Für $\underline{x}=\lambda$ gilt n. Def. : $\lambda=3\cdot0+0$. Wir setzen $\underline{S} = \{A\}$.

b) Wir verifizieren die Schleife mit der Eingabe o durch A.

(i)
$$\frac{\underline{x}=3\underline{q}+0 \implies \underline{x}o=3\underline{q}o+0}{\underline{x}=3\underline{q}+0 \ \{ A \xrightarrow{o} A *\} \ \underline{x}=3\underline{q}+0}$$

Der Beweis ist klar.

c) Wir untersuchen die Transition $A \xrightarrow{L} B$.

$$\underline{x}L=3\underline{q}0+1 \quad \{ A \xrightarrow{L} B \} \quad \underline{x}=3\underline{q}+1$$

Es gilt: $\underline{x}L=2\underline{x}+1=3\underline{q}0+1=6\underline{q}+1$, also $\underline{x}=3\underline{q}+0$; d.h. die Gültigkeit von $p(\underline{x},\underline{z})$ in B widerspricht der Gültigkeit von $p(\underline{x},\underline{z})$ in A nicht. Wir setzen $\underline{S}=\{A,B\}$.

b) Es gibt keine neuen Schleifen durch A und B.

c) Wir untersuchen $B \xrightarrow{L} D$. Es gilt:

$$\underline{x}L=3\underline{q}L+0 \quad \{ B \xrightarrow{L} D \} \quad \underline{x}=3\underline{q}+0$$

Aus $\underline{x}L=2\underline{x}+1=3\underline{q}L=6\underline{q}+3$ folgt $\underline{x}=3\underline{q}+1$. Wir setzen $\underline{S} = A,B,D$.

b) Wir verifizieren die Schleife $A \xrightarrow{L} B \xrightarrow{L} D \xrightarrow{o} A$ * :

(ii)
$$\frac{\underline{x}=3\underline{q}+0 \implies \underline{x}LLo=3\underline{q}oLo+0}{\underline{x}=3\underline{q}+0 \quad \{ A \xrightarrow{L} B \xrightarrow{L} D \xrightarrow{o} A \,* \} \quad \underline{x}=3\underline{q}+0}$$

Beweis: $\underline{x}LLo=8\underline{x}+6=24\underline{q}+6 \iff \underline{x}=3\underline{q}$.

c) Wir untersuchen $B \xrightarrow{o} C$.

$$\underline{x}o=3\underline{q}o+2 \quad \{ B \xrightarrow{o} C \} \quad \underline{x}=3\underline{q}+2$$

Es gilt: $\underline{x}o=2\underline{x}=3\underline{q}o+2=6\underline{q}+2 \iff \underline{x}=3\underline{q}+1$, d.h. der Übergang ist korrekt. Wir setzen $\underline{S}=\{A,B,C,D\}$.

b) Es gibt keine neuen Schleifen durch $\underline{S}=\{A,B,C,D\}$.

c) Wir untersuchen $C \xrightarrow{o} E$.

$$\underline{x}o=3\underline{q}L+1 \quad \{ C \xrightarrow{o} E \} \quad \underline{x}=3\underline{q}+1$$

Es gilt: $\underline{x}o=2\underline{x}=3\underline{q}L+1=6\underline{q}+4 === \underline{x}=3\underline{q}+2$; d.h. der Übergang ist korrekt. Wir setzen $\underline{S}=\{A,B,C,D,E\}$.

b) Es ergeben sich drei neue Schleifen.

(iii)
$$\frac{\underline{x}=3\underline{q}+0 \implies \underline{x}LooLo=3\underline{q}ooLLo+0}{\underline{x}=3\underline{q}+0 \quad \{ A \xrightarrow{L} B \xrightarrow{o} C \xrightarrow{o} E \xrightarrow{L} D \xrightarrow{o} A \,* \} \quad \underline{x}=3\underline{q}+0}$$

Beweis: $\underline{x}LooLo=32\underline{x}+18=32\underline{q}+18 \iff \underline{x}=3\underline{q}+0$.

(iv)
$$\frac{\underline{x}=3\underline{q}+0 \implies \underline{x}LooL=3\underline{q}ooLL+0}{\underline{x}=3\underline{q}+0 \quad \{ D \xrightarrow{L} B \xrightarrow{o} C \xrightarrow{o} E \xrightarrow{L} D \,* \} \quad \underline{x}=3\underline{q}+0}$$

Beweis: $\underline{x}LooLo=16\underline{x}+9=16\underline{q}+9 \implies \underline{x}=3\underline{q}+0$.

(v)
$$\frac{\underline{x}=3\underline{q}+2 \implies \underline{x}oo=3\underline{q}Lo+2}{\underline{x}=3\underline{q}+2 \quad \{ C \xrightarrow{o} E \xrightarrow{o} C \,* \} \quad \underline{x}=3\underline{q}+2}$$

Beweis: $\underline{x}oo=4\underline{x}=12\underline{q}+8 \iff \underline{x}=3\underline{q}+2$.

c) Wir untersuchen die Transition $C \xrightarrow{L} F$.

$$\underline{x}L=3\underline{q}L+2 \quad \{ C \xrightarrow{L} F \} \quad \underline{x}=3\underline{q}+2$$

Es gilt: $\underline{x}L=2\underline{x}+1=3\underline{q}L+2=6\underline{q}+5 \iff \underline{x}=3\underline{q}+2$; d.h. die Transition ist korrekt. Wir setzen $\underline{S}=\{A,B,C,D,E,F\}=S$.

b) Es bleiben vier Schleifen, deren Korrektheit zu beweisen ist.

(vi)
$$\frac{\underline{x}=3\underline{q}+2 \implies \underline{x}L=3\underline{q}L+2}{\underline{x}=3\underline{q}+2 \quad \{ F \xrightarrow{L} F \,* \} \quad \underline{x}=3\underline{q}+2}$$

Beweis: $\underline{x}L=2\underline{x}+1=3\underline{q}L+2=6\underline{q}+5 \iff \underline{x}=3\underline{q}+2$.

$$(vii) \quad \frac{x=3q+2 \implies xooL=3qLoL+2}{x=3q+2 \ \{ F \xrightarrow{o} E \xrightarrow{o} C \xrightarrow{L} F \ ^{*} \ \} \ x=3q+2}$$

Beweis: $xooL=8x+1=3qLoL+2=3(8x+5)+2=24x+17 \iff x=3q+2$.

$$(viii) \quad \frac{x=3q+2 \implies xoLLoL=3qLLooL+2}{x=3q+2 \ \{ F \xrightarrow{o} E \xrightarrow{L} D \xrightarrow{L} B \xrightarrow{o} C \xrightarrow{L} F \ ^{*} \ \} \ x=3q+2}$$

Beweis: $xoLLoL=32x+13=3qLLooL+2=3(32q+25) \iff x=3q+2$.

$$(ix) \quad \frac{x=3q+2 \implies xoLoLoL=3qLLoooL+2}{x=3q+2 \ \{ F \xrightarrow{o} E \xrightarrow{L} D \xrightarrow{o} A \xrightarrow{L} B \xrightarrow{o} C \xrightarrow{L} F \ ^{*} \ \} \ x=3q+2}$$

Beweis: $xoLoLoL=64x+21=3qLLoooL+2=3(64q+49)+2 \iff x=3q+2$.

c) Aus $\underline{S} = S$ folgt, daß M_1 korrekt bezüglich $x=3q+r_n$ ist.

Die gezeigte Methode ist bis auf die Beweis-Schritte automatisierbar.
Steht ein geeigneter automatischer oder interaktiver theorem-prover zur
Verfügung, so lässt sich das Verfahren in der gezeigten Weise einbetten.

<u>Ausblick</u>

Wir haben einen ersten Ansatz für die Automatisierung und/oder Formalisierung der Verifikation der funktionalen Eigenschaften endlicher Automaten und ihrer sequentiellen Realisierungen gezeigt. Das gezeigte Kalkül und die vorgeschlagenen Methoden sind soweit formalisiert, daß ihre
Implementierung für eine halb-automatische Verarbeitung möglich ist. Dabei ergeben sich zwei grundsätzliche Probleme, die weiterer Untersuchung
bedürfen:
- Die Behandlung von Schleifen erfordert in gewissen Fällen die Einfügung
geschickt gewählter Prädikate. Zudem muß zur Anwendung der Schleifenregel
stets ein Beweis einer Implikation erfolgen. Dies erfordert die Anwendung
automatischer Beweis-Programme oder den interaktiven Eingriff des Ent-
werfers. Die auftauchenden Probleme scheinen in der Praxis aber von ge-
ringerer Schwierigkeit als bei der Verifikation von Programmen zu sein.
- Die Komplexität der gezeigten Methode hängt von der Zahl der Zustände
linear ab. Dies ist für große Schaltungen kaum tolerierbar. Dieses Problem kann aber durch die Anwendung von Struktur-Betrachtungen verringert
werden. Die praktisch vorkommenden sequentiellen Schaltungen besitzen ja
im Regelfall eine starke Strukturierung, so daß die Verifikation einer
großen Schaltung oft auf die Verifikation einfach verknüpfter kleinerer
Schaltungen reduziert werden kann.

Literatur

/1/ Coy, W.:On the verification of logical properties of finite automata.
Proc. 2nd IFAC-Symposium on Discrete Systems, Vol. 4 ,Dresden (DDR),
1977. p. 28-35

/2/ Kamal Abdali, S.: On proving sequential machine designs, IEEE Trans.
on Comp. Vol. C-20 , 1563-66 (1971)

/3/ Perkowski, M.: A method of validation of parallel programs in the
system for automatic design of block-oriented digital systems, Proc.
2nd IFAC-Symposium on Discrete Systems, Vol. 2, Dresden (DDR),1977.
p. 71-88

/4/ Hoare, C.A.R.: An axiomatic base of computer programming, CACM 12,
576-580,583 (1969)

ALLGEMEIN EINSETZBARE SYSTEME

GRADAS

Grafisches Informationssystem auf der
Grundlage einer relationalen Datenbank

R. Konkart, E. Alff und C. Hornung

AEG-TELEFUNKEN; Energie- und Industrietechnik
Fachbereich Prozeßtechnik; D-7750 KONSTANZ

Zusammenfassung:

Es wird die Konzeption eines grafischen Informationssystems aufgezeigt, das sowohl
grafische als auch nicht-grafische Daten abspeichert, verknüpft und bereitstellt. Der
Mittelpunkt des Systems ist ein nach dem relationalen Datenbankmodell arbeitendes
Datenbanksystem. Daran angeschlossen sind: Grafik, Logik, Dialog, Methodenbank.

0. Einleitung

Am Beginn der Entwicklung grafischer Systeme standen Konzepte, die auf spezielle
Problemstellungen und/oder Gerätekonfigurationen zugeschnitten waren und bei denen die
Grafik im Mittelpunkt stand [1]. Bald entstand die Forderung, mit solchen Systemen
neben der reinen Grafik zusätzlich auch logische Zusammenhänge behandeln zu kön-
nen. Da die daraus resultierenden Datenstrukturen mit den bestehenden grafischen
Systemen nur unbefriedigend oder gar nicht behandelt werden konnten, ergab sich die
Notwendigkeit, in neuen Konzeptionen der Datenbank einen höheren Stellenwert einzu-
räumen.

GRADAS, ein so konzipiertes, grafisches Informationssystem, ist in der Lage, Problemstellungen grafischer und logischer Art zu behandeln (Bild 1).

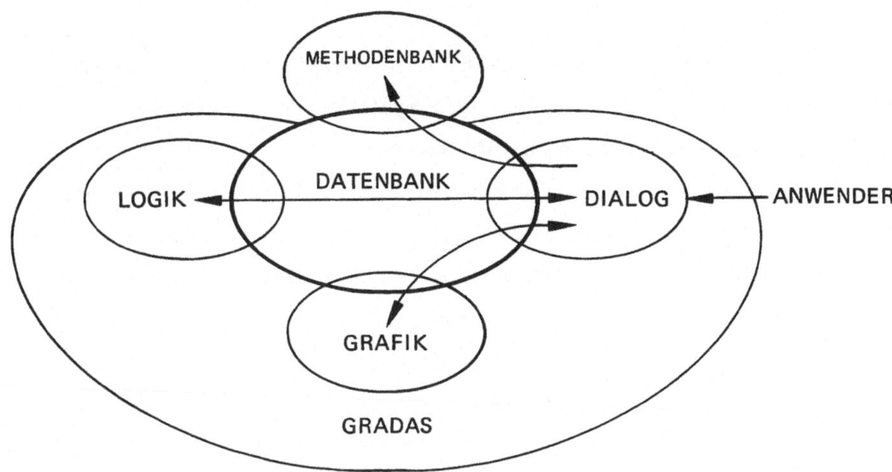

Bild 1: GRADAS - Strukturelle Übersicht

1. Systemstruktur

Der zentrale Teil des Systems sind die Daten, die von einem nach dem relationalen Datenbankmodell arbeitenden Datenbanksystem verwaltet werden. Grundlage dieses Systems ist das nach diesem Prinzip arbeitende Datenbanksystem DATAS [2, 3, 4], das hierfür entsprechend ergänzt und erweitert wurde. Hier ist die konsequente Trennung zwischen physikalischer Datenspeicherung und logischer Datenbeziehung realisiert. Dadurch erhält das System den Vorteil einer schnellen Datenrückgewinnung.

Das System GRADAS [5] besteht im wesentlichen aus folgenden Komponenten:

- Datenbank: Sie übernimmt die Verwaltung der Daten derart, daß eine Trennung zwischen Daten und ihrer Bedeutung streng eingehalten wird.

- Dialog: Er stellt die Schnittstelle zwischen Mensch und Maschine dar mit der Möglichkeit der interaktiven Arbeitsweise durch die Bereitstellung von Steuerfunktionen und der Übergabe von Parametern.

- Grafik: Sie übernimmt den Aufbau und das Editieren von Bildern.

- Logik: Sie versieht die Bilddaten mit logischen Beziehungen.

- Methodenbank: Sie besteht aus anwenderspezifischen Algorithmen aus denen sich problemorientierte Systeme definieren lassen.

Das System GRADAS ist demnach so angelegt, daß sich für verschiedenartige grafische Probleme ein auf den Anwender zugeschnittenes System zusammenstellen läßt.

Dies bedeutet im Einzelnen:

a) Das Anwendersystem wird aus Hard- und Software-Komponenten konfiguriert.

b) Der Leistungsumfang des Systems wird durch system- und anwenderspezifische
    Methoden aus der Methodenbank definiert. Insbesondere legt dort der Anwender die
    problembeschreibende logische Struktur seiner Daten in Form einer Syntax fest.
    Die Definition der Syntax erfolgt bei der Initialisierung des Systems.

c) Das Leistungsspektrum von GRADAS kann durch den Ausbau der Methodenbank
    durch den Anwender jederzeit erweitert werden.

Die Vorteile des Systems sind :

- Flexibilität bei der Eingabe

- Anpassung an zukünftige Anwenderforderungen

- Abbildung der Anwenderprobleme auf die Datenstruktur mit Hilfe der vom Anwender
   definierten Syntax

- Schnelles Wiederfinden von Daten aus großen Datenmengen.

Wie aus Bild 2 hervorgeht, definiert der Benutzer in einer ersten Phase seine problemorientierte Syntax sowie den logischen und grafischen Kontext seiner Objekte (F_{SDEF}).
Der Syntax-Definator veranlaßt sodann den Einbau der Syntax in die Methodenbank
(F_{EMB}). Der Benutzer ist nun in der Lage, sich anhand der Methoden ein auf sein Problem zugeschnittenes System zu definieren (F_{DEF}). Das nach der Initialisierung (F_{INIT})
betriebsbereite Anwender-System führt aufgrund von Benutzereingaben (F_{DIA}) unter der
Steuerung des Dialogs folgende Tätigkeiten durch:

- Aufbau und Editieren von Objekten $(F_{GRA}, F_Q; F_{LOG}, F_Q)$
- Manipulation der Datenträger der Datenbank (F_{DB}, F_Q)
- Getrennte Zugriffe auf die Logik und die Grafik der Objekte $(F_{GRA}, F_{SG}, F_{LG}, F_Q;$
   $F_{LOG}, F_{LL}, F_{SL}, F_Q)$

Über den Syntax-Definator ist der Anwender in der Lage, seine bereits existierende Syntax zu erweitern. Das bedeutet, eine vorhandene Datenbank an zukünftige Anwenderforderungen anpassen zu können, womit eine hohe Flexibilität gewonnen wird. Das System
GRADAS ist einerseits aufgrund der unbegrenzt erweiterbaren Methodenbank ein universell einsetzbares System, andererseits ein System mit einem hohen Grad an Flexibilität, da ein jeder Anwender sich das auf sein Problem am besten zugeschnittene Anwendersystem definieren kann.

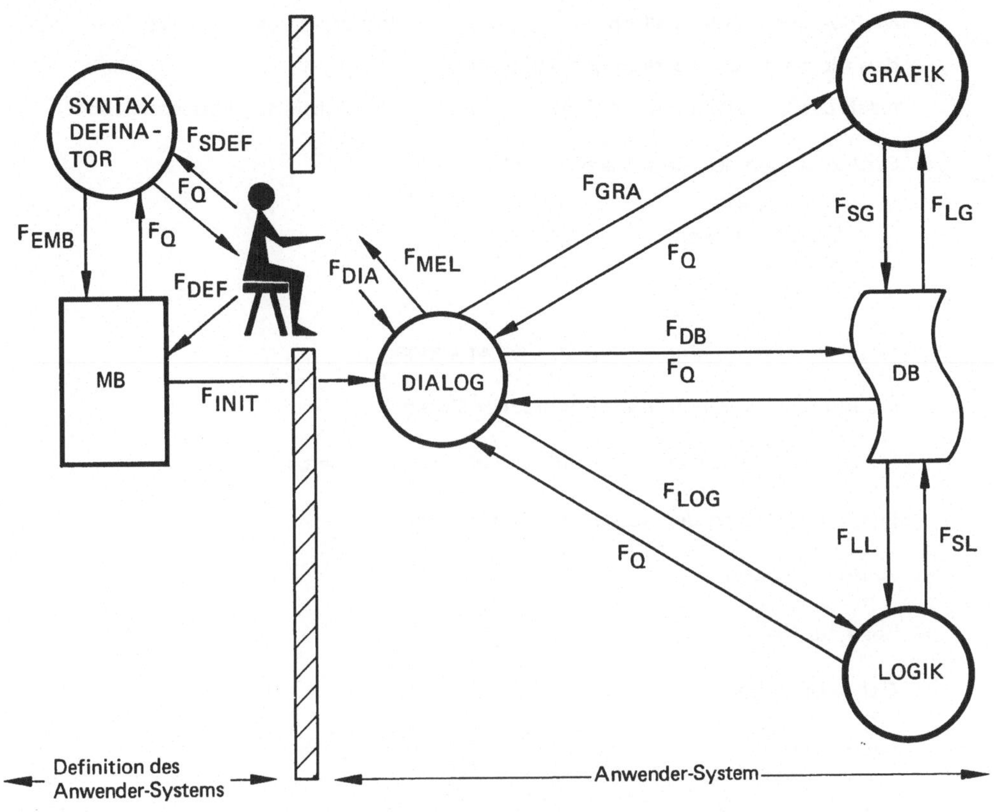

Bild 2: Zustandsüberführungsgraph des GRADAS-Systems

Erläuterung der Funktionen:

F_{SDEF} : Definition der Syntax durch den Benutzer, sowie des Kontextes

F_{EMB} : Erweiterung der bereits vorhandenen Methodenbank durch die neu entstandene Syntax

F_{DEF} : Definition des Systems durch den Benutzer. Selektives Zusammenbinden von Methoden zur Gewinnung des Anwendersystems

F_{INIT} : Initialisieren des Systems durch Belegung der Systemgrößen

F_{MEL} : Melde- und Fehlerfunktion des Systems. Mitteilung an den Benutzer über

den momentanen Zustand des Systems

Nach der Initialisierung meldet das System den normierten Grundzustand

F_{DIA} : Dialogführung des Benutzers erfolgt über:

- Kommandos
- Spezifikationen
- Attribute
- Daten

F_{GRA} : Funktionen zur Manipulation grafischer Daten

F_{LOG} : Funktionen zur Manipulation logischer Daten

F_{DB} : Manipulation der Datenbank auf Block- und Speicherbereichsebene

F_Q : Fertigmeldung an den steuernden Dialog-Modul

F_{SG} : Schreibe Grafik

F_{LG} : Lese Grafik

F_{SL} : Schreibe Logik

F_{LL} : Lese Logik

Die letzten vier Funktionen arbeiten auf Datenebene innerhalb der Blöcke. Sie stellen

einmal die Steuerfunktion dar, zum anderen auch den Datenfluß.

Man betrachtet die einzelnen Moduln der Abbildung als diskrete Zustände des Anwender-

systems, wobei der Dialog ein stabiler Zustand ist und alle anderen Moduln Übergangs-

zustände darstellen. Unter einem stabilen Zustand versteht man hierbei, daß der Be-

nutzer das System über den Dialog steuert und das System stets zu diesem Zustand

wiederkehrt. Dadurch definiert das Bild 2 den Zustandsüberführungsgraphen des Sys-

tems. Die Funktionen stellen dabei die Überführungsabbildungen dar. Durch die Defini-

tion der Folgezustandsmengen der einzelnen Zustände ist man so in der Lage, das Sys-

tem und dessen Ablauf vollständig zu beschreiben [6].

2. Die Steuerung des Systems

Nachdem die Komponenten des Systems GRADAS eingeführt sind, soll im folgenden

die Steuerung des Systems durch diese Komponenten erläutert werden.

Die Dialog-Komponente besteht aus zwei Moduln: der I/O-Schnittstelle sowie dem Dialog-Modul. Die I/O-Schnittstelle bildet physikalische Eingaben (z.B. Tastatureingabe, Digitizereingabe) auf logische Eingabetypen (z.B. Text, Position, 1:n Auswahl) ab (Funktion f_1). Das gesamte System arbeitet nun auf diese Eingabetypen, womit eine vollständige Geräteunabhängigkeit erreicht wird [7]. Der Dialogmodul selbst verwaltet die Dialoglisten und prüft die Eingaben darauf ab, ob es sich um Kommandos handelt. Ist dies der Fall, so verzweigt er auf die entsprechende Funktion (f_2).

Die Verarbeitung von Eingaben erfolgt nach vom Benutzer frei definierten Regeln, die er in der Syntax, dem Kontext und anderen Moduln in der Methodenbank ablegt. Der Modul Syntax beschreibt die innere Struktur eines Objektes in logischer und grafischer Hinsicht. Die Art der Kontextsensitivität zu anderen Objekten ist im Modul Kontext in Form einer Liste abgelegt. Mit diesen beiden Moduln wird die völlige Anwendungsunabhängigkeit von GRADAS erreicht. Durch die Neudefinition von Syntax und Kontext läßt sich das System an jedes Problem anpassen. GRADAS interpretiert diese Methoden als Systemmethoden, die vom Benutzer in Form von Programmen in die Methodenbank eingebracht werden. Nach der Spezifizierung des zu bearbeitenden Objekttyps ermittelt die Steuerfunktion mit Hilfe der Syntax (f_3) die zugehörige Verarbeitungsvorschrift. Da im System GRADAS die eingegebenen Objekte kontextsensitiv sind, können Funktionen wie z.B. Löschen oder Einfügen nicht mehr global abgehandelt werden. Die Steuerfunktion übernimmt stattdessen lediglich den Einsprung in die Bearbeitungsvorschrift an diejenige Stelle, an der sich die Abhandlung der geforderten Funktion für dieses Objekt befindet.

Die Verarbeitungsvorschrift ermittelt nun im Eingabefall zunächst den zu der Eingabe gehörenden Kontext (f_5) und stellt dann fest, ob es in der Datenbank bereits Elemente gibt, die diesen Kontext für das einzugebende Objekt definieren (f_6). Ist dies nicht der Fall, so wird die Eingabe nicht akzeptiert.

Existiert der nötige Kontext, so übernimmt die Verarbeitungsvorschrift die Bereitstellung von Daten und Attributen durch Anforderung vom Dialog ($\overline{f_4}$). Nach vollständiger Parameterversorgung werden die Eingaben durch Aufruf geeigneter Algorithmen (f_7) in ein Objekt gewandelt und dieses im Zwischenpuffer abgelegt.

Beim Änderungsdienst wird zunächst das Objekt identifiziert (f_6) und von der Datenbank in den Zwischenpuffer gebracht $(\overline{f}_9)$. Die Verarbeitungsvorschrift wird nun noch einmal durchlaufen, wobei die unveränderten Werte aus dem Zwischenpuffer (f_8), die geänderten vom Dialog $(\overline{f}_4)$ angefordert werden. Über den Kontextmodul wird festgestellt, wie sich die Änderung des Objektes auf andere auswirkt. Nach der Ablage im Zwischenpuffer ist das Objekt vollständig beschrieben.

In der Datenbank wird der Datenbestand auf Objektebene verwaltet. Der Aufbau und das Ändern von Objekten erfolgt in einem getrennten Zwischenpuffer, was vor allem beim dynamischen Vergrößern von Objekten von Vorteil ist, da dann das Einpassen in die Datenbank nur einmal erfolgt (Bild 3).

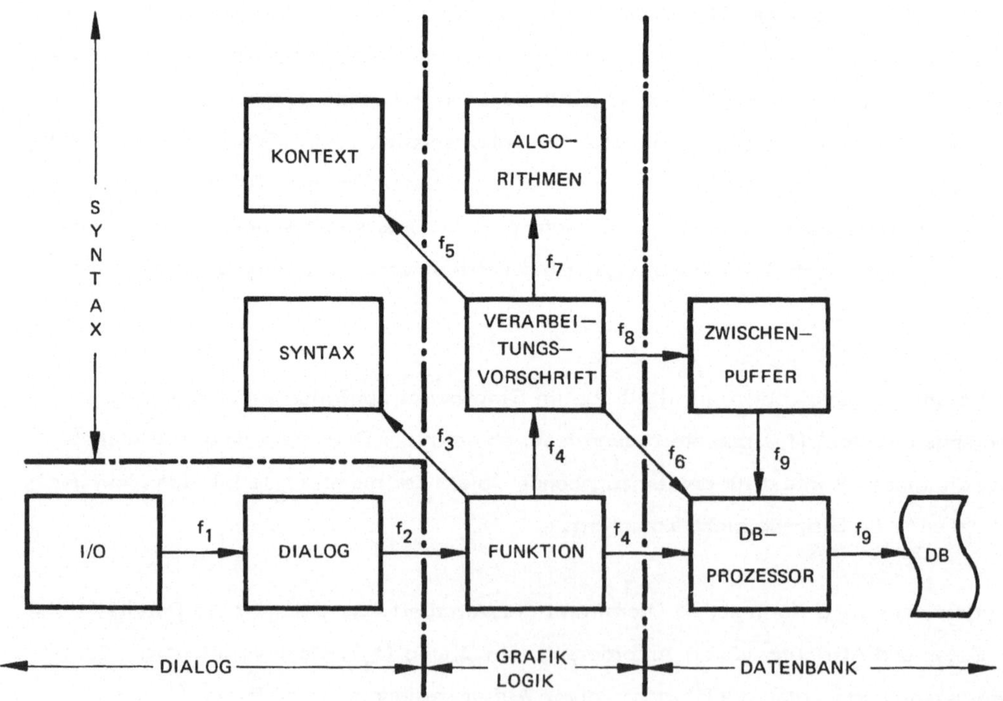

Bild 3: Steuerfunktionen des Anwendersystems

Es folgt eine formale Beschreibung der Steuerfunktionen [8]. Hierfür gelten als Abkürzungen:

a	Attribut
A	Algorithmus
anfit	Anforderung Eingabetyp
d	Datum
f_i	Steuerfunktion
$\bar{f}_i$	inverse Abbildung zu f_i
g	Grafik
GI	Geräteeingabe
GO	Geräteausgabe
id	Objektidentifikator
IDENT	Identifizierfunktion
IN	Menge der imperativen Nachrichten
IT	Eingabetyp
k	Kommando
KON	Kontext
L	Logik
o	Objekt
O	Objekttyp
p	Parameter
s	Spezifikation
sf	Systemfunktion
π_j	j-te Komponente

Die Beschreibung der Steuerfunktionen lautet:

$$f_1 \quad : \quad GI_n \longrightarrow IT_m$$

$$\bar{f}_1 \quad : \quad IN_n \longrightarrow GO_m$$

$$f_2 \quad : \quad k \longrightarrow sf_k$$

$$ x \longrightarrow x \qquad x \in \left\{ s, a, d \right\}$$

$$\bar{f}_2 \quad : \quad sf_k \longrightarrow anfit_{sf_k}$$

$$f_3 \quad : \quad s \longrightarrow 0_s$$

$$f_4 \quad : \quad 0_s \longrightarrow w0_{s,\, k}$$

$$\bar{f}_4 \quad : \quad x \longrightarrow anfit_x \qquad x \in \left\{ a, d \right\}$$

$$f_5 \quad : \quad 0_s \longrightarrow KON\,(0_s)$$

$$f_6 \quad : \quad (0_s,\, 0,\, id_s) \longrightarrow IDENT\,(0,\, id_s)$$

$$f_7 \quad : \quad (s,\, d_1,\, ...,\, d_n) \longrightarrow A_s\,(d_1,\, ...,\, d_n)$$

$$\bar{f}_7 \quad : \quad (d_1,\, ...,\, d_n) \longrightarrow (p_1,\, ...,\, p_m)$$

$$f_8 \quad : \quad (p_1,\, ...,\, p_m) \longrightarrow \pi_l\,(o)$$

$$f_9 \quad : \quad o \longrightarrow \pi_i\,(DB)$$

Unter dem Aspekt der Steuerung zerfällt das System in die Moduln von Bild 3. Aus den Steuerfunktionen f_i läßt sich nun der Zustandsüberführungsgraph von Bild 2 wie folgt aufbauen:

$$F_{DIA} = f_1$$

$$F_{MEL} = \bar{f}_1$$

$$F_{GRA} = F_{LOG} = f_2 \circ f_3 \circ f_4 \circ f_5 \circ f_7 \circ f_8$$

$$F_Q = \bar{f}_4 \circ \bar{f}_2$$

$$F_{SG} = F_{SL} = f_9$$

$$F_{LG} = F_{LL} = \bar{f}_9$$

$$F_{DB} = f_2 \circ f_4$$

Dabei bedeutet "o" die Komposition von Funktionen.

3. Die Datenbank

Im System GRADAS wird die Datenhaltung von der Datenbank übernommen. Ihre Elemente sind kontextsensitiv und bestehen aus Grafik und Logik. Grundbaustein dieser Elemente ist eine Menge vom System bereitgestellter Primitives. Der Benutzer kann zusätzlich durch Programme neue, auf den Systemprimitives aufbauende Primitives definieren. Die Datenbank behandelt Benutzer- und Systemprimitives gleich, da in ihr nur ein Verweis auf das entsprechende Programm sowie auf die zugehörigen Parameter abgelegt sind.

Die innere Struktur der Datenbankelemente wird durch die Syntax definiert. Da sie damit anwendungsabhängig ist, verwaltet in GRADAS der DB-Prozessor den Datenbestand auf Objektebene, um die Entkopplung der Datenbank von einer speziellen Anwendung zu erreichen. Neben der Erweiterung und Änderung von Objekten kann der Benutzer wegen der Trennung von Daten und Beziehungen in GRADAS später auch frei neue Beziehungen in einem schon existierenden Datenbestand einführen. Dies ist insofern vorteilhaft, als sich trotz sorgfältiger Systemanalyse oft die Notwendigkeit ergibt, ein System an veränderte Anforderungen anzupassen.

Oft läßt sich der gesamte Datenbestand in voneinander weitgehend unabhängige Segmente unterteilen. Hierfür ist in GRADAS ein eigener Zugriffsmechanismus vorgesehen, der die Auswahl eines Segments aus dem Gesamtbestand ermöglicht. Diese Segmentierung bietet den Vorteil kleinerer Datenmengen und kürzerer Dialogzeiten. Damit sind insgesamt drei Zugriffsarten zu unterscheiden:

a) Zugriff auf den gesamten Datenbestand, beispielsweise für Statistiken oder um Segmente auszuwählen

b) Zugriff innerhalb eines Segments

c) Zugriff auf Information bezüglich eines Objektes unter Steuerung der Syntax

4. Zeitbetrachtungen

In einem Dialogsystem gilt es, die Dialogzeiten möglichst zu minimieren. Ein wichtiges Kriterium hierfür ist die Möglichkeit, die relevante Information durch Vorauswahl zu verkleinern, was durch einen in Absatz 3 erwähnten Datenbankmechanismus erlaubt wird. Ein anderes Kriterium, die Ablage der Daten nach Zugriffshäufigkeit, wird im folgenden diskutiert.

Der Dialog in GRADAS besteht aus grafischen sowie logischen Anforderungen, für die folgende quantitative Überlegungen gelten: Da in der Grafik Primärschlüssel sehr selten sind und der Zugriff fast nie auf einzelne Objekte allein erfolgt, muß meist der gesamte Datenbestand eines Segments bearbeitet werden. Hieraus ergeben sich hohe Verarbeitungs- und Transportzeiten, während die Suchzeit wie bei der Logik primär strukturabhängig ist. Wegen der Möglichkeit des Direktzugriffs sind beim logischen Dialog Verarbeitungs- und Transportzeit wesentlich kürzer.

Es bietet sich deshalb an, in einer Systemanalyse zu klären, welche Zugriffe häufiger auftreten und wie das System dahingehend optimiert werden kann. Liegt der Akzent deutlich auf einer Art des Dialogs, so liegt es nahe, die hierfür benötigte Information auf einen Satelliten auszulagern, den anderen Dialog aber über den zentralen Rechner zu führen.

5. Realisierung

Die Realisierung eines solchen Systems vor dem Hintergrund einer stark grafisch orientierten Problemstellung führt zur Aufteilung in mehrere grafische Satelliten und einen zentralen Rechner zur Verwaltung der Datenbank und Abwicklung des logischen Dialogs. Daraus ergibt sich eine Aufteilung des Gesamtsystems in zwei entkoppelte Komponenten (Bild 4).

Der Satellit ist in der Lage, über den Dialog unter Steuerung der Syntax ein Segment grafisch zu bearbeiten. Das Segment wird hierfür aus der Datenbank in die BDS (Benutzerdatenstruktur) des Satelliten ausgelagert.

Den logischen Dialog sowie Funktionen, die den gesamten Datenbestand betreffen, wickelt der zentrale Rechner ab. Außerdem ermöglicht er die Auswahl eines Segmentes zur Bearbeitung am Satelliten.

Ein System nach Bild 4 bietet sich beispielsweise für die Bearbeitung von Netzplänen der Linientechnik der Bundespost an. Hierbei wird vom Anwender gefordert, daß

- das Erfassen, Darstellen und Editieren der Pläne grafisch erfolgen soll

- in größeren Zeitintervallen für die Weiterverarbeitung Datensätze in geeigneter Form zur Verfügung zu stellen sind

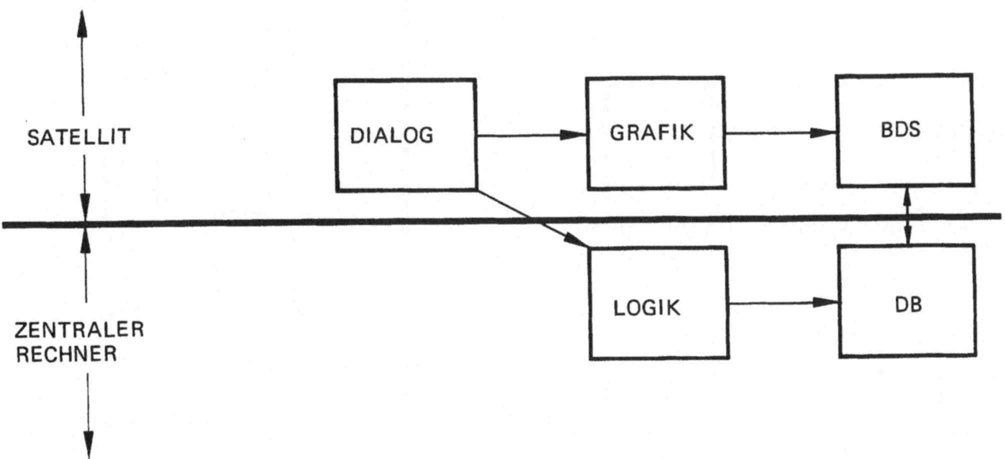

Bild 4: Konfiguration bei überwiegender graphischer Anwendung

Die Pläne werden als Datenbanksegmente betrachtet. Die in der Syntax definierten Objekte sind hier z.B. Kabel, Kabelschacht, Wählsternschalter usw.

Die Bearbeitung der Pläne erfolgt in zwei Schritten (Bild 5):

1. Die zu bearbeitenden Pläne werden in den zentralen Rechner geladen (Arbeitsvorbereitung)

2. Der Arbeitsplatz fordert vom zentralen Rechner einen Plan an, bearbeitet ihn grafisch und schreibt ihn zurück

Während der Bearbeitung eines Planes arbeiten die Arbeitsplätze für die Dauer von ca. 1 Stunde autonom. Nur für das Holen bzw. Zurückschreiben am Anfang und Ende einer Bearbeitungsphase wird zusätzlich noch der zentrale Rechner benötigt. Die Belastung des zentralen Rechners durch die Arbeitsplätze ist gering, so daß er darüber hinaus die Steuerung grafischer Ausgabegeräte und die Abwicklung des logischen Dialogs übernehmen kann.

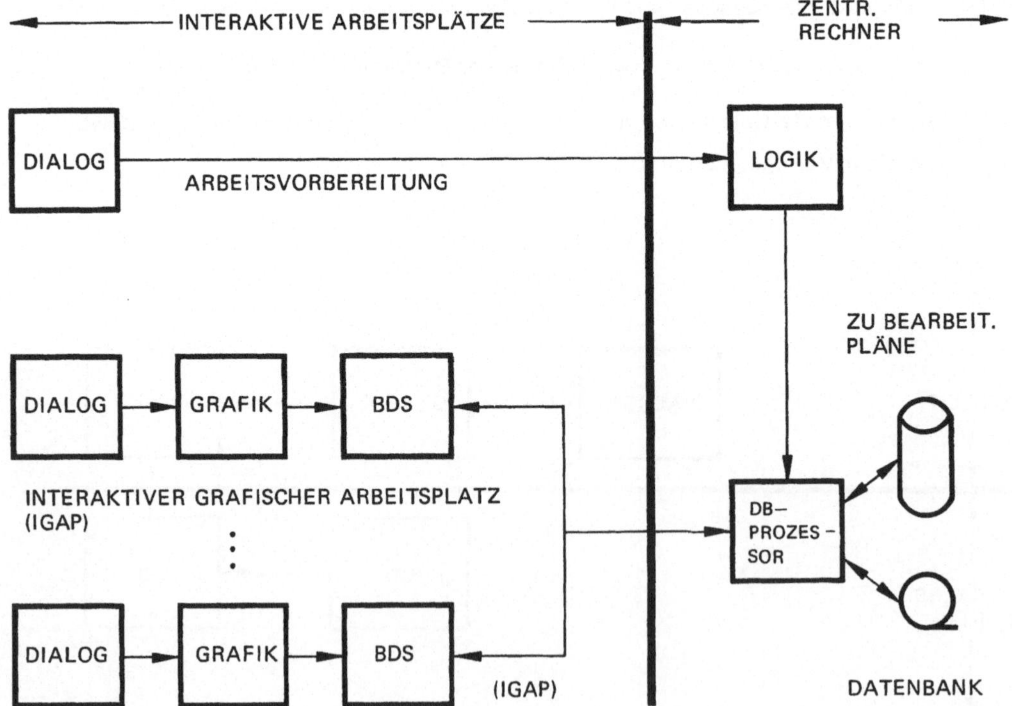

Bild 5: Realisierung eines Anwendersystems

6. Literatur

[1] J. Encarnacao

Computer Graphics - Programmierung und Anwendung graphischer Systeme

R. Oldenbourg Verlag, München, Wien 1975

[2] V. Glatzer und J. Encarnacao

DATAS - Datenstrukturen in assoziativer Speicherung

Angewandte Informatik, Sept. 72, pp. 417-424

[3] G. Weck

SAD - Ein Modell einer Strukturunabhängigen Assoziativen Datenstruktur

Dissertation, Mathematisch-Naturwissenschaftliche Fakultät der

Universität des Saarlandes, Saarbrücken 1974

[4] J. Encarnacao und G. Weck

Eine Implementierung von DATAS

Institut für Angewandte Mathematik und Informatik der

Universität des Saarlandes, Saarbrücken, Bericht Nr. A 74-1

Januar 1974

[5] GRADAS - Systembeschreibung

AEG-TELEFUNKEN
Energie- und Industrietechnik
Fachbereich Prozeßtechnik

Bericht Nr. E5V.6.173

[6] E. Alff

Funktionelle Beschreibung der Funktionsweise graphischer Systeme
unter besonderer Berücksichtigung des graphischen Dialogs.

Diplomarbeit, 1975
Universität des Saarlandes, Saarbrücken
Institut für Angewandte Mathematik und Informatik

[7] J. Encarnacao, B. Fink, E. Hörbst, R. Konkart, G. Nees,
D. Parnas and E.G. Schlechtendahl

A recommendation on Methodology in Computer Graphics

Position paper for the IFIPS Graphics Workshop, Seillac, France; May 1976
Published as: Bericht des Kernforschungszentrum Karlsruhe, KFK 2394, Feb. 76

[8] C. Hornung

Probleme der graphischen Programmierung;
Erarbeitung und vergleichende Diskussion verschiedener Lösungsmöglichkeiten

Diplomarbeit, 1976
Universität des Saarlandes, Saarbrücken
Institut für Angewandte Mathematik und Informatik.

Datenstruktur zur interaktiven Behandlung umfangreicher grafischer Datenmengen durch das Grafische System GMB 300

M. Gonauser, J. Weiß, W. Wenderoth
SIEMENS AG. München, Zentrale Forschung und Entwicklung

Zusammenfassung. Rechnerunterstützte Entwicklungsverfahren erfordern die Behandlung
umfangreicher Datenmengen im grafischen Dialog. Zu verarbeiten sind sowohl grafische
Daten als auch Problemdaten. Es wird eine Datenstruktur zur interaktiven Behandlung
von grafischen Daten und ihrer Verknüpfung mit spezifischen Problemdaten aufgezeigt
und das Grafische System GMB 300 erläutert, auf das dieses Datenstrukturkonzept auf-
baut.

G r a f i s c h e s   S y s t e m   G M B   3 0 0

Die Grafische Methodenbank GMB 300 ist ein universelles grafisches Software-System das
folgende Kriterien erfüllt:
- Geräteunabhängigkeit,
- einheitliche Benutzerschnittstelle für verschiedene grafische Geräte,
- höhere Programmiersprache (FORTRAN IV),
- modularer Systemaufbau.

Für die Schnittstelle zur Anwendersoftware bedeutet das:
- geräteunabhängiges Benutzerkoordinatensystem,
- einheitliche grafische Aufrufe,
- geräteunabhängige Datenstruktur.

Aufrufe der GMB 300

Die GMB stellt 100 Aufrufe für die Anwendersoftware zur Verfügung [1]. Weitere
Aufrufe können leicht ohne Systemänderungen hinzugefügt werden.
Die Aufrufe gliedern sich in drei Befehlsgruppen.

Die Verwaltungsbefehle ermöglichen die hierarchische Strukturierung der Grafik
in Objekte, wie grafische Elemente oder Bildmakros, Bilder, Gruppen (Bild 1).
Grafische Objekte werden mit einer Identifikationsnummer für die interaktive
Kommunikation gekennzeichnet.

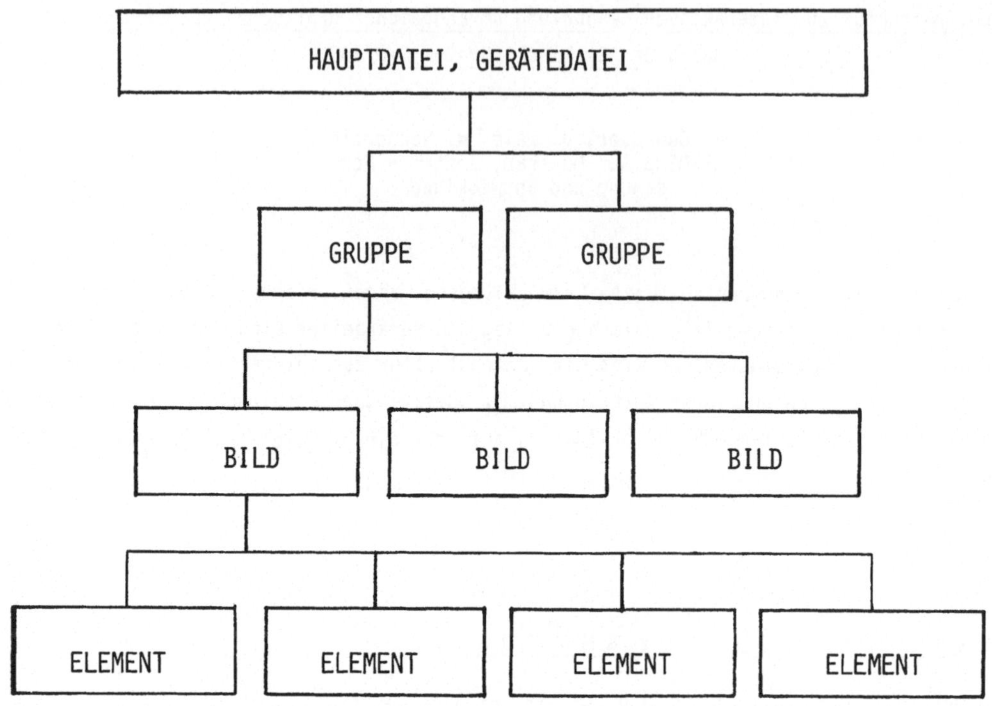

Bild 1:   Hierarchische Struktur der Grafischen Methodenbank GMB 300

Mit den Grafischen Befehlen werden grafische Elemente gekennzeichnet und Texte
dargestellt. Sie legen u.a. Koordinatentransformationen und Ausschnittsberechnungen
fest und bestimmen die Darstellungsart. Alle grafischen Elemente werden grundsätzlich in Benutzerkoordinaten definiert.

Die Dialogbefehle dienen zum Ansprechen und Manipulieren definierter Objekte.
Manipulationen umfassen u.a. das Vergrößern oder Verkleinern, Rotieren, Verschieben, Löschen, Duplizieren und Kopieren von Objekten.

Struktur der GMB 300

Die Aufrufe werden von einem Pseudocodegenerator auf 25 geräteunabhängige Stan-
dardfunktionen, wie Kreis, Vektor, Sprungbefehle etc., reduziert und in einer

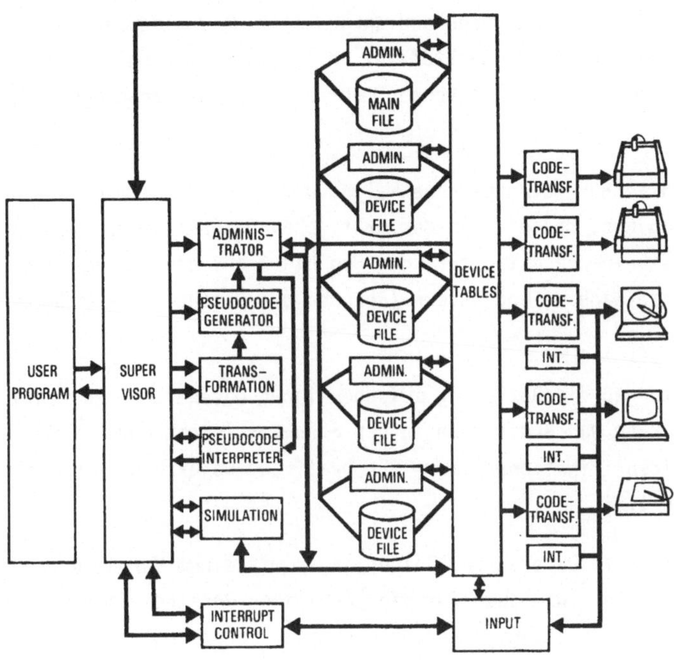

Bild 2:   Aufbau des Grafischen Systems GMB 300 [2]

grafischen Datei abgespeichert. Diese grafische Datei kann einem grafischen Gerät
als Gerätedatei zugeordnet sein oder unabhängig von einem grafischen Gerät als
Hauptdatei eingerichtet werden.

Die Gerätedatei beinhaltet die aktuellen Bilddaten am jeweiligen Gerät in Hardwarekoordinaten. Alle erforderlichen Koordinatentransformationen und Ausschnittsberechnungen sind bereits berücksichtigt. Darstellungsänderungen, wie z.B, Löschen, Hinzufügen oder Verschieben von Bildern oder Gruppen, werden in dieser
Datei durchgeführt und festgehalten.

Die Hauptdatei kann die Gesamtheit grafischer Daten eines Anwenderprogrammes in
Benutzerkoordinaten enthalten. Teilmengen der Hauptdatei können wahlweise in

verschiedenen Gerätedateien ausgegeben und dargestellt werden. Änderungen im
interaktiven Dialog werden in der Gerätedatei festgehalten und können in
die Hauptdatei übernommen werden. Es können mehrere Hauptdateien eingerichtet
werden.

Die Verarbeitung grafischer Daten zeichnet sich durch eine Problembeschreibung mit
hierarchischem Aufbau aus, die sich in der grafischen Datenstruktur wiederspiegelt.
Die Datenstruktur ist eine Baumstruktur, die den hierarchischen Aufbau von Objekten und das dynamische Wachsen und Ändern (Löschen und Einfügen von Objekten) ermöglicht.

Sie ist so aufgebaut, daß die Beziehung zwischen ihren Datenelementen einfach
festgestellt werden kann und Änderungen in der Struktur leicht durchzuführen sind.
Die Verwaltung der Identifikationsnummern für grafische Objekte wird durch eine
Zeigerliste realisiert.

In der GMB 300 werden alle Dateien und Zeigerlisten mit einem Verwaltungsmodul
zentral für die Hauptdatei, wie auch für die jeweiligen Gerätedateien verwaltet.
Dies ist durch die geräteunabhängige Pseudocodebeschreibung möglich.
Die Reorganisation und der Überlauf der einzelnen Listen und Dateien werden ohne
Eingriff seitens eines Anwenderprogrammes vom System bewältigt (Bild 2).

Die <u>Geräteliste</u> beschreibt die angeschlossenen Geräte nach Art, Hardwareausstattung,
Dialogfähigkeit usw. Mit dieser Geräteliste wird vom System festgestellt, ob ein
Befehl einer Simulation bedarf oder vom Gerät durchgeführt werden kann. Die geräteunabhängigen Daten werden mittels einer <u>Codetabelle</u> in geräteabhängige Steuerbefehle umgewandelt und an das entsprechende grafische Gerät weitergegeben.

Eine Korrelationstabelle enthält die Zuordnung zwischen Datenelementen der Haupt-
bzw. Gerätedatei und dem spezifischen Gerätehardwarecode. Sie entfällt bei reinen Ein- bzw. Ausgabegeräten.

Dialogfähigen Geräten ist ein <u>Interruptmodul</u> zugeordnet, der die Unterbrechungs-
daten übernimmt und zur Auswertung an den <u>Eingabeinterpreter</u> weitergibt. Fehler-
hafte Dialogschritte können ohne Belastung des Anwenderprogramms korrigiert werden.
Die Systemmoduln der Grafischen Methodenbank sind unabhängig von der Art und Anzahl der angeschlossenen Geräte, ausgenommen der Codetabellen und Interrupt-
moduln.

Die grafischen Dateien enthalten die Abbildung der grafischen Objektbeschreibung.
Für viele Anwenderprobleme reicht die reine grafische Beschreibung nicht aus. Es
sind zusätzliche Problemdaten nötig, die für die Bilddatengenerierung belanglos
sind. Anwenderprogramme müssen über ihr spezifisches Strukturdatenfile verfügen,

das in vielen Fällen eine Verknüpfung zu den grafischen Daten aufweist [3] [4]. Im
folgenden wird die Struktur solcher Verknüpfungen von Problemdaten und grafischen
Daten erläutert.

Konzept für eine anwendungsorientierte Datenstruktur

Problemstellung

Rechnergestützte Entwicklungsverfahren erfordern die Behandlung umfangreicher
Datenmengen. Es müssen grafische Daten erfaßt, generiert, manipuliert und Problemdaten
zur Beschreibung von Struktur und technischen Eigenschaften als Entscheidungshilfe
im Dialog oder zur Dokumentation bereitgestellt werden. Daraus ergeben sich folgende
Forderungen an die Datenstruktur eines Dialogprogramms:
Grafische Datenmengen müssen dialoggerecht aufbereitet und in geeignete Unter-
mengen segmentiert werden. Auf sie muß schnell und direkt zugegriffen werden können.
Die grafischen Daten müssen durch Strukturdaten beschreibbar sein, die unabhängig
von der Grafik interpretiert und ausgewertet werden können.

Auf der Basis der GMB 300 wurde eine von spezifischen Anwendungen unabhängige Struktur zur Behandlung von zweidimensionalen Problemen entwickelt. Dazu ist eine Hardwareausstattung, bestehend aus Rechner mit Plattenspeicher, Bildschirm, Digitizer
und Plotter nötig.

Datenklassifizierung

Bei rechnerunterstützten Verfahren zerfallen die grafischen Daten in zwei Klassen,
und zwar in Strukturdaten und grafische Daten. Die letzten werden wieder unterteilt
in grafische Basisdaten und grafische Nutzdaten.

Grafische Basisdaten sind Vorlagen, die einem rechnerunterstützten Entwurf zugrunde
liegen. Sie definieren Arbeitsfläche und Maßstab. Sie weisen vorwiegend statischen
Charakter auf. Die Erfassung erfolgt über Digitizer.

Grafische Nutzdaten beschreiben anwendungsspezifische Entwürfe in grafischer Form.
Diese Daten haben dialogintensiven Charakter. Sie werden im Bildschirmdialog generiert und manipuliert. Bei dem hier beschriebenen Datenstrukturkonzept liegen den
grafischen Nutzdaten Zusammenhänge zugrunde, die durch planare Graphen beschrieben
werden können. Mehrere solcher Graphen können unabhängig voneinander existieren.

Strukturdaten beschreiben den anwendungsspezifischen Entwurf nach seiner Struktur und seinen technischen Eigenschaften.

Die Datenorganisation ist in Bild 3 erläutert.

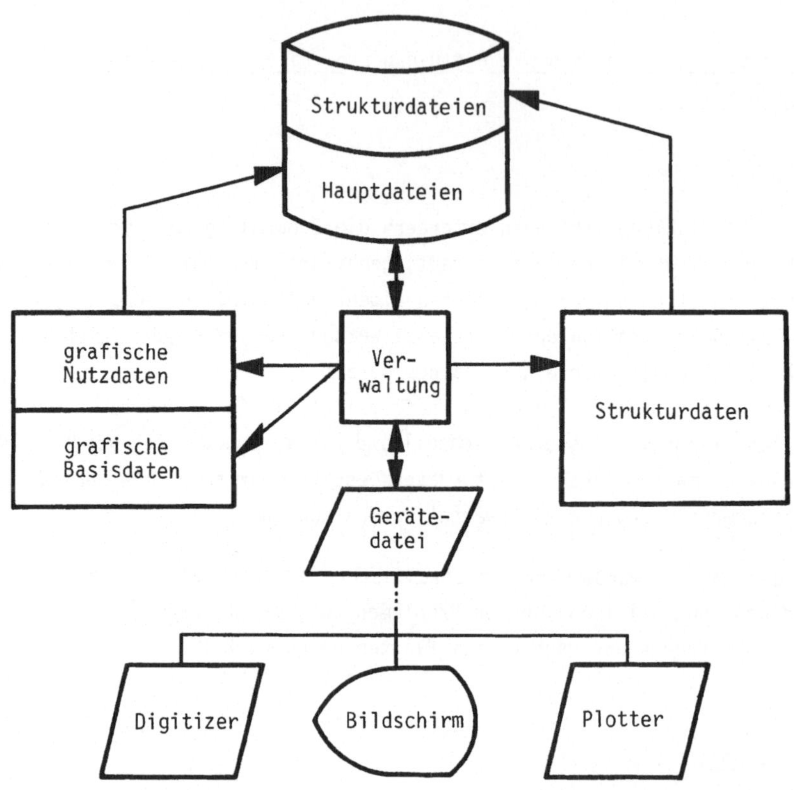

Bild 3:   Dateiorganisation

Struktur der grafischen Daten

Um die grafischen Daten dialoggerecht aufzubereiten, wird eine horizontale und eine vertikale Segmentierung vorgenommen.

Vertikale Segmentierung bedeutet eine Behandlung der grafischen Daten in zwei getrennten Ebenen, entsprechend ihrer Klassifizierung. Die erste Ebene beinhaltet die grafischen Basisdaten, die zweite Ebene die grafischen Nutzdaten. Für den interaktiven Entwurfsdialog wird die zweite Ebene der ersten überlagert, wobei jeweils nur einer der voneinander unabhängigen Graphen in der zweiten Ebene, darstellbar ist. Die beiden Ebenen sind für Manipulationen getrennt aktivierbar.

Horizontale Segmentierung bedeutet die Definition von Ausschnitten oder Blättern in
beiden Ebenen. Diese Gliederung ist für beide Ebenen identisch. Dabei sind zu be-
rücksichtigen:eine übersichtliche Darstellung am Bildschirm, die physikalisch be-
grenzte Darstellungskapazität bei Bildwiederholspeicherschirmen und anwendungsspezifische Forderungen. Da diese Parameter je nach Anwendungsproblem unterschiedlich gewichtet sein können, erfolgt die Definition von Blättern dynamisch bei der
Digitizereingabe der grafischen Basisdaten. Sie ist für beide Ebenen bindend.

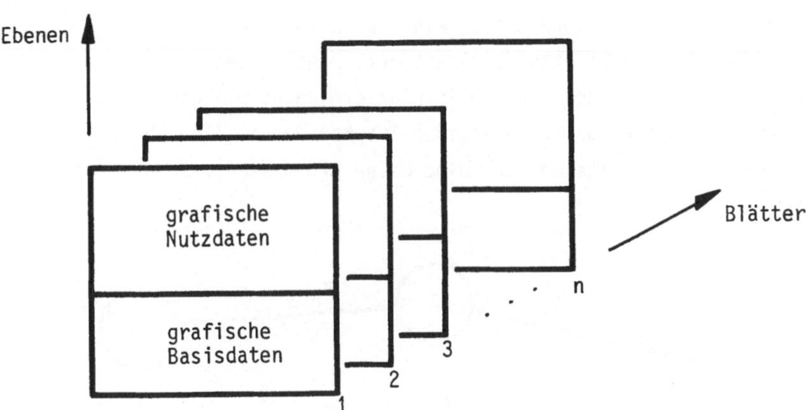

Bild 4 :   Segmentierung der grafischen Datenmengen

Ein Blatt wird definiert durch Angabe einer Blattbegrenzung in Form eines wahlfreien
geschlossenen Polygonzuges. Jedes Blatt wird maximal auf die verfügbare Fläche am
Bildschirm abgebildet. Überlappende Blätter sind erlaubt. Es können beliebig viele
Blätter vereinbart werden. Sie werden in der Reihenfolge ihrer Vereinbarung durch-
numeriert und indexsequentiell gespeichert. Auf jedes Blatt kann direkt über die
Blattnummer in zwei Schritten zugegriffen werden. Zur Auswahl einer Blattnummer
steht ein "nulltes Blatt" bereit, das alle polygonen Begrenzungen mit zugeordneten
Nummern in der Gesamtebene enthält.

Zur Datenhaltung wird jeder grafischen Datenmenge eine indexsequentielle Hauptdatei
zugewiesen, d.h. in der ersten Ebene eine Datei für die grafischen Basisdaten, in
der zweiten Ebene mehrere Dateien für grafische Nutzdaten entsprechend der Anzahl
unabhängiger Graphen.
Diese Hauptdateien enthalten die Gesamtgrafik einer Ebene in Hardwarekoordinaten,
zerlegt in Blätter. Bei den grafischen Basisdaten werden zusätzlich Abbildungs-
faktoren zur Umrechnung auf das Benutzerkoordinatensystem pro Blatt abgelegt. Dadurch steht für den Bildschirmdialog das Benutzerkoordinatensystem der Gesamtebene
zur Verfügung.

Das Abspeichern in Hardwarekoordinaten reduziert die Zeit für das Abrufen oder Abspeichern eines Blattes auf ein Minimum, das durch Plattenzugriffszeit und die Übertragungsgeschwindigkeit an der Bildschirm-Rechner-Schnittstelle bestimmt wird.

Strukturdaten

Bild 5 zeigt den schematischen Aufbau eines planaren Graphen. Der Graph besteht aus Knoten und Kanten. Zu jeder Kante wird mindestens ein formatierter Strukturdatensatz gebildet. Er enthält je zwei frei vergebbare alphanumerische Knotenbezeichnungen, die Kantenlänge, und weitere Daten, wie z.B. Name, Typ usw. Alle Datensätze eines Graphen werden in einer Strukturdatei geführt. Diese Datei ist unabhängig von der horizontalen Segmentierung des Graphen in Blättern, d.h. sie gilt für die gesamte Ebene. Jeder der voneinander unabhängigen Graphen der zweiten Ebene verfügt über eine Strukturdatei. Die Dateien sind blockweise organisiert. Jeder Block enthält genau einen Datensatz.

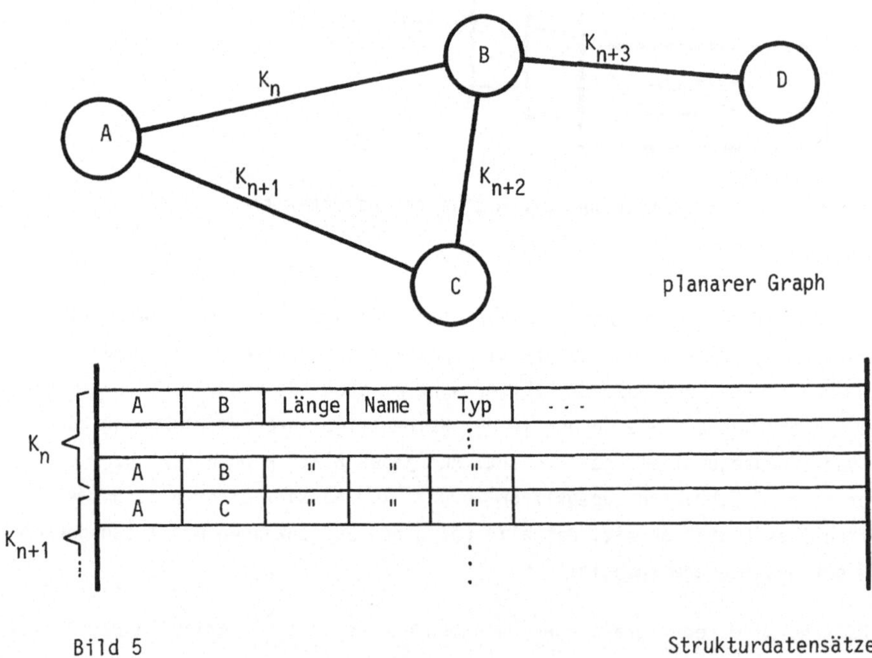

A	B	Länge	Name	Typ	- - -
			⋮		
A	B	"	"	"	
A	C	"	"	"	

Bild 5   Strukturdatensätze

Die Generierung der Datensätze und die Dateieinträge werden im grafischen Dialog abgewickelt. Die Systemeigenschaft der GMB 300 zur freien Vergabe von Identifikationsnummern für grafische Objekte wird genutzt, um einen direkten Dateizugriff zu organisieren. Die Identifikationsnummern der Kanten enthalten in verschlüsselter Form Blockadressen auf den ersten Datensatz einer Kante. Weitere Datensätze der Kante sind gekettet und können aufeinanderfolgend im direkten Zugriff angesprochen werden (Bild 6).

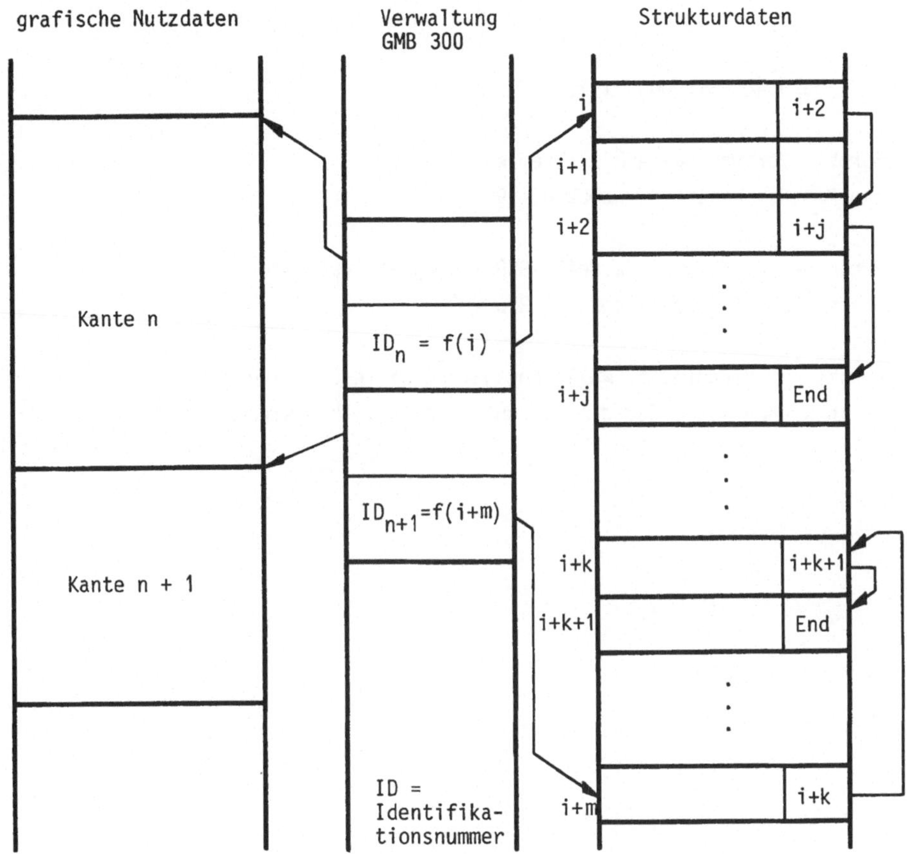

Bild 6:   Verknüpfung zwischen Hauptdatei und Strukturdatei

Durch den sequentiellen Aufbau ist eine Stapelverarbeitung der Strukturdateien
unabhängig von der Grafik möglich. Da die Struktur des Graphen mit Verknüpfungen
und Kantenlängen vollständig enthalten ist, können u.a. Sortierverarbeitung und
Wegesuche betrieben werden.

Anwendungsmöglichkeiten

In Verbindung mit geeigneten Programm-Moduln für Dialog und Problemdarstellung ist
diese Datenstruktur u.a. verwendbar in rechnerunterstützten Dialogverfahren zur
Planung von Netzen. Als Beispiele seien genannt:Fernsprechnetze, Datennetze, Fern-
sehverteilnetze, usw. In allen genannten Fällen stellt sich die Problematik der
Erfassung von grafischen Vorlagen in Form von Kataster- oder Gebäudegrundrißplänen,
Planung von Maschen- oder Baumnetzen und Auswertung von Strukturdaten.

<u>Literatur</u>

[1]   SIEMENS-Handbuch GMB 300, 1977

[2]   E. Hörbst: Vortrag bei ACM 1. Treffen 1977:
        "Techniken des Dialogs", Hamburg, 29.4.1977

[3]   M. Gonauser, E. Hörbst, J. Weiß: GMB - program system for interactive
        graphics. CAD 76 Proceedings, S. 296-299

[4]   E. Hörbst, R. Prechtl, B. Will: Engagement of interactive graphic
        tools in a CAD-system for digital units. IEEE 13th Design Automation
        Conference, S. 86.90, 1976

Das Programmsystem R E G E N T im praktischen Einsatz

E.G.Schlechtendahl   G. Enderle *)
K. Leinemann   R. Schuster

Gesellschaft für Kernforschung, Postfach 3640, 7500 Karlsruhe 1
*) neue Anschrift: BMW, EG/503, Petuelring 130, 8000 München

Zusammenfassung:
Es wird eine kurze Einführung in das integrierte Programmsystem REGENT und die bisher erstellten Subsysteme gegeben. Ausführlich wird über graphische Datenverarbeitung und interaktives Arbeiten mit REGENT berichtet. Die Erfahrungen, die im praktischen Einsatz gesammelt wurden, werden im Hinblick auf die Entwurfsgrundlage von REGENT gewertet.

1. Einleitung

In den Jahren 1973 bis 1975 wurde im Institut für Reaktorentwicklung das Programmsystem REGENT entwickelt. Der Name steht als Akronym für Rechnergestützter Entwurf, da bei der Entwicklung die Anforderungen dieses Bereiches im Vordergrund standen. REGENT wird seit 1975 sowohl für CAD-Aufgaben, wie auch für Berechnungen auf dem Gebiet der Reaktorsicherheit eingesetzt. Da die Fähigkeiten des REGENT-Systems,abgesehen von den in Kap. 2 und 3 beschriebenen Bereichen, an anderer Stelle [7,2,3,4] eingehend beschrieben sind, soll hier nur ein kurzer Überblick gegeben werden. Zum Grundkonzept von REGENT gehört die Gliederung in Systemkern und Subsysteme. Während der Systemkern die EDV-orientierten Routinenaufgaben übernimmt, sind die Subsysteme jeweils für die Lösung von Aufgaben aus bestimmten Problembereichen vorgesehen. Hinsichtlich des Einsatzes von REGENT unterscheiden wir stets zwischen der Erstellung von Subsystemen - in der drei vom Systemkern verwaltete Bibliotheken mit Bestandteilen des Subsystems gefüllt werden - und der Subsystemanwendung.
Bei der Subsystemerstellung werden zunächst in einer Planungsphase die wichtigen Bestandteile eines Subsystems spezifiziert:

   das Schema der Subsystemdatenstruktur,

   der Aufbau der Subsystem-Programme (Modul-Struktur) und

   die problemorientierte, d.h.leichtverständliche Sprache (POL-Problem
    Oriented Language).

Modulerstellung und Definition der problemorientierten Sprache werden mit Programmiersprachen des REGENT-Systems vorgenommen, die auf PL/1 aufbauen, aber zusätzliche Anweisungen zum Ansprechen der REGENT-Fähigkeiten bieten. Hierzu gehören:
bei der Modulerstellung die Verwaltung der

   Module, dynamischen Datenstrukturen, REGENT-Dateien, Nachrichten und der graphischen Ausgabe sowie

bei der <u>Sprachdefinition</u> die

Modulverwaltung, Nachrichtenverwaltung, syntaktische Analyse der Benutzeranweisungen und Erzeugung des auszuführenden Hauptprogrammes.

Der Subsystem-Anwender formuliert in der speziellen Subsystemsprache sein Problem. Aus dem Anwenderprogramm erstellt der Systemkern unter Zuhilfenahme der Subsystembibliotheken ein normales PL/1-Programm, das übersetzt und zur Ausführung gebracht wird. Während der Ausführung dieses Programms holt der Systemkern alle noch benötigten Module aus der Modulbibliothek. Selbstverständlich kann das Anwendungsprogramm auch interaktiv ablaufen. Neben einigen kleineren Subsystemen, die im wesentlichen Demonstrationscharakter haben, gibt es neben dem zum REGENT-Kern zu zählenden Dienst-Subsystem PLS (Sprachdefinition), DABAL (Dateiverwaltung) und EDIT (Textverarbeitung) derzeit folgende REGENT-Subsysteme:

Name	Anwendungsbereich	Nutzung
REMAC	Zweidimensionale inkompressible Strömung in kartesischer und zylindrischer Geometrie (rechteckige Berandung) mit inneren Hindernissen, freier Oberfläche und MHD-Effekten.	Zweidimensionale Strömungsprobleme (z.B. Schwappen)
YAQUIR	Zweidimensionale kompressible Strömung in kartesischer und zylindrischer Geometrie (beliebige Berandung)	Belastung von Reaktoreinbauten bei Störfällen
NERZ	Erzeugung von Eingabe von Finite-Element-Programmen speziell STRUDL	Analyse von Beanspruchungen im Druckabbausystem von Siedewasserreaktoren
LITERATUR	Literaturrecherche	Verwaltung von Literaturstellen
STRUYA	Wie YAQUIR, jedoch gekoppelt mit Strukturmechanik	Beanspruchung von Reaktoreinbauten
FLUST	Kompressible Strömung in komplexer Geometrie	Strömungen in komplexer Geometrie
GIPSY [8]	Graphische Datenverarbeitung	Zeichnungserstellung
SEDAP	Sichere und bequemere Benutzung des FORTRAN-Programms SEDAP für Meßwertverarbeitung [9].	Versuchsauswertung

Von diesen Subsystemen sind insbesondere YAQUIR (Belastungsermittlung), STRUYA (Beanspruchungsermittlung) und GIPSY (Zeichnungserstellung) dem CAD-Bereich zuzuordnen.

2. Graphische Datenverarbeitung mit REGENT

2.1 Mehrere Schichten für die Graphik

Bei vielen technisch-wissenschaftlichen Arbeiten werden zeichnerische Darstellungen
als Hilfsmittel zur Verdeutlichung abstrakter Zusammenhänge herangezogen. Durch den
Einsatz moderner Meß- und Aufzeichnungstechniken bei der Durchführung von Experimenten
und der Nutzung numerischer Methoden entstehen derartig umfangreiche Datenmengen,
daß nur der Einsatz der graphischen Datenverarbeitung ein Hilfsmittel bietet, um daraus anschauliche und kompakte Darstellungen zu gewinnen. REGENT unterstützt deshalb
die graphische Datenverarbeitung auf drei Ebenen:

Ebene 1: REGENT bietet eine wohldefinierte Schnittstelle zur elementaren Treiber-
         Software der graphischen Peripheriegeräte (verschiedene Zeichengeräte,
         graphische Displays). Ohne Änderung der Module kann der Subsystem-Anwender
         das für ihn geeignete graphische Ausgabegerät auswählen.

Ebene 2: Als eigenständiges Subsystem erlaubt GIPSY die Beschreibung graphischer
         Aufgaben. Seine Fähigkeiten umfassen die Darstellung 2- und 3-dimensionaler
         Objekte: Strichgraphik, Darstellung von Wertefeldern, Behandlung von Kör-
         pern mit ebenen und gekrümmten Oberflächen. Zur Ausgabe von Zeichnungen
         bedient sich GIPSY der durch die Ebene 1 bereitgestellten Fähigkeiten.

Ebene 3: Andere REGENT-Subsysteme, die graphische Fähigkeiten beanspruchen, benutzen
         hierzu die Möglichkeiten des Subsystems GIPSY. Dies ist nur dadurch möglich,
         daß in REGENT die Module eines Subsystems in der Sprache eines anderen Sub-
         systems (hier: GIPSY) geschrieben werden können.

Der Anwender hat die Möglichkeit, auf alle Ebenen zuzugreifen, der Subsystemersteller
arbeitet entweder mit Ebene 1 oder 2, um für sein Subsystem eine neue Ebene 3 zu
schaffen (Abb.1).

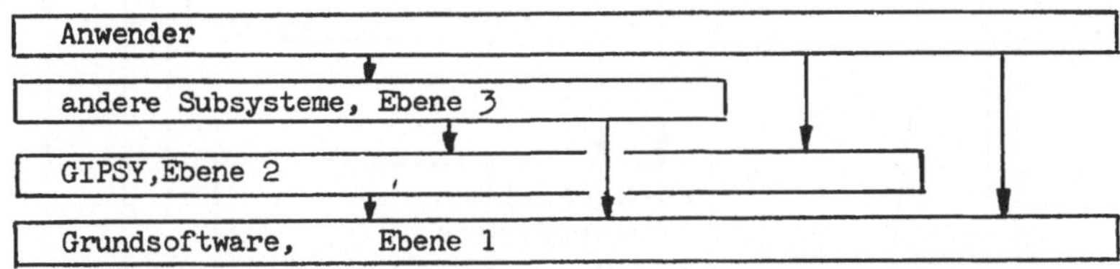

Abb.1: Schichten für die Anwendung graphischer Fähigkeiten.

2.2 Die Schnittstelle zur Grundsoftware

In den Modulen der REGENT-Subsysteme müssen die Grundfähigkeiten zum Erzeugen graphischer Ausgabe, wie das Erzeugen von Strichen, Punktsymbolen und Texten, verfügbar
gemacht werden. Folgende Forderungen müssen dabei erfüllt werden:

- ohne Neuübersetzen oder -binden von Modulen muß bei der Subsystem-Anwendung von
  einem auf das andere graphische Ausgabegerät umgeschaltet werden können.

- Die in Modulen vorhandene graphische Software muß, da die Module mehrfach dynamisch aufgerufen werden können (auch rekursiv), die REENTRANT-Eigenschaft besitzen.

- Bei der Übertragung von REGENT auf einen anderen Rechner mit anderer graphischer Software soll ein Neuübersetzen von Moduln nicht erforderlich sein, die Umstellung des REGENT-Kernes muß einfach möglich sein.

Um diese Forderungen zu erfüllen, wurde eine geräteunabhängige Schnittstelle für die Aufrufe der elementaren Grundsoftware bereitgestellt. Weil zum Zeitpunkt der Erstellung des REGENT-Systems die PLOT-Aufrufe der Firma Calcomp (sog."Calcomp-Software") in großem Umfang angewendet wurden, wurde die Schnittstelle in Form von Aufrufen auf die Routinen PLOT, PLOTS, WHERE, FACTOR und PEN entsprechend den Calcomp-Konventionen bereitgestellt. Die höheren Funktionen (SYMBOL, NUMBER, LINE, AXIS, ARROW, LGAXS, etc.) greifen nur auf diese Schnittstelle zu. Sie sind geräteunabhängig und REENTRANT und können daher in die Module eingebunden werden. Die Schnittstelle besteht aus kleinen Routinen, die über eine Interface-Datenstruktur die Adresse der geräteabhängigen Treiberroutinen im REGENT-Kern gewinnen und in den Kern verzweigen. Bei der REGENT-Anwendung wird über einen Parameter

$$\text{PLOT} = \left\{ \begin{array}{l} \text{STATOS} \\ \text{CALCOMP} \\ \text{XYNETICS} \\ \text{TEKTRONIX} \end{array} \right\} \quad \text{das graphische Ausgabegerät}$$

ausgewählt, entsprechend wird die dazugehörige Treibersoftware in den Mainmodul eingebunden. Abb.2 zeigt den Zugriff auf die graphische Software aus einem Modul heraus.

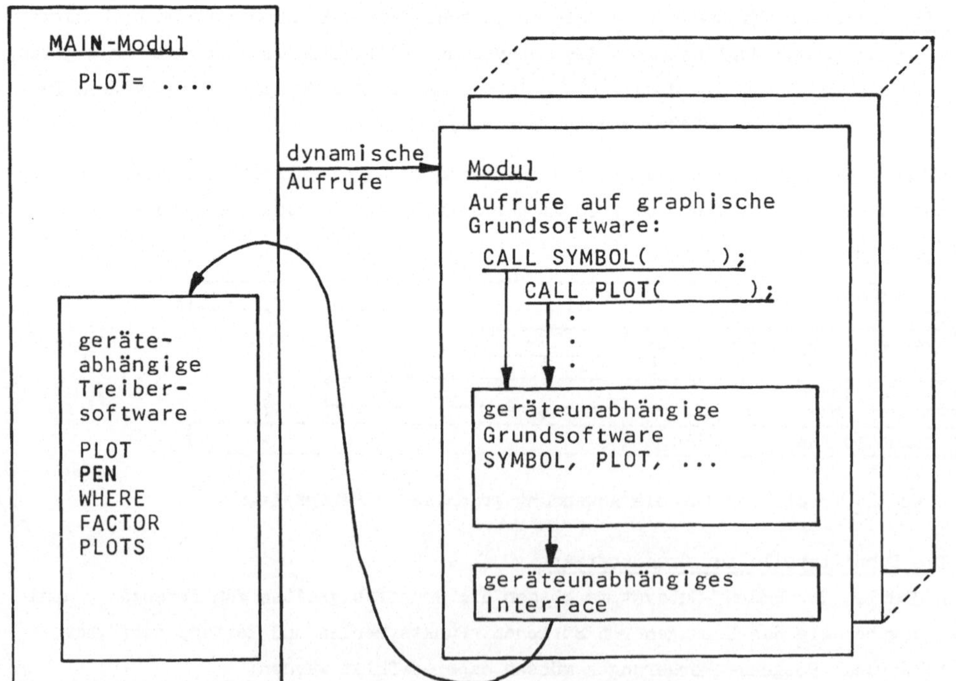

Abb.2:   Schnittstelle zur Treiber-Software graphischer Ausgabegeräte.

Die Erfahrungen, die hier hinsichtlich einer geräteunabhängigen Schnittstelle zur graphischen Grundsoftware gesammelt wurden, sind wesentlich in das Konzept des graphischen Kernsystems GKS [1] eingeflossen.

2.3 Das graphische Subsystem GIPSY

Die elementare Schnittstelle durch Bereitstellung der Calcomp-Aufrufe reicht für viele
Fälle nicht aus. Deshalb wurde auf der Basis des REGENT-Systemkerns eine graphische
Sprache als Erweiterung von PL/1 entwickelt [8]. Das Spektrum der behandelbaren gra-
phischen Probleme umfaßt:

- die 2D- und 3D-Strichgraphik,
- die Darstellung von Wertefeldern als Diagramme in der üblichen Form, als Höhenlinien und Reliefs,
- die Darstellung von Körpern mit Prüfung der Sichtbarkeit.

Zur Formulierung der graphischen Aufgabe wurde die Programmiersprache PL/1 um Sprachelemente zur Definition graphischer Objekte und zur Ausführung graphischer Operationen
erweitert.

Die graphischen Objekte sind:

Punkte, Texte, Polygonzüge, Kreise und Kreisbögen, die Flächen Ebene, Kugel,
Zylinder und Kegel, Kurven in Problemkoordinaten und Koordinatenachsen.

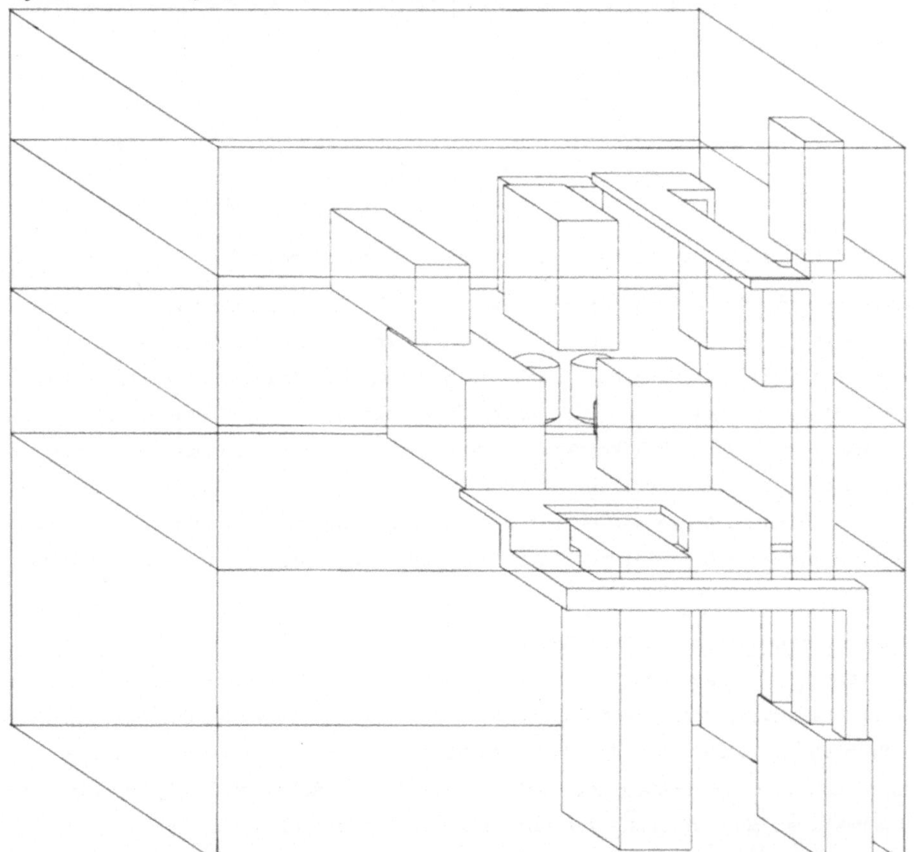

Abb.3: Darstellung von Anlagenkomponenten in ihrer räumlichen Anordnung.

Einige dieser Datentypen sind in zwei und drei Dimensionen verfügbar, wie z.B. Punkte
Polygonzüge oder Kreise. Mit diesen Datentypen kann man in GIPSY ähnlich bequem arbeiten wie in PL/1 z.B. mit arithmetischen Daten. Abb.3 zeigt einen Aufstellungsplan
für eine verfahrenstechnische Anlage. Die einzelnen Teile der Anlage werden als GIPSY-
Körper definiert und unter Beachtung der Sichtbarkeit gezeichnet. Rechenergebnisse
oder Meßwerte müssen in aussagekräftiger Weise graphisch dargestellt werden, um die
physikalische Interpretation der simulierten Vorgänge zu erleichtern. Für diese Veranschaulichung stellt GIPSY zwei Funktionen zur Verfügung: eine reliefartige Darstellung oder Höhenlinien. Abb.4 zeigt die Darstellung eines Druckfeldes in Relief-
und Höhenliniendarstellung. Die Abbildungen zeigen den Druck im abgewickelten Ring-
raum eines Reaktors nach einem angenommenen Bruch einer Hauptkühlmittelleitung.

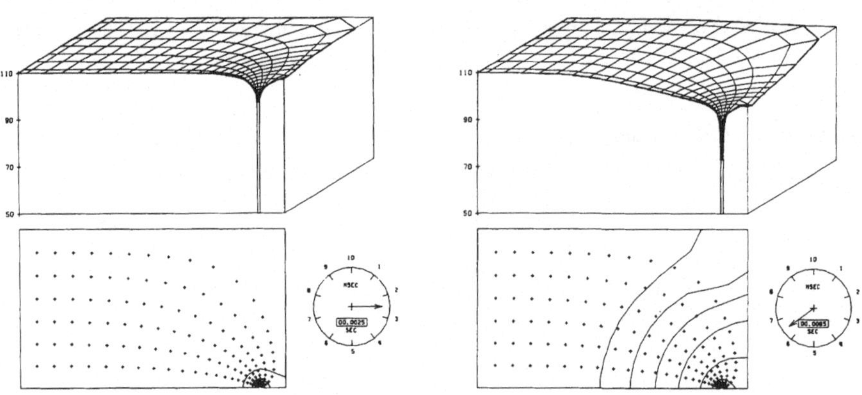

Abb.4: Darstellung eines Druckfeldes mittels Relief und Höhenlinien.

Die REGENT-Fähigkeit, Daten zwischen Subsystemen sowohl in einem einzigen Programm
(über den Arbeitsspeicher des Rechners) wie auch zwischen verschiedenen Programmen
(über externe Dateien) auszutauschen, macht es möglich, die Ergebnisse anderer Sub-
systemene mit Hilfe der grafischen Fähigkeiten des Subsystems GIPSY darzustellen.
Diese Möglichkeit wird in REGENT konsequent genutzt, so daß die graphische Ausgabe
aller Subsysteme fast ausschließlich über GIPSY-Fähigkeiten realisiert wird. Die Reliefs und Höhenlinien in Abb.4 wurden auf diese Weise erzeugt. In Kapitel 4.7 findet
sich ein ausführlicheres Beispiel zur Anwendung der GIPSY-Sprache durch andere Subsysteme.

3. Interaktive Datenverarbeitung mit REGENT

Der weitaus größte Teil der derzeitigen REGENT-Subsystem-Anwendungen hat ausgesprochen
Stapelbetriebscharakter, weil die Rechenzeit- und Arbeitsspeicheranforderungen der be-
handelten Probleme so groß sind, daß die interaktive Arbeitsweise wegen zu langer
Antwortzeiten und zu hoher Kosten unvorteilhaft ist. Eine Reihe von Aufgaben kann jedoch im interaktiven Betrieb schneller und kostengünstiger gelöst werden:

(1) Anwendungen mit typischen Frage-, Antwort-Charakter.

Subsysteme dieser Art können ohne besondere Anpassung interaktiv oder im Stapelbetrieb benutzt werden.

(2) Erstellen von Anwenderprogrammen, syntaktische Überprüfung, kurze Testläufe.

Bei dem begrenzten Arbeitsspeicher für den interaktiven Betrieb ist die Fähigkeit der Modulverwaltung und der Verwaltung dynamischer Datenstrukturen grundlegend wichtig, durch vermehrte Auslagerung auf externe Speicher den Arbeitsspeicherbedarf zu reduzieren. Nach dem erfolgreichen Programmtest wird der eigentliche Produktionslauf im Stapelbetrieb durchgeführt.

(3) Eingabeaufbereitung.

Die Eingabe für Subsysteme, die nach dem Verfahren finiter Elemente oder finiter Differenzen arbeiten, wird zweckmäßig interaktiv an einer graphischen Datenendstation aufbereitet. Dafür stellt der Subsystementwickler ein besonderes Eingabesubsystem bereit.

(4) Verwaltung von Datenbeständen.

Die beiden Dienst-Subsysteme DABAL und EDIT können interaktiv benutzt werden, um benutzereigene Datenbestände (z.B.Eingabe, Zwischenergebnisse, Resultate) zu verwalten.

(5) Ergebnisdarstellung.

Alphanumerische Ergebnisse können mit dem Subsystem EDIT, graphische Ausgaben mit dem Subsystem GIPSY und einem dazugehörigen Postprozessor interaktiv bearbeitet werden.

REGENT erlaubt dazu drei verschiedene interaktive Betriebsweisen:

- Die Übersetzung und Ausführung eines "Stapelprogrammes" im Vordergrund der Timesharing-Umgebung. Einwirkungsmöglichkeiten sind nur vor und nach der Übersetzung und nach der Ausführung gegeben. Falls nicht Restriktionen wegen im Vordergrund nicht verfügbarer Resourcen (Arbeitsspeicher, Peripheriegeräte) dagegen sprechen, können alle REGENT-Subsysteme auch auf diese Weise benutzt werden. Diese Betriebsweise eignet sich für die Aufgabenstellung (2) und (5).

- Der programmierte Dialog während der Ausführung eines Anwenderprogrammes mittels Ein/Ausgabe-Anweisung. Der Dialog kann durch graphische Mittel unterstützt sein. Die Aufgabenstellung (1), (3), (4) und (5) sind meist dialogorientiert und werden daher am besten durch diese Betriebsweise behandelt.

- Die interpretative Verarbeitung von Kommandos anstelle der Kompilation. REGENT erlaubt diese Betriebsweise derzeit mit der Einschränkung, daß anstelle von arithmetischen Ausdrücken und Variablen nur Konstante erlaubt sind. Ein Menügenerator und weiterer Ausbau der interpretativen Fähigkeiten (arithmetische Ausdrücke, Variable) ist geplant. Die Aufgaben (1), (3) und (4) können auch durch Interpretation eingegebener Kommandos gelöst werden.

Das folgende Beispiel zeigt den Ablauf einer Problemlösung mit REGENT unter Benutzung von interaktiven Betriebsweisen und von Stapelbetrieb. Die Strömung einer Flüssigkeit soll in einem Maschennetz finiter Differenzen berechnet werden. Die Eingabe muß aufbereitet, das Problem berechnet und die Ergebnisse dargestellt werden.

	Aufgaben- bereich	Einzelne Teilaufgaben	Subsystem	Betriebsweise
1.Sitzung	Eingabeauf- bereitung	Modellaufbau: Maschennetz, Parameter; Konsistenz- und Voll- ständigkeitsprüfung	FLUID_EIN	Dialog mit graphischer Unter- stützung
	Testlauf	Fluiddynamik-Rechnung, Integrieren über einen Zeitschritt	FLUID	Übersetzen und Ausführen im Vordergrund
	Absetzen eines Background - Jobs			
Stapelbetrieb	Produk- tionslauf	Fluiddynamik-Rechnung, Integrieren über einige 1000 Zeitschritte	FLUID (gleiches Programm wie oben)	Übersetzen und Ausführen im Stapel- betrieb
2. Sitzung	Ergebnis- darstellung	Graphische Darstellung der erzeugten Rechenergebnisse am Bildschirm, redigieren und auswählen von Zeichnungen	FLUID_DIS mit GIPSY	Dialog mit graphi- scher Unterstützung
	Absetzen eines Background - Jobs			
Stapelbetrieb	Zeichnungs- erstellung	Zeichnen der ausgewählten Ergebnisse auf einem Plotter	FLUID_PLOT mit GIPSY	Stapelbetrieb

4.3 Auswirkung wesentlicher Konzeptmerkmale

4.1 Basissprache PL/1

4.1.1 PL/1 als Basis aller Anwendersprachen

Dieses Merkmal unterscheidet REGENT wesentlich von anderen integrierten Systemen wie IST [6], GENESYS [6] oder ICES [5]. Während ICES grundsätzlich nur einfache Komman-

dosprachen dem Anwender zur Verfügung stellen kann, sind in GENESYS und IST Ansätze
vorhanden, die einem Übergang von Kommandosprache zu prozeduralen Programmiersprachen
entsprechen. Dazu gehört vor allem die Möglichkeit zur

- Verwendung von Variablen und arithmetischen Ausdrücken,
- Verzweigung im Programmablauf aufgrund von Bedingungen,
- wiederholten Ausführung von Anweisungen (Schleifen).

Da diese Möglichkeiten durch die PL/1-Sprache realisiert werden, sind sie in allen
REGENT-Sprachen ebenso enthalten wie alle übrigen PL/1-Anweisungen. Es wurde oft ge-
fragt, ob die Bereitstellung des gesamten Sprachumfanges für den ungeübten Anwender
nicht eher eine Belastung darstellt. Die Praxis bewies genau das Gegenteil. Das REGENT-
Subsystem SEDAP besitzt dieselbe Kommandosprache wie ein von Experimentatoren vielbe-
nutztes FORTRAN-Programm gleichen Namens. Nach Einführung des REGENT-SEDAP zeigte
sich, daß diese Experimentatoren sehr rasch diejenigen PL/1-Fähigkeiten aufgriffen,
die für sie geeignet sind (arithmetische Ausdrücke, Schleifen und Unterprogrammtech-
nik). Der nahtlose Übergang von der SEDAP-Kommadosprache zu PL/1 bereitete den Experimentatoren geradezu den Weg in die Programmiersprache PL/1.
Die Entscheidung, PL/1 als Basis aller REGENT-Sprachen zu wählen, erweist sich so als
ein Mittel, die Kluft zwischen "Programmherstellern" und "Programmanwendern" zu verkleinern.

4.1.2 PL/1 als Basis der Sprache PLR für die Modulerstellung

Auch hinsichtlich der Modulerstellung hat sich die Entscheidung, PL/1 als Basis zu
verwenden, voll bewährt. In zahllosen Fällen benötigt der Programmersteller die vom
REGENT-System zur Verfügung gestellten Fähigkeiten gar nicht, da PL/1 bereits aus-
reichende Möglichkeiten bietet, während bei FORTRAN der Systemkern zur Lösung der
Aufgabe herangezogen werden müßte. Dies gilt vor allem für Datenfelder mit variablen
Dimensionen, für viele komplexe Datenstrukturen und für Zeichenkettenverarbeitung.
Insgesamt werden die Programme durch den umfangreichen und ausgewogenen Sprachvorrat
der Programmiersprache PL/1 kürzer und lesbarer. Dazu trägt vor allem auch bei, daß
Variablennamen nicht auf 6 Zeichen begrenzt sind,sondern selbsterklärend ausgeschrie-
ben werden können.
Ein weiterer erheblicher Vorteil gegenüber FORTRAN ist die Verfügbarkeit von Testhilfen und Optimierungshilfen. Mit Einsatz der Testhilfen gehört eine Fehlersuche im
Dump - seit der Systemkern selbst praktisch fehlerfrei ist - der Vergangenheit an.
Die Optimierungshilfen erlauben es, diejenigen Programmteile zu lokalisieren, die für
die Effektivität kritisch sind. Diese können dann gezielt rationalisiert werden, während für die übrigen Programmteile der Gesichtspunkt der Übersichtlichkeit gegenüber
der Effektivität Vorrang hat.

4.1.3 PL/1 als Basissprache des Systemkerns

Die positiven Gesichtspunkte der Verwendung von PL/1 für die Subsystemmodule gelten
auch für den Systemkern selbst. Die gute Lesbarkeit der PL/1-Programme hat - zusammen
mit der sehr ausführlichen Systemdokumentation - Wartungs- und Anpassungsarbeiten
wesentlich erleichtert.

4.2 Benutzersprachen

Wie bereits in Kap. 4.1.1 erläutert unterscheidet sich REGENT von anderen integrierten Systemen darin, daß alle Anwendersprachen Programmiersprachen auf PL/1-Basis sind und nicht Kommandosprachen. Je nach Art der Anwendungen bringt diese Konzeption Vorteile und Nachteile mit sich.

Kommandosprachen sind dann vorteilhaft, wenn der gesamte Sprachumfang interaktiv benutzt werden soll. Die Möglichkeit,jedes Kommando (nahezu) unabhängig von der Vorgeschichte ausführen zu lassen, unterstützt die Spontanität des Anwenders und ist daher für solche Anwendungen besonders geeignet, die wenig EDV-Aufwand mit hoher Benutzeraktivität verbinden.

Problemorientierte Programmiersprachen dagegen, wie sie das REGENT-System unterstützt, erweisen sich als vorteilhaft für Anwendungen, die

> wegen großen Rechenaufwandes oder
>
> wegen zahlreicher Dateizugriffe oder
>
> wegen interaktiv unzugänglicher EDV-Resourcen
>
> wie große Arbeitsspeicherbereiche

keine oder nur geringe Interaktivität erlauben. Anstelle des interaktiven und spontanen Arbeitens am Terminal steht bei der REGENT-Subsystemanwendung eine Arbeitsteilung im Vordergrund:

> Arbeitsvorbereitung = Erstellen des Programms in problemorientierter Sprache
>
> Arbeitsdurchführung = Rechenlauf im Stapelbetrieb
>
> Bewertung = geeignete Ergebnisdarstellung für Beurteilung durch den Anwender

Wie in Kap. 2 und 3 erläutert wurde, sind die Schritte Arbeitsvorbereitung und Bewertung mit REGENT durch Verwendung der Standardmöglichkeiten des Betriebssystems ohne weiteres interaktiv zu gestalten. In der Praxis wird dies von den Anwendern vor allem in der Phase der Arbeitsvorbereitung ausgenutzt. In der Bewertungsphase wird gegenwärtig noch überwiegend die graphische Darstellung auf einem Plotter der Arbeit am Bildschirm vorgezogen.

4.3 Module im REGENT-System

Die REGENT-Modulverwaltung ist derjenigen von ICES und IST sehr ähnlich. Sie wird von allen Anwendern intensiv genutzt. Neben der Programmiersprache PLR werden immer häufiger Module in der Programmiersprache GIPSY geschrieben. Für die Erstellung und Pflege von Subsystemen hat es sich als vorteilhaft erwiesen, daß eine Umstellung von externer Prozedur zu Modul oder umgekehrt praktisch keinen Aufwand bedeutet. Eindeutig festzustellen ist, daß die in PL/1 vorgesehene Möglichkeit, Unterprogramme dynamisch in den Arbeitsspeicher zu laden, weder von der Funktion noch von der Effektivität her befriedigt.

4.4 Dynamische Datenstrukturen

Dynamische Datenstrukturen sind wie in ICES und IST zunächst Baumstrukturen. In REGENT
können sie zusätzlich allgemein hierarchische Strukturen darstellen. Wie in anderen
Systemen, werden die dynamischen Datenstrukturen in REGENT im Bedarfsfall automatisch
auf Externspeicher ausgelagert.

Dynamische Datenstrukturen werden in mehreren der bestehenden Subsysteme intensiv eingesetzt, während die übrigen Subsysteme mit den normalen PL/1-Datenfeldern auskommen.
Häufig verwendet wird die Möglichkeit, als unterste Ebenen der Baumstrukturen ("Blätter") nicht nur einfache Datentypen (REAL, INTEGER) sondern umfangreiche Datenaggre-
gate einzusetzen. Auch die Tatsache, daß dynamische Datenstrukturen lokal in Programm-
men oder in normale PL/1-Datenstrukturen eingebettet sein können, hat sich als sehr
vorteilhaft erwiesen.

Dagegen waren die ersten Erfahrungen mit dem automatischen Auslagern der dynamischen
Datenstruktur weniger positiv. Diese Aussage betrifft keinesfalls das betreffende
Anwenderprogramm selbst, welches diese REGENT-Fähigkeit benutzt. Im Gegenteil, für
das Anwenderprogramm selbst ist eine Reduzierung des Arbeitsspeicherbedarfs auf Kosten von Ein/Ausgabeaktivität oft günstig.Die Anwendungen zeigten, daß die Auslage-
rungsaktivität höher ist als erwartet, so daß die Realisierung des virtuellen Speichers mit einer REGIONAL(3)-Datei aus Effektivitätsgründen unzweckmäßig ist, obgleich
sie den logischen Anforderungen entspricht(direkter Zugriff, variable Rekordlänge)
und daher keinen zusätzlichen Programmaufwand bedingt. Darüberhinaus wurde deutlich,
daß die Steuerung des Auslagerns durch Prioritätsvergabe praktisch nicht genutzt
wird, was zu einer Erhöhung der Auslagerungshäufigkeit führt.Ergriffene Maßnahmen:

  1)   Vorübergehender Verzicht auf die Auslagerungsfähigkeit
  2)   Ändern der Auslagerungsstrategie
  3)   Umstellen der Datei auf REGIONAL(1)

REGIONAL(1)-Dateien haben sich im Bereich der REGENT-Dateiverwaltung sehr gut bewährt.
Ihr Einsatz für die dynamischen Datenstrukturen ist daher angezeigt.

4.5 REGENT-Dateien

Hinsichtlich Funktion und Effektivität haben sich die REGENT-Dateien bewährt. Für
einen intensiveren Einsatz (bisher in zwei Subsystemen) sind in der Gesellschaft für
Kernforschung mangels Kapazität von Plattenspeichern und wegen der großen Datenin-
tensität der Subsysteme (mehrere Millionen Daten pro Anwendung) nicht die geeigneten
Voraussetzungen gegeben. Der Anwender muß unter diesen Umständen auf Magnetbandspei-
cher ausweichen und kann daher dieses REGENT-Teilsystem nicht im gewünschten Maß benutzen.

4.6 Graphische Datenverarbeitung

Das REGENT-Subsystem GIPSY (siehe Kap.2) wird nicht nur zur Darstellung graphischer
Information anderer REGENT-Subsysteme benutzt; vielmehr haben auch Anwender anderer
(Nicht-REGENT) Anwendungs-Programme sich angewöhnt, ihre Ergebnisse mit GIPSY aufzu-

bereiten. Derzeit werden von den GIPSY-Fähigkeiten überwiegend die Bereiche Strich-
grafik, Textgrafik und Diagrammdarstellung für Bildschirm=, Zeichnungs= und Kinofilm-
ausgabe benutzt, da derzeit keine Vorhaben durchgeführt werden, welche die Bearbeitung
dreidimensionaler Körper benötigen.

Nachteilig erweist sich in der gegenwärtigen Implementierung, daß von seiten des Re-
chenzentrums die graphische Grundsoftware nur als FORTRAN-Programm verfügbar ist.
Funktionell ist dies problemlos, da von PL/1 (und daher auch von REGENT aus) FORTRAN-
Programme ohne weiteres aufgerufen werden können. Hinsichtlich des Arbeitsspeicherbe-
darfs ergibt sich aber ein (unnötiger) Zusatzaufwand dadurch, daß die FORTRAN-Pro-
gramme eine große Anzahl von Betriebssystemroutinen (Ein/Ausgabe, Fehlerbehandlung)
in das Hauptprogramm einbinden. Diese Teile können ebensowenig wie die graphischen
Grundroutinen in dynamische gerufene Module verlegt werden, da sie sich nicht an die
Gepflogenheiten guter Programmstrukturierung halten (Trennung von Code und Daten,
Reentrant-Eigenschaft).

4.7 Koppelung von Subsystemen

Die Koppelung von Subsystemen wird in starkem Maße für die Ausgabe graphischer Information benutzt. Es bieten sich folgende Möglichkeiten an.

A: Nacheinander ablaufende Subsysteme

B: Innerhalb eines Subsystems wird GIPSY aufgerufen. Es wird eine Folge
    von Bildern erzeugt. Danach wird GIPSY verlassen, und das Anwendungs-
    subsystem arbeitet wieter. Dieser Vorgang kann sich wiederholen.

C: Innerhalb eines Subsystems wird GIPSY aufgerufen. Es wird Ausgabe
    auf ein Bild begonnen. Nach Rückkehr in das Anwendungssubsystem
    wird GIPSY erneut aufgerufen, um die Ausgabe in dasselbe Bild fort-
    zusetzen.

Unter Verwendung des Begriffes "Prozeß" lassen sich diese Fälle wie folgt beschreiben:

A: Der Ablaufprozeß des Anwendungssubsystems ist abgeschlossen, bevor
    der GIPSY-Prozeß beginnt.

B: Der Ablaufprozeß des Anwendungssubsystems besteht länger als alle
    einzelnen GIPSY-Prozesse. Diese GIPSY-Prozesse sind völlig unabhänging
    voneinander. Während der Laufzeit der GIPSY-Prozesse ruht der Anwen-
    dungsprozeß.

C: Der Ablaufprozeß des Anwendungssubsystems und der GIPSY-Prozeß be-
    stehen unabhängig voneinander. Sie ruhen wechselweise.

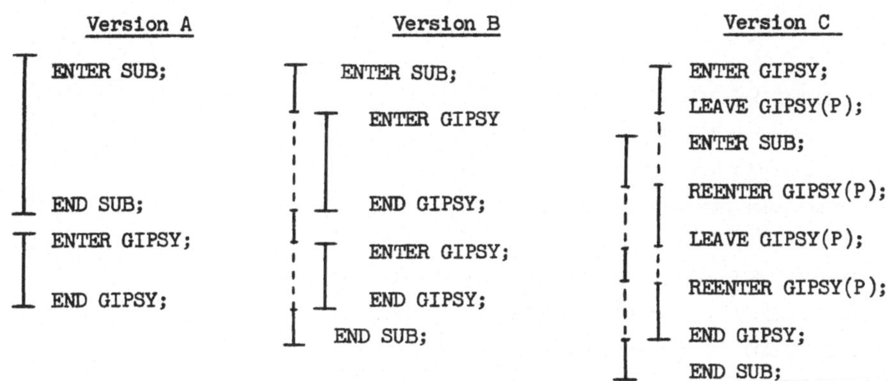

Die recht komplizierte Struktur der Version C bereitet dem Subsystemersteller keine
Schwierigkeiten, wenn er sich von der primitiven Vorstellung löst, daß ein Subsystem
nur eine Folge von Kommandos ist, und sich stattdessen mit dem Begriff eines Prozesses,
vertraut macht, der im Bereich der Simulation, der Prozeßdatenverarbeitung und der
Betriebssysteme längst eingeführt ist. Der Anwender des Subsystems SUB kommt nach wie
vor mit einer einfachen Vorstellung aus. Das folgende Beispiel zeigt eine Anwendung
des Subsystem FLUXPLOT, welches Ergebnisse eines Nicht-REGENT-Programmes aufbereitet
und nach der Version C gemeinsam mit GIPSY graphisch darstellt.

```
EIGTST : PROC OPTIONS(MAIN)
          REGENT(NODA,NOBANK,INIT,MPOOL=120000,PLOT=STATOS);
DCL FXFILE FILE RECORD INPUT ENV(VBS,BLKSIZE(1680),RECSIZE(32756));
ENTER FLUXPLOT USING(FXFILE);
  DO K = 0 TO 8;
     ZEICHNUNG TITLE 'EIGENSCHWINGUNGSFORM FUER K = '|| K;
     GEOMETRIE Z_R MASSTAB 0.02;
     EIGENSCHWINGUNG PHI_MODE K MAXIMALE AUSLENKUNG 0.015;
     ZEICHNUNG END;
     ZEICHNUNG TITLE 'EIGENSCHWINGUNGSFORM FUER K = '|| K;
     GEOMETRIE PHI_R FUER Z = 5.0 MASSTAB 0.04;
     EIGENSCHWINGUNG PHI_MODE K MAXIMALE AUS 0.015;
     ZEICHNUNG END;
  END;
END FLUXPLOT;
FINISH;
END EIGTST;
```

Jeder der Befehle ZEICHNUNG, GEOMETRIE, EIGENSCHWINGUNG ruft einen Modul des Subsystems FLUXPLOT auf, in dem mit Hilfe von GIPSY-Anweisungen graphische Ausgabe erzeugt wird. Der Modul EIGEN zum Zeichnen von Eigenschwingungsformen eines Reaktor-
kernbehälters enthält unter anderem die auf der folgenden Seite angegebenen Anweisungen. Abb. 5 zeigt einen Teil der vom Anwenderprogramm mit Hilfe dieses Moduls
erzeugten graphischen Ausgabe.

```
*MODULE EIGEN;
*PROCESS REGENT;
 EIGEN: PROC REGENT(SUB=FLUXPLOT,PLOT);
   .  /* Berechnung der radialen und axialen */
   .  /* Koordinatenwerte aus den von dem */
   .  /* Problemprogramm gegebenen Werten */
   .
ENTER GIPSY REENTER( #GI_PTR); /*Reaktivieren des GIPSY-Prozesses */
     DCL LINIEN COLLECTION;/*Menge von Höhenlinien */
     CHANGE UNITS LENGTH M; /*Längeneinheit für Koordinaten */
     CHANGE PROJECTION PARALLEL 1, 0, 0; /* Ändern der Projektionsparameter */
     DO I=1  TO NH;
         SET LINIEN = REDUCE(NIVEAU(RAP,ZP,PP,H(I)));
                     /* Erzeugen von Höhenlinien */
         IF H(I)<0 THEN EDIT LINETYPE DASHED(LINIEN);
                     /* Linien mit negativer Höhe stricheln */
         PLOT(SHIFT2(SCALE2(LINIEN,X_SCALE,Y_SCALE),X_SHIFT,Y_SHIFT));
                     /* Zeichnen der Höhenlinie mit Skalierung und Verschiebung */
     END;
END GIPSY LEAVE( #GI_PTR); /* Desaktivieren des GIPSY-Prozesses */
END EIGEN;
```


<u>Abb.5:</u> Eigenschwingungsform eines Reaktorkernbehälters erzeugt mit obigem Programm.

<u>L i t e r a t u r:</u>

1. Eckert, R., Prester, F.J., Schlechtendahl, E.G., Wißkirchen, P.: Functional Description of the Graphical Core System GKS as a Step towards Standardisation. GI-Fachtagung "Methoden der Informatik für rechnerunterstütztes Entwerfen und Konstruieren", München, Oktober 1977

2. Enderle, G.: Problemorientierte Sprachen im REGENT-System. Angewandte Informatik <u>18</u>, 543-549 (1976)

3. Leinemann, K.: Dynamische Datenstrukturen des integrierten CAD-Systems REGENT. Angewandte Informatik <u>19</u>, 26-31 (1977)

4. Leinemann, K., Schlechtendahl, E.G.: The REGENT System für CAD. In: Allan, J.J. III(ed): CAD Systems. Proc.IFIP Working Conf. on CAD Systems, Austin(Texas) 1975. Amsterdam: North-Holland, p. 143-167

5. Roos, D.: ICES System Design, 2nd ed. MIT-Press 1967

6. Schlechtendahl, E.G.: REGENT. In: Integrierte Programmsysteme. Bericht über die CAD-Arbeitstagung,(Karlsruhe) März 1975. Karlsruhe:Gesellschaft für Kernforschung KFK-CAD2, 1975, p.102-125

7. Schlechtendahl, E.G.: Grundzüge des integrierten CAD-Systems REGENT. Angewandte Informatik <u>18</u>, 490-496 (1976)

8. Schuster, R.: Graphische Fähigkeiten als Bestandteile eines Systems für den rechnergestützten Entwurf. Angewandte Informatik <u>19</u>, 155-163 (1977)

9. Audoux, M., Katz, F.W., Olbrich, W., Schlechtendahl, E.G.: SEDAP - An Integrated System for Experimental Data Processing, KFK 1594, 1973

HAUPTVORTRAG

Stand und voraussichtliche Entwicklung rechnerunterstützter
Methoden (CAD/CAM) in den Verfahrensindustrien mit Aus-
blicken auf Rationalisierung sowie Qualitäts- und Kostenstruktur

E. Klapp
Institut für Apparatetechnik und Anlagenbau
an der Universität Erlangen-Nürnberg (BRD)

Zusammenfassung

Stand und Entwicklung von CAD-Anwendungen in den Verfahrensindustrien
lassen keine einheitliche Beurteilung zu. Unternehmensstrukturen, Rechnerausstattung und Erzeugnispalette haben zu zahlreichen Ansätzen mit
fallweise verschiedenen Zielsetzungen geführt. Das gilt für den Aufga-
benkatalog, Wirtschaftlichkeit, Auswahlkriterien, die zukünftige Anwendung von CAD-Methoden und ihre Entwicklung. Zwar ist in einzelnen Bereichen, etwa bei der Bauteilberechnung, eine beachtliche Tiefe erreicht,
doch fehlt vorerst weitgehend die horizontale Verknüpfung der verschiedenen Produktionsphasen im "CAD/CAM-Lösungsraum".

1. Allgemeines, Einführung

Wenn hier von "Verfahrensindustrien" die Rede ist, sind folgende Industriezweige, Unternehmensstrukturen und -größen gemeint:

a) <u>Betreiberfirmen</u>: Betreiber von stoffumwandelnden Anlagen (chemische
   und petrochemische Industrie, pharmazeutische Industrie, Lebensmit-
   tel-Industrie, Glas-/Steine-/Erden-Industrie, vielfach auch Grund-
   stoff-Industrie). Erzeugt werden "Produkte" in gasförmiger, flüssi-
   ger und fester (auch granulierter) Form. Betreiberfirmen bauen im
   Einzelfall auch selbst Anlagen und Anlagenkomponenten, planen und
   entwickeln Prozesse;

b) <u>Ingenieur-/Planungsfirmen</u>: planen, bauen und errichten Produktions-
   anlagen für stoffveredelnde Industrien, treten auf betriebswirtschaft-
   lichem und Management-Gebiet vereinzelt auch als Unternehmensberatun-
   gen auf. Daneben werden neue Verfahren und Prozesse entwickelt, häufig auf dem Wege der Lizenznahme. Fertigungskapazität kann vorhanden
   oder auch nicht vorhanden sein;

c) <u>Hersteller von Apparaten und Anlagenkomponenten</u>: hinsichtlich Unter-
   nehmensgröße, Umsatz und Erzeugnispalette stark streuend, in vielen
   Fällen mittelständischen Unternehmen des Maschinenbaus vergleichbar.
   Gebaut werden in erster Linie Hauptausrüstungen (Apparate, Maschinen),
   daneben auch Rohrleitungen, Gerüste, MSR-Einrichtungen.

Die "Rollenverteilung" der drei Unternehmensgruppen bei der Produktion von Hauptausrüstungen für Verfahrensindustrien läßt Bild 1 erkennen.

Die hier unter dem Oberbegriff "Verfahrensindustrien" zusammengefaßten Unternehmen sind somit durch sehr unterschiedliche Schwerpunkte und Arbeitsmethoden - auch hinsichtlich der CAD/CAM-Anwendungen - gekennzeichnet. Eine die drei genannten Unternehmensgruppen als Ganzes berücksichtigende Übersicht über Verbreitung und Anwendung von Rechnern, peripheren Geräten und Programmiersprachen gibt Bild 2. Innerhalb der Gruppen streuen

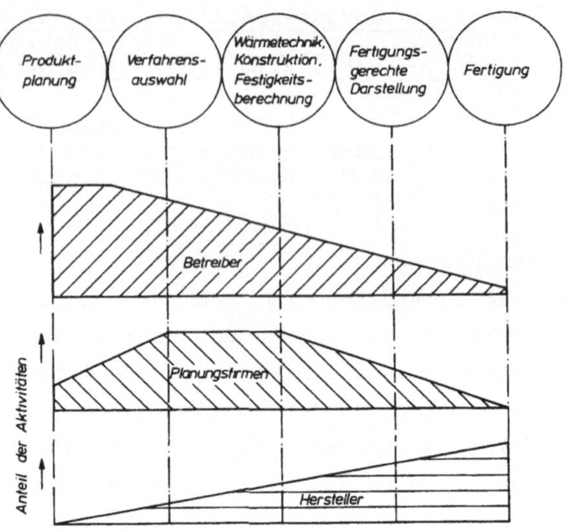

Quelle DECHEMA - Studie „CAD im Chemieapparatebau"

Bild 1: Rolle von Betreiber/Planungsfirmen/Hersteller bei der Produktion von Hauptausrüstungen für Verfahrensindustrien

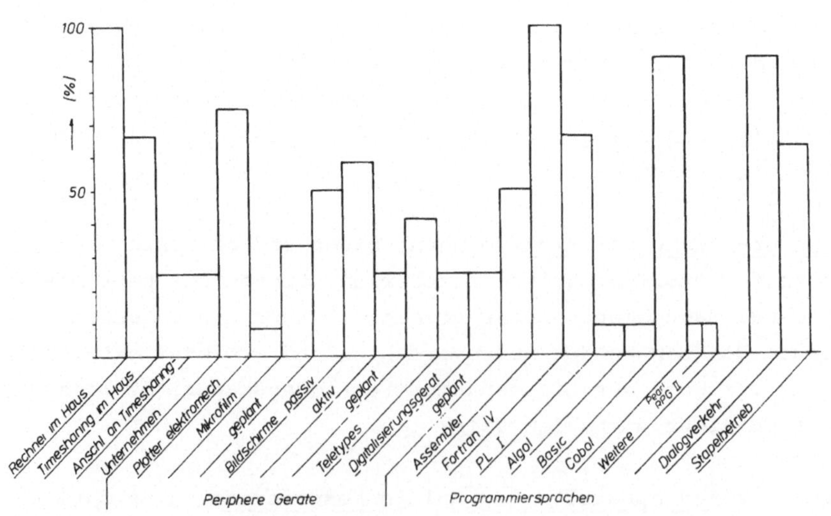

Quelle Dobrick / DECHEMA - Arbeitsausschuß „Rechnerunterstützte Anlagenplanung"

Bild 2: Rechner, periphere Geräte, Programmiersprachen - Verbreitung. Erhebung bei 12 Firmen (Ing.-Unternehmen, z.T. mit eig. Fertigung; App.-Bau; Chemie-Untern.; Rechenzentren)

Ausstattung und Anwendung stark; hinsichtlich der Rechnerausstattung kann in drei Gruppen unterteilt werden:

- Betriebe mit Tischrechnern und gegebenenfalls mit Terminalanschluß an Rechenzentren;

- Betriebe mit einer Rechenanlage mittlerer Größe und gegebenenfalls mit Terminanschluß an Rechenzentren;

- Betriebe, die über eine eigene Großrechenanlage und eventuell zusätzlich über einen Terminalanschluß an Rechenzentren verfügen.

Unternehmen der Gruppe a) verfügen vielfach über die höchste und komfortabelste Rechnerausstattung; bei den häufig mittelständischen Herstellern von Apparaten und Anlagenkomponenten entsprechend c) gehören nur Tischrechner zur Standardausstattung, Terminalanschlüsse und Rechenanlagen mittlerer Größe sind seltener anzutreffen. Ingenieur-/Planungsunternehmen nach b) überdecken alle möglichen Varianten der Rechnerausstattung. Bereits aus Vorstehendem erkennt man, daß die Voraussetzungen für die Einführung oder erfolgreiche Weiterentwicklung von CAD/CAM-Methoden insbesondere in Unternehmen der Gruppe c) vorerst schwach ausgeprägt sind. Mit gewissen Einschränkungen gilt das auch für die mittelständische Maschinenindustrie, und verschärft insbesondere dort, wo Kleinserien- und Einzelfertigung überwiegen. Günstiger stellen sich die Verhältnisse dagegen im Bereich der für größere Stückzahlen typischen Anpassungs- und Variantenkonstruktion dar. Diese ist aber nicht typisch für die Verfahrensindustrien im oben erläuterten Sinn.

Bei der Projektierung und Projektabwicklung sind höchst unterschiedliche Organisations- und Rechtsformen zwischen den genannten Unternehmensgruppen üblich (Bild 3). Im Hinblick auf die stark differenzierte Rechnerausstattung sind daher an die software - etwa für die Bemessung und Auslegung - besondere, auf breite Verwendbarkeit abzielende Anforderungen zu stellen:

- insbesondere im Hinblick auf Gruppe c) sollte die software zur Auslegung nach Regelwerken modular aufgebaut sein (Elemente, Moduln (Bausteine), Über- und Steuerprogramme);

- auch Sonderprogramme für Detailuntersuchungen bzw. zur Auslegung von Sonderkonstruktionen sollen gleichzeitig kleineren wie mittleren Betrieben in nicht betriebseigenen Rechenzentren sowie Großunternehmen

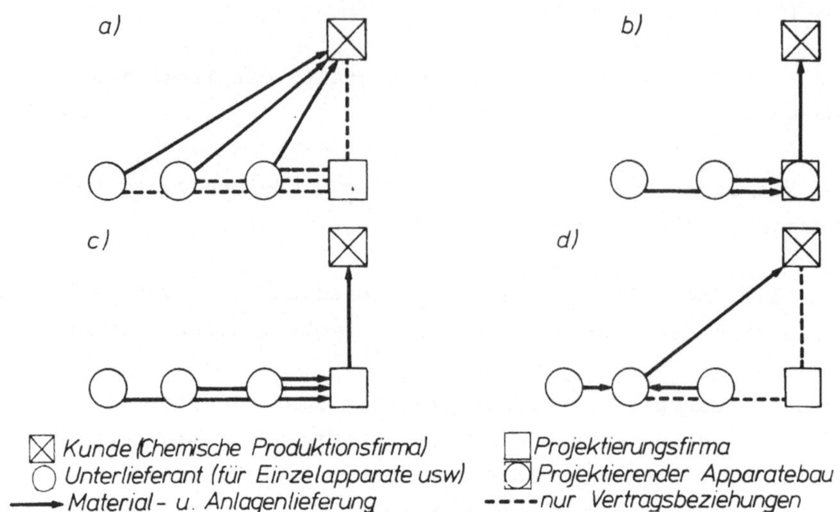

Bild 3: Verschiedene Organisationsformen der Projektierung

in eigenen Rechenanlagen zur Verfügung stehen und handhabbar sein.
Insbesondere die zweite Forderung ist schwer realisierbar und führt
häufig sogar zu einem Verdrängungswettbewerb.

Damit müssen Entwicklungsmaßnahmen zur Vorbereitung oder Vertiefung des
Einsatzes von CAD-Methoden auf zwei - nicht unabhängigen, sondern aufeinander abzustimmenden - Ebenen erfolgen. Bleibt man beim Beispiel der
rechnerunterstützten Auslegung, so müssen den mit hoher Priorität zu
entwickelnden Bausteinen, die rasch und einfach einer großen Zahl von
kleinen bis mittleren Anwendern bei der Problemlösung behilflich sind,
längerfristige Entwicklungen folgen, die über den jeweiligen Stand der
Rechneranwendung hinausgehend in gleicher Weise neuere Ergebnisse der
Informatik und Konstruktionslogik berücksichtigen. Diese werden zwangsläufig zunächst Unternehmen mit einer software- und hardwareseitig hoch-
entwickelten Rechentechnik erschlossen werden können. Ein besonderer
Schwerpunkt sollte dabei die Dialogfähigkeit in der Ebene der Berech-
nungsplanung, der Berechnungsvorbereitung und bei der eigentlichen
Durchführung von Berechnungen sein. Unterstützt wird diese Entwicklung
auch durch den sich allmählich vollziehenden Abbau des Unterschiedes
zwischen Systemen zur Text- und Datenverarbeitung.

Wegen der üblicherweise hohen Komplexität der Auslegungssoftware für
Verfahrensindustrien mit Schwerpunkten im Bereich der funktions- und be-

anspruchungsgerechten Auslegung einerseits und der zwangsweise hohen
Variabilität auf dem Gebiet der geometrischen Darstellung bzw. Beschreibung andererseits liegen Schwierigkeiten solcher Programmsysteme vor-
nehmlich im Bereich der Handhabung. Typisch für die Schwierigkeiten der
Handhabung auf der Eingabeseite sind Programme zur Strukturberechnung
nach finite-element-Methoden (<u>Bild 4</u>), deren Einsatz im CAD/CAM-Bereich

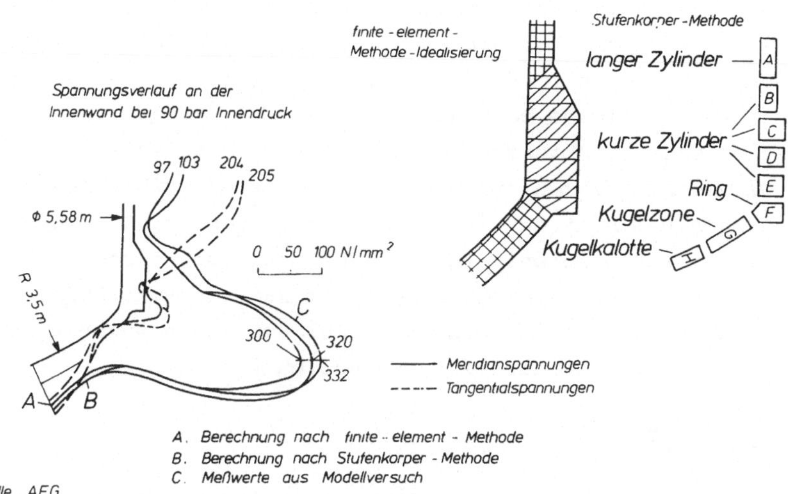

<u>Bild 4:</u> Berechnung von Reaktordruckbehältern (Bildmitte: Idealisierung
mittels finiter Elemente und Vorbereitung der Eingabe)

in der Regel erst durch Eingabegeneratoren sinnvoll wird. Auf der Aus-
gabeseite ist der Fortschritt von CAD/CAM-Methoden an Fortschritte auf
dem Gebiet der Zeichnungsrationalisierung (vgl. Abschn. 7) bzw. des
Bildschirmeinsatzes gebunden.

An Beispielen aus dem Bereich des Apparate- und Anlagenbaus, des Rohr-
leitungsbaus, der Prozeß- und Anlagentechnik, des Prüfens von Bauteilen
und ihrer zeichnerischen Darstellung soll nun versucht werden, Stand
und Entwicklungsmöglichkeiten der CAD/CAM-Entwicklung in den Verfahrensindustrien aufzuzeigen. In vielen Fällen sind Schlüsse auf andere
Produktionszweige möglich.

2. CAD/CAM im Konstruktionsbereich

Erheblichen Rationalisierungsfortschritten im Fertigungsbereich stand
lange ein Nachholbedarf in den Bereichen Konstruktion, Arbeitsvorbereitung und Beschaffung gegenüber. Besondere Dringlichkeit genießen dabei
Rationalisierungsmaßnahmen im Konstruktionsbereich, weil mit dem durch

die Wahl einer Konstruktion festgelegten Lösungsprinzip die Gesamtkosten eines Produktes weitgehend festgelegt sind. Als Hilfsmittel bieten sich Wiederverwendung von Teilen und Baugruppen, Normung (Typisierung) und die Automatisierung des Konstruktionsprozesses an; gerade bei letzterem beanspruchen die Bereiche "Zeichnen" und "Stücklisten-Erstellen" noch rd. 2/3 der Zeit des Konstrukteurs, der Bereich "Berechnung" nur etwa 10 %.

Im Rahmen der Automatisierung und damit Rationalisierung des Konstruktionsprozesses muß nicht nur die Konstruktionslogik für das Produkt algorithmierbar sein; noch im Vorfeld steht vielmehr die Forderung, daß ein geeigneter Formalismus besteht, der die wichtigsten Einflußgrößen physikalischer oder strukturmechanischer Art richtig erfaßt oder deren Trend bei Parametervariationen zumindest richtig wiedergibt. Daneben muß die Ausführungshäufigkeit des Produktes hinreichend groß sein, wenn die i.a. erheblichen Investitionen für die Automatisierung rentabel sein sollen. <u>Kiesow</u> gibt im Zusammenhang mit dem Bau von Rohrbündelapparaten (Hochdruckvorwärmern) für die Mindestanzahl von Anwendungen n_j bis zur Schwelle der Rentabilität die einfache Beziehung

$$n_j > \frac{A + Z + W}{MK - AK}$$

an. Darin bedeuten:

n_j Zahl der Anwendungen pro Jahr

A   Jährliche Abschreibung

Z   Jährliche Verzinsung der Entwicklungskosten

W   Jährliche Wartungskosten für das System

MK Kosten je Projekt bei manueller Bearbeitung

AK Laufende Kosten je Projekt bei Bearbeitung mittels Rechner

Diese Mindest-Stückzahlforderungen sind im verfahrenstechnischen Apparatebau in der Mehrzahl der Fälle nicht gegeben. Nur bei Herstellern von Spezialapparaten mit entsprechend verengter Erzeugnispalette und folglich erhöhten Stückzahlen sind die Rentabilitätsforderungen erfüllbar.

<u>Bild 5</u> zeigt den gegenwärtigen Stand der Automatisierung im Bereich der automatischen Konstruktion, Berechnung und Zeichnungserstellung am Beispiel eines Hochdruckvorwärmers. Die Forderung an die Gestaltung der software in diesem Bereich sind möglichst große Flexibilität gegenüber Veränderungen und die Sicherung raschen Zugriffs. Der gewünschte modulare Aufbau aus Programm-Elementen, Moduln und einem Überprogramm setzt i.a. die Aufgliederung des Produkts in Funktionselemente und diesen ent-

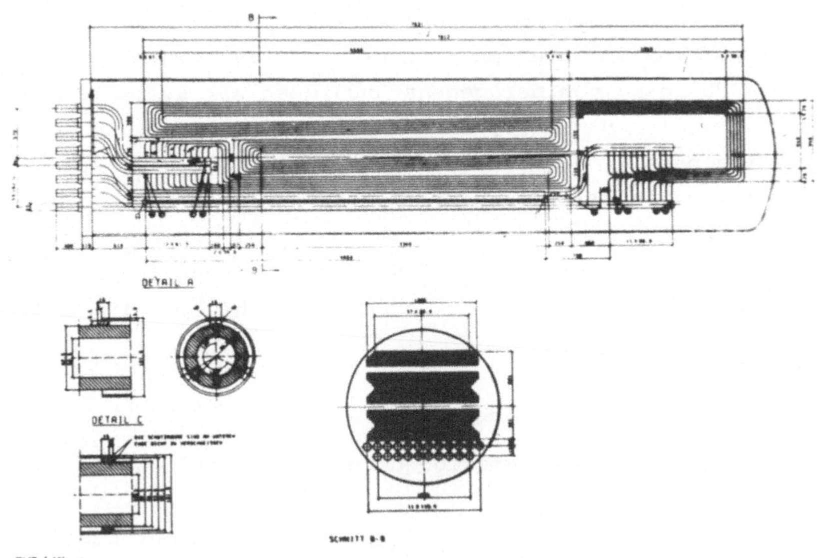

Bild 5: Automatisch erstellte Zusammenstellungszeichnung eines Hoch-
druckvorwärmers

sprechende Apparate-Elemente (vgl. Bild 6) voraus; zweckmäßig geschieht
das in einer "Baugruppen-Ebene" (z.B. Wärmetauscher mit festen Rohrplat-
ten) und einer "Element-Ebene". Elemente in diesem Sinn sind zylindri-
sche Mäntel, gewölbte Böden, Flansche, Stutzen und Dehnungsausgleicher.
Sie werden rechnerintern in "Moduln" wie "Vorkammer", "Umlenkkammer",
"Mantel" oder "Rohrbündel" zusammengefaßt.

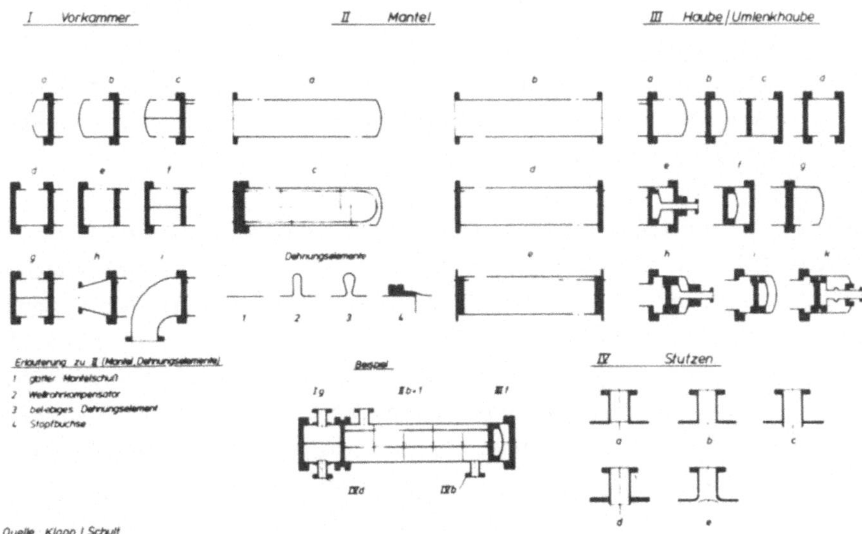

Bild 6: Element-Darstellung und Synthese von Rohrbündelapparaten

Insbesondere in Fällen, in denen Rentabilitätsgründe eine rechnerunterstützte Konstruktion im strengen Sinn nicht zulassen, ist zu überprüfen,
inwieweit der Übergang von der gegenständlichen zur symbolischen Dar-
stellungsweise (vgl. Abschn. 7) in den hinter der eigentlichen Konstruk-
tionsphase liegenden Produktionsabschnitten wie Fertigen, Prüfen und
Inbetriebnehmen Rationalisierungserfolge bringt.

Im weiteren Konstruktionsbereich der Verfahrensindustrien sind in den
nächsten Jahren folgende Ziele anzustreben bzw. heute übliche Methoden
zu verfeinern:

- Erstellen von Anfrage- und Angebotsunterlagen;

- geometrische und Festigkeitsberechnungen von Apparaten und Apparate-
  teilen;

- Konstruktion einschließlich Erstellen von Zeichnungen, Stücklisten,
  Arbeits- und Fertigungsplänen;

- Erfassung und Verkettung von Konstruktions-, Betriebs- und Werkstoff-
  daten für die Planung, Kalkulation und Fertigungssteuerung.

Bei der Kommunikation zwischen Konstrukteur und Rechner (interaktive
Arbeitsweise, Programmsteuerung im Dialog) sind zunächst voraussichtlich
keine nennenswerten Fortschritte zu erzielen; die Ursachen liegen im
Fehlen bzw. in der gegenwärtig noch zögernden Entwicklung dialogfähiger
software, beides begründet in den vorn erläuterten produkt- und bran-
chenspezifischen Sachverhalten.

3. CAD/CAM-Anwendungen für Prozesse und Anlagen

In den Verfahrensindustrien stehen für die Durchführung von Produktionsprozessen stets Anlagen zur Verfügung, in denen im Regelfall ein Reak-
tionsraum existiert (vgl. Bild 7).

Die umzusetzenden Eingangsstoffe (Eingangsgrößen) weisen im allgemeinsten Fall die Eigenschaften v_h ($h = 1,\ldots p$), die Erzeugnisse (Ausgangsgrößen) die Eigenschaften y_i ($i = 1,\ldots q$) auf. Die Zufuhr der Eingangsgrößen und die Freisetzung von Erzeugnissen werden über bestimmte Steuer-
größen u_j ($j = 1,\ldots r$) geregelt. Zustandsgrößen der Anlage werden mit
x_k ($k = 1,\ldots s$) und solche der Reaktionspartner mit w_l ($l = 1,\ldots z$) bezeichnet und sind wie die Größen v_h; y_i und u_j im allgemeinsten Fall
zeitabhängig.

Es ist üblich, bei der Beschreibung von Prozessen und Anlagen die Zustandsgrößen der Anlage und der Reaktionspartner nicht mehr zu unter-

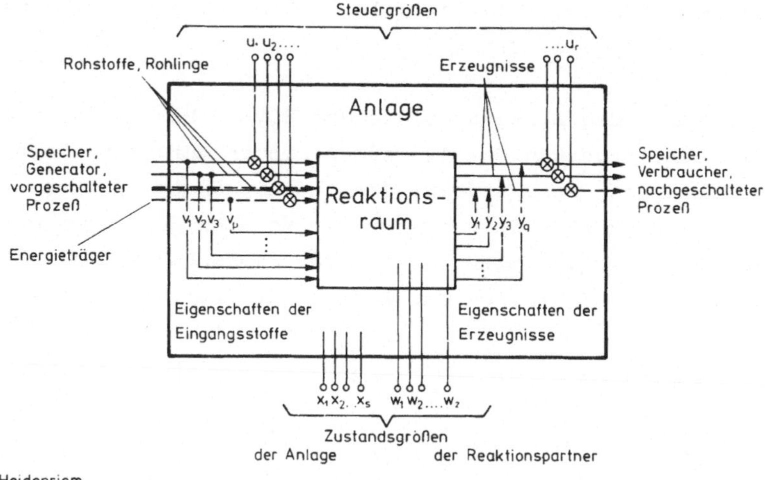

Bild 7: Anlagenstruktur von Herstellungsprozessen

scheiden und zusammenfassend mit x_k (k = 1,2,...n) zu bezeichnen mit
n = s + z. Ferner können die Ausgangseigenschaften $y_1...y_q$ im Regelfall
als Endzustand einer Teilmenge $w_1...w_m$ der Reaktionspartner aufgefaßt
werden. Die Zustandsgrößen der Reaktionspartner werden daher im folgenden
unterteilt in q Eigenschaftsgrößen und in m Reaktionsgrößen, z = q + m.

Bei der Herleitung der Informationsstruktur von Herstellungsprozessen
und bei der Entwicklung der zugehörigen Anlagenstruktur sind in der Regel große Datenmengen zu bewältigen. Ihre Handhabung und der Grad der
Schematisierung von Vorgängen im weitesten Sinn bestimmen über den Einsatz der EDV im allgemeinen und von CAD/CAM-Methoden im besonderen. Ein-
satzschwerpunkte liegen naturgemäß dort, wo Varianten zu untersuchen
und zu planen sind, Entscheidungen Routinecharakter haben oder aufgrund
standardisierter Daten und gegebenenfalls Richtlinien zu treffen sind.
Damit sind im Anlagen- und Prozeßbereich als Hauptanwendungsgebiete Samm-
lung und Organisation großer (Stoff-) Datenmengen sowie die Berechnung
bzw. Optimierung bekannter Grundoperationen und deren Verkettung zu
Produktionslinien zu sehen.

Bereits mit Einschränkungen ist in diesem Zusammenhang die Entwicklung
von Modellen für die mittelbare ("off-line"-) und unmittelbare ("one-
line"-) Kopplung mit Produktionsprozessen zu nennen. Bei der Entwicklung neuer Verfahren (Prozeßentwicklung und -synthese) sind allenfalls
Ansatzpunkte für den Einsatz von CAD/CAM-Methoden wahrnehmbar. Eine Aus-

nahme ist die Fließbild-Entwicklung am Bildschirm, die bereits heute ausge-
prägte interaktive Züge aufweist.

Eine Übersicht über die Einsatzgebiete der EDV im Planungsbereich (Prozesse und Anlagen; Erhebung bei 12 Firmen: Ingenieurunternehmen, z.T.
mit eigener Fertigung; Apparatebau; Chemieunternehmen; Rechenzentren)
gibt Bild 8. Das Bild läßt insbesondere im Bereich der ingenieurtechni-
schen Abwicklung (Stromlaufpläne, Stahlbau, MSR-Schaltpläne), aber auch
in den Bereichen Vorkalkulation und Datenbänke deutliche Lücken bei der

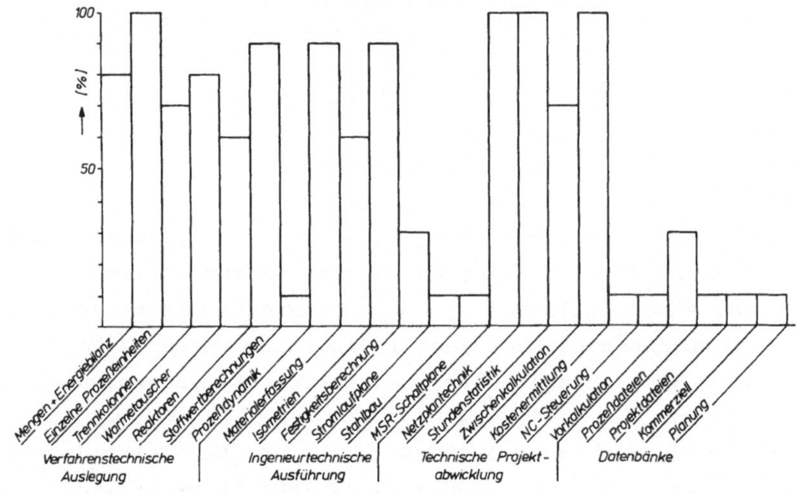

Bild 8: Einsatzgebiete der EDV im Planungsbereich. Erhebung bei 12 Firmen (Ing.-Unternehmen, z.T. mit eig. Fertigung; Apparatebau;
Chemieunternehmen; Rechenzentren)

Anwendung der EDV sowie von CAD/CAM-Methoden erkennen. Diesem Sachverhalt trug bereits ein der Gesellschaft für Kernforschung als Projekt-
träger für das Projekt CAD/CAM vorgelegter Entwurf "Planung von Chemieanlagen mittels Rechnerunterstützung - Beispiel" (Bild 9) Rechnung.
Keine Zweifel bestanden und bestehen hinsichtlich der zentralen Rolle
einer projektbegleitenden Datei. Einen Einblick in die mögliche Strukturierung einer Datenbank "Anlagenbau" gibt Bild 10.

Möglicherweise entwicklungsfähige Gebiete für die Anwendung von CAD/CAM-
Methoden im Bereich Prozeß- und Anlagentechnik sind Ausbreitungs- und
Kummulierungsvorgänge von Emissionen aller Art und die Schaffung, bzw.
Aktualisierung entsprechender Kataster.

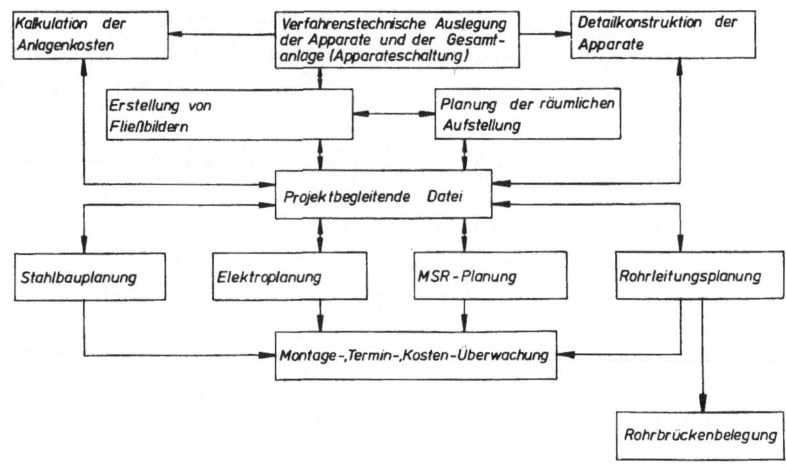

Bild 9: Planung von Chemieanlagen mittels Rechnerunterstützung - Beispiel

Da der Bereich "Rohrleitungstechnik" innerhalb des Anlagenbaus hinsichtlich der Anwendung von CAD/CAM-Methoden weit fortgeschritten ist, gilt diesem ein gesonderter Abschnitt (vgl. Abschn. 4).

4. CAD/CAM-Anwendungen im Rohrleitungsbau

Steigende Personalkosten sowie Mangel an qualifiziertem Personal zwingen besonders im Rohrleitungsbau zu rationelleren Abwicklungsmethoden. Routinetätigkeiten machen hier einen besonders großen Anteil aus, so daß es nahe liegt, CAD/CAM-Methoden zur Entlastung heranzuziehen. Die Schwierigkei-

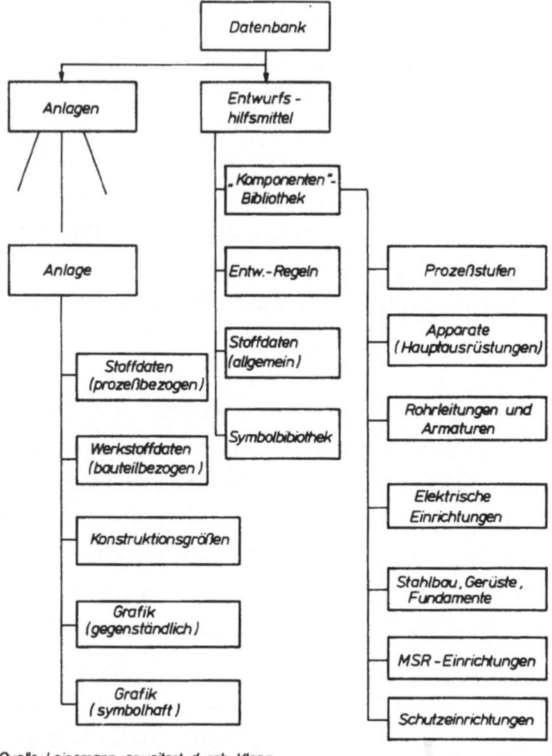

Bild 10: Vorschlag für Datenbank-Inhalt "Anlagenbau"

ten bei der Entwicklung entsprechender Programmsysteme für die Rohrleitungsplanung liegen in der komplexen Verknüpfung sowie in der Vielzahl
sich beeinflussender Größen. <u>Bild 11</u> zeigt, in welchen Bereichen der

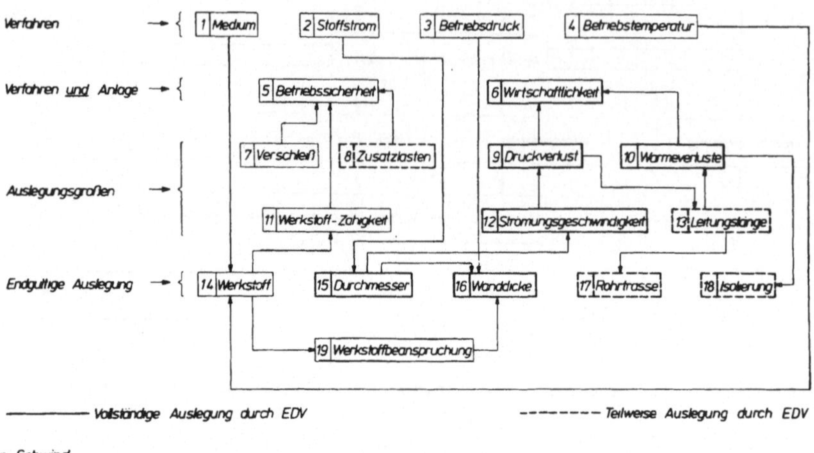

<u>Bild 11</u>: Wechselbeziehung in der Rohrleitungsplanung - Gegenwärtiger
Stand der Rechneranwendung (CAD)

Rohrleitungsplanung sich die EDV heute wirkungsvoll einsetzen läßt.
Hydraulische Auslegung, Wanddicken- und Elastizitätsberechnungen lassen
sich bereits vollständig durch die EDV erfassen. In den Bereichen Montage und Materialdisposition wurden in den zurückliegenden Jahren ebenfalls erhebliche Rationalisierungserfolge durch CAD/CAM-Methoden möglich.

Auf dem Markt erhältliche Programmsysteme für die Rohrleitungsplanung
entwickelten sich überwiegend aus verständlichen Ansätzen, die Material-
bewirtschaftung und das Herstellen von Stücklisten durch Einsatz rechnergestützter Methoden zu vereinfachen. Auch gegenwärtig sind Systeme
auf dem Markt, die ausschließlich der Materialdisposition dienen. Allen
gemeinsam ist die Aufschlüsselung der Rohrleitungsdaten in Dateien.
Rationalisierungsbestrebungen zielen dabei darauf ab, Informationen wie
Rohrklassen, Texte, Gegenstände (Elemente, Teile) oder Baumaße projektunabhängig wieder verwenden zu können; projektabhängige Dateien umfassen
in der Regel alle Ergänzungen bzw. Änderungen der Standardrohrklassen
sowie projektbezogene Spezifikationen. Nach dem Informationsgehalt lassen sich die Dateien der wichtigsten im Einsatz befindlichen Systeme
einheitlich drei Hauptmerkmalen (Rohrklassen-, Rohrteile- und Textdatei)
zuordnen. Unterschiede bestehen dagegen hinsichtlich der Form oder Ein-

gabe bzw. der benutzten Eingabesprache; einzelne Systeme besitzen eine
Freiformat-Eingabe, andere bevorzugen formatabhängige Eingabebögen. Über
die Eingabe von Festpunktkoordinaten können die Strecken bei allen Systemen iterativ berechnet werden. Umgekehrt lassen sich Strecken- und Bau-
längen (letzteres z.B. bei Armaturen) eingeben.

Sieht man von Fragen der Programmorganisation ab, so hat sich bei der
Mehrzahl der Programmsysteme mit Ausnahme solcher, die ausschließlich
der Materialdisposition dienen, eine bestimmte Systematik entwickelt;
diese bezieht sich auf Vorarbeiten vor Beschreibung des Leitungsver-
laufes sowie auf die EDV-Eingabe und -Ausgabe. Zu den Vorarbeiten gehört vorzugsweise die Überprüfung der Elemente- (Teile-)Datei sowie das
Aufstellen und gegebenenfalls Ergänzen der Rohrklassen.

Im Regelfall umfaßt die Eingabe bzw. macht Angaben über:
- konstruktive und formale Kundenwünsche;
- Gebäude- und Anlagenraster einschließlich Anlagenfestpunkte;
- Koordinaten von Stutzen und Anschlüssen;
- Kundenschlüssel- bzw. Material- oder Lagerschlüsselsystem;
- Rohrleitungsverzeichnis (Bild 12);
- Anstrich- und Isolierklassen.

Anlage Eisenoxid J 655 L'hafen

Nr	Ltg Nr	Anlageteil	von	nach	Med / Phase	NW	ND	Rohrklasse	Damm	Temp	Mal	RBE-Zeit	Fakt	Zeit	Gewicht
1	110111	ZW-Lager	Baueing	R-52	VE-Wasser	100	25	RA 342C DIN	120	50	1	131,6	1,25	164,0	963,7
2	110221	ZW-Lager	11011	B-13	VE-Wasser	50	25	RA 342C DIN	120	50	1	15,8	1,60	25,2	125,7
3	110611	ZW-Lager	Baueing.	Strangltg.	Flußwasser	100	10	St 260C DIN			1	63,6	1,00	63,6	438,2
4	110721	ZW-Lager	11061	Strangltg	Flußwasser	80	10	St 260C DIN			1	29,6	1,00	29,6	239,9
5	110921	ZW-Lager	11061	B-11	Flußwasser	50	10	St 260C DIN			1	22,5	1,00	22,5	225,9
6	111311	ZW-Lager	B-60	Kanal	Abwasser	80	10	St 260C DIN				7,4	1,00	7,4	43,9
7	112611	ZW-Lager	P-14	B-14	Waschwasser	65	10	St 260C DIN	100	75	1	36,1	1,00	36,1	275,3
8	113721	ZW-Lager	B-14	Tasse	Wasser	100	10	St 260C DIN				12,9	1,00	12,9	76,9
9	120121	ZW-Lager	Baueing	Strangltg	Dampf	150	25	St 320C DIN	140	210		70,0	1,00	70,0	767,7
10	120221	ZW-Lager	12012	Strangltg	Dampf	100	25	St 320C DIN	140	210		51,9	1,00	51,9	392,5
11	130121	ZW-Lager	Baueing.	Strangltg	Druckluft	80	10	St 260C DIN				79,2	1,00	79,2	620,1
11	Leitungen	Gesamt										520,6	1,07	562,4	4169,8

Quelle BASF

Bild 12: Rohrleitungsverzeichnis - erstellt über EDV

Die Ausgabe soll den Planungsingenieur bei der Mehrzahl der klassischen
Planungstätigkeiten im Rohrleitungsbau entlasten. Ansatzpunkte dazu bieten: das Suchen von Anschlußmaßen; Aufstellen einer Materialbilanz; Herstellen von Isometrien und Stücklisten (vgl. Bild 13); Errechnen von
Längen, Abstands- und Kettenmaßen; die Lagefeststellung von Teilen; das

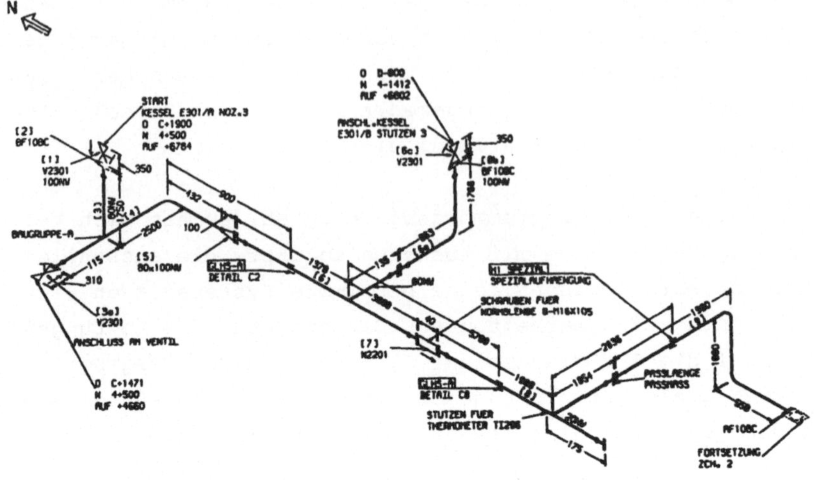

Bild 13: Rohrleitungsisometrie - erstellt mit ISOPEDAC

Erstellen von Spannungs-
und Dehnungsberechnungen
sowie von Dämm- und An-
strichlisten. Neben der
Überprüfung der Dateien
hinsichtlich der Verträg-
lichkeit aller wichtigen
Informationen sowie ihrer
Vervollständigung umfaßt
die <u>Ausgabe</u> für jede Rohrleitung:

- Elemente- und Strecken-
  liste;

- Montage- und Vorferti-
  gungsstücklisten;

- Montage- und Vorferti-
  gungsisometrien;

- Materialauszüge und Teile-
  verwendungsnachweis;

- Angaben über Isolier-
  und Anstricharbeiten
  (Stücklisten und Ma-
  terialauszüge).

<u>Bild 14</u> zeigt den Ablauf
der Materialerfassung und
Isometrieerstellung über

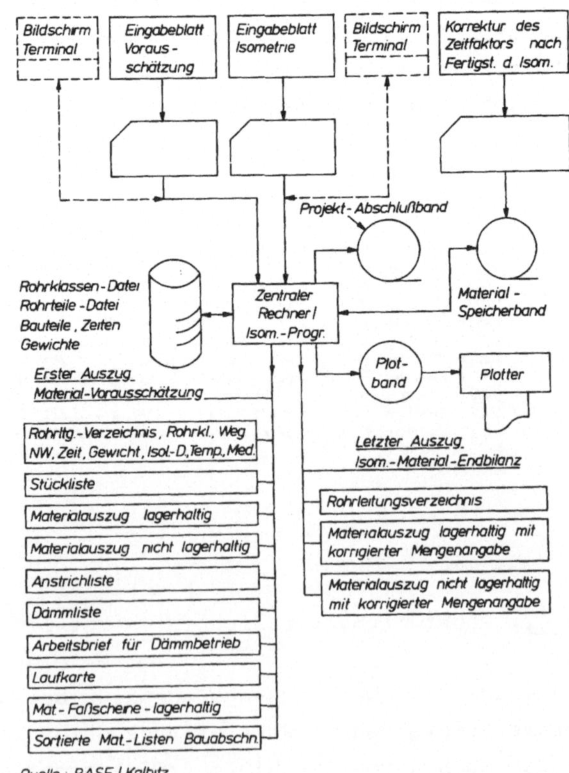

Bild 14: Ablauf der Materialerfassung und
Isometriedarstellung mittels EDV

EDV mit einer Material-Vorausschätzung (erster Auszug) und berichtigten Materialauszügen (Mengenangaben, letzter Auszug). Diese Angaben sind u.a. Voraussetzung für die Vorfertigung von Rohrleitungsabschnitten, gegebenenfalls einschließlich Isolation und Abdeckung. Der Zeitbedarf für die Herstellung einer Isometrie wird i.M. gegenüber Anfertigung mit Hand auf die Hälfte reduziert, die Kosten lassen sich bei Einsatz leistungsfähiger Plotter auf rd. 1/3 gegenüber vergleichbaren Handisometrien verringern. Für die Materialvorausschätzung und die damit erforderlichen Unterlagen wie Sortenauszüge, Materialentnahmescheine, Rohrleitungslaufkarten und den Materialendauszug entfallen die manuellen Arbeiten. Mit genau berechneten Plott-Isometrien ist die Vorfertigung und Montage von Rohrleitungen in vielen Fällen ohne Paßstücke möglich.

5. Einsatz von CAD/CAM-Methoden für die Qualitätssicherung

Die den Herstellablauf von komplexen Anlagenkomponenten begleitende und diesen steuernde Informationsmenge (Zeichen, Texte, Zeichnungen) ist außerordentlich groß (Bild 15) und durch zahlreiche Querverbindungen zwischen Hersteller, Überwacher und Besteller/Betreiber gekennzeich-

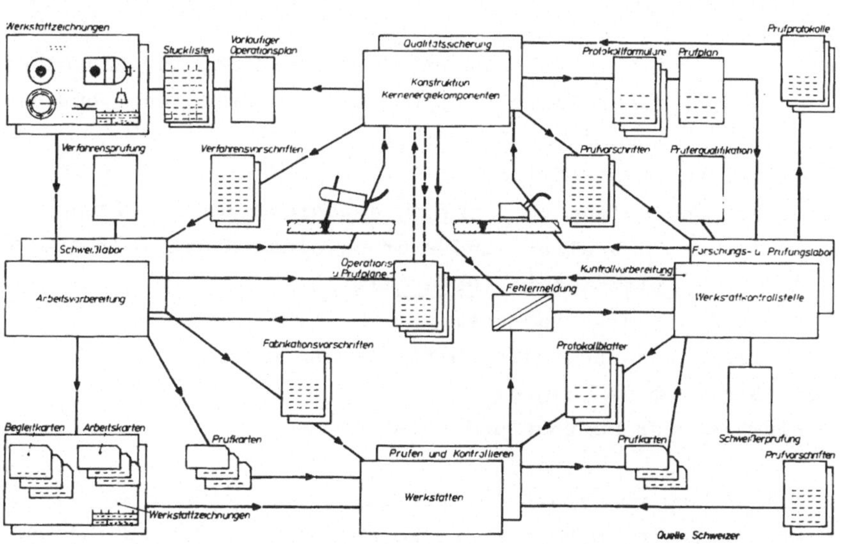

Bild 15: Laufweg der Auftrags- und Kontrolldokumente bei der Fertigung von Kernenergie-Komponenten

net. Insbesondere bei Änderungen müssen diese Wege (Bild 16) mehrfach durchlaufen werden. Besonders hohe Maßstäbe werden an die Qualitätssicherung bei der Fertigung von Kernenergiekomponenten gelegt; der Anteil der Kosten für Überwachung und Abnahme beträgt bei Druckhaltern für Druckwasserreaktoren z.Zt. rund 25 % der Gesamtkosten.

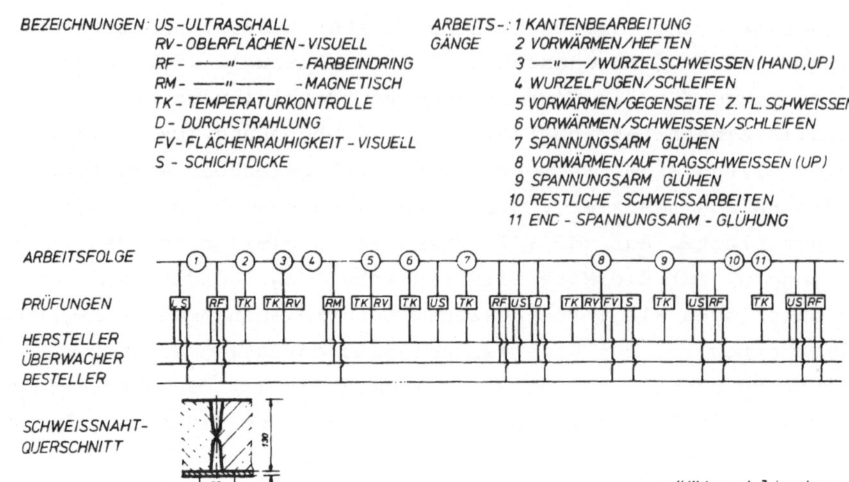

Bild 16: Herstellungs- und Prüfschritte einer Mantelnaht mit Schweiß-
plattierung

Die erforderlichen Informationen lassen sich folgenden Bereichen zuordnen:

Fertigungshinweise; z.B. Ausführung einer Schweißnaht zur Einschweißung
einer Rohrplatte in den zylindrischen Schuß eines
chemischen Reaktors;

Angaben über die Fertigungsfolge;

Angaben über Art und Umfang von Prüfungen während der Fertigung, z.B.
Herstellung und Prüfung einer Mantelnaht mit Schweiß-
plattierung (Bild 16);

Angabe über Art des Prüfverfahrens;

Angaben über Isolierung und/oder Oberflächenschutz;

Angaben über Abnahmebedingungen;

Besondere Hinweise für Montage und Aufstellung.

Die Rationalisierung von Prüf- und Fertigungsoperationen mittels CAD/
CAM-Methoden setzt eine EDV-gerechte Formalisierung der Operationen und
Werkstücke voraus. Die Schwierigkeiten liegen dabei in der notwendigen
und hinreichenden, rechnerinternen Erfassung und Darstellung aller wesentlichen Daten (Geometrie, Beanspruchung, Werkstoffe usf.) einerseits
und in der Entwicklung einfacher und eindeutiger Bearbeitungssymbole
und Prüfkürzel andererseits (Bild 17). Im Übergang von gegenständlichen
Fertigungszeichnungen und Prüfplänen zu vereinfachten (symbolischen)

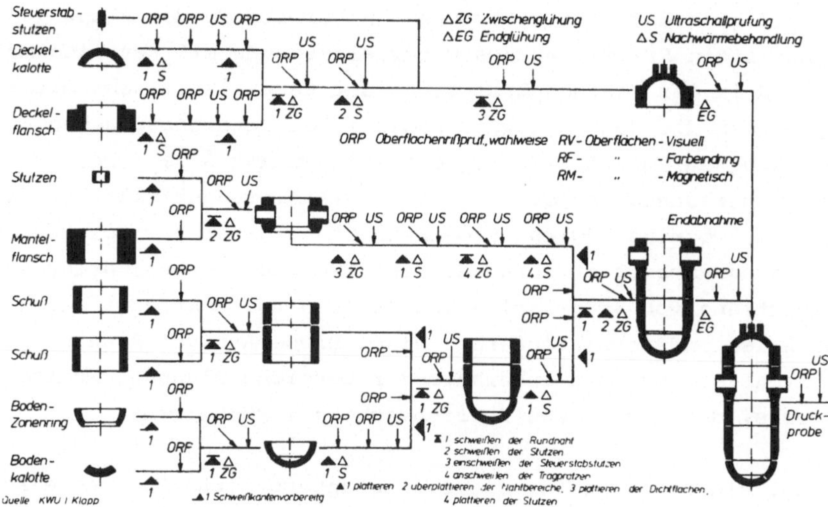

Bild 17: Herstellungsablauf eines Reaktors-Druckbehälters mit Hauptprüf-
schritten - Vorschlag für symbolhafte Darstellung

Darstellungen mit stufenweisen abgesenkten Detaillierungsgrad liegen
zweifellos noch erhebliche Rationalisierungseffekte. Voraussetzung ist,
daß die aus der Symbolik nicht ersichtlichen Detailinformationen im Bedarfsfall praktisch verzugsfrei aus begleitenden Dateien entnommen werden können. Es bedarf kritischer Prüfung und voraussichtlich auch Über-
zeugungsarbeit, inwieweit Prüfbehörden und Betreiber Medien und Objekte
auf gestuft herabgesetzten Konkretisierungsebenen "annehmen".

6. CAD/CAM-Methoden für die Montageplanung und -leitung

Der mit Rechnerunterstützung erstellte und bei Bedarf modifizierbare
Montagenetzplan stellt das vorerst wichtigste, aber keinesfalls letzte
Anwendungsbeispiel für CAD/CAM-Methoden im Anlagenbau dar. Zweifellos
ist auch bei den auf die Planungsphase folgenden praktischen Tätigkeiten wie in zeitlich davorliegenden Phasen ein zukünftig breites Anwen-
dungsgebiet zu sehen, beginnend mit der Ausarbeitung der Montagespezi-
fikationen über die Aufstellung von Apparaten und Maschinen bis zu kauf-
männischen Arbeiten (Bereinigung der Montagekosten-Schätzung, Vorbereitung der Endabrechnung). Das Arbeitsvolumen der Montageplanung, -leitung
und Abschlußarbeiten beträgt etwa 1/3 der Kosten für die gesamte Aus-
führungsplanung; daraus wird die Bedeutung von Ansatzpunkten für eine
rechnerunterstützte Montage-Planung und -Leitung deutlich.

Die Vorteile einer rechnergestützten Arbeitstechnik liegen in der weit-

gehenden Festlegung der Montagetätigkeiten bereits in der Planungsphase;
in der frühzeitigen Erstellung des Materialauszuges mit Revisionsmög-
lichkeiten und in der raschen Ermittlung der Zeitkalkulationswerte; als
nachteilig werden die Notwendigkeit zahlreicher Detailabsprachen und
die Beschränkung auf mittlere bis große Anlagen angesehen. Der gegen-
wärtige Erkenntnisstand ist der, daß Rationalisierungseffekte nur dort
erzielbar sind, wo eine gewisse Projektunabhängigkeit bei der Bearbeitung der Planungsunterlagen vorhanden ist, wo sich ferner Tätigkeiten
wie die Ermittlung von Stückzahlen von Geräten und Montagematerial laufend wiederholen und schematisierbar sind. Diese Art von Planung setzt
eine Reihe von Festlegungen innerhalb der Bereiche Planung, Montage und
Wartung voraus, die bis in das Betriebsschema zurückwirken.

Bild 18 zeigt ein Beispiel für die rechnerunterstützte Montage einer

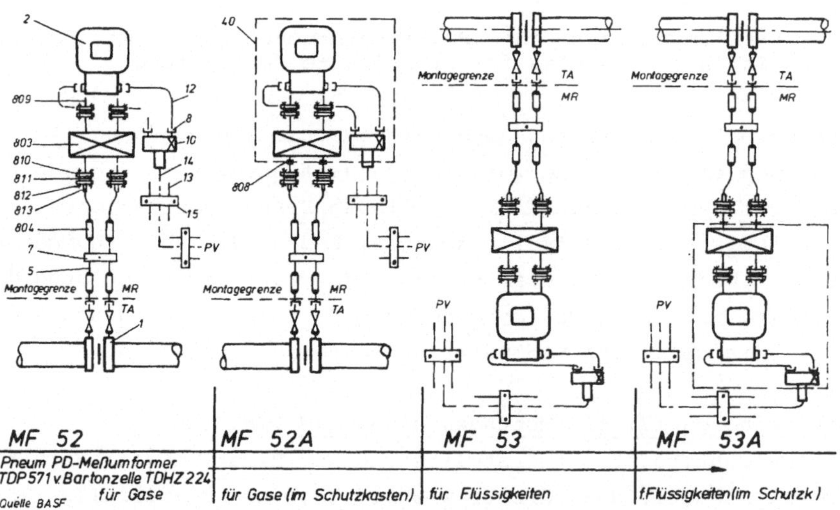

Bild 18: Rechnerunterstützte Montage einer pneumatisch instrumentierten
Durchfluß-Messung ND 100 – 250

pneumatisch instrumentierten Durchflußmessung. Bei der Auswahl war die
Überlegung maßgebend, daß die Verbindung zwischen Impuls-Entnahmestelle
und Meßgerät in der Anlage wenig Änderungen unterworfen war und zukünftig sein wird und damit einer Standardisierung zugängig ist. Dabei wurde versucht, die notwendigen Montageanordnungen mit einer kleinstmögli-
chen Zahl von Teilen auszuführen. Damit war die Beschränkung und Zuordnung des Montagematerials zu drei Druckbereichen (ND 40, ND 100 bis 250,
ND 325) verbunden. Ferner wurde nach Montagematerial für häufig eingesetzte Betriebsanalysengeräte sowie nach Heizungen und Schutzkästen
bei Einheitsgeräten unterschieden.

321

Bild 19 zeigt den mittels Rechner erstellten Material-auszug für eine pneumatisch instrumentierte Durch-flußmessung im ND-Bereich 100 bis 250.

7. CAD/CAM und Geometrie-verarbeitung

In der Vergangenheit galten Rationalisierungsmaßnahmen vorrangig der graphischen Ausgabe datenverarbeiten-der Systeme (vorwiegend für Zwecke der Werkstück-beschreibung); diese ist zunehmend auch als Ergän-zung zur Textverarbeitung zu verstehen. Die Grund-software für die Darstel-lung von Linien (2D-Be-reich) und für die Identi-fizierung von geometri-schen und Text-Elementen liegt vor, bei 3D-Proble-men sind noch Anstrengun-gen erforderlich (Durch-

lfd Nr.	Pos Nr.	MF 52	MF 52A	MF 53	MF 53A	Benennung	Stück Menge	Lagerl. -Nr.	Werkstoff	Bemerkungen
1	1	x	x	x	x	Flanschblende m. Ab-sperrventilen	1		C 22,1.4571	
2	2	x	x	x	x	pn. Λp-Meßumformer	1			Typ TDP 571 Bartonzelle TDHZ 224
3	5	x	x	x	x	nahtloses Rohr 12x2 12x1,5	10m	1211058 1215411	St 35 1.4571	
4	7	x	x	x	x	Distanzschelle	3		St	
5	8	x	x	x	x	Einschraubverschraubung	4	6781957	Kunstst.	NPT 1/4"-PE-Rohr 6x1, NPT 1/4"
								6781955	Ms	Ersatz für Cu-Rohr 6x1
6	10	x	x	x	x	Verteilerstück m.Ventil	1		Kunstst	
7	12	x	x	x	x	Rohr 6x1	2m	1260106 1232010	PE Cu	
8	13	x	x	x	x	Schutzrohr	17m	2130104 2132044	Kunstst St	Nenngr.21 " "
9	14	x	x	x	x	Rohrbündel	20m	6780451	PE/PVC	3x (6x1)
10	15	x	x	x	x	Abstandschelle	9		St	f.Schutzrohr Nenngr.21
11	40		x		x	Schutzkasten	1		Kunstst.	
12	803	x	x	x	x	Ventilblock NW 8,ND 400	1		C22,1.4571	
13	804	x	x	x	x	Einschweiß-Zwischenstk.	4		C22,1.4571	für Rohr 12x2
14	808		x		x	Rohrmutter 3/8"	4	1275302	St	
15	809	x	x	x	x	Einschraubstutzen NPT 1/2"-R 3/8"	2		C22,1.4571	
16	810	x	x	x	x	HD-Gewindeflansch NW 8, R 3/8", D=70 mm	8	1805026	K3	
17	811	x	x	x	x	HD-Dichtungslinse NW 6	4	1870401	RA 2	
18	812	x	x	x	x	Sechskantschr.m.Muttern 1/2"x55 halbblank	12	1840242	K3	
19	813	x	x	x	x	Verbindungsstück n.VR-Zchng. 14392 16	2		C22,1.4571	

Material - Varianten

MF52.1,52A.1,53.1,53A.1,Pos.5 St35, Pos.803,804,809,813,C22,Pos.8,13,in Kunststoff, Pos.12 in PE

MF52.2,52A.2,53.2,53A.2,Pos.5,803,804,809,813,1.4571 ,Pos.8,13,in Kunststoff, Pos.12 in PE

MF52.3,52A.3,53.3,53A.3,Pos.5 St35,Pos.803,804,809,813,C22 ,Pos.8,Ms,Pos.12 Cu, Pos.13 in St

MF52.4,52A.4,53.4,53A.4,Pos.5,803,804,809,813,1.4571 ,Pos.8,Ms,Pos.12 Cu, Pos.13 in St

Quelle BASF

Bild 19: Mittels EDV erstellte Stückliste für pneumatisch instrumentierte Durchflußmessung

dringungen, Abwicklungen, Verzweigungen, Darstellung mehrfach zusammen-nängender Bereiche, Sichtbarkeitsbeziehungen ≙ "Visibilität"). Die Stan-dardisierung zahlreicher Ansätze geometrieverarbeitender Moduln ist je-doch eine notwendige Voraussetzung für die wirtschaftliche Anwendung von CAD-Systemen, weil in diesem Fall die Austauschbarkeit der verschie-denen Anwenderprogramme gewährleistet und damit Investitions- und War-tungskosten der software gesenkt werden können.

Eine Darstellung des Zusammenhangs der erforderlichen Moduln zur Zei-chnungserstellung gibt **Bild 20**. Für 2D- und 3D-Objektbeschreibungen be-nötigt man nur einen Modul zur Eingabevorbereitung. Die rechnerinterne Darstellung der Daten setzt bestimmte geometrische Berechnungen voraus, getrennt nach 2D und 3D. Die mit der rechnerinternen Darstellung durch-zuführenden geometrischen Berechnungen liefern digitale Bilddaten für auf den Ausgabemedien sichtbare Elemente wie Geraden, Kreise oder auch nicht (oder nur mit Schwierigkeiten) analytisch beschreibbare Elemente. Erst an dieser Stelle werden branchenspezifische Einflüsse wirksam: Bauformen (Berandung durch ebene, gekrümmte, analytisch nicht oder nur schwierig beschreibbare Flächen, Rotationssymmetrie, einfach und mehrfach zusammenhängende Bereiche (Bild 21)), Stückzahlen oder auch Produktionsphasen.

Vorwiegend bei methodischen Vorgehensweisen empfiehlt sich die Rationalisierung des Konstruktionsprozesses, nicht zuletzt durch Einführen symbolhafter Darstellungen bei der Werkstückbeschreibung, die Aussagen über Art und Funktion des Bauteils zulassen.

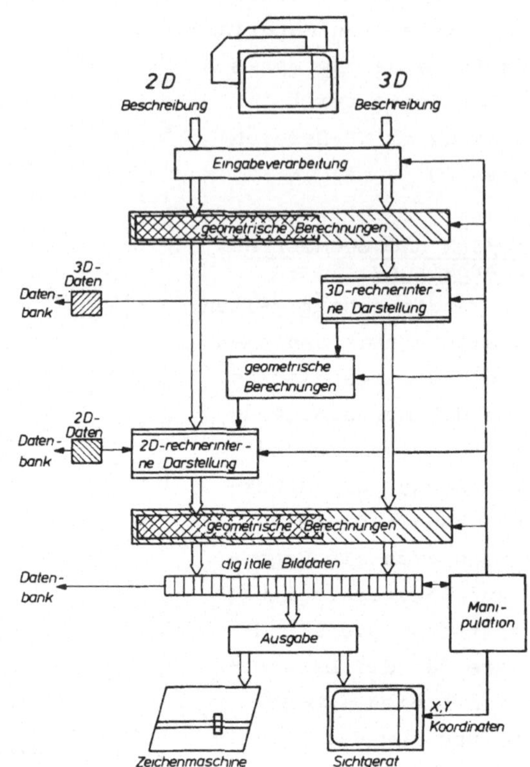

Bild 20: Moduln zur Geometrieverarbeitung in CAD-Systemen.

Korperform / Bauform allgemein	Moglichkeit der rechnerinternen Darstellung / Abbildung a) analytisch beschreibbar b) analytisch nicht oder nur mit erheblichem Aufwand beschreibbar	Modul 2-dimensional Beispiel	Modul 3-dimensional Beispiel
Vollkorper rotationssymmetrisch	a)	ja „Welle"	nicht erforderlich
	b)	ja „Venturiduse"	nicht erforderlich
Vollkörper ebene Flachen	a)	ja „Prisma"	nicht erforderlich
Vollkorper allgemein	b)	bedingt	ja „kopiergefraste Teile'
Hohlkorper, einfach zusammenhangend rotationssymmetrisch	a)	ja „Rohr"	nicht erforderlich
nicht rotationssymmetrisch	b)	ja, bedingt	gegebenenfalls
Hohlkörper, mehrfach zusammenhangend rotationssymmetrisch	vielfach nur a) gelegentlich auch b)	bedingt	ja „Doppelrohr"
nicht rotationssymmetrisch	vielfach nur a) gelegentlich auch b)	bedingt	ja
Hohlkorper, mehrfach zusammenhangend, allgemein	im allgemeinen nur b)	---	ja „Rohrbundelapparat, Getriebekasten"

Quelle Klapp

Bild 21: Vorschlag für die Gliederung von Zeichnungs-Moduln im Apparatebau

Bild 22 und Bild 24 geben dazu Beispiele aus dem Bereich der Konstruktion maschineller Systeme. Der Schwerpunkt der Werkstückbeschreibung liegt hier vorerst deutlich bei gegenständlichen Darstellungen.

Wegen des andersgearteten Spektrums der Adressaten von Zeichnungen in den Verfahrensindustrien weist der Trend dort eher zur symbolhaften Darstellung (Bild 23); das Medium Zeichnung überdeckt hier - auch in Form von Prüf-, Schweiß- und allgemeiner Fertigungsplänen - mehrere Produktionsphasen mit spezifischen Anforderungen. So wird im Bereich der Zeichnungsvorprüfung und als Angebotszeichnung

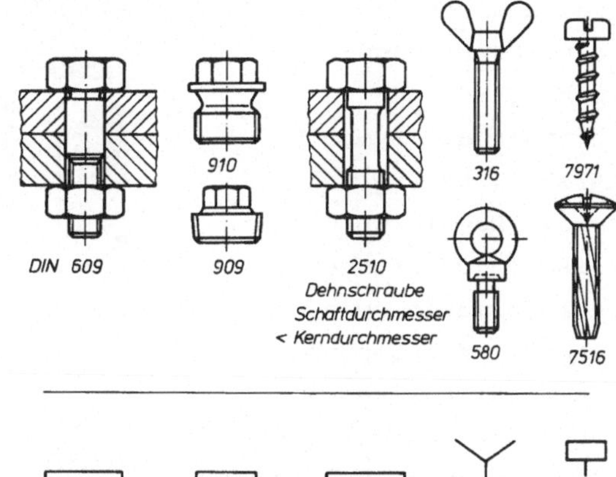

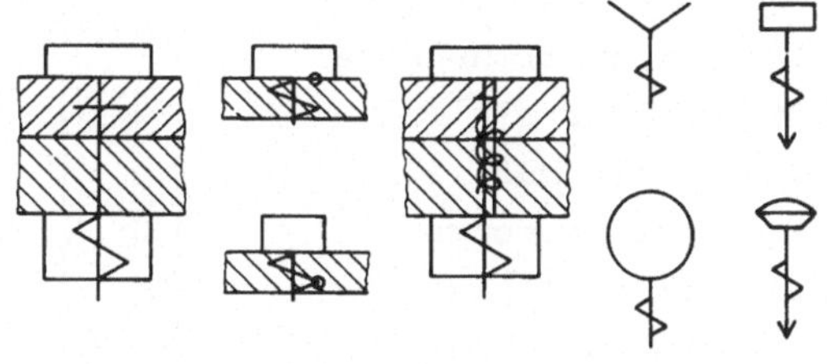

Quelle Lupertz

Bild 22: Schraubendarstellung nach DIN (oben) und symbolhaft

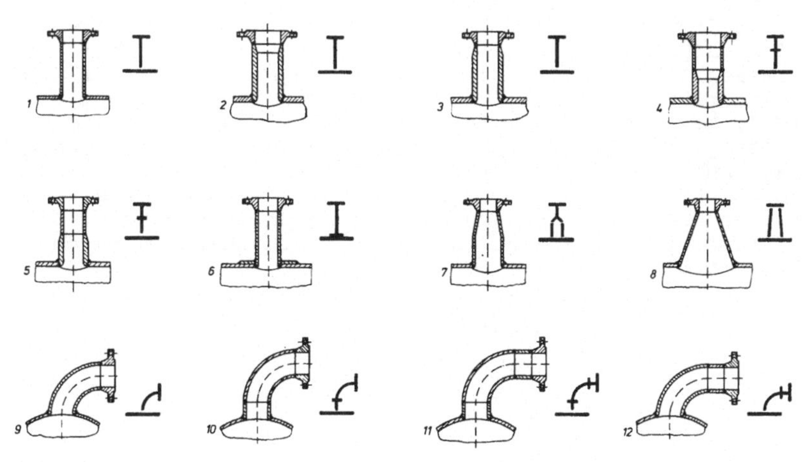

Bild 23: Stutzen/Mantel-Verbindungen: gegenständliche und symbolhafte Darstellung

häufig die gegenständliche
Darstellung verlangt, für
einzelne Fertigungs- und
Prüfschritte genügt dage-
gen oftmals die symbolhafte Darstellung (vgl. Ab-
schn. 5). Da die zu einem
technischen Objekt gehö-
rende Informationsmenge
Bestandteil der rechner-
internen Darstellung ist
und abhängig von der je-
weiligen Produktionsphase
als Ganzes oder als Teil
verfügbar sein muß, sind
die Rationalisierungs-
möglichkeiten allein
durch symbolhafte Dar-
stellung begrenzt und
beziehen sich fast aus-
schließlich auf die
Ausgabe. -

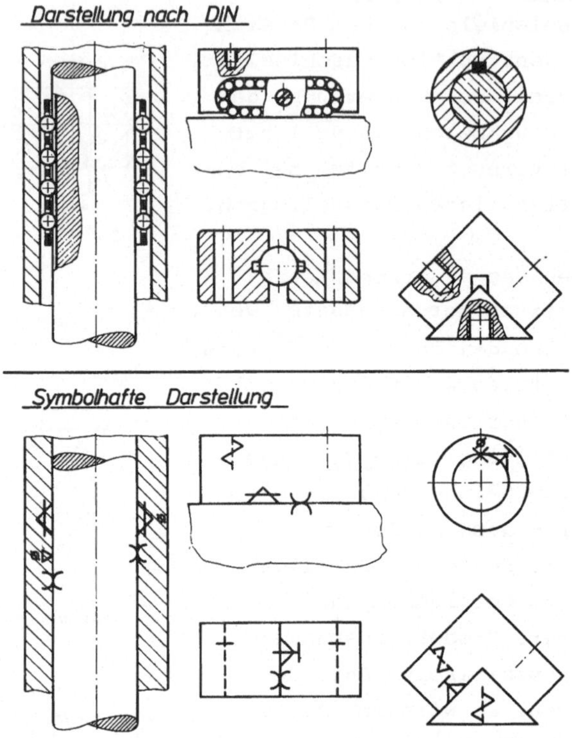

Darstellung nach DIN

Symbolhafte Darstellung

Quelle: Lüpertz

Bild 24: Geradführungen - Darstellung
nach DIN (oben) und symbolhaft

Von Schrifttumsangaben wurde abgesehen. Anregungen zur Thematik erhielt
der Autor in den vergangenen Jahren durch Mitarbeit in Ausschüssen und
Gremien der DECHEMA, der Gesellschaft für Verfahrenstechnik und Chemie-
ingenieurwesen (GVC) im VDI sowie im Sachverständigenkreis CAD/CAM des
Bundesministeriums für Forschung und Technologie. Auch vom CAD-Projekt-
träger (GfK) kamen nützliche Angaben. Zahlreiche Hinweise erhielt er
ferner seitens Betreiberfirmen, Ingenieur- und Apparatebauunternehmen
in der BRD. Auch Lehr- und Forschungsstellen des Maschinen- und Appara-
tebaus in der BRD steuerten Ergebnisse ihrer Forschung bei. Nicht zuletzt stützen sich die Aussagen auf eigene Untersuchungen. Bildquellen
sind, wo erforderlich, angegeben. Allen Gesprächspartnern dankt der
Autor für wertvolle Hinweise.

Adressenliste

Alff E.   AEG Telefunken, Energie und Industrietechnik, Fachbereich Prozeßtechnik, Bücklestr. 1-5, 7750 Konstanz

Bauböck E.   Philips GmbH, Forschungslaboratorium Hamburg, Vogt-Kölln-Str. 30, 2000 Hamburg 54

Blaser A.   IBM Deutschland GmbH, Wissenschaftliches Zentrum Heidelberg, Tiergartenstr. 15, 6900 Heidelberg

Coy W.   Institute de Programmation, 27C Bd. Jourdan, F-75690 Paris 14

Eckert R.   TH Darmstadt - FB Informatik, FG Graphische Datenverarbeitung, Steubenplatz 12, 6100 Darmstadt

Encarnacao J.   TH Darmstadt - FB Informatik, FG Graphische Datenverarbeitung, Steubenplatz 12, 6100 Darmstadt

Enderle G.   Kernforschungszentrum Karlsruhe, Institut für Reaktorentwicklung, Postfach 3640, 7500 Karlsruhe

Flessner H.   Arbeitsgruppe für Angewandte Informatik im Ingenieurwesen, Ruhr-Universität Bochum, Postfach 102148, 4630 Bochum 1

Gonauser M.   Siemens AG, Zentrale Forschung und Entwicklung, Forschungslaboratorien, Postfach 700076, 8000 München 70

Grabowski H.   Lehrstuhl für Rechneranwendung im Maschinenbau, Universität Karlsruhe (TH), Kaiserstr. 12, 7500 Karlsruhe 1

Hörbst E.   Siemens AG, Zentrale Forschung und Entwicklung, Forschungslaboratorien, Postfach 700076, 8000 München 70

Hornung C.   AEG-Telefunken, Energie und Industrietechnik, Fachbereich Prozeßtechnik, Bücklestr. 1-5, 7750 Konstanz

Kaiser K.   Arbeitsgruppe für Angewandte Informatik im Ingenieur-
                           wesen, Ruhr-Universität Bochum, Postfach 102148,
                           4630 Bochum 1

Klapp E.   Lehrstuhl für Apparatetechnik und Anlagenbau,
                           Universität Erlangen-Nürnberg, Erwin-Rommel-Str. 1,
                           8520 Erlangen

Konkart R.   AEG-Telefunken, Energie und Industrietechnik, Fach-
                           bereich Prozeßtechnik, Bücklestr. 1-5, 7750 Konstanz

Krupstedt U.   Firma Tekade, Nürnberg

Kugel R. P.   Institut für Datenverarbeitungsanlagen, Technische
                           Universität, Hans-Sommer-Str. 66, 33 Braunschweig

Leinemann K.   Kernforschungszentrum Karlsruhe, Institut für Reaktor-
                           entwicklung, Postfach 3640, 7500 Karlsruhe

Lewandowski S.   Institut für Werkzeugmaschinen und Fertigungstechnik
                           der TU Berlin, Fasanenstr. 90, 1000 Berlin 12

Melzer-Vassiliadis P.   Institut für Werkzeugmaschinen und Fertigungstechnik
                           der TU Berlin, Fasanenstr. 90, 1000 Berlin 12

Noppen R.   Richard-Wagner-Str. 15, 7520 Bruchsal

Nowacki H.   Institut für Schiffstechnik der TU Berlin,
                           Salzufer 17-19, 1000 Berlin 10

Ostertag G. A.   Friedrich Uhde GmbH, Friedrich-Uhde-Str. 2,
                           6232 Bad Soden / Taunus

Pasemann K.   Volkswagenwerk AG, Postfach, 3180 Wolfsburg

Prester F.-J.   Physikalisches Institut III, Universität Erlangen-
                           Nürnberg, Erwin-Rommel-Str. 1, 8520 Erlangen

Reinhardt A.   Institut für Angewandte Informatik, TU Berlin,
                           Kurfürstendamm 196, 1000 Berlin 15

Schauer U.	IBM Deutschland GmbH, Wissenschaftliches Zentrum Heidelberg, Tiergartenstr. 15, 6900 Heidelberg
Schlechtendahl E. G.	Kernforschungszentrum Karlsruhe, Institut für Reaktorentwicklung, Postfach 3640, 7500 Karlsruhe
Schneider K.	Volkswagenwerk AG, Postfach, 3180 Wolfsburg
Schuster R.	BMW, EG/503, Petuelring 130, 8000 München 40
Weiß J.	Siemens AG, Zentrale Forschung und Industrietechnik, Forschungslaboratorien, Postfach 700076, 8000 München 70
Wenderoth W.	Siemens AG, Zentrale Forschung und Industrierechnik, Forschungslaboratorien, Postfach 700076, 8000 München 70
Wißkirchen P.	Gesellschaft für Mathematik und Datenverarbeitung Bonn mbH, Postfach 1240, 5205 St. Augustin 1